国 家 科 技 重 大 专 项

大型油气田及煤层气开发成果丛书

（2008—2020）

卷48

大庆长垣油田特高含水期提高采收率技术与示范应用

王凤兰　杜庆龙　伍晓林　由春梅　韩培慧　等编著

石油工业出版社

内容提要

本书重点介绍了"十一五""十二五""十三五"期间中国石油大庆油田有限公司对长垣油田特高含水期研究形成的提高采收率技术与示范应用方面的重大科技成果，其中包括特高含水期水驱精细挖潜配套技术、聚合物驱提质提效配套技术、三元复合驱降本增效配套技术等，并从理论研究、方法模式、技术创新、示范应用效果等方面均做了详细的介绍及概括性的总结，为国内同类油田高效开发提供了可借鉴的成功经验。

本书可供从事油田开发的工程技术人员及石油院校的师生学习参考。

图书在版编目（CIP）数据

大庆长垣油田特高含水期提高采收率技术与示范应用 / 王凤兰等编著. —北京：石油工业出版社，2023.2

（国家科技重大专项·大型油气田及煤层气开发成果丛书：2008—2020）

ISBN 978-7-5183-4875-6

Ⅰ.① 大… Ⅱ.① 王… Ⅲ.① 石油开采 – 提高采收率
– 研究 – 大庆 Ⅳ.① TE357

中国版本图书馆 CIP 数据核字（2021）第 187885 号

责任编辑：何　莉　李熹蓉
责任校对：郭京平
装帧设计：李　欣　周　彦

出版发行：石油工业出版社
　　　　　（北京安定门外安华里 2 区 1 号　100011）
　　　　　网　　址：www.petropub.com
　　　　　编辑部：（010）64523535　图书营销中心：（010）64523633
经　　销：全国新华书店
印　　刷：北京中石油彩色印刷有限责任公司

2023 年 2 月第 1 版　2023 年 2 月第 1 次印刷
787×1092 毫米　开本：1/16　印张：25
字数：600 千字

定价：260.00 元

ISBN 978-7-5183-4875-6

《国家科技重大专项·大型油气田及煤层气开发成果丛书（2008—2020）》

◇◇◇◇ 编委会 ◇◇◇◇

《大庆长垣油田特高含水期提高采收率技术与示范应用》

编写组

组　长：王凤兰

副组长：杜庆龙　伍晓林　周万富　李学军　梁文福　康红庆

　　　　叶　鹏　由春梅

成　员：（按姓氏拼音排序）

陈宝玉　方艳君　郭松林　韩培慧　侯兆伟　黄　伟

姜　岩　姜振海　康　燕　李　冰　刘春岩　罗　鑫

马亮亮　苗厚纯　宋宝权　苏延昌　唐许平　王　家

王　朋　王文革　王月英　王云超　王忠良　于　明

张　东　赵国忠　赵忠山　朱　焱

审稿专家：冀宝发

　　能源安全关系国计民生和国家安全。面对世界百年未有之大变局和全球科技革命的新形势，我国石油工业肩负着坚持初心、为国找油、科技创新、再创辉煌的历史使命。国家科技重大专项是立足国家战略需求，通过核心技术突破和资源集成，在一定时限内完成的重大战略产品、关键共性技术或重大工程，是国家科技发展的重中之重。大型油气田及煤层气开发专项，是贯彻落实习近平总书记关于大力提升油气勘探开发力度、能源的饭碗必须端在自己手里等重要指示批示精神的重大实践，是实施我国"深化东部、发展西部、加快海上、拓展海外"油气战略的重大举措，引领了我国油气勘探开发事业跨入向深层、深水和非常规油气进军的新时代，推动了我国油气科技发展从以"跟随"为主向"并跑、领跑"的重大转变。在"十二五"和"十三五"国家科技创新成就展上，习近平总书记两次视察专项展台，充分肯定了油气科技发展取得的重大成就。

　　大型油气田及煤层气开发专项作为《国家中长期科学和技术发展规划纲要（2006—2020 年）》确定的 10 个民口科技重大专项中唯一由企业牵头组织实施的项目，以国家重大需求为导向，积极探索和实践依托行业骨干企业组织实施的科技创新新型举国体制，集中优势力量，调动中国石油、中国石化、中国海油等百余家油气能源企业和 70 多所高等院校、20 多家科研院所及 30 多家民营企业协同攻关，参与研究的科技人员和推广试验人员超过 3 万人。围绕专项实施，形成了国家主导、企业主体、市场调节、产学研用一体化的协同创新机制，聚智协力突破关键核心技术，实现了重大关键技术与装备的快速跨越；弘扬伟大建党精神、传承石油精神和大庆精神铁人精神，以及石油会战等优良传统，充分体现了新型举国体制在科技创新领域的巨大优势。

　　经过十三年的持续攻关，全面完成了油气重大专项既定战略目标，攻克了一批制约油气勘探开发的瓶颈技术，解决了一批"卡脖子"问题。在陆上油气勘探、陆上油气开发、工程技术、海洋油气勘探开发、海外油气勘探开发、非常规油气勘探开发领域，形成了 6 大技术系列、26 项重大技术；自主研发 20 项重大工程技术装备；建成 35 项示范工程、26 个国家级重点实验室和研究中心。我国油气科技自主创新能力大幅提升，油气能源企业被卓越赋能，形成产量、储量增长高峰期发展新态势，为落实习近平总书记"四个革命、一个合作"能源安全新战略奠定了坚实的资源基础和技术保障。

《国家科技重大专项·大型油气田及煤层气开发成果丛书（2008—2020）》（62 卷）是专项攻关以来在科学理论和技术创新方面取得的重大进展和标志性成果的系统总结，凝结了数万科研工作者的智慧和心血。他们以"功成不必在我，功成必定有我"的担当，高质量完成了这些重大科技成果的凝练提升与编写工作，为推动科技创新成果转化为现实生产力贡献了力量，给广大石油干部员工奉献了一场科技成果的饕餮盛宴。这套丛书的正式出版，对于加快推进专项理论技术成果的全面推广，提升石油工业上游整体自主创新能力和科技水平，支撑油气勘探开发快速发展，在更大范围内提升国家能源保障能力将发挥重要作用，同时也一定会在中国石油工业科技出版史上留下一座书香四溢的里程碑。

在世界能源行业加快绿色低碳转型的关键时期，广大石油科技工作者要进一步认清面临形势，保持战略定力、志存高远、志创一流，毫不放松加强油气等传统能源科技攻关，大力提升油气勘探开发力度，增强保障国家能源安全能力，努力建设国家战略科技力量和世界能源创新高地；面对资源短缺、环境保护的双重约束，充分发挥自身优势，以技术创新为突破口，加快布局发展新能源新事业，大力推进油气与新能源协调融合发展，加大节能减排降碳力度，努力增加清洁能源供应，在绿色低碳科技革命和能源科技创新上出更多更好的成果，为把我国建设成为世界能源强国、科技强国，实现中华民族伟大复兴的中国梦续写新的华章。

中国石油董事长、党组书记
中国工程院院士

石油天然气是当今人类社会发展最重要的能源。2020 年全球一次能源消费量为 $134.0 \times 10^8 t$ 油当量，其中石油和天然气占比分别为 30.6% 和 24.2%。展望未来，油气在相当长时间内仍是一次能源消费的主体，全球油气生产将呈长期稳定趋势，天然气产量将保持较高的增长率。

习近平总书记高度重视能源工作，明确指示"要加大油气勘探开发力度，保障我国能源安全"。石油工业的发展是由资源、技术、市场和社会政治经济环境四方面要素决定的，其中油气资源是基础，技术进步是最活跃、最关键的因素，石油工业发展高度依赖科学技术进步。近年来，全球石油工业上游在资源领域和理论技术研发均发生重大变化，非常规油气、海洋深水油气和深层—超深层油气勘探开发获得重大突破，推动石油地质理论与勘探开发技术装备取得革命性进步，引领石油工业上游业务进入新阶段。

中国共有 500 余个沉积盆地，已发现松辽盆地、渤海湾盆地、准噶尔盆地、塔里木盆地、鄂尔多斯盆地、四川盆地、柴达木盆地和南海盆地等大型含油气大盆地，油气资源十分丰富。中国含油气盆地类型多样、油气地质条件复杂，已发现的油气资源以陆相为主，构成独具特色的大油气分布区。历经半个多世纪的艰苦创业，到 20 世纪末，中国已建立完整独立的石油工业体系，基本满足了国家发展对能源的需求，保障了油气供给安全。2000 年以来，随着国内经济高速发展，油气需求快速增长，油气对外依存度逐年攀升。我国石油工业担负着保障国家油气供应安全，壮大国际竞争力的历史使命，然而我国石油工业面临着油气勘探开发对象日趋复杂、难度日益增大、勘探开发理论技术不相适应及先进装备依赖进口的巨大压力，因此急需发展自主科技创新能力，发展新一代油气勘探开发理论技术与先进装备，以大幅提升油气产量，保障国家油气能源安全。一直以来，国家高度重视油气科技进步，支持石油工业建设专业齐全、先进开放和国际化的上游科技研发体系，在中国石油、中国石化和中国海油建立了比较先进和完备的科技队伍和研发平台，在此基础上于 2008 年启动实施国家科技重大专项技术攻关。

国家科技重大专项"大型油气田及煤层气开发"（简称"国家油气重大专项"）是《国家中长期科学和技术发展规划纲要（2006—2020 年）》确定的 16 个重大专项之一，目标是大幅提升石油工业上游整体科技创新能力和科技水平，支撑油气勘探开发快速发展。国家油气重大专项实施周期为 2008—2020 年，按照"十一五""十二五""十三五"3 个阶段实施，是民口科技重大专项中唯一由企业牵头组织实施的专项，由中国石油牵头组织实施。专项立足保障国家能源安全重大战略需求，围绕"6212"科技攻关目标，共部署实施 201 个项目和示范工程。在党中央、国务院的坚强领导下，专项攻关团队积极探索和实践依托行业骨干企业组织实施的科技攻关新型举国体制，加快推进专项实施，攻克一批制约油气勘探开发的瓶颈技术，形成了陆上油气勘探、陆上油气开发、工程技术、海洋油气勘探开发、海外油气勘探开发、非常规油气勘探开发 6 大领域技术系列及 26 项重大技术，自主研发 20 项重大工程技术装备，完成 35 项示范工程建设。近 10 年我国石油年产量稳定在 $2 \times 10^8 t$ 左右，天然气产量取得快速增长，2020 年天然气产量达 $1925 \times 10^8 m^3$，专项全面完成既定战略目标。

通过专项科技攻关，中国油气勘探开发技术整体已经达到国际先进水平，其中陆上油气勘探开发水平位居国际前列，海洋石油勘探开发与装备研发取得巨大进步，非常规油气开发获得重大突破，石油工程服务业的技术装备实现自主化，常规技术装备已全面国产化，并具备部分高端技术装备的研发和生产能力。总体来看，我国石油工业上游科技取得以下七个方面的重大进展：

（1）我国天然气勘探开发理论技术取得重大进展，发现和建成一批大气田，支撑天然气工业实现跨越式发展。围绕我国海相与深层天然气勘探开发技术难题，形成了海相碳酸盐岩、前陆冲断带和低渗—致密等领域天然气成藏理论和勘探开发重大技术，保障了我国天然气产量快速增长。自 2007 年至 2020 年，我国天然气年产量从 $677 \times 10^8 m^3$ 增长到 $1925 \times 10^8 m^3$，探明储量从 $6.1 \times 10^{12} m^3$ 增长到 $14.41 \times 10^{12} m^3$，天然气在一次能源消费结构中的比例从 2.75% 提升到 8.18% 以上，实现了三个翻番，我国已成为全球第四大天然气生产国。

（2）创新发展了石油地质理论与先进勘探技术，陆相油气勘探理论与技术继续保持国际领先水平。创新发展形成了包括岩性地层油气成藏理论与勘探配套技术等新一代石油地质理论与勘探技术，发现了鄂尔多斯湖盆中心岩性地层大油区，支撑了国内长期年新增探明 $10 \times 10^8 t$ 以上的石油地质储量。

（3）形成国际领先的高含水油田提高采收率技术，聚合物驱油技术已发展到三元复合驱，并研发先进的低渗透和稠油油田开采技术，支撑我国原油产量长期稳定。

（4）我国石油工业上游工程技术装备（物探、测井、钻井和压裂）基本实现自主化，具备一批高端装备技术研发制造能力。石油企业技术服务保障能力和国际竞争力大幅提升，促进了石油装备产业和工程技术服务产业发展。

（5）我国海洋深水工程技术装备取得重大突破，初步实现自主发展，支持了海洋深水油气勘探开发进展，近海油气勘探与开发能力整体达到国际先进水平，海上稠油开发处于国际领先水平。

（6）形成海外大型油气田勘探开发特色技术，助力"一带一路"国家油气资源开发和利用。形成全球油气资源评价能力，实现了国内成熟勘探开发技术到全球的集成与应用，我国海外权益油气产量大幅度提升。

（7）页岩气、致密气、煤层气与致密油、页岩油勘探开发技术取得重大突破，引领非常规油气开发新兴产业发展。形成页岩气水平井钻完井与储层改造作业技术系列，推动页岩气产业快速发展；页岩油勘探开发理论技术取得重大突破；煤层气开发新兴产业初见成效，形成煤层气与煤炭协调开发技术体系，全国煤炭安全生产形势实现根本性好转。

这些科技成果的取得，是国家实施建设创新型国家战略的成果，是百万石油员工和科技人员发扬艰苦奋斗、为国找油的大庆精神铁人精神的实践结果，是我国科技界以举国之力团结奋斗联合攻关的硕果。国家油气重大专项在实施中立足传统石油工业，探索实践新型举国体制，创建"产学研用"创新团队，创新人才队伍建设，创新科技研发平台基地建设，使我国石油工业科技创新能力得到大幅度提升。

为了系统总结和反映国家油气重大专项在科学理论和技术创新方面取得的重大进展和成果，加快推进专项理论技术成果的推广和提升，专项实施管理办公室与技术总体组规划组织编写了《国家科技重大专项·大型油气田及煤层气开发成果丛书（2008—2020）》。丛书共 62 卷，第 1 卷为专项理论技术成果总论，第 2～9 卷为陆上油气勘探理论技术成果，第 10～14 卷为陆上油气开发理论技术成果，第 15～22 卷为工程技术装备成果，第 23～26 卷为海洋油气理论技术装备成果，第 27～30 卷为海外油气理论技术成果，第 31～43 卷为非常规油气理论技术成果，第 44～62 卷为油气开发示范工程技术集成与实施成果（包括常规油气开发 7 卷，煤层气开发 5 卷，页岩气开发 4 卷，致密油、页岩油开发 3 卷）。

各卷均以专项攻关组织实施的项目与示范工程为单元，作者是项目与示范工程的项目长和技术骨干，内容是项目与示范工程在 2008—2020 年期间的重大科学理论研究、先进勘探开发技术和装备研发成果，代表了当今我国石油工业上游的最新成就和最高水平。丛书内容翔实，资料丰富，是科学研究与现场试验的真实记录，也是科研成果的总结和提升，具有重大的科学意义和资料价值，必将成为石油工业上游科技发展的珍贵记录和未来科技研发的基石和参考资料。衷心希望丛书的出版为中国石油工业的发展发挥重要作用。

国家科技重大专项"大型油气田及煤层气开发"是一项巨大的历史性科技工程，前后历时十三年，跨越三个五年规划，共有数万名科技人员参加，是我国石油工业史上一项壮举。专项的顺利实施和圆满完成是参与专项的全体科技人员奋力攻关、辛勤工作的结果，是我国石油工业界和石油科技教育界通力合作的典范。我有幸作为国家油气重大专项技术总师，全程参加了专项的科研和组织，倍感荣幸和自豪。同时，特别感谢国家科技部、财政部和发改委的规划、组织和支持，感谢中国石油、中国石化、中国海油及中联公司长期对石油科技和油气重大专项的直接领导和经费投入。此次专项成果丛书的编辑出版，还得到了石油工业出版社大力支持，在此一并表示感谢！

中国科学院院士 贾承造

《国家科技重大专项·大型油气田及煤层气开发成果丛书（2008—2020）》

分卷目录

序号	分卷名称
卷 29	超重油与油砂有效开发理论与技术
卷 30	伊拉克典型复杂碳酸盐岩油藏储层描述
卷 31	中国主要页岩气富集成藏特点与资源潜力
卷 32	四川盆地及周缘页岩气形成富集条件、选区评价技术与应用
卷 33	南方海相页岩气区带目标评价与勘探技术
卷 34	页岩气气藏工程及采气工艺技术进展
卷 35	超高压大功率成套压裂装备技术与应用
卷 36	非常规油气开发环境检测与保护关键技术
卷 37	煤层气勘探地质理论及关键技术
卷 38	煤层气高效增产及排采关键技术
卷 39	新疆准噶尔盆地南缘煤层气资源与勘查开发技术
卷 40	煤矿区煤层气抽采利用关键技术与装备
卷 41	中国陆相致密油勘探开发理论与技术
卷 42	鄂尔多斯盆缘过渡带复杂类型气藏精细描述与开发
卷 43	中国典型盆地陆相页岩油勘探开发选区与目标评价
卷 44	鄂尔多斯盆地大型低渗透岩性地层油气藏勘探开发技术与实践
卷 45	塔里木盆地克拉苏气田超深超高压气藏开发实践
卷 46	安岳特大型深层碳酸盐岩气田高效开发关键技术
卷 47	缝洞型油藏提高采收率工程技术创新与实践
卷 48	大庆长垣油田特高含水期提高采收率技术与示范应用
卷 49	辽河及新疆稠油超稠油高效开发关键技术研究与实践
卷 50	长庆油田低渗透砂岩油藏 CO_2 驱油技术与实践
卷 51	沁水盆地南部高煤阶煤层气开发关键技术
卷 52	涪陵海相页岩气高效开发关键技术
卷 53	渝东南常压页岩气勘探开发关键技术
卷 54	长宁—威远页岩气高效开发理论与技术
卷 55	昭通山地页岩气勘探开发关键技术与实践
卷 56	沁水盆地煤层气水平井开采技术及实践
卷 57	鄂尔多斯盆地东缘煤系非常规气勘探开发技术与实践
卷 58	煤矿区煤层气地面超前预抽理论与技术
卷 59	两淮矿区煤层气开发新技术
卷 60	鄂尔多斯盆地致密油与页岩油规模开发技术
卷 61	准噶尔盆地砂砾岩致密油藏开发理论技术与实践
卷 62	渤海湾盆地济阳坳陷致密油藏开发技术与实践

　　大庆油田是中国陆上高含水老油田的代表，经过60年的开发，创造了5000×10⁴t稳产27年、4000×10⁴t稳产12年的奇迹。广大科研人员在长期的科技攻关与生产实践中，研究形成了陆相多层砂岩油田开发的系列技术。特别是"十二五""十三五"期间在国家"三部委"的支持下，开展了特高含水期提高采收率的研究与示范工程，形成了针对"双高"老油田提高采收率的主体技术系列，其中特高含水期水驱精细挖潜技术达到世界先进水平，二类油层聚合物驱提质提效技术达到国际领先水平，复合驱工业化推广大幅度提高采收率技术达到国际领先水平，这些技术已在国内外油田进行了推广应用。

　　本书围绕大庆长垣油田特高含水期提高采收率这一重大命题，对"十二五""十三五"期间的研究成果进行了总结，集特高含水期老油田提高采收率的开发地质、油藏工程、采油工艺、地面工艺等方面的新理念、新技术于一体，其中包括了特高含水期水驱精细挖潜、层系井网优化调整等控水提效配套技术，聚合物驱方案优化设计、跟踪调整等提质提效配套技术，以及三元复合驱油方案设计、采油工艺、地面工艺等降本增效配套技术，探索了进一步提高采收率技术的未来发展方向。本书对关键技术论述比较详尽，便于读者深入了解。

　　本书于2021年3月完成初稿，此后根据审稿专家的意见进行了多次修改，最后由王凤兰负责统稿完成。本书由大庆油田勘探开发研究院、大庆油田采油工程研究院、大庆油田设计院的科研人员负责编写，技术资料主要取自大庆油田牵头承担的"十二五""十三五"国家重大专项"大庆长垣特高含水油田提高采收率示范工程"的研究成果，以及同行业公开发表的相关文献。

　　本书共分4章。第一章由王凤兰、由春梅编写；第二章由杜庆龙、郭军辉、单高军、由春梅、姜雪岩、王海涛、李菁、张继风、赵宇、赵国忠、姜岩、杨会东、蔡东梅、郭亚杰、程顺国、何宇航、马宏宇、孙晓军、兰玉波、朱伟、王志强、张景义、匡铁、赵云飞、赵秀娟、吴家文、左松林、王家春、金艳鑫、高光磊等编写；第三章由韩培慧、郭松林、崔长玉、曹瑞波、刘国超、么世椿、李长庆、高坤、周万富、刘崇江、朱振坤等编写；第四章由伍晓林、王云超、侯兆伟、王海峰、王银、鹿守亮、苏雪迎、李学军、赵忠山、王忠良、赵昌明、王庆国、郭红光、管公帅等编写。全书由王凤兰统一审阅定稿。

在本书编写过程中，得到东北石油大学王海学博士、中国石油大学（北京）王敬教授等高等院校相关领导专家的支持与帮助，在此一并表示衷心感谢！本书编写组全体同事在此向所有参与本书编写和审阅工作的专家表示诚挚的谢意！

目 录

第一章 绪 论

高含水老油田是我国陆上油田储量和产量的主体，肩负着维护国家能源战略安全的使命。长垣油田作为大庆油田的主体油田已经历了 60 年的开发历程，是我国高含水油田的典型代表。地质储量 $41.74×10^8t$，2008 年产量占大庆油田的 83% 以上，已处于"双特高"开发阶段，按照当时的开发规律，依靠已有技术，产量每年将递减 $200×10^4t$ 左右，2015 年将下降到 $3000×10^4t$ 左右。大庆油田要在"双特高"开发阶段实现原油 $4000×10^4t$ 10 年稳产宏大目标，迫切需要研发进一步提高采收率新技术，通过新技术示范应用，不断改进和完善新技术，确保实现油田产油量和提高采收率的目标。

第一节 大庆长垣油田特高含水后期存在的主要问题及技术瓶颈

一、多层系高含水油田层系井网重组优化配套技术问题

大庆长垣油田开发以来，层系井网演化过程复杂，一次加密、二次加密和三次加密开发效果逐次变差。现阶段层系井网调整仍然是提高采收率的重要措施之一，但是，以单砂体剩余油为基础的注采结构和油水井井况复杂，层系井网重组调整不仅涉及技术问题，而且还受投资规模、经济效益的限制。理论和技术上论证可行的层系井网重组优化方案在实施过程中会遇到许多问题，包括动态跟踪调整方法、开发指标变化规律研究以及配套的工程技术等问题。需要开辟层系井网重组优化示范区，通过示范工程积累经验，逐步完善并形成经济上可行、技术上有效、有利于推广应用的井网重组优化配套技术。

二、特高含水期水驱精细挖潜技术问题

大庆长垣油田水驱进入特高含水后期开发阶段，将面临诸多新问题和新挑战。在低油价形势下，探索长垣水驱今后的调整对策，实现高水平、有效益、可持续开发，是急需解决的难题。一是特高含水后期三大矛盾加剧，已经由物性控制的静态非均质向渗流控制的动态非均质转变。纵向上高低渗透层间渗流差异加剧，平面上不同方向间渗流差异加剧，层内无效循环加剧，厚层底部出现 15%～20% 的低效无效循环部位。二是剩余油高度零散，宏观上局部富集、微观上普遍存在，剩余油的精准挖潜面临新的挑战。三是特高含水期结构调整向更小尺度转变，调整手段面临新挑战。区块间、井网间、井间、层间含水及动用差异进一步缩小，需要创新调整挖潜手段，实现精准开发，探索出一条老油田精细开发的新路子。

三、二类油层聚合物驱方案优化设计及配套技术问题

二类油层相对于一类油层具有厚度薄、渗透率低、河道砂发育规模小、相变剧烈、井间连通性差的地质特点，采用同一聚合物驱设计方法无法满足二类油层开采对象的需求，因此，需要对二类油层聚合物驱方案设计方法进行深入研究。根据井组开采特点及油层动用状况的差异性，以扩大波及体积为核心，优化分区、分井组、分油层、分阶段注入聚合物分子量、段塞和浓度等注入参数。根据聚合物驱动态反应以及聚合物驱主要矛盾，研究分层、分层分质、深度调剖等注入方式应用的技术政策界限及注入工艺，研究最小尺度个性化设计的原则和具体实施办法，形成二类油层聚合物驱配套技术。

四、三元复合驱优化设计及工业化应用配套技术问题

"十一五"期间，三元复合区配套技术得到了较大突破。发展了个性化方案优化设计技术和跟踪调整技术；研发了三元复合驱分层注入管柱，发展了三元复合驱防垢举升工艺技术；初步形成了三元复合驱配制、注入、采出液集输和采出液处理技术。但是，为适应二类油层三元复合驱需要，个性化驱油方案设计、跟踪调整的时机和效果评价有待于深入研究；结垢井检泵周期还需要进一步延长；采出液处理技术还需要进一步完善。

第二节　大庆长垣油田特高含水后期提高
采收率技术攻关总体思路

依托国家科学技术部、发展与改革委员会、财政部批准设立的"大庆长垣特高含水油田提高采收率示范工程"重大项目，在深入研究陆相多层砂岩油田特高含水期开发理论的基础上，开展以油藏工程、采油工程和地面工程为主的基础与应用技术研发，采取边研究、边攻关、边示范、边应用的方式，逐步形成面向全国的开放式多层砂岩油田特高含水期提高采收率产业化应用技术系列，为国内多层砂岩特高含水期油田提供先进、成熟、配套的深度开发技术，并形成成熟可推广的管理规范和技术标准。

整体研究按照"三步走"的总体攻关目标，2008—2010年打基础、2011—2015年上水平、2016—2020年提效率，推进"产学研"联合攻关模式，全面破解制约特高含水期老油田深度开发效率及效益难题（图1-2-1）。

（1）水驱开发：重点攻关特高含水后期储层渗流特征及水驱开发规律，厚油层层内及薄差层剩余油精准刻画及高效挖潜配套技术，特高含水后期低效无效循环快速识别及高效治理配套技术、分层注水配套工艺技术。

（2）聚合物驱：发展完善注聚参数优化设计理论及技术、新型抗盐聚合物驱油技术体系、聚合物驱电动直读测调技术。

（3）三元复合驱：重点攻关复合驱三维定量方案优化设计及跟踪调整技术，三元复合驱防垢举升配套技术、高效稳定的采出液处理技术。

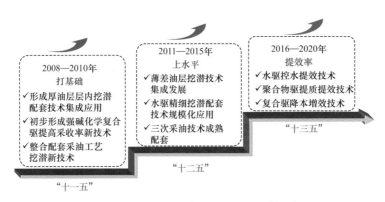

图 1-2-1　项目研究"三步走"总体目标

在大庆油田推广应用以上技术，逐步建成国际领先、国内一流、应用技术研究与工业化生产一体化的示范基地，整体技术水平达到国际领先。

第三节　大庆长垣油田特高含水后期提高采收率关键技术概述

针对大庆长垣油田特高含水后期提高采收率技术难题，"十一五""十二五""十三五"期间，水驱以"控含水、控递减"、聚合物驱及复合驱以大幅度提高采收率降成本为攻关目标，研发形成了一系列技术成果，包括特高含水后期精细油藏描述技术、层系井网优化调整与精细挖潜配套技术、聚合物驱方案优化及跟踪调整技术、新型抗盐聚合物驱油技术、三元复合驱多参数匹配及全过程精准调控技术等老油田深度开发配套系列技术，为大庆油田持续稳产提供了有力的技术支撑。

一、特高含水期精细油藏描述技术

大庆长垣油田采出程度较高，剩余可采储量较少，剩余油宏观上呈现分布零散、局部富集的特征。仅依靠井资料和常规的调整挖潜措施改善开发效果的难度较大，而三维地震具有横向分辨率高、空间连续好的优势，可有效描述微幅度构造形态、小断层的分布、井间砂体连通性等地质特征。面对特高含水期油田开发需求，通过技术攻关，形成了以"断层精准解释、沉积单元整体构造建模为核心的井震结合构造精准表征技术，实现了不同级序断层精细识别和微幅度构造的准确刻画；创新了从地震沉积学砂体预测、窄小河道及复合河道内砂体精细刻画到河流相单砂体内部构型表征的井震结合储层分层次精细描述技术，实现了不同类型砂体的精准表征；建立了高精度水淹层细分解释、水驱油藏数值模拟及剩余油快速定量评价技术，量化了单砂体剩余油分布及剩余潜力。井震结合精细油藏描述技术进一步提高了构造和储层的描述精度，重构了地下地质认识体系，深化了剩余油分布规律，为老油田精细调整挖潜提供了有效技术支撑。

通过精细油藏描述研究对长垣构造认识更准确，释放了断层区、外扩区动用地质储量。截至 2020 年 12 月，研究成果指导新发现外扩储量区块 23 个，增加地质储量 2542.9×10^4t，在高效井、完善注采系统调整、优化井位等开发应用中，总计调整井数 3861 口，已实施井数 3805 口井，外扩和调整累计增加可采储量 1180.4×10^4t，累计产油 359.1×10^4t。其中，指导部署高效井 474 口，增加可采储量 426.2×10^4t，累计增油 251.9×10^4t，见到了显著的开发效果。

二、特高含水期层系井网优化调整与精细挖潜配套技术

大庆油田按照油层性质分井网进行了基础井网、一次加密、二次加密、三次加密等多次调整，取得了采收率 45% 以上的好效果，历次调整后新井对油田控含水、控递减起到了关键作用，但随着开发的不断深入，各套井网的含水接近，区块地面井网密度较高，但砂体工作井网密度低，存在薄差层注采井距大、井网交叉严重、生产井段跨度过大、层间干扰严重、无效循环严重、措施挖潜效果差等问题。为此，从层系井网调整界限研究及精细挖潜提高采收率机理研究入手，研究形成了细化层段、细分对象、缩小井距的层系井网优化调整模式及精细注采结构、精细措施挖潜等控水提效挖潜配套技术，创新形成了无效循环定量快速识别方法及治理对策，拓宽了特高含水后期各种措施选井选层的界限，实现厚油层内部无效循环识别及薄差层有效动用挖潜配套系列技术，为特高含水期油田开发提供技术支撑。

层系井网重组、精细挖潜措施配套调控技术在长垣油田得到了广泛的应用，见到了显著的增油控水效果。长垣油田 6 个示范区实施精细注采调控，在综合含水已达 93% 的情况下，取得了连续 5 年"产量不降、含水不升"的开发效果，6 个控水提效示范区"十三五"期间增油 73×10^4t，为国内同类老油田探索了一条特高含水期精细高效开发的新路子。

三、聚合物驱提质提效配套技术

大庆油田进入"十二五"以来，聚合物驱开发对象已由一类油层逐步转向二类油层，针对二类油层的"低、薄、窄、差"特点，发展形成了限制对象、细分层系、缩小井距的层系井网优化设计技术，并在其基础上创建多因素注入参数优化设计理论，发展了适合二类油层的聚合物驱注入参数优化设计及跟踪调整技术，指导不同地区聚合物驱油方案的优化设计。创新研发出适合二类油层的新型抗盐聚合物体系，形成二类油层抗盐聚合物驱油技术，实现工业化推广应用。建立注入参数动态调控和薄差油层注采井压裂挖潜技术，研发出电动直读调控工艺，为二类油层聚合物驱提质提效提供技术支撑。

上述技术在大庆长垣油田二类油层中得到广泛应用，二类较好油层提高采收率 14.1 个百分点，二类较差油层提高采收率达到 10 个百分点以上。"十二五"期间，推广应用 32 个区块，累计增油 1754×10^4t。"十三五"期间推广应用 10 个区块，累计增油 371×10^4t。二类油层聚合物驱油技术已成为大庆油田持续发展的关键技术。

四、三元复合驱方案设计及跟踪调整技术

三元复合驱技术在大庆油田的现场试验和推广应用取得了较好的开发效果，但区块

间单井间含水率、压力、注采能力、采出化学剂浓度等动态变化特征及提高采收率存在一定差异。三元复合驱注入、驱替是伴有物化作用的多组分、多相态复杂体系流动和渗流过程，理论和工程技术更为复杂，造成这一差别的影响因素较多。在深入研究影响提高采收率效果因素的基础上，通过改善体系配方，优化注入方式及注入参数，深化三元复合驱动态开采规律认识，进一步明确措施调整的类型、时机、选井选层的原则和界限，最大幅度地降低不利影响，充分发挥三元复合驱提高驱油效率和扩大波及体积的效能，取得了大幅度提高采收率的好效果，为三元复合驱降本增效规模化推广提供技术支撑。

上述技术在大庆长垣油田广泛推广应用后，整体提高采收率16个百分点以上。"十二五"期间，推广应用12个区块，累计增油 $472×10^4t$。"十三五"期间推广应用25个区块，累计增油 $1351×10^4t$。三元复合驱油技术已成为支撑大庆油田持续发展的接替技术。

五、复合驱采油工艺及地面工艺配套技术

三元复合驱体系中的碱注入地层后，对岩石的溶蚀作用，特别是在采油井的近井地带、井筒、地面集输系统中产生大量的矿物盐（垢），导致采出系统出现严重结垢和卡泵；同时因为复合驱组成复杂，油水分离及采出液处理需要进一步提升效率及降低成本，为此建立了三元复合驱结垢预测方法，形成了化学、物理防垢技术和清垢工艺，明确了三元复合驱机采井管理制度。在采出液处理方面，研发了填料可再生的游离水脱除器、新型组合电极电脱水器、高阻抗交直流叠加高压供电装置、变频脉冲脱水供电装置等，定型了二段脱水工艺，实现了三元复合驱采出液的有效脱水。在采出污水处理方面，研制了基于螯合机理的水质稳定剂，与二段沉降二级过滤处理工艺联合应用，实现了含油污水的有效处理。

通过物理与化学结合、清垢与防垢结合、技术与管理结合，四大核心技术体系更新换代，产品类型更丰富，与"十二五"末期相比，大庆油田强碱三元复合驱采油井平均检泵周期由365天延长到450天，弱碱三元复合驱采油井平均检泵周期由478天延长到550天；通过工艺优化和药剂研发，采出液处理药剂费用降低20%以上，降低过滤罐工程投资40%以上，外输指标稳定达标。

第二章 特高含水期水驱精细挖潜配套技术

大庆长垣油田开发 60 多年来，依托地质认识深化和开发技术进步，创新发展了以早期注水、分层开采、加密调整等为主导的开采技术，形成了一套大型陆相多油层砂岩油田注水开发理论，逐步完善了一套"多次布井、多次调整、接替稳产"的开发模式，实现了高水平、高效益开发。进入特高含水期开发后，面临着剩余油高度零散、无效循环日趋严重、常规调整效果变差等矛盾问题，为实现控含水、控递减目标，对水驱开发技术提出更高、更新的要求。以示范区为依托，通过深化特高含水期渗流机理及开发规律认识，发展形成以精准地质研究、精准方案设计、精准工艺措施、精准管理手段"四个精准"为核心的精准开发配套技术，实现水驱开发由"精细"向"精准"迈进。以精细挖潜和控水提效试验区为引领，长垣油田水驱加大调整力度，在年均向三次采油转移 $5000 \times 10^4 t$ 地质储量情况下，"十三五"期间自然递减率逐步控制到 6% 以内，年均含水上升值控制到 0.2 个百分点以内，年产油量保持在 $1330 \times 10^4 t$ 以上，继续发挥大庆油田产量和效益的压舱石作用。

第一节 特高含水期储层渗流特征及开发规律

大庆长垣油田为典型的陆相多层非均质砂岩油田，其储层非均质性强，由于不同渗透率储层孔喉结构特征、黏土矿物构成等差异，水驱前后表现出各不相同的变化特征，进入特高含水开发阶段后，三大矛盾更加凸显，储层渗流特征及水驱开发规律均发生较大变化。针对上述问题，"十三五"期间，重点开展了长期注水冲刷后储层渗透率变化、特高含水期水驱渗流特征变化及水驱开发规律等方面的研究，为特高含水期水驱精准开发提供理论基础。

一、长期注水冲刷储层渗透率变化

大庆长垣油田储层为大型陆相河流三角洲沉积体系，纵向上发育 100 多个小层，渗透率从几十至上千毫达西不等，储层非均质性强。经过 60 多年的注水开发，目前已进入"双特高"开发阶段，经过长期的注水冲刷，不同渗透率储层表现出各自不同的生产动态变化特征，渗透率高的厚油层低效无效循环严重，渗透率低的薄差油层表现间歇吸水，动用程度低，导致特高含水期三大矛盾更加凸显，影响了注水开发效果（杜庆龙，2016）。对长期注水开发过程中储层渗透率和润湿性的变化，前人进行了许多方面研究，一般认为经过长期注水冲刷后储层孔喉半径增大、渗透率增加（刘学等，2018；熊钰等，2018；陈小凡等，2012；吴素英等，2006）。"十三五"期间综合利用长期冲刷实验、核磁共振在线驱替扫描、检查井岩心资料分析、矿物黏土分析等手段，系统研究了不同渗透率储层长期注水冲刷后渗透率变化规律，明确了孔隙结构变化机理，对特高含水期厚油层控水挖潜及薄差油层强化注采等措施的制订具有一定的指导作用。

1. 不同储层水驱前后渗透率变化特征

1) 检查井岩心资料分析

通过对开发初期（含水≤40%）和后期（含水≥80%）两个阶段 65 口密闭取心检查井资料的对比分析，研究了不同开发阶段、不同渗透率储层的岩心渗透率分布的变化，其中高渗透储层（平均渗透率 1300mD 以上）开发初期和后期不同渗透率岩心所占比例如图 2-1-1 所示，渗透率分布总体向右（渗透率变大方向）移动，渗透率低值区比例减少，而渗透率高值区比例增加；中渗透储层（平均渗透率 800mD 以下）开发初期和后期不同渗透率岩心所占比例如图 2-1-2 所示，渗透率峰位明显向左（渗透率变小方向）移动，表明长期注水冲刷后中低渗透储层渗透率明显降低，具有一定的负效应。

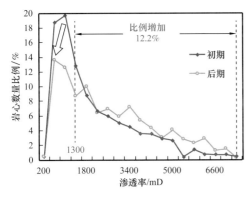

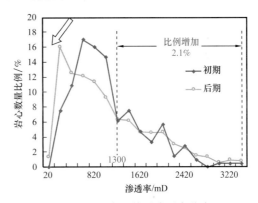

图 2-1-1　水驱前后渗透率分布
（高渗透层，平均渗透率 $K>1300$mD）

图 2-1-2　水驱前后渗透率分布
（中低渗透层，平均渗透率 $K<800$mD）

2) 室内岩心冲刷实验

为搞清长期注水冲刷渗透率变化规律，选取大庆长垣油田不同渗透率级别岩心，开展了大液量岩心冲刷实验。

实验用模拟地层水矿化度 6778mg/L，岩心从北 2-350- 检 45 井和南 1-12- 检 232 井两口密闭取心井未水洗和弱水洗部位钻取，共计 26 块，岩心空气渗透率为 50～2500mD。实验中的主要设备仪器包括精密驱替泵、恒温箱、中间容器、岩心夹持器和压力传感器等，冲刷流速设定为 0.5mL/min，冲刷孔隙体积倍数设定为 1000PV，实验过程遵循标准岩心流动实验流程。长期注水冲刷实验结束后，进行岩心烘干，并测定空气渗透率。

对比注水冲刷 1000 倍孔隙体积后渗透率与水驱前渗透率的变化表明，水驱前后渗透率变化率与原始渗透率之间呈一定的对数关系（图 2-1-3）。长期注水冲刷后原始渗透率小于 300mD 的岩心渗透率明显降低，变化幅度最大可达 –20%；而原始渗透率大于 1300mD 的岩心水驱前后渗透率有增大的趋势，变化范围为 5%～10%；而原始渗透率为 300～1300mD 的岩心水驱前后渗透率有增有减，变化幅度为 –5%～5%。

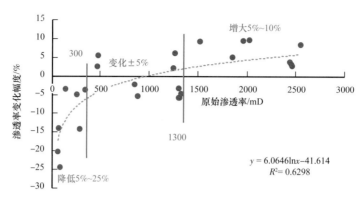

图 2-1-3　水驱后渗透率变化幅度（1000 倍注水冲刷实验）

2. 不同储层水驱前后渗透率变化机理

渗透率主要由孔隙结构决定，渗透率变化是孔隙结构变化的体现，孔隙结构变化主要归纳为两种原因：黏土矿物的粒径和成分为内因，注水冲刷强度和注水冲刷时间为外因。

1）黏土矿物的影响

长期注水开发后储层的孔隙结构发生了很大变化，孔隙结构的变化与孔隙中黏土矿物成分及产状有直接关系。由于不同类型黏土矿物敏感性的差别，导致在注水开发过程中其形态及含量发生不同的变化。

长垣油田高渗透储层中主要黏土矿物胶结物是高岭石（图 2-1-4），以分散质点的形式充填在砂岩的粒间孔隙中。长垣油田喇 5- 检 35 取心井萨三组 20-2 岩样冲刷前岩石孔隙间有大量的高岭石分布，堵塞孔隙；由于高岭石晶体结构不紧密，附着力差，易在液流冲刷下分散、迁移和堵塞微小孔喉；长期注水冲刷后高渗透岩石颗粒表面及孔隙间填充物明显减少，孔喉明显变大，只有较小孔隙间有少量残留的高岭石（图 2-1-5）。长垣油田中低渗透储层中伊利石和伊 / 蒙混层黏土矿物含量均高于高渗透储层（图 2-1-4）。表明中低渗透储层中水敏和速敏黏土矿物含量相对较多，体积膨胀和分散运移引起储层有效渗滤空间缩小和孔喉堵塞，从而导致储层渗透率下降。

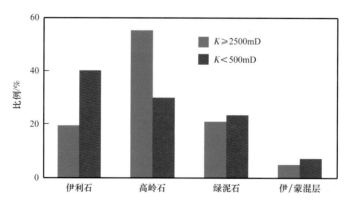

图 2-1-4　不同渗透率储层黏土矿物含量分布

(a) 水驱前　　　　　　　　　　　(b) 水驱后

图 2-1-5　20-2 岩样扫描电镜观察水驱前后黏土矿物分布（1000PV 注水冲刷）

（1）粒径与孔喉半径配伍关系的影响。研究认为，黏土矿物颗粒在孔隙内随流体冲刷移动的问题，视为黏土矿物颗粒大小和砂岩孔隙喉道大小的相互关系。据 Barkman（1972）研究，当孔喉直径大于颗粒直径 10 倍时，它能在孔隙内自由运动而不发生堵塞，当孔喉直径小于颗粒直径的 3 倍时，颗粒将堵塞孔喉，介于上述两者之间时，颗粒将在孔隙喉道处形成内部滤饼。

大庆油田前人研究成果表明，储层中高岭石长轴一般为 1～2μm。以长轴直径 2μm 来说明，当孔喉半径中值 R_{50} 小于 3μm 时，冲散的高岭石片将在孔隙喉道处堵塞；当孔喉半径中值 R_{50} 大于 10μm 时，冲散的高岭石片在孔隙中自由移动而不发生堵塞；当孔隙半径中值 R_{50} 介于 3μm 和 10μm 之间时，黏土颗粒被冲走，在孔隙间较大的喉道中移动，后又在相对较小的孔隙喉道处堵塞，使得本来较小的孔喉半径变得更小，只有颗粒半径较小的部分被流体冲刷出来，进一步增加了微观非均质性。

根据岩心冲刷前孔喉半径中值与空气渗透率关系（图 2-1-6），可以得到当孔喉半径中值 R_{50} 等于 10μm 时，空气渗透率为 1279.08mD（约 1300mD）；当孔喉半径中值 R_{50} 等于 3μm 时，空气渗透率为 285.57mD（约 300mD）。可以说明，空气渗透率大于 1300 mD 的样品，孔喉半径中值 R_{50} 大于 10μm，黏土矿物颗粒被冲掉后不会进一步堵塞孔道，且经长期注水冲刷后，各个主流通道均会增大，从而整体渗透率增加，且幅度较为明显；空气渗透率为 1300mD 与 300mD 的样品，孔喉半径中值 R_{50} 介于 3μm 和 10μm 之间，此部分渗透率级别的油层是目前油田开发的主力油层，经长期注水冲刷后，黏土颗粒由优势通道被冲刷下来并运移至非优势通道喉道处，此消彼长的作用使得原本优势通道半径逐渐变大，非优势通道半径逐渐变小，宏观上来看渗透率变化幅度不大（图 2-1-6），黏土颗粒只有部分被冲刷出井底，且颗粒残留在油层内越多，随时间推移渗透率降低的可能性和幅度也就越大；空气渗透率小于 300mD 的样品，孔喉半径中值 R_{50} 小于 3μm，此部分储层对黏土颗粒大小敏感性较中高渗透率储层更大，冲散的颗粒较易在小喉道处堵塞，使得渗透率降低，故对 300mD 以下油层的开发更应重视大液量冲刷带来的油层伤害。

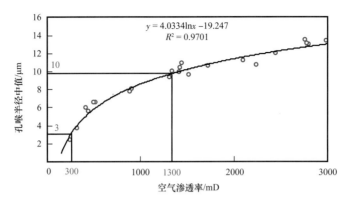

图 2-1-6　孔喉半径中值与渗透率关系曲线

为进一步搞清冲刷颗粒运移对孔隙结构的影响规律，开展了基于核磁共振扫描的模拟油冲刷流动实验，量化了注水冲刷对孔隙结构的影响。

① 岩心筛选：本次实验挑选 4 种不同渗透率岩心样品，样品长度 8cm 左右，样品信息见表 2-1-1。

② 流体准备：利用中性煤油和变压器油配制精致模拟油，0.25μm 滤膜过滤，45℃下黏度为 7.05mPa·s。

③ 流程组装：将干岩心放置于 MacroMR12-150H-I 高温高压驱替核磁共振成像分析系统的夹持器中（图 2-1-7），使用氟油加温加压循环的方式提供实验温度及围压，设置温度和压力分别为 45℃、3.0MPa。

④ 岩心饱和油：关闭夹持器进口端，打开出口端对岩心进行抽真空 4h，关闭出口端，打开进口端，恒压法饱和模拟油，设定注入压力为 1MPa，稳定 2h 后入口端调制大气压，进行核磁 T_2 谱测定。

⑤ 变流速岩心流动实验协同核磁 T_2 测定：打开出口端开始岩心流动实验，设置流速为 0.1mL/min，随时记录入口端压力传感器数值，稳定后不停泵进行核磁 T_2 谱测定，逐级提速至 0.5mL/min、2.5mL/min 和 12.5mL/min，压力稳定后进行核磁 T_2 谱测定。

⑥ 将饱和油后和 4 种流速冲刷后的 T_2 谱进行整理，先进行横坐标弛豫时间 T_2 谱—孔喉半径的转换，再进行孔隙分量计算，可得到不同渗透率级别岩心的冲刷强度—孔隙结构关系。

表 2-1-1　岩心孔渗参数表

样品编号	岩心长度 /cm	直径 /cm	岩心截面积 /cm²	气测孔隙度 /%	气测渗透率 /mD
N4-2（2）	8.43	2.51	4.95	23.93	168.29
N-12（2）	8.38	2.51	4.95	26.49	455.62
N-9-1（2）	8.36	2.50	4.91	24.85	777.19
N-8（2）	8.24	2.51	4.95	26.8	1583.24

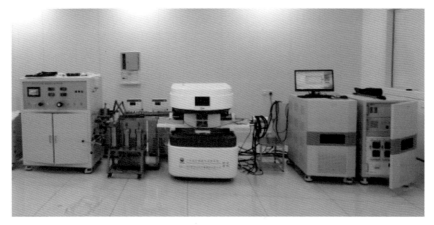

图2-1-7 MacroMR12-150H-I高温高压驱替核磁共振成像分析系统

实验结果表明，注水冲刷导致大孔增大、小孔变小，岩心微观非均质性增大。从实验前后不同孔喉半径分布频率看，随冲刷强度增大，6.3μm以上孔喉分布频率呈增加趋势，渗透越大，增幅越明显；1.0～6.3μm孔喉分布频率降低；1.0μm以下孔喉分布频率变化不明显（图2-1-8）。核磁共振扫描实验与前述分析有很好的一致性。

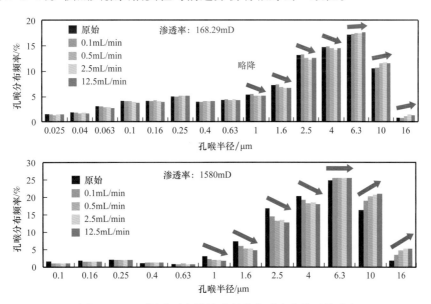

图2-1-8 不同渗透率样品孔径分布动态变化（核磁）

（2）黏土矿物遇水膨胀的影响。由于中低渗透储层中水敏和速敏黏土矿物含量相对较多，体积膨胀和分散运移是导致储层渗透率下降的主要因素。为进一步量化黏土矿物遇水膨胀对渗透率变化的影响，开展了低强度水、油冲刷渗透率变化对比实验。

岩心筛选：挑选空气渗透率范围为50～300mD未水洗岩心共4块。

流体配制：模拟地层水，矿化度6778mg/L，0.25μm滤膜过滤。

实验流程：为放大流体和岩心的化学作用，设计使用较低强度大液量冲刷，为满足注入量的要求，此项实验时间较长，叮达3～6个月，大量占用实验室资源，所以采用20L 广口瓶（带下出口，1m 高差）并联4个岩心夹持器开展长期、低速注水冲刷实验。

添水和计量：每天定时观察广口瓶中存水量，当发现液位较低时应及时添水，记录每根岩心出口端产水量，等待岩心入口端压力连续三天变化不超过0.001MPa 时结束实验。

实验表明，在0.2m/d 的平均冲刷强度下，水冲刷后渗透率变化幅度为 –13.8%～32.1%，平均达 –22.7%；而相同强度油冲刷后，渗透率变化幅度仅能达到 –0.9%（表2-1-2）。该实验进一步证实，黏土矿物遇水膨胀是导致低渗透储层渗透率下降的重要因素。

表2-1-2 渗透率60～300mD 岩心低速、长期水冲刷实验结果

岩心编号	渗流速度 / m/d	注入倍数 / PV	水冲刷前渗透率 / mD	水冲刷后渗透率 / mD	水冲刷后渗透率变化率 / %	油冲刷后渗透率变化率 / %
79–c8	0.11	730	61.0	41.4	–32.1	–1.6
79–c7	0.16	2500	92.1	74.6	–19.0	–0.9
79–c8	0.19	1150	130.0	112.0	–13.8	–0.9
79–c4	0.33	4310	300.0	222.0	–26.0	–0.1
平均	0.20	2172	145.8	112.5	–22.7	–0.9

2）注水冲刷的影响

注水冲刷是导致黏土颗粒剥落、运移、膨胀，进而导致储层渗透率变化的主要外部因素。为进一步明确冲刷强度、冲刷倍数对储层渗透率变化的影响，开展了不同渗透率岩心变流速、长期油冲刷渗透率变化测定实验。

实验步骤与油冲刷实验相同，不同之处在于岩心数量增加至4个渗透率级别共计16块，不进行核磁共振测试，冲刷速度加密为0.05mL/min、0.15mL/min、0.5mL/min、1mL/min、2mL/min、4mL/min、6mL/min 和10mL/min。实验表明，冲刷强度决定的是渗透率变化终点值，渗透率越高，达到终点所需注入倍数越大，时间越长。

（1）冲刷强度对渗透率的影响。注水冲刷强度实验表明，800mD 以上级别岩心，随着冲刷强度（渗流速度）增大，渗透率逐渐增加，渗透率变化幅度与冲刷强度呈指数形式，高渗透岩心长期冲刷导致的渗透率升高主要影响因素为冲刷强度，岩心越疏松，渗透率变化达到稳定时所需冲刷强度越小；300～800mD 级别岩心，随着冲刷强度增大，渗透率增加，超过一定强度后，渗透率出现下降，可能由于速敏现象导致；100mD 以下岩心，随冲刷强度增大，渗透率降低（图2-1-9）。

（2）注水冲刷倍数对渗透率的影响。注水冲刷倍数实验表明，相同注入强度条件下，渗透率随注入量（时间）先逐渐变化后趋于稳定，注入速度增大，压力达到稳定时所需注入量（时间）增大；初始渗透率越高，压力达到稳定时所需注入量越大。冲刷强度决定渗透率变化终点值，渗透率越高，达到终点所需注入量越大（图2-1-10，表2-1-3）。

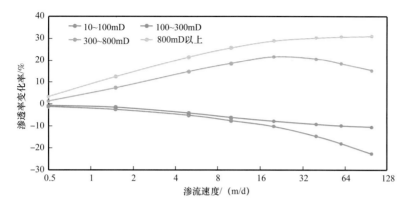

图 2-1-9　不同物性岩心的渗透率变化率与冲刷强度关系曲线

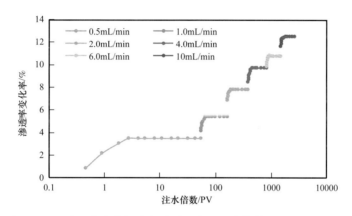

图 2-1-10　渗透率变化幅度与冲刷强度及注水倍数关系曲线（556mD）

表 2-1-3　不同冲刷强度渗透率达到稳定时注入量

流速 / mL/min	渗流速度 / m/d	渗透率达到稳定不变注入量 /PV		
		39.7mD	556mD	1032mD
0.05	0.5	15.75	22.51	32.55
0.15	1.5	17.58	34.45	45.51
0.5	5	20.35	51.35	59.27
1	10	28.73	58.94	70.73
2	20	36.81	73.31	89.81
4	40	53.48	84.29	104.94
6	60	70.45	110.72	142.27
10	100	116.18	183.43	231.39

二、特高含水期水驱渗流特征变化

大庆长垣油田已进入特高含水后期开采阶段，地下的油水分布情况和开发动态都发生了重大变化，主力油层、非主力油层均水淹严重，剩余油高度分散、无效循环加剧。在这一特殊开发阶段，油水运动规律、油水动态分布日趋复杂，反映渗流规律和开发特征的3条基本曲线（相对渗透率曲线、毛细管压力曲线和水驱特征曲线）都发生了较大变化，常规的油藏工程方法、开发动态分析方法、开发指标计算方法、可采储量计算方法等均产生一定不适用性，必须进行修改以适应新开发阶段的要求（袁庆峰等，2019；袁庆峰等，2017）。"十三五"期间，从提高驱油效率和波及效率两方面着手，在微观剩余油启动机理、相对渗透率及驱油效率变化规律、非均质性对渗流规律影响三个方面开展系统研究，进一步深化了特高含水后期水驱渗流特征认识，为后油藏水驱渗流理论的发展奠定了基础。

1. 水驱微观剩余油赋存特征及启动机理

1）微观剩余油启动力学机制

（1）微观剩余油赋存状态。应用二维薄片模型微观驱油光学观察实验技术，开展了水驱后微观剩余油赋存特征研究，根据微观剩余油形状及在孔隙中分布状态，分为连片状、簇状、柱状、孤岛状、膜状和盲端状6类（贾忠伟等，2018），特征如图2-1-11所示。

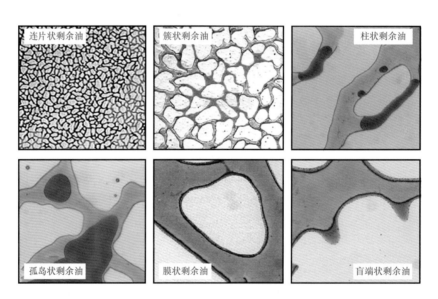

图 2-1-11　二维仿真微观模型水驱后不同类型微观剩余油特征

（2）不同类型微观剩余油受力分析及分类。对不同形态微观剩余油分别进行受力分析，发现其中微观未波及或者说孔隙连通但油相滞留的剩余油类型主要受毛细管力控制，吸附在孔隙表面的油主要受黏附力控制，此外黏滞力是所有微观剩余油启动需要克服的力。

对于以上 6 类按形态分类的微观剩余油，按受力则可简化为以下两类：

① Ⅰ类剩余油。主要赋存形态包括连片状、簇状、柱状、孤岛状，主要受毛细管力和黏滞力控制，驱动力大于毛细管阻力即可启动。

孔隙壁面润湿性决定毛细管阻力方向，因此将分别分析油湿、水湿变径毛细管中剩余油启动机制，如图 2-1-12 所示。

亲油变径毛细管中，剩余油由喉道进入孔隙时阻力较大；亲水变径毛细管中，剩余油由孔隙进入喉道时阻力较大。对于水驱开发来说，主要影响因素为孔隙半径和喉道半径的大小，外部动力只有克服孔、喉毛细管力差异［式（2-1-1）、式（2-1-2）］，才能够启动此类型剩余油。

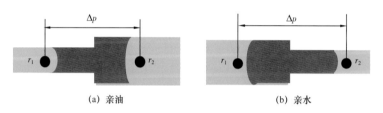

(a) 亲油　　　　　　　　　　(b) 亲水

图 2-1-12　不同润湿性变径毛细管剩余油受力分析

亲油孔隙剩余油启动机制：

$$\Delta p > \left(\frac{1}{r_1} - \frac{1}{r_2} \right) 2\sigma \cos\theta \qquad (2-1-1)$$

式中　Δp——压差，MPa；

　　　r_1，r_2——变径孔隙喉道半径，μm；

　　　σ——界面张力，mN/m；

　　　θ——润湿角，(°)。

亲水孔隙剩余油启动机制：

$$\Delta p > \left(\frac{1}{r_2} - \frac{1}{r_1} \right) 2\sigma \cos\theta \qquad (2-1-2)$$

② Ⅱ类剩余油。主要赋存状态包括膜状、盲端状，主要受黏附力、黏滞力控制，剪切力大于黏附力即可启动。膜状剩余油和盲端状剩余油均是局部油湿所导致，不同的是外部物理驱动力作用更差，如图 2-1-13 所示。

已知剩余油液滴的宽度为 w、高度为 h，通道的高度为 H、长度为 L，油水相黏度分别为 μ_o 和 μ_w 在水驱流速 v 条件下，油滴受上下游的驱动压力 p_u 和 p_d、表面切应力 τ_t、前后端界面张力作用 σ，假设膜状液滴高度远小于通道高度，其动力学启动机制可表示为式（2-1-3）。

盲端状剩余油，分析方法与膜状相似，忽略了下表面切应力，其动力学启动机制可表示为式（2-1-4）。

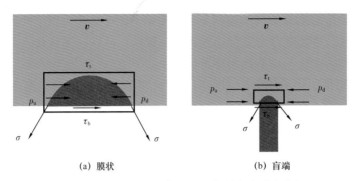

(a) 膜状　　　　　　　　　(b) 盲端

图 2-1-13　不同润湿性变径毛管剩余油受力分析

膜状剩余油启动机制：

$$\Delta p = \frac{\mathrm{d}p}{\mathrm{d}x}L > \frac{\sigma L\left(\cos\theta_r - \cos\theta_a\right)}{w\left[\dfrac{H}{2} + \dfrac{\mu_o}{\mu_w}\left(\dfrac{H}{2} - h\right)\right]} \qquad (2\text{-}1\text{-}3)$$

式中　$\dfrac{\mathrm{d}p}{\mathrm{d}x}$——压力梯度，MPa/m；

L——通道长度，m；

H——通道高，m；

θ_a——前进接触角，（°）；

θ_r——后退接触角，（°）；

w——膜状剩余油液滴宽度，m；

h——膜状剩余油液滴高度，m；

μ_o——油相黏度，mPa·s；

μ_w——水相黏度，mPa·s。

盲端状剩余油启动机制：

$$\Delta p = \frac{\mathrm{d}p}{\mathrm{d}x}L > \frac{2\sigma L\left(\cos\theta_r - \cos\theta_a\right)}{wH} \qquad (2\text{-}1\text{-}4)$$

在相同润湿性、油水界面张力下，膜状、盲端状剩余油启动所需要压差远大于毛细管力控制的剩余油，改变润湿性、降低界面张力等化学驱手段比较适用。

（3）不同类型微观剩余油量化统计。通过两组不同润湿性微观模型的驱油物理模拟实验，统计分析了不同润湿性模型水驱过程中不同阶段剩余油形态所占比例，见表 2-1-4。

亲油模型：驱油过程中Ⅰ类剩余油比例逐渐降低，驱替至不出油后，Ⅰ类占总剩余油的 95.50%。亲水模型：驱油过程中Ⅰ类剩余油比例逐渐降低，驱替至不出油后，Ⅰ类占总剩余油的 96.40%。实验表明，无论亲油模型或亲水模型，特高含水后期的微观剩余油类型均以Ⅰ类为主，增大局部剩余油富集区的驱动压差可进一步动用该部分剩余油。

表 2-1-4　不同润湿性模型在水驱不同阶段剩余油统计表

润湿性	含水饱和度 /%	I 类剩余油					II 类剩余油		
		含油饱和度 /%				比例 /%	含油饱和度 /%		比例 /%
		未波及	簇状	柱状	孤岛状		膜状	盲端状	
亲油	20	72.0	5.8	1.2	0.0	98.75	0.4	0.6	1.25
	30	59.0	8.5	1.3	0.0	98.30	0.5	0.7	1.70
	40	46.0	11.2	1.4	0.0	97.70	0.6	0.8	2.30
	50	31.0	15.8	1.5	0.0	96.60	0.7	1.0	3.40
	53（含水率 100%）	24.0	19.2	1.7	0.0	95.50	0.9	1.2	4.50
亲水	20	71.0	7.2	1.0	0.2	99.30	0.0	0.6	0.70
	30	59.0	9.0	1.1	0.2	99.00	0.0	0.7	1.00
	40	43.0	14.4	1.3	0.3	98.30	0.0	1.0	1.70
	50	28.0	19.0	1.6	0.3	97.80	0.0	1.1	2.20
	55（含水率 100%）	21.0	20.3	1.8	0.3	96.40	0.0	1.6	3.60

2）压力梯度对微观剩余油影响

从微观剩余油启动机制分析可以看出，增大局部剩余油富集区压力梯度可动用该部分剩余油。为了表征三维岩心尺度中微观剩余油与注水条件的影响，建立了微岩心驱替协同数字岩心剩余油分析技术（图 2-1-14 和图 2-1-15），开展了压力梯度对微观剩余油影响实验研究。

岩心筛选：选取不同渗透率级别天然岩心 4 块，具体信息见表 2-1-5。

岩心二次钻取、干样扫描：岩样钻为直径 8mm、长度 2cm 的圆柱体并打磨端面，将岩心装入由聚醚醚酮（PEEK）材料制成的岩心夹持器，开始扫描。

抽真空饱和水、油驱造束缚水：对岩心进行抽真空 4h，饱和水 2h，油驱造束缚水，形成饱和状态原始油藏。

水驱油实验：本次实验共设计 4 种驱替流速，0.01mL/min、0.03mL/min、0.05mL/min 和 0.10mL/min，每个流速注水量为 3PV 后停止注水，并进行 X 射线 CT 扫描实验。

对多个不同条件 CT 数据体进行重构、油水岩三相分割、油水分布量化统计分析。

在油驱水和水驱油过程的 CT 扫描实验前，要把岩心静置半个小时以确保孔隙中的流体达到平衡状态。扫描的图像大小为 2000 像素 ×2000 像素 ×1100 像素。另外，为了增大油相和水相在 CT 图像中的灰度值区别，在水相中加入了碘化钾试剂。本次协同扫描实验岩心尺寸直径为 8mm，长度为 2cm，按 1m/d、3m/d、5m/d 和 10m/d 设置渗流速度，并根据式（2-1-5）计算注入速度：

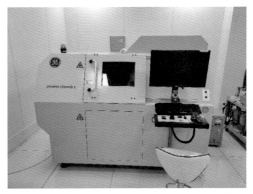 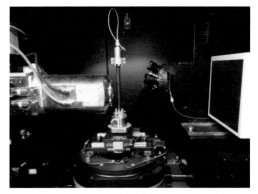

图 2-1-14 GE phoenix v|tome|x m CT 系统   图 2-1-15 驱替实验协同 CT 扫描结合

表 2-1-5 岩心孔渗参数表

样品编号	岩心长度 /cm	直径 /cm	岩心截面积 /cm³	气测孔隙度 /%	气测渗透率 /mD
CT-1	2.65	2.51	4.95	24.52	184.28
CT-2	2.82	2.51	4.95	26.87	389.51
CT-3	2.44	2.5	4.91	25.75	785.23
CT-4	3.05	2.51	4.95	27.80	1672.5

$$Q = \frac{A\phi v}{14.4} \qquad (2-1-5)$$

式中 Q——注入速度，cm³/min ；

     A—— 岩心截面积，cm² ；

     ϕ——岩心孔隙度；

     v——渗流速度，m/d。

实验表明，随注入速度增加，驱油效率逐渐提高，剩余油饱和度逐渐降低，见表 2-1-6；连片状和簇状剩余油逐渐减少，柱状、膜状和盲端状剩余油逐渐增加，增大驱替压差主要动用Ⅰ类剩余油，同时新产生少量Ⅱ类剩余油，如图 2-1-16 所示；微观剩余油体积逐渐减小、零散程度逐渐增大，油相非连续程度进一步攀升，如图 2-1-17 所示。

表 2-1-6 不同渗透率岩心驱油效率

样品编号	气测渗透率 /mD	驱油效率 /%			
		1m/d	3m/d	5m/d	10m/d
CT-1	184.28	53.36	57.8	62.49	63.23
CT-2	389.51	54.4	62.75	68.13	69.56
CT-3	785.23	55.35	65.28	69.69	72.44
CT-4	1672.5	57.22	69.59	75.57	76.84

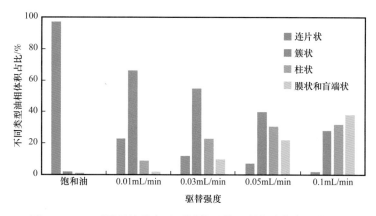

图 2-1-16　不同驱替强度下不同类型微观剩余油分布量化对比
（空气渗透率 1673mD，孔隙度 28.35%）

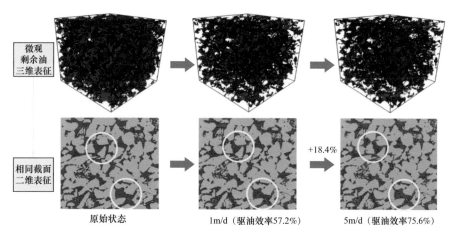

图 2-1-17　天然岩心动态驱替 CT 扫描实验剩余油变化
（空气渗透率 1673mD，孔隙度 28.35%）

2. 相对渗透率曲线及驱油效率变化规律

1）相对渗透率曲线变化规律

相对渗透率曲线是流体饱和度、润湿性和压力梯度等多因素的函数，根据行业标准《岩石中两相相对渗透率测定方法》，在含水率达到 99.95% 时或注水 30 倍孔隙体积后，认为达到了极限驱替，可以结束实验。近年来有研究提出，对岩心进行高倍驱替至 1000PV 后，驱油效率可在 30 倍水驱的基础上得到较大幅度提升，相对渗透率曲线形态也随之存在一定的差异。为搞清驱替条件对相对渗透率曲线的影响，设计了以下两组不同驱替条件的相对渗透率曲线测定实验，即同一岩样水驱 30PV 后保持相同注入速度、提高注入速度继续驱至 1000PV。

实验表明，不提速 1000PV 驱替相对渗透率曲线端点值及形态变化不大，即残余油饱和度略有减少，油水共渗范围增加不到 1 个百分点，油水两相交点饱和度基本不变，残余油时水相相对渗透率增加，最终采收率提高很小，如图 2-1-18 所示。提速 1000PV 驱替相对渗透率曲线端点值及形态变化较大，即最终采出程度增加 6.52%，残余油饱和度降低 4.33%，残余油下水相相对渗透率增大 12.18%，如图 2-1-19 所示。

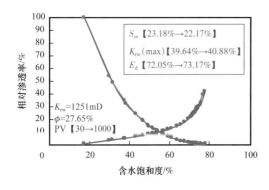
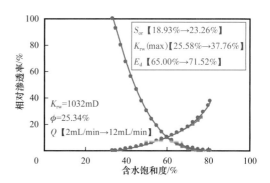

图 2-1-18　1000PV 与常规相对渗透率曲线　　　　图 2-1-19　1000PV 与常规相对渗透率曲线
　　　　　　对比（不提速）　　　　　　　　　　　　　　对比（提速）

分析认为，不提速 30PV 注入量已基本完全动用在当前注入速度下能够启动的微观剩余油，水相对渗透率流通道基本不变，增加的少量采收率可能由于渗吸作用所导致；提速 30PV 实验过程中，进一步增加注入速度意味着提高压力梯度，进而可以启动更小孔喉中的剩余油，水相对渗透率流通道增加，最终采收率得到提高，相对渗透率曲线右移。

2）水驱油效率变化规律

（1）提高压力梯度可进一步提高驱油效率。为进一步评价提高压力梯度对水驱油效率的影响，利用 352.1mD 与 2663.6mD 两块岩心，开展了大液量、逐级提压实验，即首先以 0.017MPa 对两块样品进行大液量恒压驱替至含水率 100%，记录产油量；增加压力至 0.034MPa 继续对两块样品进行大液量恒压驱替至含水率 100%，记录产油量；增加压力至 0.068MPa 继续对两块样品进行大液量恒压驱替至含水率 100%，记录产油量。

实验结果表明，一定压力梯度下驱替 30PV 后，水驱油效率进一步增加幅度较小，继续增加压力梯度，驱油效率很快增加并趋于稳定，不提压只增加注水倍数无法大幅度提高水驱采收率，如图 2-1-20 和图 2-1-21 所示。但在实际油藏中，通过提高注采压差提高压力梯度将导致层间、平面和层内矛盾进一步加剧，采收率反而可能降低。因此必须研究新的水驱提高采收率技术，如压裂、液流转向、侧钻水平井等，一方面增加局部压力梯度，另一方面能减缓三大矛盾，进而达到提高采收率的目的。

（2）"压力梯度—渗透率—驱油效率"关系图版。以上述实验为基础，进一步提出了一种变压力梯度极限驱油效率评价实验新方法，并对比分析了不同物性岩心在不同压力梯度条件下的极限水驱油效率。

实验过程中，在岩心挑选、制备、饱和油后，用高精度驱替泵以低压差（0.001MPa）恒压驱替至不出油；然后逐级提高恒压压差，并驱替至不出油。记录不同条件下的驱油效率，其增幅小于 0.1% 时即停止实验。实验用岩心参数见表 2-1-7。

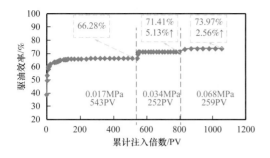

图 2-1-20　352.1mD 岩心在不同注水条件
水驱油效率变化

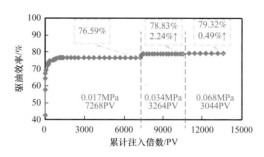

图 2-1-21　2663.6mD 岩心在不同注水条件
水驱油效率变化

表 2-1-7　岩心参数表

岩心编号	长度 /cm	直径 /cm	空气渗透率 /mD
1–27	9.20	2.50	8.03
736–2	8.69	2.51	23.32
736–3	9.24	2.51	66.37
777–3	8.79	2.51	108.57
775–2	9.88	2.51	216.54
373–2	8.96	2.50	441.79
185–1	9.09	2.53	780.92
347–3	8.97	2.51	1037.23
650–3	8.78	2.47	1583.62
458–2	9.59	2.51	2096.43

　　在上述实验基础上，即可建立压力梯度—渗透率—驱油效率关系图版，如图 2-1-22
所示。进一步分析表明（图 2-1-23），不同渗透率级别岩心驱油效率均随压力梯度增加呈

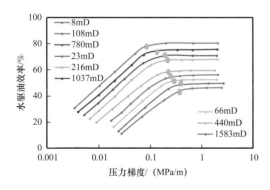

图 2-1-22　水驱油效率与压力梯度关系
（水驱油实验）

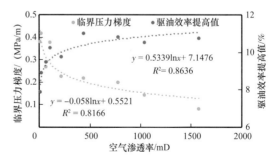

图 2-1-23　临界压力梯度及驱油效率提高值
与空气渗透率关系曲线

对数形式增加，且压力梯度每提高 1 倍，水驱油效率可提高 8~10 个百分点。同时，不同渗透率岩心均存在临界压力梯度，驱替压力梯度小于该值时，水驱油效率随压力梯度增加而增加，超过该值后驱油效率基本保持恒定。

3. 非均质性对渗流规律的影响

大庆长垣油田主力油层纵向非均质性发育，在笼统注水或多层合采开发过程中由于层间、层内干扰现象会对油田开发产生一系列不利影响。主要表现在好层与差层物性差异、厚油层顶部与底部物性差异，使得层间、层内动用程度不均、采出程度不等、整体采收率低，在渗流特征和开发动态上表现出低效无效循环严重、含水率快速上升等特点。

1）层间非均质影响

特高含水后期，层间开发矛盾问题愈加严重，开发调整难度逐渐增大，需进一步分析和评价层间干扰对水驱开发效果的影响，为此设计并开展了不同渗透率级差、不同组合方式的并联岩心驱替实验。

（1）层间干扰物理模拟实验。依据大庆长垣油田地质特征，结合水驱开发调整过程，设计了物理实验模型，并开展了基础方案及调整方案的实验。

模型设计：4 层并联非均质模型，岩心渗透率分别为 100mD、300mD、800mD 和 1800mD，实验流程如图 2-1-24 所示。

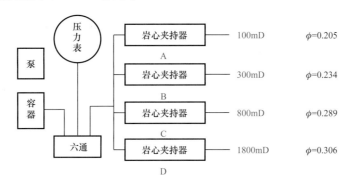

图 2-1-24　层间干扰物理模拟实验流程

基础方案：由 p_1 压力驱到不出油，含水 99.5% 以上；升压至 p_2（$p_2 = 2p_1$），驱到不出油；升压至 p_4（$p_4 = 4p_1$），驱到不出油。

调整方案：由 p_1 驱到含水 85%，关掉渗透率为 1800mD 的岩心，驱到含水 98%；升压至 p_2（$p_2 = 2p_1$），驱到含水 98%；关掉渗透率为 800mD 的岩心，驱到含水 98%；升压至 p_4（$p_4 = 4p_1$），驱到不出油；打开渗透率为 800mD 的岩心驱到不出油，再打开渗透率为 1800mD 的岩心驱到不出油。

（2）实验结果分析。基础方案如图 2-1-25 和图 2-1-26 所示，多层合采时，逐级提高注采压差（相当于加密井网），使各渗透率级别岩心采出程度均有提高，层间干扰作用严重影响了中低渗透储层的开发效果，提高压力梯度（井网加密）将会使层间矛盾进一步加剧，仅在实施初期能略微减缓一些层间干扰。笼统注入 16PV，低渗透储层采出程度仅为 12.78%。

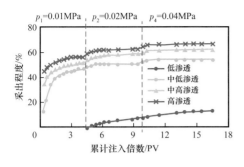

图 2-1-25　单层采出程度随累计注入倍数
变化曲线

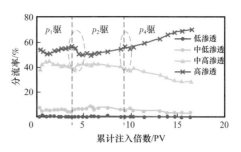

图 2-1-26　单层分流率随累计注入倍数
变化曲线

　　调整方案如图 2-1-27 和图 2-1-28 所示，调整后水驱开发效果显著提升，主要贡献来自中、低渗透储层采出程度的大幅增加，调整方案累计注入 23.5PV，低渗透储层采出程度提高了 27.07%，综合采出程度提高了 10.11%。调整方案可在增加低渗透层吸水指数的同时，适当抑制中高渗透层的低效无效循环。调整后，中低渗透层单位压差下的渗流速度明显增大，而中高渗透层显著降低。在注水开发过程中，加强对中高渗透储层吸

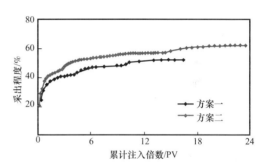

图 2-1-27　不同方案综合采出程度对比

液量的控制，优化层系组合，保证低渗透储层注水强度和注水量是减少非均质油藏注水开发过程层间干扰的有效措施。

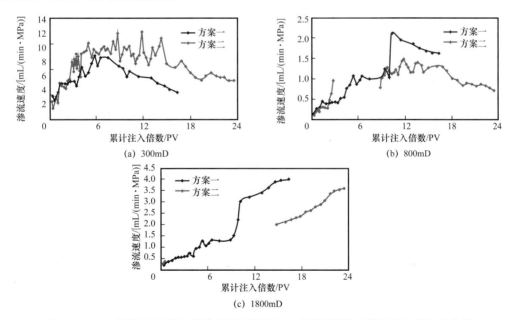

(a) 300mD

(b) 800mD

(c) 1800mD

图 2-1-28　不同渗透率岩心单位压差下的渗流速度随累计注入倍数的变化关系曲线

2）层内非均质影响

层内干扰物理模拟实验。设计制作了大型填砂可视模型实验装置，并建立了水驱油实验技术，开展了层内非均质剖面填砂模型水驱油实验（林玉保等，2018；林玉保等，2014），如图2-1-29所示。

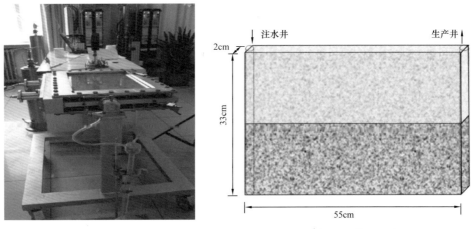

图2-1-29 非均质剖面填砂模型水驱油实验装置及模型示意图

模型制作：采用不同目数的石英砂填充，制作了非均质剖面填砂实验模型，模型各层填砂空气渗透率1050mD和484mD，非均质系数1.37，变异系数0.39。

饱和油：模型抽空饱和水，通过油驱水造束缚水。

水驱油实验：水驱油速度为6mL/min，相当于注入水在模型内的平均推进速度为1m/d，与油层内的平均渗流速度相近。

实验过程中记录实验油水注入速度及实验过程中注入端压力、累计产油量、产水量、时间，并在驱替过程中拍照。

以正韵律为例，注水开发过程中，受油层非均质的影响和重力的作用，易导致注入水沿油层下部突进，形成无效和低效循环，影响油田开发效果（图2-1-30和图2-1-31）。

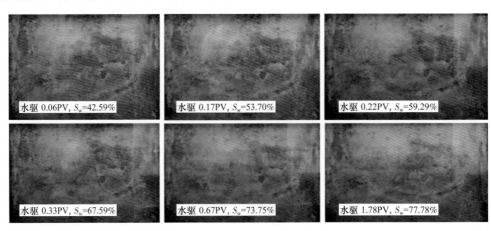

图2-1-30 非均质剖面填砂模型水驱油中间过程

同时，高渗透层重力作用比低渗透层强，对于反韵律油层，上部渗透率较大，相应的孔隙通道也大，在水驱过程中容易沿平面推进，另外，由于重力增强，下部低渗透率段也能达到水驱效果，这类油层水淹厚度大，层段采收率高。

在油田注水开发过程中，随着油层中含水饱和度的增加，在低含水期（0＜含水率＜20%），采收率随注入倍数的增加快速增加，此时模型产出液含水较低，但含水上升较快；到水驱中期，采收率和含水逐渐增加，但增加幅度开始变缓；到水驱末期采收率增加幅度较小，水驱1.4PV后含水达到了98%，水驱采收率为66.18%，如图2-1-32所示。

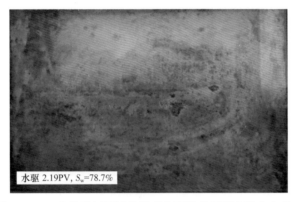

水驱 2.19PV, S_w=78.7%

图 2-1-31　非均质剖面填砂模型水驱结束后剩余油分布状态

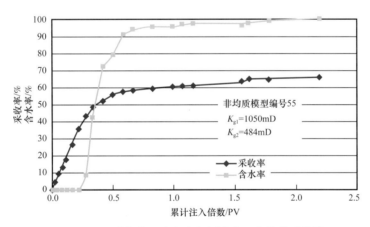

图 2-1-32　采收率和含水率与累计注入倍数关系曲线

三、特高含水期水驱开发规律

开发规律研究和指标预测是油田开发的重点研究内容之一，大庆油田根据开发条件的变化，在不同开发阶段，都建立了相应的开发规律研究与预测方法，满足了油田规划和决策的需要。随着油田开发形势发生变化，给油田开发规律研究和预测带来了新的问题和要求，目前长垣油田进入特高含水期已开发16年，开发指标变化规律需要深化认识，特高含水期实施的水驱精细挖潜措施长期效果需要深入评价，同时随着三次采油规模的逐渐扩大，储量转移和封堵对水驱指标的影响也需要研究，为此开展了长垣油田特高含水期水驱开发规律研究。项目以油藏工程理论为基础，以室内实验研究和矿场动静态资料、测试资料分析为手段和依据，发展和完善已有的预测方法，建立了特高含水油田开发规律分析与预测应用技术，满足了油田特高含水期开发调整方案和开发规划方案编制以及开发战略制订的需要。

1. 常规方法适应性评价

根据国内外油田水驱曲线的适用条件，水驱特征曲线预测方法适用于油层物理性质相对比较均匀，水淹也比较均匀的情况，适合于中高含水期，适用于油田无重大调整措施条件下。长垣油田进入特高含水期后，由于优势渗流通道的存在以及采取了大量的调整措施，使目前方法在应用上存在问题，主要体现在以下两方面：

是预测精度低。水驱曲线直线关系只适用于中高含水期，特高含水期优势渗流通道渗流规律的改变，水驱曲线出现上翘现象，继续应用水驱曲线直线规律描述特高含水油层含水规律会产生较大误差；同时，笼统预测没有考虑分类油层开发规律的差别，各类油层全部用水驱曲线直线规律预测，没有考虑特高含水阶段优势渗流通道水驱曲线直线规律变化给整个油藏指标规律带来的影响，使现有方法预测指标误差较大。

二是无法满足油田实际开发需求。首先是对措施作用的考虑，目前油田开发规划方案编制中，先应用水驱曲线定液法预测无措施条件下开发指标变化规律，然后再考虑措施效果，最后再将两者简单的代数叠加得到措施作用下的开发指标变化情况。但事实上，开发指标与控制措施是相互作用的。这种简单的"拆开"再"拼合"的做法既不符合系统思想，也不符合油田开发实际。其次是对储量转移的考虑，目前油田开发规划方案编制中，储量转移影响水驱产量是根据油井封堵目的层前后产量的变化统计得到的，在年度规划方案编制中应用不会有太大偏差，但长远规划中这部分影响的产量递减情况只能人为推测，因此会有人为因素误差。而目前笼统预测方法是把油藏看成一个整体，储量转移只是整体储量发生变化，储量结构的变化不能在测算指标的过程中体现，由于三次采油转移的储量都是I类和II类油层，储量转移后剩余水驱油层储量含水结构发生变化，笼统预测时无法考虑。

由于长垣油田水驱在特高含水开发阶段存在优势渗流通道、精细挖潜措施和储量大规模转移等特点，目前的水驱特征曲线预测法没有考虑特高含水层段渗流规律的变化，继续应用水驱曲线进行笼统指标预测会产生较大误差，同时目前的笼统预测法无法考虑措施变化对不同油层注采速度和产液产油比例的影响，也不能考虑储量转移和封堵导致整个油层的储量、含水等构成产生的变化。因此需建立符合特高含水渗流特征、考虑措施和储量转移下的分层结构调整指标预测模型。

2. 特高含水期开发指标预测方法

针对水驱曲线在特高含水期进行开发指标预测存在的问题，以及长垣油田水驱目前的生产需求，建立了不同油层用不同开发规律进行描述的分层结构调整预测模型。

1）分层含水上升规律

分层结构调整预测模型的核心是确定特高含水油层的含水上升规律，由于原来的水驱曲线不再适用，因而采用改进的生长曲线方法来进行描述。生长曲线是一种全过程预测方法，可以避免水驱曲线等方法在特高含水期预测精度降低的弊端。

目前在油田开发指标预测方法中，已经形成了水驱曲线、递减曲线和生长曲线三大系列方法，关于递减曲线和水驱曲线这里不再赘述。生长曲线是描述生物生长过程而得名，一个事物的完整历程总要经过发生、发展、成熟和衰亡的过程，每个阶段的成长速度各不相同。作为趋势外推法的一种重要方法，在描述及预测生物个体的生长发育及某些技术、经济特性等领域中已得到广泛应用。对生长曲线在油田开发中的认识与应用，以俞启泰教授为代表的一批学者和专家在函数式建立、特性分析、曲线优选等方面已经进行过较为深入的研究，目前应用较为成熟的以 Weibull、Gompertz 和 Logistic 三种生长曲线为代表。传统的生长曲线是基于最大可采储量假设条件下，研究其与时间的变化关系，文献调研结果表明，目前尚没有发表在基于微观渗流规律假设条件下而建立的生长曲线。

（1）基于油水两相渗流规律的生长曲线。

新的生长曲线模型（王永卓等，2019）从油水两相渗流特征出发，考虑油田储量是一个有限的体系，在其自身发展的过程中，产量一定要经过上升、稳产、递减直至枯竭的过程。

假设：

$$S_{\mathrm{w}} = \frac{S_{\mathrm{wm}}}{1 + a^{t} \mathrm{e}^{\ln\left(\frac{K_{\mathrm{ro}}}{K_{\mathrm{rw}}}\right)^{b}}} \qquad （2-1-6）$$

式中　a，b——生长曲线系数；

　　　K_{ro}，K_{rw}——油相、水相相对渗透率；

　　　S_{w}——目前含水饱和度，%；

　　　S_{wm}——极限含水饱和度，%；

　　　t——时间，a。

由分流方程可得：

$$\frac{K_{\mathrm{ro}}}{K_{\mathrm{rw}}} = \frac{1}{WOR} \cdot \frac{\mu_{\mathrm{o}}}{\mu_{\mathrm{w}}} \qquad （2-1-7）$$

式中　WOR——水油比；

　　　u_{o}，u_{w}——地下原油黏度、地下水黏度，mPa·s。

将式（2-1-6）和式（2-1-7）结合可以推导出：

$$f_{\mathrm{w}}{}' = \frac{\mathrm{d}f_{\mathrm{w}}}{\mathrm{d}R} = \frac{\left[\left(WOR\right)^{B} + A\right]^{2}}{B \times \left(WOR\right)^{B-1} \times \left(\frac{1}{1-f_{\mathrm{w}}}\right)^{2}} \qquad （2-1-8）$$

式中　f_{w}，f_{w}'——含水、含水上升率，%；

A，B——与 a 和 b 相关矿场拟合系数。

式（2-1-8）即为新提出生长曲线的微分形式。

（2）生长曲线适应性检验。

在基于油水两相渗流规律建立生长曲线预测方程式的基础上，应用室内实验资料和矿场试验资料对生长曲线的拟合和预测精度进行了检验。

① 室内实验资料检验生长曲线的适应性。从各开发区不同油层组相对渗透率数据统计结果看，85% 以上均出现了良好的直线关系。可以看出，生长曲线在不同含水阶段都符合直线关系，因此与水驱曲线相比，其适用范围更广，水驱曲线只适用于中高含水期，而生长曲线适用于整个水驱开发过程。

② 矿场试验资料检验生长曲线的适应性。应用小井距数据检验了生长曲线的预测精度，根据检验结果生长曲线在特高含水期能更准确地预测产油量和含水。含水 95% 以后，预测产油量相对误差在 7.24% 以内，含水绝对误差小于 0.77%，而水驱曲线在含水 95% 以后，预测产油量和含水误差较大。从采收率预测结果看，水驱曲线由于开发后期的上翘问题，预测水驱油田采收率值偏高，误差最高可达到 3.9 个百分点，而生长曲线预测水驱油田采收率，误差在 1.1 个百分点以内，可见生长曲线能更为准确地预测水驱油田采收率。

室内实验相对渗透率数据和小井距试验区数据检验结果均表明，建立的生长曲线预测模型在水驱油田全过程均可进行预测，尤其在特高含水阶段比水驱曲线更具适应性。

2）预测模型参数确定

在建立的分层结构调整预测模型中，需要确定分类油层的各项参数，主要包括分类油层储量比例、分类油层产液比例和分类油层目前含水。

（1）油层分类。

即先将油层按不同含水级别进行分类。参考国内外油田的含水划分标准，含水小于 60% 为低含水，含水 60%～80% 为中含水，含水大于 80% 为高含水，含水大于 90% 为特高含水，以此为依据，按 4 个含水级别将油层划分为 4 类：未含水油层，含水为 0；低含水油层，含水小于 60%；中高含水油层，含水为 60%～90%；特高含水油层，含水大于 90%。

（2）确定分类油层参数。

确定每类油层的储量、目前含水以及产液量。根据产液与吸水剖面资料确定分类油层厚度比例，取心井资料来确定孔隙度和含油饱和度，两者结合即可求出分类油层的储量比例。通过产液和吸水剖面资料确定每个油层的产液量和含水率，从而得出每个油层的产油量和产水量。对于分类油层含水的确定主要采用试凑法，即先应用产液及吸水剖面井资料确定分类油层的含水和产液比例，然后以油田实际含水与产液剖面统计井含水之差即为约束条件，通过试凑法反求实际各类油层含水。

（3）确定分类油层开发指标规律。

对每类油层确定其产量和含水等指标变化规律，即特高含水层按生长曲线进行预测，中高含水油藏按水驱特征曲线进行预测，低含水油层按递减曲线进行预测。

在确定预测模型分类油层参数基础上，完成了分层预测模型软件的拟合模块和预测模块的编制工作，拟合模块可以实现对分类油层目前含水进行误差范围内拟合，确定分类油层目前含水，同时建立了预测参数数据模块，预测模块可以预测分类油层的开发指标，并以图形方式显示，可以考虑措施时机和措施工作量的影响，同时还可以测算聚合物驱储量转移对水驱指标的影响。

3）分层结构调整预测模型特征

分层结构调整预测模型的第一个重要特点是实现了不同油层用不同的开发规律来描述，考虑了特高含水油层渗流规律的变化。在模型中，对特高含水油层含水规律的描述由于水驱曲线不再适用，因而使用生长曲线来描述，对中高含水油层可以采用水驱曲线也可使用生长曲线来描述，对低含水油层仍然用生长曲线来描述。应用生长曲线对特高含水油层渗流规律的描述在下一节进行详细的论述。

分层结构调整预测模型的第二个特点是建立在措施机理分析的基础上，能够考虑到措施调整作用对开发指标的影响。对多层非均质油藏而言，措施调整的作用本质上是改变非均质油层各个单元的采出速度和产油、产液比例，优化注水产液结构，从而改变整个油藏的水驱特征，实现整个油藏的均衡开采，如压裂等增产措施是提高低含水层采液速度与采油速度，封堵等控水措施可认为是控制高、特高含水层采液速度和采油速度。因此调整措施的作用在模型中可以通过调整液量和分层产液比例来实现。

分层结构调整预测模型的第三个特点是能够合理考虑到储量转移对水驱开发指标的影响。由于聚合物驱储量转移是封堵整个目的层，因而剩余的水驱储层的总储量和不同油层的储量构成发生变化。储量转移对水驱的影响在模型中可以通过调整储量和分层储量比例来实现。同时分层结构调整预测模型可以实现分层指标测算，为分层结构调整提供依据。

3. 特高含水期开发指标变化趋势分析

应用建立的分层结构调整预测模型，预测了长垣油田水驱精细挖潜措施后的产量和含水等主要指标变化趋势，测算了不同三次采油规模下储量转移和封堵对水驱产量、采收率等指标的影响，并确定了长垣油田水驱在考虑措施和储量转移条件下的主要指标技术界限。

1）长垣油田水驱精细挖潜示范区措施后主要指标变化趋势

根据油藏工程基本原理，从描述非均质多油层油藏开发指标规律的基础关系式出发，研究了影响油田产量递减规律、含水上升规律的地质及开发因素，通过与国内外油田的对比，分析了开发调整对产量递减规律、含水上升规律的影响。测算了长垣油田水驱精细挖潜示范区提高采收率值，预测了精细挖潜措施后的产量和含水等主要指标变化趋势（吴晓慧，2018）。

（1）产量及递减率变化规律。

为了研究精细挖潜措施效果以及措施结束后产量和递减率变化，通过解剖长垣油田7个水驱精细挖潜示范区，设计了常规措施方案和精细挖潜方案两个不同措施规模方案进行对比，其中常规措施方案的措施工作量安排为：一直保持 2009 年的水平，精细挖潜方案措施工作量安排为：2010—2013 年期间即精细挖潜阶段措施工作量为已实施工作量，大约是 2009 年的 2 倍，2014 年以后降低到 2009 年水平。对于措施工作量在模型中的体现，应用 7 个精细挖潜示范区数据建立措施工作量与结构调整效果之间的关系，应用于预测模型中，预测了两种开发模式下产量规律。

通过对比，7 个精细挖潜示范区 4 年比常规措施累计增油 66.3×10⁴t。精细挖潜结束后由于措施工作量的大幅减小，产量快速递减，但一段时期内产量仍高于常规措施，到 2024 年与常规措施产量持平，之后略低于常规措施。

精细挖潜结束后初期产量递减率加大，之后逐渐与常规措施趋于一致。根据 7 个精细挖潜示范区测算结果，精细挖潜结束后（2014—2020 年）平均递减率为 6.82%，常规措施在这一时期平均递减率为 4.56%，递减率加大 2.26 个百分点。

根据 7 个示范区统计结果，可以看出，措施增油幅度与措施后递减率增加幅度成正相关关系，即措施规模越大、增油量越多，措施后初期产量递减率加大的幅度也越大，这与前述分析结果相一致。

（2）含水及含水上升率变化规律。

应用建立的分层结构调整预测模型对精细挖潜措施后含水上升趋势进行预测，根据预测结果，精细挖潜结束后初期含水上升率加大，之后逐渐与常规措施趋于一致；7 个示范区措施后初期含水上升率增加 0.025～0.098 个百分点。

（3）采收率变化趋势。

通过统计精细挖潜示范区分类油层动用状况可以看出，近几年的结构调整效果明显，特高含水油层产液比例下降，中高含水油层产液比例上升，其中特高含水油层产液比例由 2009 年的 64% 下降到 2012 年的 56%，中高含水油层产液比例由 28% 增加到 35%。同时从各示范区 2009—2011 年吸水厚度比例变化看，油层动用程度均有较大幅度的提高。综合考虑已动用层的结构调整和增加新动用层两项作用，测算 7 个示范区精细挖潜提高采收率 0.64～1.79 个百分点，到 2020 年阶段采出程度提高 0.3～1.2 个百分点。

2）三次采油储量转移后水驱开发指标变化趋势

聚合物驱目的层封堵对水驱主要指标产生的影响不可忽略，因此，需要研究储量转移对水驱产量、递减率等主要指标的影响程度（吴晓慧等，2019）。

（1）聚合物驱层位与水驱储量劈分。

为了研究聚合物驱储量转移后剩余水驱储层的采收率变化，应用开发历史数据，分别以聚合物驱层位和水驱层位为研究对象，劈分储量和累计产油量，把每年投聚的储量对应的累计产量都划归到聚合物驱，即把聚合物驱油层在水驱阶段产油量都划归到聚合物驱，从而得到历年的聚合物驱层位和水驱层位采出程度。

（2）聚合物驱储量转移对水驱产量的影响。

应用产液剖面资料，在统计聚合物驱层位含水及储量分布特征基础上，分析水驱相应层位在注聚时的采液速度、采油速度变化趋势，进而用转聚的储量乘以相应层位的采液和采油速度可以测算储量转移对水驱产液量和产油量的影响。

（3）聚合物驱层位注聚前采液速度和采油速度变化特征。

由于目前聚合物驱层位含水均大于90%，因此，对含水大于90%的油层注聚前水驱采油速度和采液速度进行了分析。

根据产液剖面资料，统计不同含水油层采液速度和采油速度变化特征，含水大于98%油层采液速度波动较大，但其采油速度基本保持平稳，含水90%和98%之间层位的采液速度和采油速度保持平稳。

从近5年的统计结果看，2009—2013年不同油层的平均采液速度和采油速度结果表明：特高含水油层（含水大于90%）目前平均采液速度为9.7%，采油速度为0.36%；其中含水大于98%的油层采液速度较高为10.32%，但采油速度只有0.09%。

（4）不同规模储量转移对水驱产量的影响。

根据上述储量转移影响水驱指标主要影响因素的分析和认识，可以测算不同储量转移规模下对水驱液量与油量的影响程度。为了研究不同含水阶段储量转移对水驱产量的影响，测算了不同含水阶段转移储量规模一定条件下影响水驱产量值。根据测算结果，在转移储量规模一定条件下，随含水升高，对水驱产油量的影响会逐渐变小，对产液量影响逐渐增加。

第二节　特高含水后期精细油藏描述技术

大庆长垣油田经过近60年的开发已进入特高含水阶段，油田采出程度较高，剩余可采储量较少，剩余油宏观上呈现分布零散、局部富集的特征。仅依靠井资料和常规的调整挖潜措施改善开发效果的难度较大，三维地震具有横向分辨率高、空间连续好的优势，可有效描述微幅度构造形态、小断层分布、井间砂体连通性等地质特征。为此，2008年长垣油田规模部署了高密度三维地震，利用井震结合进一步深化油藏特征认识，指导精细调整挖潜。

面对特高含水期油田开发需求，建立了以"断层精准解释、沉积单元整体构造建模"为核心的井震结合构造精准表征技术，实现了不同级序断层精细识别和微幅度构造的准确刻画；创新了从地震沉积学砂体预测、窄小河道及复合河道内砂体精细刻画到河流相单砂体内部构型表征的井震结合储层分层次精细描述技术，实现了不同类型砂体的精准表征；建立了高精度水淹层细分解释、水驱油藏数值模拟及剩余油快速定量评价技术，量化了单砂体剩余油分布及剩余潜力。特高含水后期精细油藏描述技术的应用进一步提高了构造和储层的描述精度，重构了地下地质认识体系，深化了剩余油分布规律，为老油田精细调整挖潜提供了有效技术支撑。

一、井震结合构造精准表征技术

针对大庆长垣油田基于井资料描述存在部分断点未归位或归位不准确、大断层空间位置刻画不准确、小断层描述存在多解性等问题，充分利用密井网井断点信息丰富和三维地震资料空间分辨能力强的优势，形成了以"井断点引导多属性三维可视化断层解释"

为核心的井震结合断层解释配套技术，实现了不同级序断层的精细识别，断点组合率由78.5%提高到94.3%。井震结合精细构造描述后断层的数量、断层空间展布形态、局部构造格局均发生了变化，喇萨杏葡Ⅰ顶断层由445条增加到765条，深化了长垣各级序断层分布、断层破碎带等构造特征再认识，重构了地下构造认识体系。基于新的构造描述成果，对断层复杂区的井位进行了优化调整，断层边部的安全布井距离由100m缩小到15m左右，精细构造描述成果在指导断层复杂区及断层边部剩余油挖潜起到了显著作用。

1. 断层精准解释技术

通常情况下，利用地震资料可识别出水平断距超过一个地震道间距、纵向上穿过至少一个同相轴的断层，小断层识别精度不足。利用井资料可以识别出垂直断距小于1m的断层，但受井数限制，井间小断层存在较强不确定性，为此形成了井震结合断层识别、破碎带识别技术，深化了断层分布及封闭性认识，为开发调整奠定了基础。

1）小断层地震正演模拟

随着长垣油田开发阶段的不断深入，小断层对注采关系也有影响，开发要求解释断距3～5m以上断层，远远超过地震理论分辨率极限；同时，小断层和岩性突变的反射特征在地震剖面上也存在一定的相似性，导致地震解释小断层存在多解性。为明确小断层解释中反射特征差异，开展了小断层正演模拟研究。图2-2-1和图2-2-2分别为断距3m和5m的二维地质模型及正演模型。模型中的速度和密度参数由研究区测井资料的统计得出，地震子波频率为42Hz，与本区纵波目的层主频相当。无噪声情况下的正演模拟结果表明，断距为3m和5m的断层使地震反射同相轴产生扭曲、错断现象［图2-2-1（b）和图2-2-2（b）］。

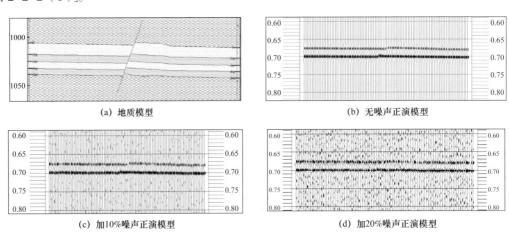

(a) 地质模型　　　　　　　　　　　　(b) 无噪声正演模型

(c) 加10%噪声正演模型　　　　　　　(d) 加20%噪声正演模型

图2-2-1　不同噪声条件下3m断层地震响应正演分析

考虑到地震资料受多种因素影响，存在不同程度的噪声，为验证不同噪声情况下小断层的地震反射特征，分别进行了10%和20%噪声条件下地震正演模拟，其结果如图2-2-1（c）、（d）和图2-2-2（c）、（d）所示。从图中可见，加入10%噪声后，3m断距的小断层地震波形有微弱变化，仍可分辨，5m断距小断层的地震响应特征较清楚；加入 20% 噪声条件下，3m 断距的小断层地震波形只有极微小的变化，较难识别，而 5m 断距的小断层处地震波形有一定变化，能看出断层存在的迹象。加入 20% 噪声背景的正演模拟结果与实际地震资料相当，因此，单纯依靠原始地震资料很难直接识别断距 3m 的断层。

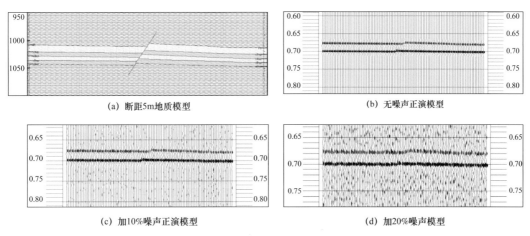

(a) 断距5m地质模型　　　　　　　　(b) 无噪声正演模型

(c) 加10%噪声正演模型　　　　　　　(d) 加20%噪声模型

图 2-2-2　不同噪声条件下断距 5m 断层的地震正演分析

2）大断层阴影正演模拟及机理分析

利用地震资料进行构造解释过程中发现，在大断层下盘阴影区经常存在疑似伴生小断层、微幅度构造等解释陷阱。已有研究表明，大庆长垣油田嫩二段埋藏深度为 400～800m，为深水半深水环境下沉积的一套厚度约 300m 的暗色泥岩，存在比正常速度趋势低约 400m/s 的速度异常，密井网区钻井资料也证实存在该构造假象。

分析认为，在断层下盘存在的三角形地震成像不可靠区域，即"断层阴影"，表现为两种地震成像畸变：一种是地震同相轴"上拉"或"下拉"的时间异常，可能被解释为正向或负向微幅度构造；另一种是断层下盘地层反射同相轴错断，可能会被解释为大断层伴生的小断层或断层破碎带。为此，根据大庆长垣油田实际的地层、构造发育特点，通过正断层地震正演模拟分析了断层阴影区的地震成像特征。

为进一步明确断层阴影产生机理，设计了正断层两侧的地层都是水平的，同一地层横向速度和密度为常数的断层两侧速度异常理论模型［图 2-2-3（a）、（b）］。从图 2-2-3 中正演模拟结果可看出来，断层上盘地层的反射同相轴水平，没有畸变；断层下盘地层在断层面正下方的地震反射同相轴发生了明显变化。对于低速地层单元，在离开低速层正常厚度位置时（图中蓝色圆圈位置处），断层面正下方的地层反射旅行时小于地层反射时间，地震反射同相轴产生"上拉"畸变［图 2-2-3（c）］，上拉的最高点位于低速地层单元厚度最薄处［图 2-2-3（e）蓝色虚线框内］；同样，断层面正下方地层反射旅行时大于地层反射时间，地震反射同相轴产生"下拉"畸变［图 2-2-3（d）］，最低点位于高速地层厚度最薄处［图 2-2-3（f）蓝色虚线框内］。这种对应关系与一般高速地层同相轴"上拉"、低速地层同相轴"下拉"情况相反，产生上述地震反射异常主要是由于速度异常单元的变薄或缺失造成的（姜岩等，2019）。

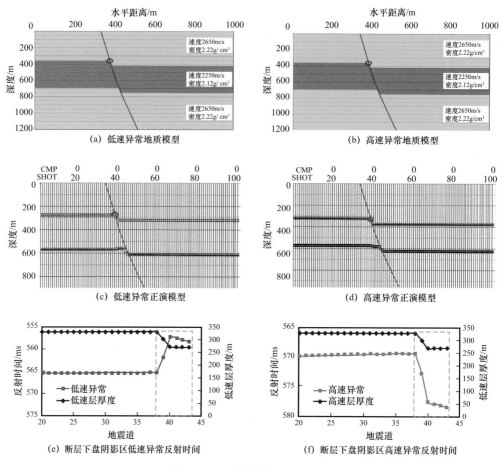

图 2-2-3 断层阴影区理论模型

通过低速层速度、断层断距、断层倾角和低速层厚度 4 个方面对断层阴影区的影响因素分析，结果表明前 3 个因素是影响长垣油田断层阴影区存在的主要因素。然而究其本质仍然是地层速度的横向变化导致的地震反射不能实现真正的共反射点叠加，因此，所有导致断层两侧地层速度横向变化的因素，都会影响断层阴影区的构造畸变成像。可以采用两种方法降低阴影区的影响：一是利用叠前深度偏移技术或密井网高精度三维空变速度场技术，提高构造成像精度，有效消除断层阴影区的构造假象，呈现真实的构造形态特征；二是针对断层阴影区的断层畸变假象一般表现为断层的倾角垂向上比较陡、近似直立、平面上断层的位置基本不随深度增加而变化的特点，在解释过程中利用多种先进地震属性分析手段，综合密井网钻测井资料，有效识别并避免地震构造解释陷阱。

3）不同级序断层地震识别技术

地震技术应用于油气田开发领域，尤其是在特高含水油田，研究的目标和尺度发生了很大变化，在断层解释方面，不仅要研究大断裂体系，而且也要对剩余油起控制作用的小断层识别开展研究。这使得一些过去在勘探领域解释断层行之有效的技术，在油田开发领域，特别是油田开发后期，出现了适应性问题。

　　主干断层在地震剖面上反射波组的错断，断面波的出现，反射结构的突变，同相轴的扭曲、分叉、合并等现象比较明显。断距 10m 以上的断层在地震体内响应较明显，采取地震剖面，结合等时切片和相干体、方差体等构造属性体的沿层切片，解释主干断层，落实主要断层的走向和平面组合关系。小断层的地震反射特征微弱，加之岩性变化、河道边界等形成的地震反射特征与小断层的地震反射特征具有相似性，常规的相干体等断层解释技术方法解释小断层时具有一定的多解性，经过多年技术攻关与实践，总结出密井网开发区断层精准解释技术，即在小断层在正演模型理论分析基础上，对所有井断点数据通过大量的深时转换标定到时间域地震数据体上，采用"三维浏览、平面引导、剖面定位"的技术流程，利用构造导向滤波、层控方差体、蚂蚁体切片确定其平面的走向特征，在剖面上采用断点引导小断层解释技术准确落实其空间位置，井震结合精细解释小断层。

　　（1）层控方差体断层解释技术。方差体技术是较早发展起来的构造属性体技术，是检测地下断层及地层不连续变化现象的卓有成效的一种技术。常规方差体断层识别技术适用于：当有断层存在时，连续的地震反射发生错断或扭动，所以其波形的相似性也会发生相应的变化，连续性变差，这样就可以利用方差属性分析，较清楚地识别出这些较大断层（张昕等，2012）。但是在复杂地区断裂系统下断层识别存在断层特征不清楚的问题，为此，自主研发了层控方差体方法，解决了复杂断层组合不合理性和隐蔽断层难以识别的问题。层控方差体计算公式如下：

$$\sigma_t^2 = \frac{\sum\limits_{j=t-L/2}^{t+L/2} W_{j-t} \sum\limits_{i=1}^{I} \left(x_{ij} - \overline{x_j}\right)^2}{\sum\limits_{j=t-L/2}^{t+L/2} W_{ij} \sum\limits_{i=1}^{I} \left(x_{ij}\right)^2} \qquad (2-2-1)$$

式中　x_{ij}——第 i 道第 j 个样点的地震数据振幅值；

　　　　$\overline{x_j}$——所有 i 道数据在 j 时刻的平均振幅值；

　　　　L——方差计算时间窗口的长度；

　　　　I——计算方差时选用的数据道数；

　　　　σ_t——方差；

　　　　W_{j-t}——第 $j-t$ 点振幅值计算权重；

　　　　W_{ij}——第 ij 点振幅值计算权重。

　　与常规方差体技术相比，层控地震方差体技术能够对三维地震地质信息自动拾取，在识别裂隙或者断层以及认识与油气储层特征密切相关的砂体等异常体展布等方面精度较高，能够准确识别断层及地层不连续变化，甚至能够更加准确地给出断裂带的产状及延展方向和异常岩性体的边界，进而探明更小的地质异常体（图 2-2-4）。

　　（2）井断点引导小断层识别技术。井断点引导小断层识别方法是在细化常规地震断层解释流程基础上，利用密井网开发区井断点数据库完善的有利条件提高断层的解释精度，主要流程如图 2-2-5 所示，其关键技术包括：

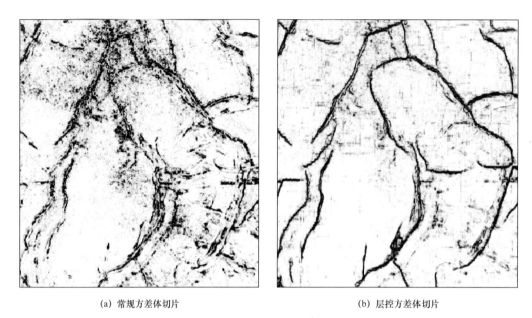

(a) 常规方差体切片   (b) 层控方差体切片

图 2-2-4　升 167 葡萄花顶面不同方差体切片对比

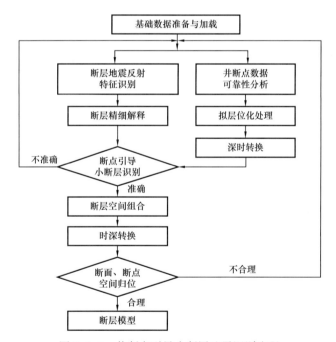

图 2-2-5　井断点引导小断层地震识别流程

①断点数据拟层化处理及深时转换。井钻遇的断点是井震结合构造解释中判定断层存在、确定其空间位置的直接依据。大庆长垣油田具有完善的井断点数据库，井断点对断失层位和垂直断距等断层信息是深度域的数据，按照分层数据格式通过精细的合成记录标定将断层信息转换到时间域，可以在剖面、平面、三维空间中标定断层的位置（李操等，2012）。

② 断点引导小断层识别与组合。利用时间域的断点信息对断层解释结果进行验证，同时指导地震资料难以确定准确位置的小断层和大断层末梢的解释。

首先，利用地震剖面、相干体剖面、蚂蚁体剖面并结合时间域的井断点数据在纵向确定断层的倾向和位置。对于垂直断距较小的断层，如图 2-2-6 中相邻 3 口井的不同位置是通过对比解释的 4.5m、5.5m 和 3m 断距断点，依据井资料无法将其组合成一条断层。仅利用地震资料解释时发现，该断层在原始地震剖面、相干体剖面、蚂蚁体剖面上对该断层虽有显示，但仍难以确定具体位置和延伸长度，通过采用井断点引导小断层地震识别方法，利用时间域的井断点信息对地震的异常响应进行甄别，同时通过井断点的标定在地震剖面上确定断层真正的空间位置，最终将三口井断点组合成为一条断层。

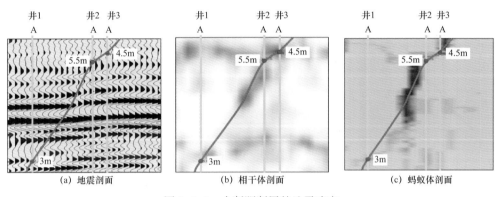

图 2-2-6　小断距断层的地震响应

其次，利用相干体时间切片和沿层切片判断断层走向，为断层组合提供依据。由于井断点数据较多，可以通过相同层段井断点的平面显示指导断层平面组合。如图 2-2-7 所示，两条北西向断层之间的目的层段有 6 个断点呈北东向条带状分布，根据这些信息结合地震反射特征，井震结合解释出这条北东向断层。该北东向断层的发现改变了以往的认识当中喇嘛甸油田不发育北东向断层的认识，对开发调整具有重要意义。

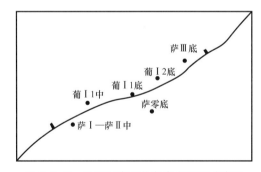

图 2-2-7　目的层附近井断布点平面分布图

4）断层封闭性分析

断层封闭性直接影响断层边部剩余油的分布及挖潜的对策。依据断层的规模大小、位置差异，有针对性地应用脉冲试井、示踪剂、数值模拟等技术手段，对 30 余条断层解释封闭性进行了验证、分析。试验的结果表明：新解释断层可靠，不同规模的断层均具有一定封闭性。断层的封闭遮挡作用造成了断层两侧开发井部分层位不连通，其结果：一是随着油田多年的注水开发，断层两侧处于不同的压力系统，断层两侧压力不平衡会引起断层的复活，导致断层边部的井出现套损；二是断层遮挡造成工作井网不规则，注采不完善。如在喇嘛甸油田新发现的 181# 北东向断层，脉冲试井结果表明，当 5-PS1812 开井和关井时，位于断层同一侧的两口油井的压力都随着发生相应的变化，而位于断层另一侧的两口油井的压力没有变化，储层研究表明这几口井测试层位是连通的（若无断层应发生变化）。以上分析表明，新解释的北东向断层不仅是可靠的，而且是封闭的（图 2-2-8）。

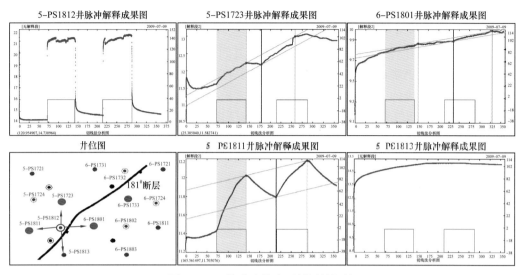

图 2-2-8　脉冲试井验证断层封闭性

2. 沉积单元级整体构造建模

针对以小区块为单元开展构造建模存在边界认识不统一、构造特征认识缺乏整体性等若干问题，长垣油田科技工作者以建立长垣整体构造模型、深化长垣油田整体构造特征认识为目标，开展了整体构造建模技术攻关，建立了一套整体构造建模技术流程（图 2-2-9）。

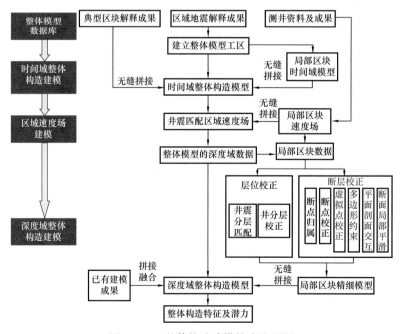

图 2-2-9　整体构造建模技术流程图

1）井震结合整体构造建模关键技术

（1）区域速度建模技术。使用最普遍的速度场建立方法是合成记录法，首先利用声波测井或 VSP 测井数据制作合成地震记录，反求相应地层的平均速度曲线；然后根据地震反射层截取平均速度曲线，求出目的层在井点位置的平均速度；最后利用井点约束和平面插值方法绘制目的层平均速度的平面变化图。但喇萨杏油田井数据量庞大（7 万余口井），若使用合成记录法进行速度场的建立，工作量巨大，而且利用此速度场转换至深度域的数据，仍需进行很多井震匹配的工作。为此，研究了能够基于钻井数据与时间域构造模型的区域速度建模技术，即通过对井进行深时转换，可在时间域进行井震匹配，使用井震匹配后的速度场转换至深度域的数据与钻井数据准确匹配，保证时间域模型、速度场以及深度域模型间具有很好的一致性。

（2）高效断层建模技术。针对多级复杂断层建模的难题，采用三角网格剖分技术，能够高效高精度地处理复杂断裂带不同级别断层建模。三角网格可以较好刻画出模型边界状态，边界状态不产生锯齿状的现象；处理层面和断层接触时，根据网格的插值算法，插值后生成层面网格自动与断层面接触，使得在层面与断面交接的地方不产生网格畸变（李滨，2017）。

密井网区有大量的井断点数据，通过对断面的精细调整使得断点尽可能地通过断面，从而保证断层位置的准确性。在断点与断层面精细匹配的基础上，充分发挥长垣油田密井网沉积单元级分层数据作用，在三维空间分析断层两侧分层数据的高差、相对断层的位置等信息，对断层端部平面的延伸长度、小断层的断穿层位进行精细调整。通过以上三方面对断层、断点、分层点的综合分析，最终实现不同级序断层的精细建模（图 2-2-10）。

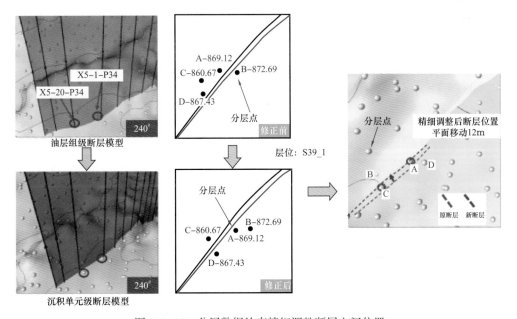

图 2-2-10　分层数据约束精细调整断层空间位置

（3）分级约束层面建模技术。在实际地质模型构建过程中，对油层组级的层位可以通过地震解释数据来插值成面，通过井分层校正后得到准确的层面模型，对于描述砂泥薄互储层地质特征精度还不够，需要建立砂层组级别的小层微构造模型。而砂层组的原始资料只有钻井分层数据，传统建模方法很难快速准确地建立小层模型，同时保证小层间成层性合理。

考虑到小层的分层数据多，局部存在不均匀分布的情况，直接建模难度很大，而且小层间穿层现象常见。因此，在建立小层模型前，先要建立大层的构造模型，在大层的层位约束下内插小层，大层的插值方法可以和小层相同也可以不同。按照沉积模式划分层序，定义大层内部的沉积模式。分为三种：等比例沉积、与顶等距沉积、与底等距沉积，分别对应整合接触地层、超覆地层、尖灭地层。

2）沉积单元级整体构造建模

应用以上技术，建立了长垣7个三级构造的油层组级整体构造模型（图2-2-11），整体模型面积共2567.7km²（油区1487.3km²），断层1664条，井数62596口，实现了长垣油田构造整体三维数字化描述，深化构造特征认识，为数字化油藏研究提供了构造模型基础。

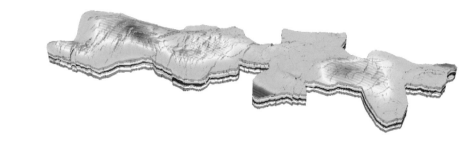

图2-2-11 长垣油田油层组级整体构造模型（顶面为萨Ⅱ顶）

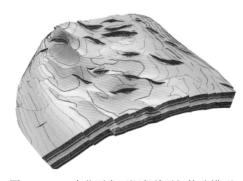

图2-2-12 杏北开发区沉积单元级构造模型

在油层组级整体模型基础上，开展了沉积单元级构造建模，以杏北开发区为例，建模采用的等比例细分类型进行小层构造建模。在深度域构造模型的约束下，利用井分层点建立小层精细微构造模型，以萨Ⅰ—高Ⅳ为目的层，建立了杏北开发区沉积单元级构造模型（图2-2-12），井数14000口，100个沉积单元，井地质分层和建立的小层匹配良好。

在完成沉积单元级整体构造建模的基础上，从断层描述结果、断点组合率及新钻井几个方面对整体构造模型精度进行了评价。从断层描述结果看，对比整体构造模型与传统小区块模型，断层在走向、倾向、延伸长度和交切关系上基本一致。断点组合率方面，断层三维模型与井断点匹配精度较高，断点组合率达到90%以上，与常规小区块模型的断点组合率相当。随机选取了4个典型区块进行断点组合率的统计（表2-2-1），其中未组合断点为孤立断点，断距为 3m 及以下的有 16 个，3～5m 的有 5 个，平均地层构造误差为 1.35‰，平均断点组合率达到 90% 以上。

表 2-2-1 沉积单元级构造建模完成区块统计表

区块名	总断点数 / 个	组合断点数 / 个	未组合断点数 / 个	断点组合率 /%	地层构造误差 /‰
中区东部	210	198	12	94.3	1.5
北三区东部	31	28	3	90.3	1.7
喇南某小块	54	49	5	90.7	1.5
高台子某小块	18	17	1	94.4	0.7

利用新井对构造建模精度进行验证。统计杏十二区新钻的 46 口直井，证实整体构造模型萨Ⅱ组顶面对井相对误差为 1.51%、葡Ⅰ组顶对井相对误差为 1.53%，整体构造模型精度小于 2‰ 的要求，达到了小区块精细模型精度。

3. 构造特征再认识及剩余潜力研究

1）井震结合断层变化特征认识

与原基于井认识对比，精细构造研究后构造及断层整体总体展布特征仍与原认识基本一致，但断层数量、断层局部发育特征均发生不同程度变化。

（1）井震结合后长垣断层数量明显增多。统计喇萨杏油田葡Ⅰ顶断层，断层发育总数由原来的 445 条增加到 765 条，增加比例为 71.9%。增加断层多为低序级小断层，断距 <5m 断层占 52.3%，延伸长度 <500m 断层占 59.7%；萨南二—南三区西部，原来基于井资料成果断层 15 条，井震结合后共识别出断层 43 条，其中北东向断层由原来的 3 条增加到 14 条（图 2-2-13）。

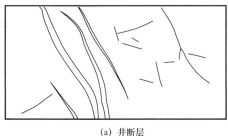 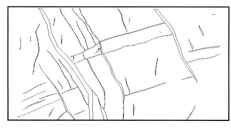

(a) 井断层   (b) 井震断层

图 2-2-13 南二—南三西井震结合断层变化对比

（2）断层空间展布形态变化较大。断层空间展布形态变化主要体现在：一是部分断层由原来一条断层拆分成现在多条断层，有的几条老断层合并了成了一条新断层；二是部分断层延伸长度发生变化，或延长或缩短；三是部分断层走向有变化，尤其是断层首尾走向变化的比较多；四是部分断层倾角发生了变化；五是有的断层总体走向及延伸长度等虽然变化不大，但局部位置有改变（李雪松，2015）。统计喇萨杏油田葡萄花油层断层，原来基于密井网资料认识的 445 条老断层，井震结合后在走向、长度和倾角等方面发生变化的断层共计342条,变化率达76.9%。

(3)断层变化后改变了断层局部构造格局。井震结合后由于新增断层数量较多、断层长度的变化及新发现较多数量的北东向断层,使得断层之间彼此搭接关系发生了改变,导致封闭或半封闭局部断块明显增多,局部构造格局发生变化。统计新形成的局部断块,与原来基于密井网井认识断层相比,喇萨杏油田面积大于0.1km²以上的封闭及半封闭断块由原来的92个增加到180个。

2)断层区剩余潜力分析及挖潜模式

由于以往断层附近布井躲避断层及断失油层、断层面遮挡等因素影响,造成断层附近井网密度低、水驱控制程度低、采出程度低,局部注采不完善型剩余油相对富集。但受以往断层认识程度较低的限制,一般开发布井远离断层150m以上,井震结合沉积单元级构造建模后,断层的空间位置得以准确表征,为靠近断层布井提供了有利依据。为了深入挖掘断层边部剩余油潜力,在构造特征变化分析的基础上,深入开展了断层区储量、断层边部布井潜力优选方法研究,形成了断层边部剩余油挖潜模式,逐步释放了断层边部剩余油潜力。

(1)断层区剩余潜力分析。断层区即断层在空间上对储层具有遮挡作用的空间范围,即断面与储层(萨、葡、高)顶底界面交线平面投影围成的闭合三维空间。采用容积法计算了喇萨杏油田延伸长度≥1km、断距≥10m的226条断层的地质储量,断层区总计控制地质储量2.75×10⁸t,是断层边部剩余油精细挖潜的储量基础。

(2)断层区剩余油挖潜模式。断层附近剩余油相对富集和断层描述准确双重有利条件,使得断层附近由"风险区"变为"潜力区",释放了断层区动用地质储量(李洁,2009),布井思路由原来"躲断层"向"靠断层—穿断层"方向转变,布井安全距离由原来的100m缩小到20m,逐步形成2个部位、4种类型的潜力相应的挖潜对策(表2-2-2)。

表2-2-2 潜力类型及挖潜对策

潜力部位	潜力类型	挖潜对策
断层附近	大断层附近井网控制不住型	大斜度井
	断层变化导致注采不完善型	高效直井、补充直井
	小断层变化导致局部遮挡型	井别调整、压裂补孔
微构造附近	微幅度构造导致局部剩余油	压裂补孔

根据储量计算及已实施高效井情况,确定了断层附近大斜度井的布井原则,即:断层平面展布长度要大于1km、断距大于10m,且断层具备良好封闭性;主要开采对象以剩余油较多的表内厚层为主;距离开采对象以较厚中高渗透层的基础井网和一次加密井的注水井要大于200m,距离开采对象为薄差油层的二次井网注水井要大于150m;可调厚度(中低未水淹有效厚度)10m左右;优选预测单井初期日产油≥5t,含水≤85%的区域。按照以上布井原则对喇、萨、杏断层附近潜力井位进行了全面摸排,优选潜力井位近500口,形成了5种高含水老油田断层区剩余油挖潜模式(图2-2-14)。

(a) 一盘大斜度井挖潜

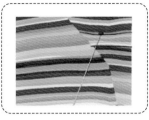
(b) 穿断层挖潜

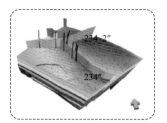
(c) 两盘多层段挖潜

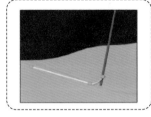
(d) 超短半径水平井

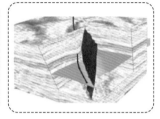
(e) 水平井挖潜

图 2-2-14 断层区剩余油挖潜模式

【实例】杏北 250# 断层上升盘布大斜度井挖潜。对于规模较大断层，井震结合后断层发生局部变化，断层附近存在井网控制不住区域，剩余油较富集，采取部署零星高效井进行挖潜。例如：在杏北开发区 250# 断层上升盘按照"站高点、掏墙角"的挖潜思路，沿断层面设计 4 口多靶点定向井来挖掘断层上升盘剩余油（图 2-2-15）。4 口多靶点定向井沿断层面下方，平行于断层钻井，可增加油层视厚度，与直井相比可以增加泄油体积，穿越断层下盘的所有油层，能够较好地挖掘整个断层面附近的剩余油，可以达到补钻多口直井的效

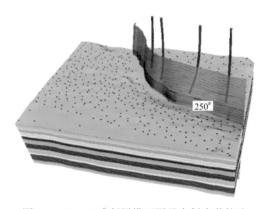

图 2-2-15 250# 断层模型图及大斜度井轨迹

果，完善被断层隔开部分油层的注采关系。4 口多靶点定向井全部成功完钻投产，目的层砂岩钻遇率 100%，投产初期平均单井日产液 40.1t，日产油 13.2t，高于区块油井平均日产油 5 倍，含水率 64.3%，低于区块平均综合含水率 30 个百分点，取得了非常好的开发效果。

井震结合构造精细描述研究使对长垣构造的认识更准确，释放了断层区、外扩区动用地质储量。截至 2020 年 12 月，研究成果指导新发现外扩储量区块 23 个，增加地质储量 2542.9×10^4t，在高效井、完善注采系统调整、优化井位等开发应用中，总计调整井数 3861 口，已实施井数 3805 口井，外扩和调整累计增加可采储量 1180.4×10^4t，累计产油 359.1×10^4t。其中，指导部署高效井 474 口，增加可采储量 426.2×10^4t，累计增油 251.9×10^4t，见到了显著开发效果。

二、井震结合储层分层次精细描述技术

我国东部老油田多数进入特高含水期开发阶段，近70%剩余油储量分布在河道砂厚油层内部。以大庆长垣油田为代表的多层砂岩油田，河道砂体内部非均质性严重、多套层系井网交织开采、多种驱替方式并存，油田自然递减率达10%，综合含水超过90%，急需深入攻关精细油藏描述技术，改善水驱和聚合物驱开发效果，进一步提高采收率。

国内外专家学者研究表明，特高含水油田剩余油主要有相变干扰、构造因素、开发因素等6种类型，其中砂体宏观展布及非均质性因素控制的剩余油占36.04%。因此，如何精准表征井间砂体的平面、纵向的三维发育状况尤为重要。为此在大庆油田小层划分对比、沉积微相细分、储层精细描述、多学科研究四次精细地质认识的基础上，充分利用2008年大庆长垣油田规模部署的高密度三维地震资料，结合密井网测井资料，创新了基于地震属性的不同类型砂体精细刻画技术，实现地质认识的第五次飞跃，据此明确剩余油挖潜模式，推动开发技术的进步，为大庆油田新时代振兴新发展提供强力支撑。

1. 地震沉积学砂体预测技术

地震沉积学是应用地震信息研究沉积岩及其形成过程的学科，是继地震地层学和层序地层学之后的又一门新的边缘交叉学科（Zeng et al.，1998；林承焰等，2006）。为满足特高含水期开发需求，在地震解释宏观整体沉积特征控制下，综合考虑油田开发实际需求，针对大庆油田薄互层储层特点，充分利用三维地震横向分辨优势和高、特高含水后期井多的优势，建立了大庆长垣油田地震沉积学储层预测技术体系。

1）砂泥岩薄互层储层地震正演模拟

楔状地层模型对于地震识别极限厚度研究具有独特的优势。首先，地层模型厚度的连续变化有利于地震识别极限厚度的解释。其次，可以确保同一模型具有同一砂地比。引入砂地比，有利于分析薄层厚度与隔层厚度的相对关系对薄层地震识别的影响。砂地比定义为上砂下泥两层复合楔状地层模型中，任意一点垂向上砂岩地层厚度与砂岩地层厚度和其相邻的单一泥岩地层厚度之和的百分比。

采用的模型为置于巨厚泥岩背景中的5个相同的上砂下泥两层复合楔状体组成的、上下叠置、向同一方向收敛、在任意位置处垂向上单层砂岩厚度相同、隔层泥岩厚度也相同的砂泥岩互层复合楔状模型，如图2-2-16所示。横坐标从上至下分别为单一砂岩楔状地层的厚度、地震线号、地震道号；道号减100为单一砂岩楔状体的厚度；纵坐标为时间，单位为毫秒（ms）。

根据大庆长垣油田萨、葡、高油层的弹性参数特点，同时考虑时间域正演结果与深度域模型的直接对比，地层双程旅行时只与地层的厚度有关、与岩性无关的原则，所采用地质模型均使用相同砂、泥岩速度（v_{sand}，v_{shale}）和不同砂、泥岩密度（ρ_{sand}，ρ_{shale}）。具体弹性参数选择如下：$v_{sand}=v_{shale}=300m/s$，$\rho_{sand}=2000kg/m^3$，$\rho_{shale}=2400kg/m^3$。

应用上述参数建立了复合楔状模型。该模型与峰值频率为45Hz的雷克子波褶积计算（忽略透射损失及多次反射），实现了3个模型的无噪正演（图2-2-17）。

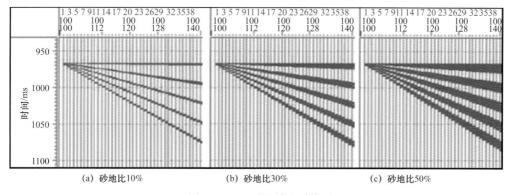

图 2-2-16 时间域地质模型

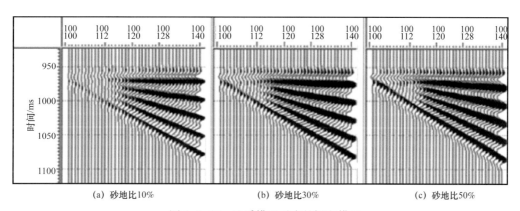

图 2-2-17 地质模型对应的褶积模型

正演模拟表明，随着单一楔状地层厚度的逐渐变薄，地震响应从右向左由 5 个复合子波变为 4 个复合子波的突变处，上砂下泥互层厚度为 13m（1/4 波长）。说明在砂岩和泥岩声波速度相同的条件下，砂岩地震识别极限厚度（H_{sand}）与砂地比（R）和 1/4 地震波长（λ_{sand}）成正比，即：

$$H_{sand} = R\lambda_{sand} / 4 \qquad\qquad (2\text{-}2\text{-}2)$$

式（2-2-2）说明在子波主频为 45Hz、砂泥岩地层速度为 3000m/s 条件下，当砂地比为 10% 时，薄层地震识别的极限厚度约为 1.5m；当砂地比为 30% 时，极限厚度约为 4.5m；当砂地比为 50%，极限厚度约为 7.5m。为减小边界效应，分别对 3 个复合楔状地层模型中间砂岩地层可识别部分的地震响应复合子波波峰进行追踪，分析复合子波最大振幅与其对应的薄层厚度之间的关系，并将其与单一楔状模型中二者的关系进行对比（图 2-2-18）。同一砂地比模型的地震响应均存在随着薄层厚度的增

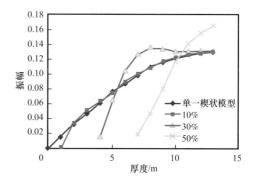

图 2-2-18 可识别薄层地震响应最大振幅随厚度变化规律

大，复合子波振幅由相干减弱向相干加强转变的规律。而且随着砂地比的增加，这种相干现象变得更加明显。对比发现，复合楔状模型中单个砂岩地层厚度在识别极限至 1/4 波长范围内，相邻砂岩地层之间按照褶积模型解释结果，当上砂下泥复合地层厚度为 $\lambda/4$ 时，砂岩薄层可识别。这意味着在时间域，上砂、下泥地层的双程旅行时为 1/2 主频周期（$T/2$）时，砂岩薄层可识别。

假设 ΔT 为砂岩地层的双程旅行时，T 为上砂、下泥互层的双程旅行时，则：

$$\frac{\Delta T}{T/2} = \frac{R/v_{\text{sand}}}{R/v_{\text{sand}} + (1-R)/v_{\text{shale}}} = \frac{R}{R+(1-R)P} \qquad (2\text{-}2\text{-}3)$$

式中　R——砂地比；

　　　v_{sand}——砂岩地层速度，m/s；

　　　v_{shale}——泥岩地层速度，m/s；

　　　P——砂泥岩速度比。

根据式（2-2-3）推导出如下砂岩薄层地震识别极限厚度（H_{sand}）的计算公式：

$$H_{\text{sand}} = \Delta T \times v_{\text{sand}}/2 = \frac{R}{R+(1-R)P} \cdot \frac{\lambda_{\text{sand}}}{4} \qquad (2\text{-}2\text{-}4)$$

式（2-2-4）说明极限厚度与波长成正比。薄层地震识别极限厚度与其他两个变量的关系可通过如下推导求出。

将薄层地震识别极限厚度［式（2-2-4）］分别对砂地比和砂泥岩速度比求导：

$$H'_R = \frac{P}{\left[R+(1-R)P\right]^2} \cdot \frac{\lambda_{\text{sand}}}{4} > 0 \qquad (2\text{-}2\text{-}5)$$

$$H'_P = \frac{-(1-R)R}{\left[R+(1-R)P\right]^2} \cdot \frac{\lambda_{\text{sand}}}{4} < 0 \qquad (2\text{-}2\text{-}6)$$

式中　H'_R——砂岩地震极限厚度对砂地比的导数；

　　　H'_P——砂岩地震极限厚度对砂泥岩速度比的导数。

式（2-2-5）说明，当砂泥岩速度比和波长不变时，薄层地震识别能力随砂地比的增加而减小。式（2-2-6）说明，当砂地比和砂岩地层波长不变时，薄层地震识别极限厚度随砂泥岩速度比的增大而减小，即薄层地震识别能力相应增强。薄层地震识别厚度存在极限，这一极限取决于薄层的地震波长、目的层段的砂地比、砂泥岩速度比三个参数。在地层中砂泥岩速度比不变的情况下，薄层地震识别极限厚度相对大小可通过砂地比的变化得到解释。

2）地震沉积学储层预测关键技术

（1）逼近沉积单元级的等时地层格架建立。地震沉积学储层预测是应用地震动力学属性的横向变化反映储层的横向变化，但这种横向变化必须以等时为前提。目前，大庆长垣油田地震资料的分辨率无法达到分辨厚度为5～8m小层的要求，建立时间域小层级等时地层格架，首先需要通过追踪油层组顶、底的地震层位建立时间域等时地层格架，然后在该等时格架的控制下，采用密井网小层厚度比例劈分时间层位的方法来实现。该方法的基本原理为：假设等时地层格架内地层沉积速率变化不大，认为小层时间域厚度所占比例与深度域厚度所占比例一致，即可得到地震剖面上小层或沉积单元顶面的标定图（图2-2-19），在此基础上进行沉积单元顶面地质层位追踪并建立小层级时间域相对等时的地层格架。

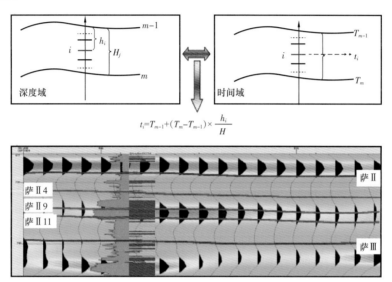

$$t_i=T_{m-1}+(T_m-T_{m-1})\times\frac{h_i}{H}$$

图2-2-19　小层级等时地层格架建立示意图

（2）地震属性切片优选。专家优选是一种常用的地震属性优选方法，一般是以沉积微相图为引导，从多个地层切片中优选出宏观上能够反映该沉积单元砂体展布规律的地层切片。该优选方法存在的工作效率低、色标调整要求高、对专家经验依赖等问题，因此基于卡尔·皮尔逊相关系数理论，结合储层地质特点，从井震相关性分析出发，确定地震属性与储层参数之间的关系，研发了地震属性切片的自动优选方法（图2-2-20），实现了地震沉积学地层切片自动优选。

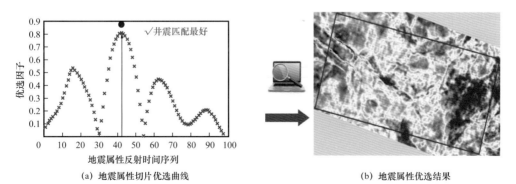

图2-2-20　自动地层切片优选法示意图

（3）基于属性切片储层定性预测。地震属性切片储层预测的效果不仅与目的层的砂岩厚度有关，而且还与该层顶底泥岩隔层的厚度有关。为此，在北二西萨Ⅱ油层组优选河道砂体厚度大、砂体顶底泥岩隔层厚度大、横向上河道砂体边界清晰、基于测井资料储层描述结果可信度高的两个小层进行地震沉积学储层预测结果的验证，并用小层测井解释有效厚度对地层切片储层预测结果进行了标定，标定结果如图2-2-21和图2-2-22所示。地层切片储层预测结果由蓝色→白色→红色表示由泥岩向砂岩逐渐过渡。井点小层砂岩有效厚度在井点位置用相同宽度的小矩形表示，矩形的高度和颜色用于表示井点砂岩有效厚度的等级。可以看出，随着砂体厚度的增大，矩形的高度也逐渐增大。除了图2-2-22中部及右上部由于受到北西向断层的影响，地震预测精度较低，导致井震符合率变差外，地层切片预测砂体边界清晰，反映砂体厚度的相对变化明显。3m以上储层预测的符合率达到80%以上。

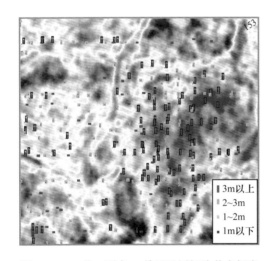
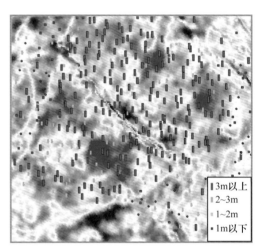

图2-2-21　北二西东A单元地层切片井点标定　　　图2-2-22　北二西西B单元地层切片井点标定

在局部储层预测的基础上，对萨尔图地震工区全区实施了沉积单元地震沉积学储层预测。图2-2-23（a）是萨Ⅱ15+16小层对应的全区地层切片，图2-2-23（b）、（c）是与北二西开发区对应的预测结果和该区基于井资料沉积相带图的对比。图2-2-23清晰地展示出该区沉积物源方向来自北部，图中不仅展现了该沉积单元层储层的整体展布，而且有效地预测了部分窄小河道和复合河道边界，如图2-2-23右部所示，预测储层的整体展布趋势与基于井的小层沉积微相基本一致。这说明基于地层切片预测储层整体展布规律是可行的，为储层描述提供了可靠的地震资料保障。

（4）基于地震属性的储层定量预测技术。根据Widess原理及前述楔状模型正演模拟结果可知，调谐厚度之内视振幅与砂岩厚度呈近似线性的关系（Widess et al.，1973），单层砂岩识别极限厚度随砂地比的增加而增加。大庆长垣油田砂岩厚度主要分布于2～5m范围内，其厚度通常小于15m（按地层速度为2700m/s，地震主频为45Hz，$\lambda/4$为15m），因此长垣储层厚度与地震振幅之间从理论上存在着接近线性的函数关系。

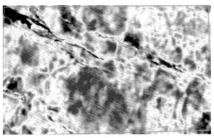

（b）典型区地层切片

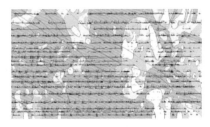

河道砂

河间砂

表外储层

尖灭区

（a）萨尔图全区地层切片 （c）典型区基于井资料沉积相

图2-2-23 全区萨Ⅱ15+16A单元地层切片储层预测及开发区局部沉积相带图验证

但是，由于地震纵向分辨率能力限制，地震属性在不同位置适用性不同，以往采用人工对比分析方法，需依据井砂体发育情况，分析上、下单元叠加信息影响，评价不同位置地震属性的可用性，该方法效率低，且主观性强，严重影响了井震结合储层预测的精度和效率。因此，在地震属性切片优选的基础上，自主研发了地震属性可信度确定方法。主要包括以下步骤：

① 建立研究区与地震属性切片对应目的层的井数据，其中井数据一般为砂岩厚度数据；

② 根据井震标定结果，快速提取地震属性样本集；

③ 在地震面元点处一定范围内采用式（2-2-7）计算地震属性与井资料的相关系数：

$$R=\frac{n\sum_{i=1}^{n}x_iy_i-\sum_{i=1}^{n}x_i\sum_{i=1}^{n}y_i}{\sqrt{n\sum_{i=1}^{n}x_i^2-\left(\sum_{i=1}^{n}x_i\right)^2}\sqrt{n\sum_{i=1}^{n}y_i^2-\left(\sum_{i=1}^{n}y_i\right)^2}} \qquad （2-2-7）$$

式中 R——相关系数；

x——井旁道属性值；

y——砂体厚度；

n——井数。

结合井资料与地震属性相关性，采用地震属性切片可信度分析方法形成可信度分级图（图2-2-24），图中红色区域相关系数 $R\geqslant0.5$，为可信区域；黄色区域相关系数 $R=0.2\sim0.5$，为中可信区域；蓝色区域相关系数 $R<0.2$，为不可信区域。图2-2-24可以更精细、准确分析属性切片所反映的地质信息。需要指出的是，相关系数与统计的样

本数量有较大的关系，当样本数量少时，相关系数相对较大；当样本数多时，相关系数相对较小，达到一定数量时趋于稳定。长垣油田属于密井网区域，相关系数相对低一些。将不可信区域在属性切片上进行剔除后，可以直接从切片上快速排除河道不属于研究层位地质信息，如图 2-2-25 所示，提高后续工作效率。

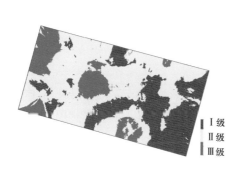

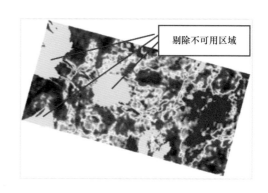

图 2-2-24　地震属性切片可信度分级图　　　　图 2-2-25　优化后振幅切片平面图

在地震属性可信度分析基础上，从井震数据出发，利用多元回归分析算法建立井震函数关系［式（2-2-8）］，以该函数关系为基础，应用地震网格点的地震属性数据预测储层厚度。

$$h_{sand} = \sum_{k=0}^{n} b_k Att_k k_{xd} + h_w \left(1 - k_{xd}\right) \tag{2-2-8}$$

式中　　h_{sand}——储层厚度；

　　　　b_k——系数；

　　　　Att_k——地震属性；

　　　　k_{xd}——置信度；

　　　　h_w——井厚度。

图 2-2-26 是为中区西部高 I2+3 单元砂厚预测图，其中图 2-2-26（a）中的井预测砂岩厚度为基于井资料插值得到的砂岩分布，颜色代表井震结合预测的砂岩分布。对比可以看出来井震结合预测结果在井间预测出了宽度约为 30m 的窄小河道（BB′剖面）；图 2-2-26（b）为过图中 AA′和 BB′线的地震剖面，从地震反射波形可以看出来，图 2-2-26（a）预测的窄小河道处的地震波形与周围存在明显的差异，预测结果是地震波形真实反映，在 AA′剖面处，地震预测的河道砂体宽度比仅利用井资料预测的宽度小40m 左右。

从基于地震属性储层厚度定量预测的结果分析，该技术井震信息匹配较好，预测精度较高，主要表现在以下 4 个方面：一是吻合了井砂岩厚度；二是保留了地震数据有效信息；三是突出了砂岩厚度整体分布趋势；四是压制了地震数据非本层的干扰信息。

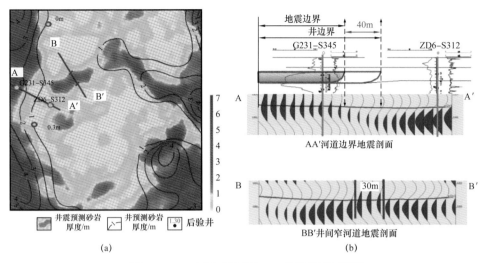

图 2-2-26　中区西部高 I2+3 单元砂厚预测图

同时，为了提高自主研发技术方法有形化程度，满足井震结合储层预测技术的规模化推广需求，编制了井震结合储层预测软件（简称 RPS），该软件是大庆长垣油田开发地震技术研究和应用中关于地震沉积学储层预测技术的有形化载体。

RPS 软件主要具有以下特色功能（图 2-2-27）：一是地震沉积学切片自动提取与优选功能，能够以单层或双层控制批量提取地震沉积学振幅切片，并快速计算出与储层最为相关的地震沉积学振幅切片，提高工作效率；二是储层厚度定量预测功能，能够自动建立多种地震属性与储层厚度之间的关系，井点储层厚度数据与地震属性数据相结合预测目的层的储层厚度；三是沉积相预测功能，能够建立地震属性、储层厚度与沉积微相之间的关系，井震结合给出目的层沉积微相的平面分布情况。

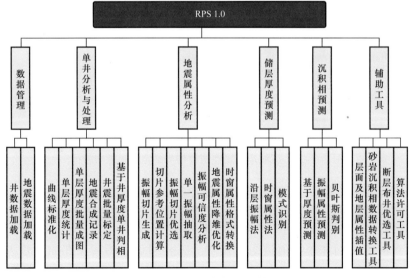

图 2-2-27　RPS 软件功能结构图

2.复合河道内单砂体及窄小河道精细刻画技术

对于大庆长垣油田河流—大型浅水三角洲沉积体系，通过地震处理与解释、地震解释与地质研究、地质研究与开发调整"三个一体化"，在地震解释宏观整体沉积特征控制下，综合考虑油田开发实际需求，针对目标层位客观认识地震辨识能力和技术现状，合理确定井震匹配的最佳研究单元，在三维空间内通过井、震两个模型的三维联动，用横向弥补纵向，用空间弥补时间，建立骨架砂体空间演化模式，确定地震模型显示河道砂体层位归属，地震宏观整体控制和趋势引导、重点目标砂体精细追踪和刻画、不同类型砂体区别对待，依据储层模式预测绘图法逐单元进行单砂体精细刻画、表征。

1）基于地震属性区域沉积特征分析

针对曲流河、高弯曲分流河道中的大规模复合河道，通过"砂中找泥"，即应用弱振幅信息初步确定废弃河道（河间砂）的趋势和规模，分析废弃河道（河间砂）的展布特征，识别单一曲流带（河道）的边界，最终确定不同曲流带（河道）接触关系［图2-2-28（a）］，不同曲流带之间相互叠加、切割，形成较强的平面储层非均质性。

针对窄小河道砂体，通过"泥中找砂"，即应用强振幅信息初步确定河道的趋势和规模，进而确定不同河道之间的接触关系［图2-2-28（b）］。此外，分析不同时期的地震振幅切片，明确不同时期水体的变化，确定不同时期河道的迁移和摆动特征。

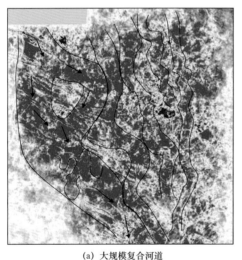 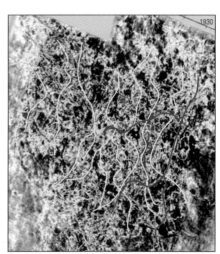

（a）大规模复合河道　　　　　　　　　　　　（b）窄河道

图 2-2-28　区域地震属性切片初步确定河道展布特征

2）不同类型河道砂体平面组合

以"地震趋势引导，井点微相控制，平面与剖面结合，动静结合，不同类型砂体区别对待"为原则，精细刻画不同类型河道砂体。

（1）废弃河道识别和单一河道组合技术。废弃河道是指河流在曲率较大的弯曲段，内部横向环流较为发育，河道曲率不断增大，当增大到一定程度时曲直改道形成的一种沉积微相，主要发育在曲流河及三角洲分流平原亚相中。是地下末期河道及单个点坝砂体的边界，是点坝砂体之间的遮挡条带，能够有效阻止及部分阻止两侧点坝砂体间流体的运移。

正演模拟分析认为，地震属性中强振幅区域发育点坝砂体，将高值区两侧的地震属性的低值区识别为点坝砂体边界，沿点坝边界连续提取地震波形剖面，分析地震同相轴下切、错断以及波形能量变弱的位置，即废弃河道位置。图2-2-29和图2-2-30中A剖面、B剖面、C剖面和D剖面中地震同向轴连续性变差、错断、分叉或同相轴下切及振幅能量变弱，综合判断出废弃河道位置，呈S形分布，且为两期废弃。

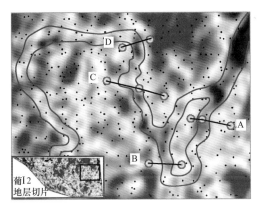

图2-2-29　北一区断东西块葡I2地震属性切片
反映废弃河道展布特征

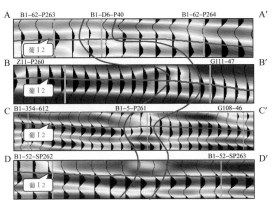

图2-2-30　北一区断东西块葡I2地震剖面波形
变化确定河道边界

（2）窄河道走向及边界识别技术。在河道展布趋势确定的基础上，采用"井震结合，平面与剖面相互验证"的方式，平面上地层切片振幅能量突变及相干体高值、剖面上地震波形变化和反演岩性特征辅助分析，精细刻画井间河道边界和走向（图2-2-31和图2-2-32）。

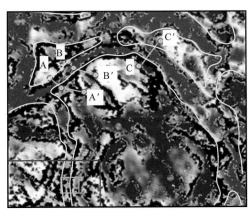

图2-2-31　北一区断东西块高I6+7平面属性
能量突变识别窄河道边界

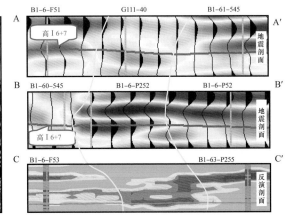

图2-2-32　北一区断东西块高I6+7剖面识别窄
河道边界

沿图 2-2-32（a）中同一条河道走向取 3 条剖面显示，A 剖面中波形突然变窄、B 剖面波形发生错断，能量突然减弱，结合 C 剖面中地震反演剖面分析，认为井间存在砂岩概率高值区，组合出井间窄河道，河道宽度约为 70m。

3. 沉积体系与沉积模式再认识

应用井震结合微相描述方法，完成了喇萨杏油田（71461 口井、918.3km²）萨Ⅱ油层组 17 个沉积单元的井震结合整体沉积相带图刻画，如萨Ⅱ14 单元（图 2-2-33）。利用这个成果，系统分析了大庆长垣萨Ⅱ油层组河流沉积体系分布特征，建立各种类型砂体沉积模式。

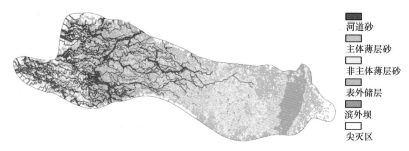

图例：
- 河道砂
- 主体薄层砂
- 非主体薄层砂
- 表外储层
- 滨外坝
- 尖灭区

图 2-2-33　喇萨杏油田萨Ⅱ14 单元井震结合沉积微相图

1）不同河流沉积体系划分

分析萨Ⅱ油层组，对不同河流沉积特征进行系统分析，进而大致判断不同河流沉积体系的边界；重矿物含量分析得出，萨尔图东部河流主要以锆石和石榴石成分为主，分别为 34.9% 和 13.3%；西部河流主要以锆石和白钛石为主，分别为 62.7% 和 16.5%，杏树岗西部主要以锆石和白钛石为主，分别为 46.5% 和 29.2%；物源差异较为明显。综合上述成果，对河流沉积体系进行了划分，按主体发育位置共划分为 4 个河流沉积体系，即萨西河流体系、萨东河流体系、喇嘛甸河流体系和杏树岗河流体系。

萨西河流体系：为分布最广泛的一个沉积体系，萨Ⅱ16-7 单元沉积时期，物源主要来自萨尔图地区的西北部，河流主体沉积在长垣西部，以高弯曲分流河道沉积为主。其中，萨Ⅱ7 单元沉积末期，在喇嘛甸、萨北地区河流对早期沉积发生切蚀，形成较大型的下切谷。

萨东河流体系：主要为萨Ⅱ7-8 单元沉积时期形成的长垣东部河道砂体，物源主要来自萨尔图地区东北部。在萨尔图地区中、北部属于三角洲平原相高弯曲分流河道沉积，是大庆长垣油田萨Ⅱ油层组最典型、沉积最厚的高弯曲分流河道砂体沉积，河流为东北—西南方向；到杏树岗地区进入内前缘相水下分流河道沉积。

喇嘛甸河流体系：主要包括萨Ⅱ1-6 单元沉积时期形成的长垣西部河道砂体，东北—西南方向的物源主要来自喇嘛甸地区北部。自萨Ⅱ5+6 单元沉积时期开始，该方向的河流水系能量开始增强，主要为分流河道沉积，主体带分布在喇嘛甸—萨北西部；到萨Ⅱ3 单元沉积时期，河流能量最强，河道砂沉积厚度较大，属于辫状分流河道沉积，主体带在喇嘛甸地区，河流经喇嘛甸西南部进入长垣西部过渡带。

杏树岗河流体系：物源主要来自杏树岗地区西北部，萨Ⅱ组沉积时期相对远离物源，河流能量较弱。萨Ⅱ8单元以水下分流河道沉积为主，主要有两条分流河道沉积。西北—东南方向的分流河道主要在杏树岗地区西部发育，宽度最大达1000m，曲率较高，单层厚度5m，并一直延伸到杏南南部，发育宽度小于200m的枝状、顺直型河道，单层有效厚度2m；东部主要为一条小型水下分流河道沉积。

这4个河流沉积体系都受松辽盆地北部物源沉积控制，河流在不同地质历史时期发生了多次迁移，从而形成了区域上不同的河流沉积体系分布。整体看，萨Ⅱ1-9单元河流体系中，沉积规模上喇嘛甸河流体系＞萨西河流体系＞萨东河流体系，平均单层有效厚度为2.5～1.7m；萨Ⅱ10-16单元河流体系中，沉积规模上萨西河流体系＞萨东河流体系＞喇嘛甸河流体系，平均单层有效厚度为2.5～1.8m。

2）典型河道砂体沉积模式

（1）曲流河—高弯曲分流河道砂体分布模式。该类砂体处于上泛滥平原及分流平原上靠近分流点的位置，河流能量强，复合河道砂体宽度达1000～3000m。但复合砂体是由多条准同期单一河道组成，每一个单一河道属于不同的分流河道。由于水动力条件不同，不同单一河道宽窄不一，总体上构成了复合板状分布格局。如北一区断东萨Ⅱ8₁单元（图2-2-34）。根据废弃河道分布特征，结合现代沉积观察，建立了5种类型的废弃河道砂体分布模式：

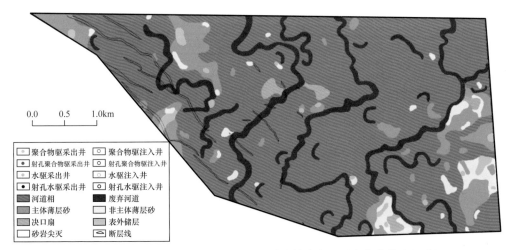

图2-2-34　北一区断东萨Ⅱ8₁分流河道砂体分布图（高弯曲分流河道）

① 单河道整体废弃。此种类型废弃河道，在洪水期河流水动力增强，在弯曲段发生决口，原先的河道被完全废弃（图2-2-35）。如北一断东西部萨Ⅱ8单元废弃河道延伸距离长，由多个曲颈组成。

② 截弯取直局部废弃。在曲流河发育过程中，水道侧蚀，河道越来越曲，处于凸岸的曲流颈由于弯道力和横向环流的作用而遭受侵蚀逐渐变窄，最后在一定水动力条件下河流自然截弯取直，原来弯曲的河道被废弃（图2-2-36）。

③ 不同河道整体废弃（可恢复单河道砂体）。由2条以上总体连续可分的废弃曲流河

道砂体构成，总体可分，局部交叉（图2-2-37）。如北一断东东部萨Ⅱ8单元河流能量较强，该类废弃河道较发育。

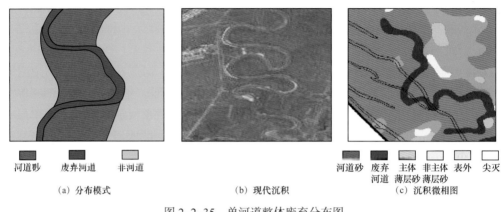

图 2-2-35　单河道整体废弃分布图

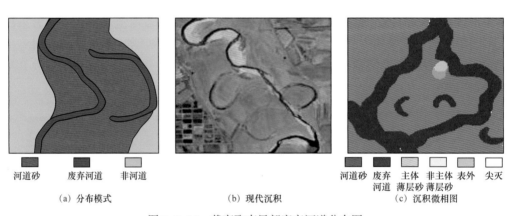

图 2-2-36　截弯取直局部废弃河道分布图

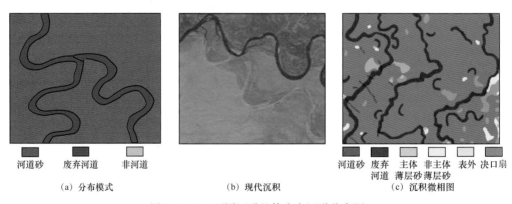

图 2-2-37　不同河道整体废弃河道分布图

④ 同一河道多期废弃。当单一河道发生多次改道，可形成复合型废弃河道。包含多环颈切、多环串沟等类型废弃河道组合，废弃河道平面形态复杂多样，废弃河道延伸距离较长（图2-2-38）。

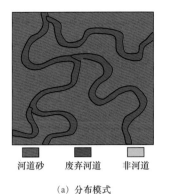
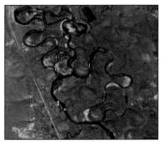
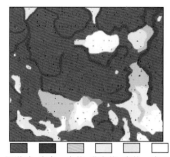

河道砂　废弃河道　非河道

（a）分布模式

（b）现代沉积

河道砂　废弃河道　主体薄层砂　非主体薄层砂　表外　尖灭

（c）沉积微相图

图 2-2-38　同一河道多期废弃分布图

⑤ 鳞片状残留废弃（无法恢复单河道砂体）。以大量颈向截弯取直形成的鳞片状点坝（或不连续的鳞片状曲流环废弃河道）为主，其由复杂的曲流河道多次迁移、相互切叠形成极其复杂的河道复合砂体，致使废弃河道单砂体难以识别与恢复（图 2-2-39）。

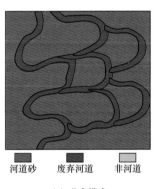
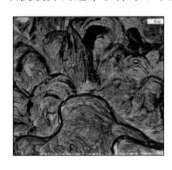
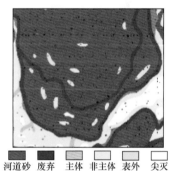

河道砂　废弃河道　非河道

（a）分布模式

（b）现代沉积

河道砂　废弃河道　主体薄层砂　非主体薄层砂　表外　尖灭

（c）沉积微相图

图 2-2-39　鳞片状残留废弃河道分布图

（2）低弯曲—水下分流河道砂体分布模式，该类砂体主要分布于上三角洲分流平原的中部、内前缘及内外前缘交界处位置，河道砂体河道宽窄变化大，连续性差异大，连通质量差异大，河道井控低，平面非均质性强。根据平面认识成果，结合现代沉积建立以下 6 种分布模式：

① 宽带状分流河道砂体。处于上三角洲分流平原的中部，低弯曲分流河道砂体宽度多为 500～1000m，单河道砂体宽窄不一（100～300m），2～3 条分流河道拼合往往呈宽带状展布，存在少量废弃河道，局部发育宽度 100m 左右的窄小决口河道（图 2-2-40）。

② 网状分流河道砂体。属于三角洲分流平原沉积体系末端高度分散的衰竭型河流及分流河道的水下延伸，一般沉积位置处于近湖岸线附近，河道的切割能力弱，洪水期经常决口改道。分流河道砂体经常分岔、合并，形成网状分布格局（图 2-2-41）。此外，网状河分流河道汇流可形成局部"滩坝"，在分流河道分岔口处，水流受到岔口顶托导致流速变缓，易沉积形成岔口或并口滩坝。

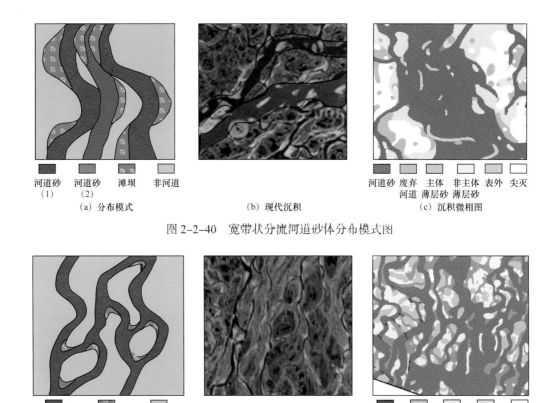

图 2-2-40　宽带状分流河道砂体分布模式图

图 2-2-41　网状分流河道砂体分布模式图

③ 枝—坨状分流河道砂体。一般分布于滨岸线附近，顺分流河道方向局部坨状厚砂体较稳定分布，垂直湖岸线坨状砂体呈环带状展布（图 2-2-42）。

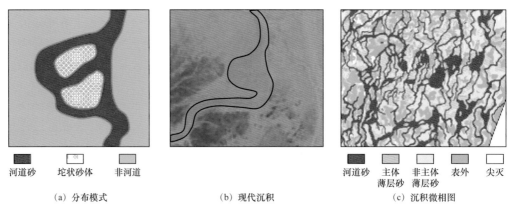

图 2-2-42　枝—坨状分流河道分布模式图

④ 枝状分流河道砂体。一般处于分流河道前端延伸部分，受地形坡度降低影响，窄条带状分流河道分叉、合并较少，形成枝状分布格局，总体上单一河道砂体宽度较

小，一般为 100m 左右，最窄的只有几十米宽。约占整个三角州内前缘沉积面积的 50%（图 2-2-43）。

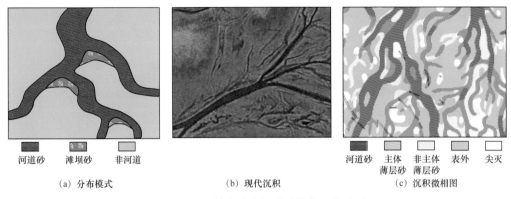

河道砂　滩坝砂　非河道

（a）分布模式　　　　　（b）现代沉积

河道砂　主体　非主体　表外　尖灭
　　　　薄层砂　薄层砂

（c）沉积微相图

图 2-2-43　枝状分流河道砂体分布模式图

⑤ 连续窄小分流河道砂体。主要分布于三角州前缘远岸位置，属于水下分流河道的末端，由于河流能量减弱，河道很少发生决口改道，呈现单一连续窄带状分布，河道宽度进一步缩小，一般只有几十米宽。席状砂体相对比较发育，与水下分流河道共生（图 2-2-44）。

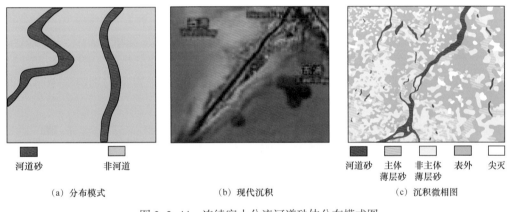

河道砂　　　　　非河道

（a）分布模式　　　　　（b）现代沉积

河道砂　主体　非主体　表外　尖灭
　　　　薄层砂　薄层砂

（c）沉积微相图

图 2-2-44　连续窄小分流河道砂体分布模式图

⑥ 断续孤立型水下分流河道砂体。属残留水下分流河道沉积，河道砂体经过湖水的长期平夷改造作用，把部分水下河道砂体改造成席状砂沉积，只在沉积厚度大、地势相对低洼的地方保留有河道沉积，河道砂体连续性差，呈断续孤立状分布，河道砂体宽度只有几十米宽（图 2-2-45）。

4. 不同类型砂体剩余油潜力分析及挖潜模式

从储层因素的角度分析，高含水后期剩余油主要存在于主力油层顶部、"边角"位置以及非主力油层内，挖潜难度越来越大。随着井网不断加密、地震储层预测技术的发展，储层研究也采取滚动式开展，不断向精细—精准方向发展，储层刻画成果也逐步逼近地

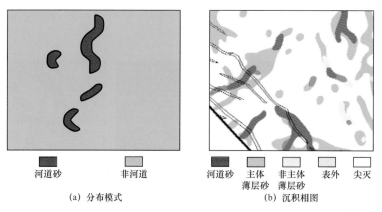

(a) 分布模式   (b) 沉积相图

图 2-2-45 断续孤立型水下分流河道砂体分布模式图

下真实砂体面貌（郝兰英等，2012），井震结合前后对砂体展布特征基本都会有一定程度的变化，这些变化也会引起对注采关系和受效程度认识的变化，这使得剩余潜力的开发调整更加有针对性。

1）井震结合储层研究前后变化特征分析

对比多个区块井震结合前后砂体展布解剖实例，与井资料研究相比，井震结合后井间砂体预测及边界确定更加可靠，这对后续潜力分析提供了有力支撑。砂体展布特征变化主要包括井间变差、井间变化、井间新增河道砂体、河道砂体边界曲率变化几个方面。

井间新增河道砂体：北三西北 3-丁 5-51 井区萨 II 5+6 单元刻画时［图 2-2-46（a）］，在工区内有一条接近东—西向窄小河道砂体，而通过地震属性分析图［图 2-2-46（b）］，在工区东部发育一条近北—南向河道，所以在地震趋势引导下重新识别出一条窄小河道砂体，后验井也证实该条河道的存在［图 2-2-46（c）］。

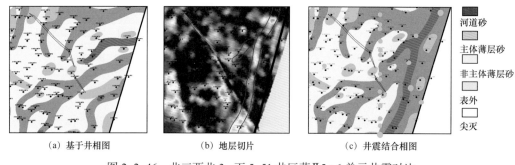

(a) 基于井相图   (b) 地层切片   (c) 井震结合相图

图 2-2-46 北三西北 3-丁 5-51 井区萨 II 5+6 单元井震对比

统计长垣油田萨北开发区北二西萨 II 组各沉积单元井震结合前后砂体变化，引入砂体变化率参数进行评价，即砂体变化率 =（砂体预测过度面积 + 砂体预测漏失面积）/ 砂体总面积，变化类型以新增窄河道及河道边界曲率变化两种类型为主，河道砂体变化率分别达到 11.7% 和 12.8%，井间变差及井间变好两种类型较少，分别为 7.9% 和 7.1%。

另外，即使井震结合前后砂体的平面展布特征没有变化，但由于地震资料丰富了井间砂体信息，从而对井—井之间砂体连通质量的认识也会更加准确，注采井组的注水受效方向及受效程度的变化也是对剩余油分析的一个重要影响因素。

2）调整挖潜模式及实例

根据井震结合储层精细描述及剩余油分析结果，总结得出不同类型砂体剩余油分布模式，包括前缘窄河道砂体井网控制不住型、中低弯分流河道中注采不完善型、废弃河道导致局部遮挡型、河道内连通质量差异导致的弱水驱型，根据这几类剩余油分布特点，制订相应的挖潜对策（表2-2-3）。

表2-2-3　不同类型砂体剩余油分布模式及挖潜对策

潜力成因类型	剩余油分布模式	挖潜对策
① 前缘相窄河道导致"井网控制不住型"	注入井　　　　　　采出井 有注无采 无注无采	水平井 补充直井
② 中低弯曲分流河道"注采不完善型"	注入井　　　采出井 注入井　　　采出井 原认识 新认识	高效直井 压裂补孔
③ 高弯曲分流河道中废弃河道导致"局部遮挡型"	注入井　　　　　采出井	井别调整 压裂补孔
④ 河道内连通质量差异性导致"弱水驱型"	注入井　　　　　采出井	压裂补孔

如采取压裂措施挖掘"弱水驱型"剩余油（图2-2-47）：采出井北2-341-P59处于河道边部，泥质夹层多，物性差，与注入井之间连通较差，存在剩余油，压裂该井萨Ⅱ10—萨Ⅱ12、萨Ⅲ1—萨Ⅲ10层，压裂后初期日增液23.1t，日增油7.4t。其中萨Ⅱ11有效厚度1.8m，单层日增油1.33t。

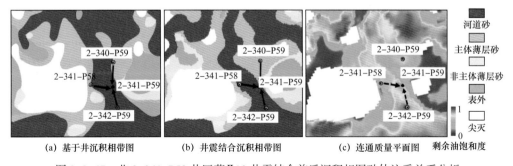

(a) 基于井沉积相带图　　　(b) 井震结合沉积相带图　　　(c) 连通质量平面图

河道砂
主体薄层砂
非主体薄层砂
表外
尖灭
剩余油饱和度

图2-2-47　北2-341-P59井区萨Ⅱ10井震结合前后沉积相图砂体注采关系分析

井震结合储层精细描述研究使长垣油田储层认识更加精准，指导开发措施调整更有针对性。"十二五"至"十三五"期间该方法在大庆长垣油田及外围油田61个区块推广应用，共指导补孔压裂井 1920 口，累计增油 $112.6 \times 10^4 t$，见到较好的效果。

三、特高含水期剩余油分布定量评价技术

剩余油研究是贯穿油田开发始终的一项基础工作。与低含水和中高含水开发阶段相比，特高含水期剩余油分布更加零散，无效循环进一步加剧，措施选井选层难度加大，对剩余油分布的精准定量评价提出了更高、更高效的要求。"十三五"以来，围绕特高含水后期剩余油精度定量评价，攻关形成了高精度水淹层细分解释、千万节点水驱数值模拟、剩余潜力快速评价等技术，为特高含水后期水驱精准挖潜提供了技术保障。

1. 高精度水淹层细分解释技术

油田进入特高含水阶段，油层水驱、聚合物驱、二元复合驱并存，地层水混合液复杂，影响储层电性的叠加因素增多，此外，由于储层非均质性强，剩余油在平面和纵向上分布复杂，准确识别水淹部位和程度难度增大。针对特高含水期水淹层测井解释难点，以油藏条件下岩石物理实验为指导，在分析水淹层测井响应特征基础上，结合密闭取心资料和单层试油资料，建立了厚层内部水淹细分解释原则，并利用驱油效率界定了未、弱、中、高、特高五级水淹解释标准和产水率预测模型；基于岩电实验和对称各向异性导电理论，建立了有效介质通用对称电阻率模型，提高了目前含水饱和度计算精度；分油层组、分储层类型建立了水驱、聚合物驱和三元驱水淹层定性与定量解释标准，形成了一套针对特高含水阶段的高精度水淹层细分解释技术。

1）岩石物理实验

大庆长垣喇萨杏油田经过了生产污水、聚合物及三元复合驱等多种开发方式，注入剂的变化和开发过程的推进决定了地层水矿化度、剩余油饱和度、润湿性等均处于不断变化中，而上述变化将引起储层导电规律改变（赵文杰等，1995）。通过开展岩石物理实验分析，研究水淹层测井响应内在变化规律，为建立水淹层测井评价方法奠定基础。

（1）聚合物驱储层导电机理实验研究。

① 聚合物溶液导电特性实验。聚合物驱水淹层地层水混合液中含有大量的聚合物，因此需首先研究聚合物溶液本身的导电特性。如图 2-2-48 所示，不同分子量、不同浓度、不同水溶液矿化度的聚合物溶液和同矿化度的 NaCl 溶液对比表明，各种聚合物溶液均随着溶液矿化度的增大，电阻率逐渐减小，当溶液离子矿化度大于 3000mg/L 时，各溶液电阻率趋近一致；同矿化度的条件下 NaCl 溶液电阻率要略高于聚合物溶液电阻率；随着聚合物溶液浓度增加，溶液电阻率略有减小；聚合物分子量对聚合物溶液电阻率影响很小。所以，聚合物溶液具有一般稀电解质溶液导电特征，聚合物溶液的矿化度是影响溶液导电特性的主要因素。

② 聚合物驱岩心电阻率实验。选取孔隙度和渗透率相近的 2 块岩样，饱和 7000mg/L 的 NaCl 溶液，溶液电阻率 $0.75\Omega \cdot m$，油驱至束缚水状态，再分别用配置好的清水聚合物和污水聚合物溶液驱替至残余油状态，驱替过程中测量饱和度与岩心电阻率变化，实验结果如图 2-2-49 所示，污水聚合物驱岩样电阻率随含水饱和度的增加单调下降，而清水

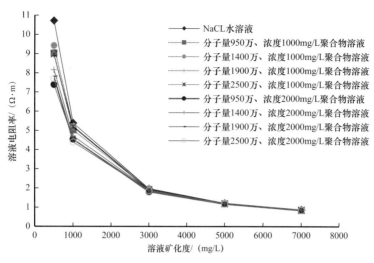

图 2-2-48　聚合物溶液导电特性曲线

聚合物驱岩样的电阻率呈"S"形变化。清水聚合物驱电阻率"S"形变化曲线可划分为 3 个阶段：A 阶段—电阻率下降阶段；B 阶段—电阻率上升阶段；C 阶段—电阻率下降阶段。在 A 阶段，含水饱和度的增大对电阻率的影响居主导地位，岩样电阻率随含水饱和度的增大，电阻率逐渐降低；在 B 阶段，注入聚合物溶液的淡化作用增强，混合液电阻率一直处于增大趋势，其对岩心电阻率的影响作用大于含水饱和度的影响，因此随着含水饱和度的增大，岩心电阻率出现了上升趋势；在 C 阶段，注入聚合物液和原始水离子交换趋于平衡，混合液电阻率接近于注入水电阻率，含水饱和度的增大对电阻率的变化居主导地位，因此岩心电阻率出现了下降的趋势。聚合物驱岩心电阻率变化趋势与水驱过程的岩心电阻率变化规律相似。

（2）三元驱储层导电机理实验研究。三元复合驱溶液中聚合物、表面活性剂和碱的存在主要影响地层水混合液的离子浓度和离子活性，从而影响储层的电性特征。选取孔隙度和渗透率相近的三块岩样，按常规方法洗油、洗盐烘干后，模拟饱和不同矿化度的原始地层水进行三元复合驱替实验，实验结果如图 2-2-50 所示，可以看出饱和 3000mg/L 的岩样下降较快，饱和 7000mg/L 的岩样下降趋势相对较缓，在不同地层水矿化度下，岩样电阻率随饱和度的变化趋势基本一致，均随着含水饱和度的增加，电阻率单调降低。当注入三元复合剂饱和度达到最大时，三块岩样电阻率值趋于相同。

2）特高含水期水淹层精细解释方法

水淹层精细解释是指层内细分厚度、水淹细分级别解释（安丰全等，1998）。根据测井曲线幅值、形态特征要对厚层进行细分层处理，计算出每一段的孔隙度、渗透率和饱和度等参数，解释出水淹程度。定性解释以岩石物理相技术划分储层类型为基础（吕晓光等，1997），建立不同层组、不同类型以及不同驱替方式的水淹等级划分图版，而定量解释则以定性解释结果为基础，针对剩余油饱和度、产水率计算等开展研究，通过定性、定量综合分析，实现水淹级别未、弱、中、高、特高 5 级精细解释。

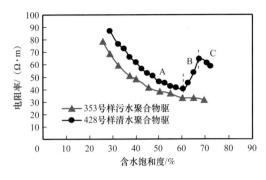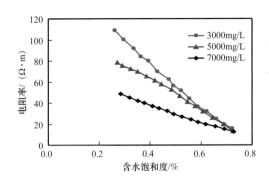

图 2-2-49 聚合物驱岩心电阻率和含水饱和度关系　图 2-2-50 三元驱岩心电阻率与含水饱和度关系

（1）厚油层细分解释原则。考虑厚油层韵律特征及夹层对剩余油分布影响，确定了细分层原则：对于水洗级别相同而物性参数差别大的储层需细分解释；对于物性参数相近而水洗级别不同的储层需细分解释；发育夹层处需细分解释。

（2）储层分类。检查井资料表明，岩石物理相对储层水淹程度、油水分布、剩余油饱和度、产水率等参数起控制作用，相同或相近的岩石物理相具有相似的水淹特征，在划分岩石物理相的基础上可以提高水淹层解释精度。研究中采用 FZI 划分储层岩石物理相，FZI 值能反映储层的微观孔隙结构特征，FZI 的确定方法如下：

根据 Kozeny–Carman 方程有：

$$K = \left[\phi^3 / (1-\phi)^2\right]\left[1 / \left(F_s t^2 S_{gv}^2\right)\right] \tag{2-2-9}$$

式中　K——空气渗透率，D；

　　　ϕ——孔隙度；

　　　F_s——形状因子，常数；

　　　t——弯曲度，常数；

　　　S_{gv}——单位颗粒的比表面，m^2/g。

$$G_C = F_s t^2 S_{gv}^2$$

G_C 为表征孔隙结构的参数，将式（2-2-9）代入，得：

$$G_C = [\phi^3 / (1-\phi)^2] / K \tag{2-2-10}$$

$$FZI = 1 / \sqrt{G_C} \tag{2-2-11}$$

由式（2-2-10）和式（2-2-11），得：

$$FZI = (1-\phi) / \phi \sqrt{(K / \phi)} \tag{2-2-12}$$

（3）水淹定性解释图版。渗透率是影响油水分布运移、层内水淹状况的主要因素，为提高解释精度，采用储层渗透率和深侧向电阻率两个参数，分油层组、分不同岩石物理相、分驱替方式建立水淹层标准图版，如图 2-2-51 和图 2-2-52 所示。

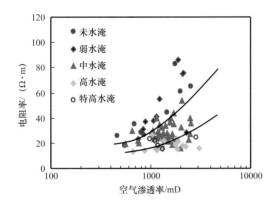 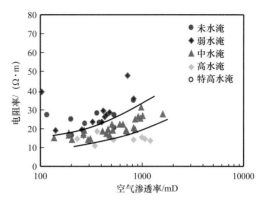

图 2-2-51　葡萄花油层水驱 I 类储层定性解释图版　图 2-2-52　葡萄花油层水驱 II 类储层定性解释图版

（4）水淹层定量解释。水淹层定量解释主要是求取以剩余油饱和度和产水率为核心的储层参数（欧阳健等，1999）。孔隙度、空气渗透率、原始含水饱和度和泥质含量等参数是定量评价中非常重要的物性参数，这些参数从不同方面反映了储层的特性。研究过程中以检查井资料为基础，采用"岩心刻度测井"技术，以地质条件为约束，按不同油层组、不同厚度类型建立参数解释模型。

目前含水饱和度始终是测井解释中的难题，多年来，国内外测井学术界围绕泥质砂岩储层饱和度模型开展了深入的研究，每一种模型都从某一方面体现了不同的泥质砂岩储层特点。特高含水阶段饱和度计算采用 1995 年 Koelman 和 de Kuijper 提出的各向异性有效介质对称电阻率模型。该模型包括骨架颗粒、不导电的油气、分散黏土、混合液 4 种成分组成，其物质平衡方程为：

$$\begin{cases} V_{ma} + V_{cl} + \phi = 1 \\ \phi_h + \phi_w = \phi \end{cases} \qquad (2\text{-}2\text{-}13)$$

式中　V_{ma}——岩石骨架体积分数；

　　　V_{cl}——黏土体积分数；

　　　ϕ——孔隙体积分数；

　　　ϕ_h——油气体积分数；

　　　ϕ_w——地层水混合液体积分数。

有效介质对称电阻率模型中：

$$F = \frac{R_0}{R_{wz}} = \frac{A}{\phi^{\gamma+1}} \qquad (2\text{-}2\text{-}14a)$$

$$I = \frac{B}{S_w^{\gamma+1}} \qquad (2\text{-}2\text{-}14b)$$

其中

$$A = f_1(\phi, \lambda_w, \gamma)$$

$$B = f_2\left(\phi, \phi_{\mathrm{w}}, \lambda_{\mathrm{w}}, \gamma\right)$$

式中　F——地层因素；

　　　I——电阻增大率；

　　　R_0——完全含水储层电阻率，$\Omega \cdot \mathrm{m}$；

　　　R_{wz}——混合液电阻率，$\Omega \cdot \mathrm{m}$；

　　　S_{w}——含水饱和度；

　　　λ_{w}——渗滤速率，常数；

　　　γ——渗滤指数，常数。

模型中渗滤指数 γ 表征介质形状结构及表面粗糙度，渗滤速率 λ_{w} 表征介质内的流体连通性，参数值由实验室岩电测量得到。

产水率是定量划分水淹级别最为直接的参数，通过建立含水饱和度与产水率间的关系可实现水淹层的细分解释。室内相对渗透率数据表明，不同物性储层产水率与驱油效率间具有良好的一致性关系，用驱油效率来描述储层含水率要优于含水饱和度描述产水率，因为其包含了储层物性和含油性两个方面的信息。通过定量解释得到目前水饱和度、束缚水饱和度和驱油效率等的储层参数便可进一步计算产水率，实现水淹级别的划分。

应用检 331 井、中丁 3- 检 09 井、中检 4-24 井、中检 4-8 井、中检 7-3 井、南 2- 丁 1- 检 430 井、杏 5- 丁 2- 检 P928 井和北 2-350- 检 45 井等 8 口检查井的 15 个单层试油资料数据，拟合出产水率与驱油效率间的关系，如图 2-2-53 所示。

$$\left.\begin{array}{r} F_{\mathrm{w}} = \dfrac{102.512}{0.9869 + 73.3599\mathrm{e}^{-0.08955\eta}} \\ R = 0.89 \end{array}\right\} \qquad （2\text{-}2\text{-}15）$$

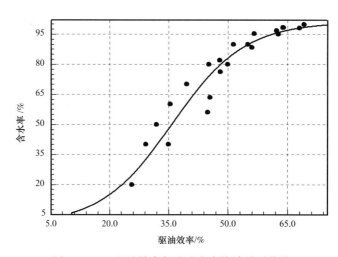

图 2-2-53　驱油效率与试油含水统计关系曲线

通过驱油效率和储层含水率的关系，制定了水淹级别细分标准，见表 2-2-4。

表 2-2-4　水淹级别划分标准

水淹级别	产水率划分标准	驱油效率划分标准
未水淹	$F_w \leqslant 10\%$	$\eta \leqslant 10\%$
弱水淹	$10\% < F_w \leqslant 40\%$	$10\% < \eta \leqslant 35\%$
中水淹	$40\% < F_w \leqslant 80\%$	$35\% < \eta \leqslant 50\%$
高水淹	$80\% < F_w \leqslant 90\%$	$50\% < \eta \leqslant 56\%$
特高水淹	$90\% < F_w$	$56\% < \eta$

　　结合油田开发现状，研究中对产水率 80% 以上的高水淹层进一步细分出含水 90% 以上的特高水淹。水淹细分解释标准的研究以相对渗透率理论为基础，以室内物理模拟实验为依据，并充分利用检查井的单层试油资料，做到理论分析与实际资料二者的结合。图 2-2-54 为杏 2-2- 检试 1 井水淹层细分解释成果图。

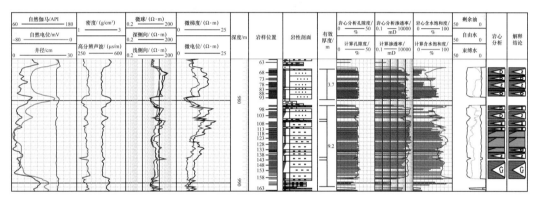

图 2-2-54　杏 2-2- 检试 1 井葡萄花油层三元驱水淹层测井解释成果图

2. 水驱油藏数值模拟技术

　　大庆油田于 20 世纪 60 年代开始发展水驱油藏数值模拟技术。通过自主研发和对引进软件的消化、创新，以满足油田开发各时期的调整需要为目标，逐步发展形成了适合油田开发实际的水驱特色油藏数值模拟技术。为解决引进大规模并行模拟技术难以在油田大范围推广应用的问题，形成了数值模拟专用微机机群集成技术，并在此环境下实现了 DQHY 模拟软件的并行化（赵国忠等，2003）。2002 年，推出了具有自主版权的并行黑油砂岩模拟软件 PBRS2.1，依靠自主并行软硬计算资源实现了百万节点数值模拟，且模拟速度超过当时引进的硬件和软件技术，摆脱了该领域对国外技术的依赖。"十五"至"十二五"期间，为了更加准确地刻画流体流动特征、提高模拟精度，研发了角点网格和分层注水工艺模拟，创新发展了低渗透油藏模拟技术，推出了低速非达西渗流的工程化模拟软件，并在计算机辅助历史拟合方面取得了实质进展。这期间，以自主模拟技术为主导的油藏数值模拟研究实现了长垣油田的全覆盖，为油田的控水提效提供了有力支撑。

"十三五"期间，为适应特高含水后期对高度零散剩余油的挖潜需求，创新发展了分布式并行油藏模拟技术，实现了模拟规模由百万节点模拟向千万节点模拟的跨越，模拟对象由开发单元向开发区级的转变，为剩余油精细挖潜提供了有效技术手段。

1）水驱油藏模拟方法及实现

（1）低速非达西流模拟方法。室内实验研究表明，流体通过低渗透多孔介质时，其渗流速度与压力梯度的关系明显偏离达西定律（李莉等，2006）。外围油田开发实际情况反映，低渗透油藏开发存在水井注水难，油井长期不见水，且压力不足，产量很低的现象。这些现象表明，对于低渗透油藏来说，存在低速非达西渗流。针对开发低渗透油藏的技术需求，依据物理模拟实验结果和矿场实际开发动态，研制了低渗透油藏非达西渗流工程化模拟软件（尹芝林等，2011）。

实现低速非达西渗流模拟，必须同时做两件事：一是在网格方程中考虑拟启动压力梯度；二是在井方程中也考虑拟启动压力梯度。这样才能保证数值模型的适应性，否则流动会产生矛盾。

两个基本假设：① 在一个时间步内井与其所在网格间的流动是稳定的；② 相流动势在等效面积内的平均值与井所在网格的模拟值相等。对井附近流动进行解析研究，然后建立井—网格方程。这一问题的解决，为实现低渗透非达西渗流油藏模拟创造了条件。

$$q_p = \begin{cases} \dfrac{2\pi KK_{rp}h}{\mu_p}\left(\ln\dfrac{r}{r_w}-\dfrac{1}{2}\right)^{-1}\left(1-\dfrac{\Delta p_{gp}}{|\phi_{gp}-\phi_{bh}|}\right)(\phi_{gp}-\phi_{bh}) & \left(|\phi_{gp}-\phi_{bf}|>\Delta p_{gp}\right) \\ 0 & \left(|\phi_{gp}-\phi_{bf}|<\Delta p_{gp}\right) \end{cases} \tag{2-2-16}$$

式中　q_p——产油量，m³/d；

K——沿势梯度方向的绝对渗透率，mD；

K_{rp}——相对渗透率；

h——流动距离，m；

μ_p——黏度，mPa·s；

r_e——网格有效半径，m；

r_w——井筒半径，m；

Δp_{gp}——油相的启动压力差，MPa。

式（2-2-16）即为模拟非达西渗流的井—网格方程，下角标 p=o，w，g 分别表示油相、水相和气相，此处与达西渗流的差别在于 p=o，w 时井网格间启动压力差的存在。在低渗透非达西渗流情况下，井与油藏之间并不是有压差就一定发生流动，这一点已经被低渗油藏开发实践所证实。再有，对于高渗透多层非均质油藏，低渗透层的实际产出/注入量也不远低于按达西流规律所得到的数值。因此，模拟非达西渗流的井—网格方程的建立，不仅使低渗透油藏非达西渗流数值模拟有了较完整的理论基础，也有助于提高模拟多层非均质油藏的可靠度。

（2）分层注水的模拟方法。分层注水是油田注水开发过程中的一项被广泛采用的生产调整措施，对于缓解层间动用矛盾，改善注水开发整体效果起到了重要作用。现有的油藏模拟软件，如 ECLPSE、CMG 和 PBRS 等对单一注水井的处理仍然是笼统注水方式的。若考虑分层注水，只能把一口注水井按分注层段分成若干绝对独立的虚拟井来模拟，但这种做法已经等同于同井场多口井分层系注水，必然会过分夸大分层注水的作用。另外，这样做也会使模拟模型的井数显著增多，给模拟计算和结果的整理带来很多额外负担，不便广泛应用。因此，将考虑启动压差、水嘴直径的嘴损特性的分层注水数值模拟数学模型引入油藏模拟，实现了分层注水模拟功能（赵国忠等，2012）。

分层注水与笼统注水的不同点在于笼统注水井只有一个统一的注水流压，而分层注水井具有两个层次的注水流压：一个是油管内的注水井底流压，也称为嘴前压力；另一个是对应各分注层段腔体内的压力，也称为嘴后压力。

设某井第 i 分注层段的嘴后压力为 $p_{\mathrm{bh}i}$，嘴前压力为 $p_{\mathrm{bh}l}$，该段内第 k 射孔层的网格压力为 p_{ik}，通过对嘴损方程和井—网格压力方程进行耦合，得到该段的注水量为：

$$q_i = \left(p_{\mathrm{bh}l} - p_{\mathrm{bh}i}\right)^{\frac{1}{2}} \sigma_i = \left(p_{\mathrm{bh}i} - p_{\mathrm{ave}i}\right)\lambda_i \qquad (2-2-17)$$

式中　λ_i——第 i 分注层段的平均流度，$\lambda_i = \sum\limits_k \lambda_{ik}$；

　　　σ_i——第 i 分注层段的嘴损系数，$\sigma_i = 0.9597\xi_i d_i^2$，$\mathrm{m^3/(d \cdot MPa^{0.5})}$；

　　　d_i——第 i 分注层段的水嘴直径，mm；

　　　ξ_i——第 i 分注层段的水嘴流量系数，取值范围为 $0.7\sim1.5$；

　　　$p_{\mathrm{ave}i}$——第 i 分注层段的平均网格压力。

第 i 分注段的注入量为：

$$q_i = \frac{\sigma_i^2}{2\lambda_i}\left[\sqrt{1 + \frac{4\lambda_i^2}{\sigma_i^2}\left(p_{\mathrm{bh}l} - p_{\mathrm{ave}i}\right)} - 1\right] = \sum_k q_{ik} \qquad (2-2-18)$$

求和可得全井总注入量为：

$$q = \sum_i q_i \qquad (2-2-19)$$

建立概念模型对分层注水模拟进行测试，测试模型考虑为多层砂岩油藏，主要反映大庆长垣油田二类以下储层垂向层间非均质性。设计共有 30 个小层，采用垂向分段随机的方法生成了这些属性数据，自上而下物性总体呈由差变好的趋势。设计采用 250m 井距五点法井网开采，4 注 9 采。

图 2-2-55 给出了概念模型分注前后高、中、低渗透段的注水量和产液量变化情况。在各段组合层数、厚度相当的情况下，对注水井按高、中、低渗透率分三段实施分层注水后与笼统注水相比，采用小尺寸水嘴的高渗透段注水量由最高降到最低，采用大尺寸水嘴的低渗透段注水量由最低变为最高，而采用中等直径水嘴的中渗透段注水量也明显提升。同时在各小层注采关系都完善并且所有注水井分段方案一致的条件下，分注前后各段产液量的变化呈现与注水量相同的变化趋势。

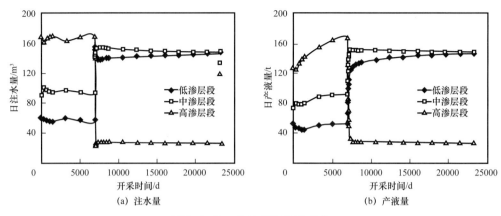

图 2-2-55　分注前后各段变化

（3）注入水的追踪模拟方法。由于储层非均质性的存在，注入水首先会沿着高渗透条带推进，形成优势渗流通道，特高含水后期水驱低效、无效循环现象更加突出。在低效无效循环场识别方面，以往的数值模拟方法主要是根据最后一个时刻的含水饱和度场来分析，只能按一定界限定性判断大致区域，不能精确给出注采井间的水量大小和不同油井间的水量分配系数。

考虑注入水在油藏中以可流动水形式存在，可建立以下待追踪水浓度方程：

$$\frac{\partial}{\partial t}\left(\frac{\phi(S_{w}-S_{wc})c_{wi}}{B_{w}}\right)-\nabla\cdot\left(\frac{c_{wi}KK_{rw}}{B_{w}\mu_{w}}\nabla\Phi_{w}\right)-c_{wi}q_{w}=0 \qquad (i=1,2,\cdots,N_{trw}) \quad （2-2-20）$$

式中　c_{wi}——某待追踪水在可流动水中的浓度，待追踪水可以是任意井自任意时刻开始的注入水，同一口井在不同时刻可以定义不同的待追踪水；

　　　N_{trw}——待追踪水总数，个；

　　　ϕ——孔隙度，%；

　　　S_{w}——含水饱和度，%；

　　　B_{w}——水体积系数；

　　　μ_{w}——水相黏度，mPa·s；

　　　c_{wi}——某待追踪水在可流动水中的浓度；

　　　Φ_{w}——含毛细管压力和重力的水相流动势，MPa；

　　　q_{w}——水的流量，m³/s；

　　　K——绝对渗透率，mD；

　　　K_{rw}——相对渗透率；

　　　S_{wc}——临界含水饱和度，%。

由于待追踪水的浓度并不真正影响水的性质，所以原模型的解不变。因而，这些待追踪水浓度方程可以在得到原模型的解后单独求解。离散后在每个时间步可通过求解以下形式的线性系统得到追踪水浓度增量：

$$(\boldsymbol{W}_{LT}+\boldsymbol{W}_{C}+\boldsymbol{W}_{UT})\cdot\delta\boldsymbol{c}_{w,i}=\boldsymbol{R}_{cw,i} \qquad (i=1,2,\cdots,N_{trw}) \qquad （2-2-21）$$

式中 W_{LT}, W_C, W_{UT}——待追踪水浓度雅可比矩阵的下三角、对角线和上三角部分，容易在原模型的求解过程中记录下来；

$\delta c_{w,i}$——未知向量；

$R_{cw,i}$——常数矩阵。

这样在已有模拟器架构下，只须记录待追踪水浓度雅可比矩阵并调用求解器就可以了。如果原模型的求解是并行的，追踪水浓度的求解也自然可以实现并行。由于求解过程的并行性以及不增加雅可比矩阵生成的工作量，追踪水总个数的增加不会显著增大CPU 耗时，整体模拟效率影响有限。

2）分布式并行模拟技术

油藏数值模拟过程中所发生的计算可以分成耦合运算和非耦合运算两类。非耦合运算的并行只涉及程序实现技术，主要体现在数据的区域分解上，并行程序可大量沿用串行源码。而耦合运算主要发生在线性系统的求解过程中，必须使用不同于串行的并行求解方法。因此，大型、稀疏、非对称线性系统的并行解法开发与实现是串行模拟器并行化的技术关键所在。

大庆油田于 2000 年左右实现了 PC-Cluster 大规模并行模拟技术，推出了并行黑油油藏模拟器（PBRS），模拟规模达到了百万节点，使大庆油田大规模油藏模拟成为现实。2016 年，在原有分布式并行黑油模拟器的基础架构下（赵国忠等，1995），开发出比基于PETSc 的加法舒瓦兹 ASM+ 块不完全 BILU 分解的单步并行预处理效率更高的求解器版本（PBRS6.0），以满足特高含水后期多层砂岩油藏剩余油挖潜的需求（表 2-2-5）。

表 2-2-5 大庆油田分布式并行模拟技术发展历程

时间	2000—2001 年	2002—2003 年	2004—2006 年	2007—2010 年	2011—2015 年	2016 年至今
新增主要功能	基础	代码升级	完井继承	角点网格	分层注水	注入水追踪
计算节点	32 位	32 位	32 位	64 位	64 位，多核	64 位，多核
通信方式	千兆以太网	Myrinet	InfiniBand	InfiniBand	InfiniBand	InfiniBand
百万节点计算耗时 /h	38	23	9	4	1.5	1

（1）分布式并行策略。油藏数值模拟计算一般分为初始化和时间循环两个阶段。大量算例表明，模拟器在计算雅可比矩阵、形成线性系统和网格方程与井方程耦合解线性系统时，消耗全部模拟时间的 98% 以上。所以要得到好的并行效率，这三步的计算及有关数据必须分配到各个并行节点上。而初始化主要完成初始条件的设置，其发生的全部运算均是一次性的，但程序代码却不少，若做并行也会付出很多复杂的编码工作，所以不对初始化部分作并行化处理。

（2）PBRS6.0 求解器构建。国内外研究成果表明，多步预处理的方法能够有效提升油藏模拟器求解效率，把压力方程分开处理，以有效压缩低频误差的做法几乎已成共识。

针对大庆油田自主模拟器的架构特点，采取两步预处理方法，在已有自主分布式并行黑油模拟器的基础下，构建高效求解器。

两步预处理方法的第一步是将渗流力学方程组离散化后产生的线性代数方程组（2-2-22）中的矩阵进行解耦，得到压力方程。

$$A\delta X = -F \qquad (2-2-22)$$

式中　A——大型、稀疏、非对称矩阵；

　　　δX——未知向量；

　　　F——常数矩阵。

由于井方程易于消去，矩阵 A 可以表述为：

$$A = \begin{pmatrix} A_{pp} & A_{ps} \\ A_{sp} & A_{ss} \end{pmatrix} \qquad (2-2-23)$$

其中 A_{pp} 和 A_{ps} 对应压力方程；A_{sp} 和 A_{ss} 对应于饱和度方程。

利用解耦矩阵 M_{dc}：

$$M_{dc} = \tilde{A}_{ps}\tilde{A}_{ss}^{-1} \qquad (2-2-24)$$

对 A 作行变换，$\tilde{A}_{ps}$ 为饱和度与压力系数解耦矩阵，$\tilde{A}_{ss}^{-1}$ 为饱和度解耦矩阵，得到压力方程：

$$\overline{A}_{pp}\delta X_p = -\left(F_p - M_{dc}F_s\right) = -\overline{F}_p \qquad (2-2-25)$$

式中　$\overline{A}_{pp}$——压力系数共轭矩阵；

　　　δX_p——压力未知量；

　　　F_p——压力常数矩阵；

　　　F_s——饱和度常数矩阵；

　　　$\overline{F}_p$——压力常数共轭矩阵。

求解式（2-2-25）得到 A 的近似解向量 $\delta\tilde{X}_p$，完成第一步预处理，并记预处理矩阵为 M_1。

第二步预处理是将第一步预处理得到的压力方程的解，代入线性方程组，通过最佳的迭代算法求解线性方程组的解。设线性方程组的解为 $\Delta\tilde{X}$，δX_p 为 A 的近似解向量，则：

$$\delta X = \delta\tilde{X}_p + \Delta\tilde{X} \qquad (2-2-26)$$

通过数值分析与测试，以有利于消除饱和度误差和便于实现为目的，选择 Z 方向线红黑排序的块高斯 – 赛得尔迭代（ZLBGS）作为第二步预处理的求解方法。

若记第二步预处理矩阵为 M_2，则总的预处理矩阵可写为：

$$M^{-1} = M_2^{-1}\left(I - AM_1^{-1}\right) + M_1^{-1} \qquad (2-2-27)$$

式中 M^{-1}——总预处理矩阵的逆矩阵；

M_1^{-1}——第一步预处理矩阵的逆矩阵；

M_2^{-1}——第二步预处理矩阵的逆矩阵；

I——单位矩阵。

Z 方向线红黑排序的块高斯—赛得尔迭代与以往采用的 Krylov 方法相比，计算、通信开销更小，更易于分布式并行实现。

（3）并行性能分析。SPE10 测试结果表明，新求解器与原求解器相比，时间步数和外迭代次数接近，说明两者对差分方程适应性相同；新求解器内迭代次数降低 1 个数量级，说明对压力方程预处理的做法能大幅提高计算效率；新求解器运行时间占全部模拟时间的比率降低 9 个百分点，说明新求解器性能有了明显的提升。

实际模型测试同时选取了 INTERSECT 和 tNavigator 两款成熟商业软件做对比。从计算速度来看，自主研发的分布式并行模拟器求解时间与两款软件处于同一量级（表 2-2-6），在精度方面也与另外两款商业软件基本一致，整体认为新构建的模拟器满足现场实际应用需求。

表 2-2-6　模拟器求解时间对比

模拟器	INTERSECT	PBRS	tNavigator
进程数	144	190	300
用时 /min	721.9	660	558
相对速度	0.91	1	1.18

3）计算机辅助历史拟合技术

在油藏数值模拟中普遍采用实验校正法进行历史拟合，即靠人工反复试算，根据模拟研究人员经验来修改油层参数，通过该方法进行历史拟合费时、费力，而且多解，历史拟合工作效率不能满足油田快节奏的开发调整和挖潜应用需要。计算机辅助历史拟合技术通过选择敏感参数及确定响应参数，应用先进的实验算法及优化算法生成多个具有代表性含义的模拟算例，将烦琐的调参工作交由软件来做，根据目标函数计算结果及多种评价方法，快速分析油藏敏感性，帮助工程师洞察和理解模型，同时得到多个符合动态数据的历史拟合结果，为方案预测提供决策依据。

（1）试验设计方法研究。试验设计方法主要讨论如何合理地安排试验以及试验所得的数据如何分析等。试验设计主要是以正交表的形式来实现。其特点是完成试验要求所需的实验次数少、数据点的分布很均匀和可用相应的极差分析方法、方差分析方法、回归分析方法等对试验结果进行分析，引出许多有价值的结论。

每种试验设计方法的适用情况不同，各有优缺。由于历史拟合的参数组合具有复杂性和不确定性，拉丁超立方采样算法和 Box–Behnken 算法能有效地减少试验次数，实现对搜索空间的有效搜索，提高试验效率，成为大庆油田计算机辅助历史拟合研究的首选实验算法。

（2）优化算法研究。传统的优化方法分为基于梯度的局部搜索法和直接法两种。基于梯度的局部搜索法又可以分为最速下降法、Newton法、共轭方向法、共轭梯度法以及变尺度法等，其中变尺度法主要包括拟Newton法、DFP法、BFGS法。基于梯度的优化方法一般需要计算目标函数或模型系统状态变量对待估参数的一阶或二阶导数，然后利用导数信息来调整和改进参数值。梯度法属于局部搜索算法，能较好地利用研究问题的已知信息（如梯度信息）来搜索参数，具有搜索快、计算量相对较小的优点。

直接法一般只需要计算目标函数值而不需要计算目标函数的一阶或二阶导数。常用的直接法有坐标轮换法、单纯形法和方向加速法等。其中方向加速法是直接方法中最有效的方法，应用比较广泛。

总的说来，传统的方法是以参数可识别性为基础的局部寻优方法，在实际使用中，一般和实验设计方法、启发式搜索方法以及基于随机采样的统计方法混合使用，以实现对参数的全局寻优。

由于历史拟合技术研究的不确定性参数很多而且是不连续的非线性的，有些参数对响应参数的影响还是不确定的，通过算法选择的参数要能够足够反映模型的信息，而遗传算法、进化策略和贝叶斯更新技术的特点满足计算机辅助历史拟合技术研究对算法的要求，而且在对国外先进计算机辅助历史拟合技术软件的测试中也验证了这些算法的先进性，所以选择遗传算法、进化策略和贝叶斯更新技术作为适合大庆油田计算机辅助历史拟合技术的主要算法。

以最优控制理论及人工智能方法为指导，在油藏模拟工作平台集成开发了智能历史拟合功能模块，研发标记工具实现了参数修改档案化，运用先进算法快速分析参数敏感性，多种试验及优化算法实现了自动调参，历史拟合质量评估更加全面准确，智能历史拟合技术的应用促进了历史拟合工作规范化，大幅提高了历史拟合工作效率和质量。

4）开发区级建模数值模拟一体化技术

模型化为核心的智能油藏是未来油田发展的必然趋势。开发区级高精度整体建模数值模拟在地质上有利于把控全局规律，提升构造及储层描述精度；在开发上利于实现全油藏整体优化调整，改善开发效果；在管理上有利于跟踪维护，提升整体模型质量。是油藏智能化管理、精准开发的基础和关键。与常规小区块建模数值模拟不同，开发区级高精度整体建模数值模拟面临大区域储层三维表征、快速高效历史拟合、剩余油定量表征等难题。"十三五"期间，在自主水驱数值模拟技术进步的基础上，通过对上述难题的针对性攻关，形成了百层万井千万节点建模数值模拟一体化技术。

（1）大区域储层三维表征技术。大区域储层三维表征与常规相比具有更大的难度和挑战性，其复杂度、工作量、运行强度及潜在的问题会远远高于常规的表征任务，因此针对研究中存在的主要问题，研究形成了快速核查对比等三项技术，实现了杏北大区域高精度储层三维表征。

① 快速核查对比技术。针对不同区块间对比界限不统一、井分层数据异常、薄层单元间穿层交叉、水层以下单元界限缺失等问题造成构造局部厚度异常及穿层畸变问题，

形成了"厚度差异定区域、沉积成因定界限"大区域储层界限核查技术，依据分层界限数据分别建立单元厚度等值图，筛查厚度变化潜在的异常区域，并有针对性建立核查对比剖面。在核查对比过程中，以单元整体沉积成因特征为指导，综合邻区、邻井测井曲线模式，核查修正厚度异常井分层界限，解决了大区域储层界限异常筛查及统层对比低质低效问题，提高了分层数据质量。完成 14664 口井 100 个单元萨、葡、高层位界限核查修正，实现全厂单元界限闭合统一。

② 异常井层校正技术。由于井轨迹相关数据缺失、异常等问题，部分井与整体模型不能精确匹配，造成模型个别层段内砂岩、射孔等对应关系错误，影响整体模型精度及数值模拟应用，通过研究形成了"分段变参数异常井层校正方法"。以去除异常井的分层数据建立构造模型，通过构造层面顶底深与单井对应分层点的对应关系计算分段校正系数，并利用段内校正系数实现对井轨迹、分层点、砂岩顶深、砂岩厚度、有效顶深、有效厚度及射孔顶底深等深度相关数据进行归位校正，该校正方法能够保证校正后的数据保持连续，与模型精确匹配，不出现窜层现象。

方法原理：

a. 建立单井分层深度值 A_n 与校正目标值 B_n 间的对应关系，并保证分层深度与目标深度值系列单调递增。

b. 归一化处理单井分层深度值系列及目标深度系列，计算分段校正系数（图 2-2-56），实现对应深度段连续校正，公式如下：

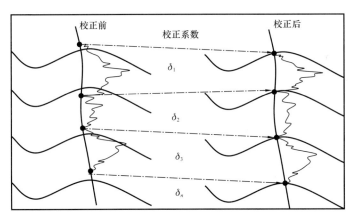

图 2-2-56　校正系数数学模型

$$\left.\begin{aligned} \delta &= \frac{B_n - B_1}{A_n - A_1} \\ B_x &= B_1 + \delta\left(A_x - A_1\right) \end{aligned}\right\} \qquad (2\text{-}2\text{-}28)$$

式中　δ——分段校正系数；

　　　A_1——段内原始深度最小值；

　　　A_x——段内待校正点原始值；

A_n——段内原始深度最大值；

B_1——段内目标深度最小值；

B_x——段内校正后结果值；

B_n——段内目标深度最大值。

利用上述方法，在核查评估的基础上对杏北开发区 3402 口井轨迹及其他异常井层射孔段、小层相关深度及厚度数据进行了归位校正，保证了开发井砂体、射孔等深度相关数据与模型的精确耦合，建模井层利用率从校前的 91.2% 提高到 100%，提高了整体模型质量。

③ 大区域储层属性建模技术。针对大区域储层砂体类型多、平面变化大，单一变差函数无法精确描述的难题，形成相控—岩控指导下基于变量结构差异分析的属性建模技术。首先分析大区域不同砂体物性变量的方向异性（几何各向异性、带状各向异性、混合各向异性），根据物性变量的结构差异对大区域进行分区，在此基础上给各个分区设置变差函数（金毅等，2010），每一种变差函数代表不同的结构，这样能够精确描述各个分区属性分布。多变差函数结构套合应用的目的是获得一个反映不同区域不同结构的属性随着距离和方向变化的变差函数［式（2-2-29）］，精确描述属性空间的多结构变化。

$$\gamma(h) = \gamma_1(h_1) + \gamma_2(h_2) \qquad (2-2-29)$$

其中

$$\gamma_1(h_1) = \gamma_1 \sqrt{\left(\frac{h_x}{a_{x1}}\right)^2 + \left(\frac{h_y}{a_{y1}}\right)^2}$$

$$\gamma_2(h_2) = \gamma_2 \sqrt{\left(\frac{h_x}{a_{x2}}\right)^2 + \left(\frac{h_y}{a_{y2}}\right)^2}$$

式中 γ——变差函数；

h——变量的距离；

a——变程。

（2）大区域数值模拟技术。大区域数值模拟研究过程，由于平面上跨度大，单一的分区设置难以有效描述不同区域油藏特点、流体性质及渗流特征，同时大区域模拟应用中涉及的井层数更多，给历史拟合造成了更大的压力，传统方法已无法满足应用需求，通过优化分区及分级拟合技术的应用，较好地解决了油藏描述精度和拟合效率问题，实现了杏北开发区级整体数值模拟。

① 多分区优化设计技术。针对开发区不同区域油水、渗流及流体性质差异大，单一参数无法满足油藏描述精度要求，利用多分区优化设置方法，提高油藏动态模型表征精度。

储量分区：根据地质单元划分 96 个分区，有利于细化评价不同单元动用状况。

平衡分区：根据油水分布差异划分9个平衡分区，精确描述不同区域油水接触面特征。

相对渗透率选择：根据不同微相渗透分布差异划分22分区，分别赋予4条相对渗透率曲线，提高渗流描述精度。

② 分级拟合技术。由于拟合井数达到近万口，逐井分析拟合耗时长、工作量大，通过分级方法可有效减少研究对象的数量，从而减少综合分析及参数调整的工作量，提高工作效率。具体做法是在全油田和单井对象之间建立模拟井组对象，将整体模型按油田、模拟井组和单井分成三个层次拟合，以杏北开发区22个开发区块为基础，分别建立对应的模拟井组对象，在全区拟合达到基本要求后，拟合22个区块指标，最后拟合区块内的单井对象，在很大程度上减少模拟分析工作量。

（3）基于数模大数据"标签化"剩余油分析技术。为了实现分区块、分单元、分微相及断层边部剩余油精细量化，研究形成了"标签化"剩余油量化分析技术。主要做法是针对个性化统计需求，分别建立控制约束模型，并为每个网格单元设置唯一的标识，以此为约束条件实现了剩余油分类量化。

① 区块及单井控制模型建立。为了实现分开发区统计剩余油分布特征，按照研究区水驱开发单元建立约束控制模型，在建模软件环境下整理分区边界，并利用多边形计算及微相建模技术实现了22个开发区块约束控制模型的建立，并以此为约束计算输出了不同开发阶段剩余油结果。单井约束模型的建立是通过井控网格区实现的，依据现有的井网及单井轨迹计算单井在各模拟层的控制网格区，并建立对应每口井唯一的网格标签，形成单井控制模型，以此为约束条件，控制输出单井控制剩余油量化结果。

② 断层边部控制模型建立。要实现断层边部剩余油量化统计，就要首先建立断层边界控制区域模型，明确断层边部网格归属，并以此为约束条件实现对断层控制区剩余油的量化统计，由于断层边界控制模型不属于常规模型范围，没有相关的技术和方法，无法快速形成该模型，且研究区规模大、断层数量多，无法采用手工处理方式实现。针对上述问题，研究形成了重构模型方法，依据不同断层在网格模型中的索引信息，编制处理程序，为每条断层控制区设置唯一标识，形成建模软件数据接口，重建涵盖所有断层的边界控制模型。

5）油藏模拟工作平台

针对大庆油田自主模拟器应用数据要求和模拟业务需求，为提高油藏模拟工作效率和质量，优化整合模拟工作业务流和数据流，集成了模拟前处理、远程模拟作业调度、模拟后处理、三维可视化、智能历史拟合等多项技术，研发了承载大庆油田水驱数值模拟配套技术的集成化工作平台，实现了模拟前后处理一体化、水聚驱模拟一体化，保障了水驱油藏精细模拟规范化和规模化开展。

（1）油藏模拟前处理技术。针对模拟工作中常见的基础数据质量不高、地质模型参数不合理、动态模型描述不准确的问题，以建立高精度模拟模型为油藏模拟前处理工作目标，从基础数据质量控制、地质模型质量评估、动态精准模型建立三个环节全面提升初始模拟模型质量，为高精度油藏数值模拟奠定基础。

针对油藏模拟涉及数据种类多、格式不统一的问题，研发了与油田开发数据库直接相连的多数据源的数据管理平台，开发了基础数据一键检查功能，将数据缺失、数据异常、数据重复问题向用户一次性报告，大幅减少了模拟工作人员数据问题排查及修复工作，确保了基础数据准确、完整、可信。

地质建模结果直接影响油藏模拟模型质量，模拟前应用丰富的单井动态数据资料，通过射孔网格信息检查平面连通性及地质属性分布合理性，其次应用网格属性场统计分析检查地质模型储量、有效厚度、渗透率及孔隙度的匹配程度，通过上述多种方法评估地质模型质量，降低地质模型的不确定性。

单井生产工作制度直接影响模拟计算效率及历史拟合效果，酸化、压裂、补孔、堵水、分层注水等单井挖潜措施对单井附近渗流条件产生了直接改变，措施模型化通过量化描述措施有效时间、措施作用范围、调整渗流能力三个方面调整单井与模型的渗流关系，从而更加逼真地还原开发历史。

油藏模拟前处理技术通过简便、快捷、实用的操作，将大量烦琐的数据检查及处理工作软件化、自动化，全方位提升了整体数据质量和模拟工作效率。

（2）远程模拟作业调度技术。大庆油田自主水驱模拟器都在远程 Linux 系统的并行微机机群运行，需要用户远程登录手工输入命令启动计算及获取计算模拟结果。为改善用户体验和发挥并行计算资源优势，采用 TCP 协议实现跨平台消息通信，应用 Samba 协议实现远程文件共享，研发了远程模拟作业调度技术，实现了并行计算节点资源智能分配。

并行计算节点资源智能分配的目标是实现算力应用的最大化，首先，需要准确预估模型计算用时，结合模型维数、单井总数、有效网格占比、射孔网格个数、模拟计算年限、断层面总数等参数应用经验公式得到算例用时预估值。其次，根据机群计算节点实时监控系统获知模拟算例作业排队状况、当前可用计算节点、用户最大可用节点、单个节点 CPU 核数等约束条件，通过应用作业积分排队算法实现自动化设置并行计算分区和分配计算节点，自动上传模型文件及启动模拟器，实时反馈算例模拟计算状态信息。

为方便用户及时掌握模拟计算动态和动态调整模拟作业，远程模拟作业调度系统不仅支持远程模拟作业启动，也支持模拟作业删除、暂停及重启操作。

（3）模拟后处理技术。模拟后处理着眼于对模拟计算结果进行分析和应用，主要包括二维曲线显示、三维可视化、剩余油统计分析及挖潜措施筛选等功能模块，同时也集成了智能历史拟合技术。

自 2002 年开始，为进一步改善大庆油田水驱开发效果，提高油藏模拟研究质量，在长垣油田开展了多轮次的水驱油藏模拟技术推广应用，培养了大批油藏模拟研究人员，促进了油藏模拟技术在长垣油田的全覆盖。"十二五"末，应用自主水驱油藏模拟技术的百万节点级研究区块约在 80 块次。"十三五"末，千万级节点规模的并行油藏模拟技术开始在杏北开发区、萨中开发区高台子油层、中区西部高台子等区块（表 2-2-7）典型化应用，研究对象由开发单元逐渐向开发区和层内转变，在开发区的决策部署与局部富集剩余油的精细挖潜方面提供了有力支撑。

表 2-2-7　千万级节点油藏模拟区块概况

区块名称	杏北开发区	萨中开发区高台子油层	中区西部高台子	南四区西部	喇南中西二区
面积 /km^2	197.90	161.25	8.96	8.44	11.30
井数 / 口	13012	5233	1174	656	446
平面网格尺寸 /m	25×25	20×20	10×10	15×15	20×20
节点数 /10^4	3600	3134	1602	1979	1035

3. 剩余潜力快速评价技术

目前我国主要油田都已进入高含水开发后期，剩余油分布高度分散，剩余潜力定量评价难度逐年增大（朱丽红等，2015），已有的人工分析方法人为影响因素大、研究周期长，大量的数值模拟研究成果不能很好地指导油田开发调整，亟须建立一种剩余潜力快速评价技术，以满足特高含水期注水开发油田调整的需要。剩余潜力快速评价由 4 个关键技术组成，即剩余油快速评价、数值模拟成果集成、潜力成因类型评价和措施潜力评价。

1）剩余油快速评价

剩余油评价是该项技术的基础，主要包括非均质两项渗流阻力计算、小层注水量计算、小层产量及含水饱和度计算等。

（1）非均质两相渗流阻力计算。由水电相似原理可知，对于非均质油层，可以将油层看成若干个小的均质油层单元的串联。在每一个均质油层单元中符合达西定律，且含油饱和度为恒定值，这样就可以得到非均质油层两相渗流的阻力。注水井第 k 层第 i 水井到第 j 油井方向两相渗流阻力（郭军辉等，2018）：

$$R_{kij}=\sum_{i=1}^{n}\frac{1}{\dfrac{1}{R_{oi}}+\dfrac{1}{R_{wi}}}=\sum_{i=1}^{n}\frac{\mu_o\mu_w\Delta L}{K(x)h(x)\left[\mu_w K_{ro}(x)\right]B_o+\mu_o K_{rw}(x)B_w} \qquad（2-2-30）$$

式中　R_{kij}——油水两相渗流阻力，Pa·s/D；

　　　$K(x)$——x 处的渗透率，D；

　　　$K_{ro}(x)$，$K_{rw}(x)$——x 处油相和水相的相对渗透率；

　　　ΔL——x 处的单元长度，m；

　　　μ_o，μ_w——原油及地层水黏度，Pa·s；

　　　B_o，B_w——原油和地层水体积系数。

其中 ΔL 是这样一种长度：

① 满足达西定律对尺寸的要求；

② 足够小，使得该范围内的油层可近似看成均质油层。

为了获得油水井间 x 处油、水两相的相对渗透率，需要首先取得该处的平均含油饱和度，然后利用对应的相渗曲线进行计算。

（2）小层注水量劈分计算。设注水井第 i 个小层周围有 m 口油井，渗流阻力分别为 R_{i1}，R_{i2}，…，R_{ij}，…，R_{im}。根据水电相似原理，可得第 j 口油井该层的注水量平面劈分系数为：

$$A_j = \frac{\Delta p_{ij}}{R_{ij}\sum\limits_{j=1}^{m}\dfrac{\Delta p_{ij}}{R_{ij}}} \tag{2-2-31}$$

式中 Δp_{ij}——注水井 i 与油井 j 井间的生产压差，MPa。

在综合考虑注水井各小层地层系数和其周围各油井方向渗流阻力系数大小的基础上，设注水井射开 n 个小层，利用下式计算注水井第 i 层垂向劈分系数：

$$C_i = \frac{\sum\limits_{j=1}^{m}\dfrac{\Delta p_{ij}}{R_{ij}}}{\sum\limits_{i=1}^{n}\sum\limits_{j=1}^{m}\dfrac{\Delta p_{ij}}{R_{ij}}} \tag{2-2-32}$$

式中 C_i——注水井第 i 个小层垂向劈分系数。

在进行注水量劈分时，首先将井口的注水量按纵向分配系数劈分到各注水层，即：

$$q_i = Q_w C_i \tag{2-2-33}$$

式中 q_i——注水井第 i 个小层分层注水量，m³/d；

Q_w——注水井井口注水量，m³。

然后再将各小层的注水量按平面分配系数劈分到各油井方向：

$$q_{ij} = q_i A_j \tag{2-2-34}$$

式中 q_{ij}——注水井第 i 个小层在第 j 口油井方向的注水量，m³/d。

没有测试资料的注水井可直接按上述方法进行分层注水量的劈分；而有吸水剖面或分层注水资料的注水井，首先按照测试资料得到测试层段的注水量，然后测试层段内再按上述方法进行评价。

（3）小层产量及剩余油饱和度计算。在注采关系评价和小层注水量计算基础上，可进一步开展各小层产量及含水率的计算：首先建立区块各小层对应的渗流图版，然后根据各油水井注采关系上的累计注入体积倍数给出该油水井注采关系上的饱和度分布，再对油井各方向的含水率进行拟合得到油井各小层在该时间段的产油量及产液量。

渗流图版是以流管模型为基础建立的。假设非混相驱替过程遵循均质稳定渗流时的流线，从而可将模拟区分成多个流管，并用线性驱替模型来模拟流管内的非混相驱替。为了建立渗流图版，各流管被分成 n 个体积相等的网格，每一个生产时间步则使相应的水驱前缘饱和度推进一格，直到第 n 格发生水窜为止。以此模拟驱替过程，并将相等注入时间时不同流管的结果进行综合，即可得到油水井间的总动态。通过流管计算，可以得到任意注水倍数下的饱和度分布、出口端含水率、平均含水饱和度、对应的渗流阻力系数等，以此作为基础建立渗流图版（杜庆龙，2016）。

　　根据物质平衡理论，油井井口含水率由各油水井方向的产油及产液量决定。在前述依据渗流阻力计算的各油水井方向注水量的基础上，为了计算不同注水方向、不同小层的含水率，在保证各小层及油水井间注水量比例不变的情况下，采用试凑法首先对各注水方向的含水率进行拟合，进而得到各小层的产油、产液量及注采井间的含油饱和度分布。

　　2）数值模拟成果集成

　　数值模拟是最常用的剩余油分布研究手段。由于数值模拟特殊的数据组织方式，将其用于开发调整潜力自动评价需要经过3个步骤的后处理（尹晓喆等，2016）。

　　（1）模拟层位匹配。数值模拟中层位以有序整数表示的，为了将其与实际小层匹配，系统中须提供一套索引，并在成果导入时对其进行重新命名。

　　（2）地质模型解析。通过对数值模拟输入数据流关键字的解析，可得到网格系统的详细信息和相对渗透率曲线的分区信息。在数值模拟中，信息是以网格为单元进行存储的，网格的位置则以网格坐标进行标识。矩形和角点系统是两种最常用的网格系统。对于矩形网格系统，只需以第1个网格为基础，分别在 x 和 y 方向累加相应的网格步长即可得到对应网格的相对坐标。对于角点网格系统，每个网格8个顶点的相对坐标需用4组坐标线和8个顶点深度分别计算得到，其中坐标线以两组坐标进行定义。设 P_1（x_1, y_1, z_1）、P_2（x_2, y_2, z_2）定义一条坐标线，则距离点 P_1 为 d 的网格顶点 P 可表示为：

$$P = P_1 + \boldsymbol{P}_0 \frac{d}{\cos\gamma} \tag{2-2-35}$$

式中　P——待解网格顶点；

　　　　d——点 P 与点 P_1 的距离，也即顶点深度，m；

　　　　$\boldsymbol{P}_0$——单位方向矢量；

　　　　γ——P_1P_2 与 z 轴的夹角。

$$\boldsymbol{P}_0 = \frac{(P_2 - P_1)}{\sqrt{(x_1 - x_2)^2 + (y_1 - y_2)^2 + (z_1 - z_2)^2}} \tag{2-2-36}$$

　　通过地质模型解析，即可得到网格系统各网格中心的相对坐标以及该网格对应的相对渗透率曲线编号。

　　（3）网格坐标变换。对于矩形网格系统，各网格的坐标为相对于原点网格的相对坐标；而对于角点网格系统，由于建模过程的不同，其坐标系统与实际坐标系统也可能不同。为此，在进行剩余潜力和开发调整潜力评价之前，还须将各网格的坐标转换为实际坐标。设已知 P 点的网格坐标为（x_p', y_p', z_p'），并考虑到 x 与 y 方向的缩放尺度可能不同，可按式（2-2-37）将其变换为实际坐标（x_p, y_p, z_p）：

$$\begin{bmatrix} x_p \\ y_p \end{bmatrix} = \begin{bmatrix} \Delta x \\ \Delta y \end{bmatrix} + \begin{bmatrix} A & B \\ C & D \end{bmatrix} \cdot \begin{bmatrix} x_p' \\ y_p' \end{bmatrix} \tag{2-2-37}$$

式中　A，B，C，D——变换参数；

　　　　Δx，Δy——x 方向和 y 方向的相对平移，m。

为了计算变换参数，可在两个坐标系中分别选取三个重合点，分别记为 (x_i', y_i') 和 (x_i, y_i)，其中 $i=1, 2, 3$，并令：

$$x_{ij}' = x_i' - x_j', y_{ij}' = y_i' - y_j' \qquad (2-2-38)$$

$$x_{ij} = x_i - x_j, y_{ij} = y_i - y_j \qquad (2-2-39)$$

则式（2-2-39）中的各参数可由式（2-2-40）给出：

$$\begin{cases} A = \left(x_{12}y_{13}' - x_{13}y_{12}'\right) / \left(x_{12}'y_{13}' - x_{13}'y_{12}'\right) \\ B = \left(x_{12} - Ax_{12}'\right) / y_{12}' \\ C = \left(y_{12}x_{13}' - y_{13}x_{12}'\right) / \left(x_{12}'y_{13}' - x_{13}'y_{12}'\right) \\ D = \left(y_{12} - Cx_{12}'\right) / y_{12}' \\ \Delta x = x_1 - Ax_1' - By_1' \\ \Delta y = y_1 - Cx_1' - Dy_1' \end{cases} \qquad (2-2-40)$$

最后遍历网格系统，将各网格的相对坐标利用式（2-2-38）变换得到对应的实际坐标，进而得到各层的剩余油饱和度分布情况，结合动用状况评价结果即可进行剩余油潜力类型和措施潜力的精细评价。

3）剩余潜力成因类型评价

大庆油田经过几十年的注水开发，目前已进入特高含水期开发阶段，随着油田含水程度的不断提高，地下油水分布变得十分复杂，从而给油田的剩余油挖潜带来了很大困难。剩余油的形成与分布十分复杂，从水驱采收率的角度来看，采收率越高，剩余油越少；而采收率是驱油效率和体积波及系数的乘积。体积波及系数主要受控于油藏非均质性与注采状况，其中平面波及系数受控于平面非均质性与注采状况，厚度波及系数则取决于层内的非均质性与注采状况。驱油效率的主要控制因素有储层的孔隙结构、相对渗透率特征、储层润湿性、油水黏度比以及注入倍数等。因此，油藏的非均质性和开采的非均匀性是导致油藏非均匀驱替的两大主要因素。

对于注水开发油田，剩余油形成的最根本原因是注入水未波及或驱替不充分。因此，按照注入水的波及程度，可将剩余油分为目前井网基本未动用和动用程度低两大类（郭军辉等，2016）。目前井网条件下基本未动用的剩余油，按照成因可进一步细分为封闭性断层影响形成的断层边部剩余油，注采井网不完善形成的无注无采、有采无注及有注无采型剩余油，砂体发育零散形成的孤立砂体型剩余油等。而动用程度低的剩余油则可进一步细分为由于层间差异严重形成的层间干扰型剩余油，由于平面非均质性差异而形成的平面干扰型剩余油，由于注水井对应层位物性差而导致的吸水差型剩余油，由于采油井储层物性差而形成的物性差型剩余油和由于储层厚度大而形成的层内剩余油等类型。而针对层间干扰、平面干扰、物性差等类型的剩余油，需要根据油田的生产资料及吸水剖面资料进行研究，给出具体的界限标准，然后进行剩余油类型的量化识别。以喇萨杏油田为例，层间干扰的判定条件为该层有效厚度小于 0.5m，且上下 10m 范围内有大于 1m 的射孔层；平面干扰的判定条件是注采关系线上的非均质系数或注采井距级差大于 2；厚油层层内的判定标准为储层有效厚度大于 2m；物性差的判定标准为表内储层有效厚度小于 0.2m，表外储层砂岩厚度小于 1m。以此为基础，按照先注采不完善后注采完善、先好层后差层、先采油井后注水井的原则，结合注采完善程度的评价和剩余油分布的研究，即可量化 10 种不同类型剩余油的潜力及分布，具体步骤如下：

（1）给定界限含水率或含油饱和度并筛选符合界限要求的井层及网格，以该井层为中心，在给定搜索半径范围内筛选相关的油水井注采关系；

（2）搜索范围内无注采关系、无射孔注水井且无射孔采油井：无注无采；

（3）搜索范围内无注采关系、无射孔注水井且有射孔采油井：有采无注；

（4）搜索范围内无注采关系、有射孔注水井且无射孔采油井：有注无采；

（5）搜索范围内无注采关系、有射孔注水井或有射孔采油井：孤立砂体；

（6）搜索范围内有注采关系、有断层影响：断层边部；

（7）搜索范围内有注采关系、无断层、满足厚油层条件：层内；

（8）搜索范围内有注采关系、无断层、满足物性差条件：物性差；

（9）搜索范围内有注采关系、无断层、满足层间干扰条件：层间干扰；

（10）搜索范围内有注采关系、无断层、满足平面干扰条件：平面干扰；

（11）搜索范围内有注采关系、无断层、满足吸水差条件：吸水差。

4）措施潜力评价

（1）补孔潜力。补孔是特高含水期精细挖潜的主要手段之一。通过补孔，可以进一步完善局部注采关系，挖掘单层剩余油富集区。因此，补孔的对象主要是注采不完善及断层边部型的剩余油。在注采关系和剩余油分布研究的基础上，首先对剩余油潜力类型进行分类，将潜力类型为无注无采、有注无采、有采无注、断层边部和孤立砂体等的未射孔潜力井层筛选出来；然后按照各井层的含油饱和度，根据相对渗透率曲线得到各井层的含水率，将小于含水率界限的目的层进一步优选出来；再考虑工艺技术水平，确保隔夹层大于隔夹层界限，最终优选出各油井的补孔潜力层位。最后，考虑到不同井网油井开采对象的不同，将各采油井的补孔目的层进行累加，折算有效厚度和大于给定界限的井即为补孔目的井。

（2）压裂潜力。压裂也是特高含水期精细挖潜的主要手段，其主要对象是动用程度较低、注水受效差的储层，潜力类型多为物性差型剩余油。首先给定压裂的含油饱和度或含水率界限、有效厚度经济界限；其次按照各井层的含油饱和度，将小于给定界限的目的层优选出来，并根据注采关系评价结果，剔除注采不完善的井层；然后根据隔夹层情况，确保隔夹层大于界限标准，同时单井产液量小于给定的单井产量界限；最后根据单井压裂潜力层的折算有效厚度是否大于有效厚度经济界限，确定最终的压裂井层。

（3）堵水潜力。堵水是特高含水期控制单井含水率的有效手段之一，堵水的对象主要是全井产液量高、含水率高的井中含水率高的单层。筛选堵水潜力时，首先根据实际生产情况给定堵水井层的产液量及含水率界限；然后根据全井的产液、含水率情况，将单井日产液、含水率大于界限标准且生产能力强（井底流压大于平均流压）的油井筛选出来；最后将该井中单层含水率大于堵水界限、单层产液量与全井产液量之比大于产液比例界限的层筛选出来，即为堵水潜力层。

剩余油快速定量评价技术在长垣油田全面应用，分别评价了喇萨杏油田 116 个细化区块，长垣外围葡萄花油层 32 个区块的水驱剩余油分布及潜力，面积覆盖率分别达到 100% 和 94.2%。在剩余油潜力及成因类型评价、给定技术经济界限的基础上，进一步开展了井网加密调整及注采系统和注采结构调整的水驱开发调整潜力的评价，长垣水驱压裂、补孔、堵水、换泵和长关井等目前常规措施潜力近 7000 井次，为高效开发提供了决策基础。

第三节　特高含水期层系井网优化调整方式

大庆油田经过几十年的开发，历经基础井网、一次加密、二次加密和三次加密等几次重大的井网调整，均取得了较好的开发效果。但随着油田进入特高含水期，暴露出许多新的问题，如层系井网交叉严重，生产井段跨度过大、层间干扰严重等。油田的开发形势也为层系井网调整提出了新的要求。为此，开展特高含水期层系井网优化调整技术研究，具有重要的意义。

一、长垣油田层系井网存在的问题与调整的必要性

大庆油田按照油层性质分井网进行多次调整，取得了采收率 45% 以上的好效果，历次调整后新井对油田控含水、控递减起到了关键作用，但随着开发的不断深入，各套井网的含水接近，通过结构调整改善开发效果余地较小。区块地面井网密度已经很高，但砂体工作井网密度低，薄差层注采井距大，同时历次调整虽以油层性质划分对象，但由于当时经济界限和产量的要求，大都采用萨、葡、高合采，且都射开了钻遇的低未水淹、自身调整对象以外的油层。进入特高含水期后，随着开发的不断深入，层系井网方面暴露出一些矛盾问题，主要体现在以下几点：

（1）地面井网密度虽达到很高水平，但三类油层单砂体工作井网密度相对较低，薄差层平均注采井距在 200m 以上，而理论研究、取心井和水淹层资料分析结果表明，注采井距大于 150m 时，薄差层动用状况变差。

（2）地下工作油水井数比不合理，需要通过调整降低油水井数比，强化注采系统。

（3）按照油层性质划分层系进行井网加密，由于当时受经济评价、产量要求的限制，造成开发井段长、层间差异大等矛盾：萨、葡、高合采，各套井网射孔井段跨度大，各套井网射孔段跨度平均在 140m 以上，因萨、葡、高合采，井段长、跨度大，造成葡高油层注水压力低，影响油层的动用；各套井网平均单井渗透率变异系数较大：各套井网渗透率变异系数在 0.80 以上。

（4）层系井网调整方面仍有一些问题还没明确，需要通过深入研究与试验做进一步的论证。一是层系井网优化调整做法的可行性需要通过现场试验进行验证和完善；二是特高含水期各类区块层系组合及合理注采井距的技术经济界限还有待于进一步确定。

因此，需要在统一的思想和认识指导下通过系统研究指导现场试验，制订个性化调整方案，为形成层系井网优化调整配套技术提供条件。

二、层系井网优化调整技术经济界限

技术经济界限研究是高含水后期进行层系重组的重要依据。应用盈亏平衡原理确定了初始最小产油量界限、层系组合厚度界限和最高初含水界限。

1. 初始最小产油量界限

经济累计产油量下限是指原油销售收入等于项目总投资以及各项成本费用之和时的最小产油量，此时项目刚好达到盈亏平衡。因此用盈亏平衡分析方法来确定累计产油量下限。盈亏平衡分析是通过盈亏平衡点分析项目成本与收益的平衡关系的一种方法，又称保本点分析。是根据产品的产量、成本和利润之间的相互制约关系进行综合分析的经济评价方法。项目的盈利与亏损有个转折点，称为盈亏平衡点。在这一点上，销售收入等于项目总投资费用总和。

根据项目盈亏平衡原理分析，固定资产投资及贷款利息与原油操作成本及税费之和应小于或等于原油销售收入，否则项目便会亏损，因此有（姜汉桥等，2005）：

$$\left(I_\mathrm{D}+I_\mathrm{B}\right)\beta\left(1+R\right)^{\frac{T}{2}}+\sum_{j=1}^{T}N_{\mathrm{p}j}\left(O+T_\mathrm{a}\right)/\left(1+i\right)^{j}=\sum_{j=1}^{T}N_{\mathrm{p}j}C\cdot P/\left(1+i\right)^{j} \qquad （2\text{-}3\text{-}1）$$

$$N_{\mathrm{p}j}=0.0365\cdot\tau\frac{Q_{\min}}{D_0}\left[\mathrm{e}^{-D_0(j-1)}-\mathrm{e}^{-D_0 j}\right] \qquad （2\text{-}3\text{-}2）$$

求得经济累计产量下限 $N_{\mathrm{p\,min}}$ 为：

$$N_{\mathrm{p\,min}}=0.0365\cdot\tau\frac{Q_{\min}}{D_0}\left(1-\mathrm{e}^{-TD_0}\right) \qquad （2\text{-}3\text{-}3）$$

式中　I_D——单井钻井投资，万元/井；

$\quad\quad I_\mathrm{B}$——单井地面建设投资，万元/井；

$\quad\quad \beta$——油井系数，总井数与油井数比值；

$\quad\quad R$——投资贷款利率；

$\quad\quad T$——开发评价年限，a；

$\quad\quad j$——评价期内第 j 年；

$\quad\quad \tau$——采油时率；

$\quad\quad C$——原油商品率；

$\quad\quad P$——原油销售价格，元/t；

$\quad\quad O$——原油生产成本，元/t；

$\quad\quad T_\mathrm{a}$——原油税费，元/t；

$\quad\quad i$——行业基准收益率；

$\quad\quad Q_{\min}$——初始最小产油量，t/d；

D_0——产量递减系数，a^{-1}；

N_{pj}——第 j 年原油阶段产量，10^4t；

$N_{p\,min}$——单井经济累计产量下限，10^4t。

根据式（2-3-3）反推初始最小产油量界限 Q_{min}。

2. 层系组合厚度界限

根据评价期内提高的可采储量采出程度和地质储量采出程度，可得到单井控制的可采储量下限 N_{Rec} 以及地质储量下限 N_{Geo}：

$$N_{Rec} = \frac{N_{p\,min}}{\omega_R \beta} \qquad （2-3-4）$$

$$N_{Geo} = \frac{N_{p\,min}}{E_R \beta} \qquad （2-3-5）$$

式中　N_{Rec}——单井控制可采储量，t；

　　　N_{Geo}——单井控制地质储量，t；

　　　ω_R——评价期内可采储量采出程度；

　　　E_R——评价期内地质储量采出程度。

根据容积法计算地质储量公式，在相关参数确定情况下，可反求层系组合厚度界限：

$$h_{min} = 10^{-4} \times \frac{N_{Geo} B_o}{2R_w^2 \phi S_{oi} \rho_o} \qquad （2-3-6）$$

式中　h_{min}——厚度界限，m；

　　　B_o——原油体积系数；

　　　R_w——注采井距，m；

　　　ϕ——孔隙度；

　　　ρ_o——地面原油密度，g/cm^3；

　　　S_{oi}——原始含油饱和度。

3. 最高初含水界限

根据计算的初始产量界限，结合实际区块的产液指数和厚度组合界限，便可得到最高初含水界限值。

$$W_{max} = Q_{min} / \left(J_L h_{min} \right) \qquad （2-3-7）$$

式中　W_{max}——最高初含水界限；

　　　J_L——产液指数，$m^3/（d \cdot m）$。

根据以上公式计算，喇萨杏油田各区块不同油价下按实际井网井距条件计算的层系组合厚度界限、初产量及初含水界限见表 2-3-1。依据上述方法，确定了萨中、萨南、萨北、杏北、喇嘛甸各开发区不同井距不同油价下的层系组合技术经济界限。

表 2-3-1 不同油价下层系井网调整技术经济界限表

区块	层系组合厚度 /m						初产量 / (t/d)						初含水 /%
	40 美元 / bbl	50 美元 / bbl	60 美元 / bbl	70 美元 / bbl	80 美元 / bbl	90 美元 / bbl	40 美元 / bbl	50 美元 / bbl	60 美元 / bbl	70 美元 / bbl	80 美元 / bbl	90 美元 / bbl	
喇嘛甸	5.7	4.2	3.4	2.9	2.5	2.2	2.04	1.48	1.22	1.02	0.88	0.78	93.9
萨北	12.6	9.5	8.0	6.7	5.9	5.2	3.13	2.36	1.98	1.68	1.46	1.29	93.5
萨中	9.8	7.7	6.5	5.6	4.8	4.3	2.60	2.10	1.80	1.50	1.30	1.20	93.4
萨南	11.7	9.0	7.7	6.5	5.7	5.0	2.76	2.14	1.82	1.55	1.34	1.19	92.5
杏北	13.4	9.8	8.1	6.7	5.8	5.1	3.22	2.35	1.94	1.61	1.39	1.23	92.0

三、层系井网优化调整模式

喇萨杏油田各区块地质情况千差万别，层系井网部署情况也存在一定差异，在调整方式上也有所不同，因此，根据各区块的实际情况建立了个性化调整方式。

为了确定各区块调整方式，建立了确定层系井网调整方式的技术流程：首先对典型区块进行层系井网现状分析，搞清典型区块层系井网历程及现状；其次是对典型区块进行层系井网目前存在的主要矛盾分析，通过动用状况分析层间矛盾、通过连通情况分析平面矛盾，最终搞清典型区块存在的主要问题，确定层系井网调整方向；三是对典型区块进行潜力研究，利用动静结合、数值模拟等技术手段搞清典型区块剩余油分布状况，确定层系井网调整的对象；四是进行典型区块的层系井网调整方案的设计及优选，最终确定层系井网调整的方式。

通过研究，最终确定了喇萨杏油田层系井网优化调整的 3 种方式和 8 种做法（表 2-3-2）。

表 2-3-2 喇萨杏油田各类区块层系井网调整方式表

方式	开发区	典型区块	做法
高台子油层细分层段、井网加密	萨北	北二东试验区	缩短井段；高台子层系井网加密
	萨中	北一二排西部	高台子油层进一步细分；注采井距由 250m 缩小到 175m
	喇嘛甸	喇嘛甸中块	高台子油层进一步细分；注采井距由 300m 缩小到 212m
细划层段、细分层系、差层加密	萨南	南五区东部	1 套层系 5 套井网细分为 2 套层系 4 套井网；并对差层进行了井网加密
	杏北	杏三区东部	1 套层系 5 套井网细分为 2 套层系 3 套井网；井网加密
		杏四—杏五区	2 套一次加密井合成 1 套开采萨好油层；二次井加密到 141m 开采萨差油层；新布 1 套 200m 五点法井网开采葡 I4 及以下
		杏一注一采区	新布 1 套 175m 五点法井网只对葡 I4 及以下油层进行强化开采；将二次井加密到 160m 开采萨差层系
井网互补利用	杏南	杏九区西部	二次、三次井合并开采萨Ⅲ + 葡 I 组，注采井距由 250m 缩小到 150m

1. 高台子油层细分层段、井网加密

符合这种调整方式的区块主要是萨中以北的开发区，萨中以北萨葡油层的二三类油层在平面上交互分布，且部分三类油层已在二类油层化学驱时进行了射孔，这部分油层的开发状况和潜力分布更加复杂，目前还没有更合适的技术对这部分储层进行调整和挖潜。因此，本次研究及调整的对象主要是高台子油层。

（1）萨北开发区层系井网调整方式（北二东调整做法）。萨北开发区是大庆油田最早开展层系井网试验的开发区，北二东试验区取得了较好的效果，为喇萨杏油田层系井网调整提供了宝贵经验。

以北二东为典型区块为例，确定了萨北开发区层系井网调整的主要方式：调整前这类区块水驱井网有一套基础井网、一套一次加密井和两套二次加密井网，存在的主要问题是一次加密井井段过长、高台子油层注采井距大。根据区块储层发育特点及现井网的情况，将一次加密井的萨尔图油层和高I9以下油层进行封堵，只对葡II1—高I9进行开发；原来开采高II＋高III的二次加密井改为开采高I10以下层系，井距由原来的250m通过部署部分新井加密到175m，强化对高台子油层的开采（图2-3-1）。

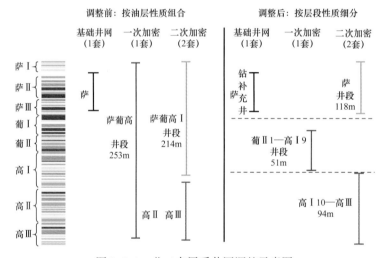

图 2-3-1　北二东层系井网调整示意图

萨北开发区其他区块调整思路与北二东大体相同，区别在于北三东有一个区块二次加密井只有一套井网，但多了一套三次加密井，调整方式上就利用三次加密井进行加密，对高I10以下进行强化开采，其他层系井网的调整与北二东相同。

（2）萨中开发区层系井网调整方式（北一二排西调整做法）。在北二东试验取得较好效果的基础上，对与萨北开发区相邻的萨中开发区展开了研究，萨中开发区中区已开展了萨中模式的调整，整个区块钻井和调整已经到位，进行层系井网调整的余地已经很小，本次调整不作考虑。南一区是套损区，待搞清套损原因后等待时机在治理套损后再做调整，因此，本次研究和调整的主要区块是北一区。

以北一二排西为例，调整前有5套水驱井网，一套化学驱井网，存在的主要问题是

高台子油层井井段长、井距大，且葡Ⅰ组聚合物驱井网被二类油层利用，葡Ⅰ组化学驱后储量封存，无井网开采。针对这些问题，制定了调整方案：将高台子油层进一步细分，注采井距由 250m 缩小到 175m，解决了这类区块高台子油层井段长、注采井距大的问题；这样一来，原来开采葡Ⅱ+ 高台子油层一次加密井可以被腾出来，考虑到葡Ⅰ组出口问题，将一次加密井原开采对象封堵，补开葡Ⅰ组油层，进行后续水驱开发，在高台子油层层系井网调整的同时，也解决了葡Ⅰ组储量闲置问题。这种调整方式可在北一区推广应用（图 2-3-2）。

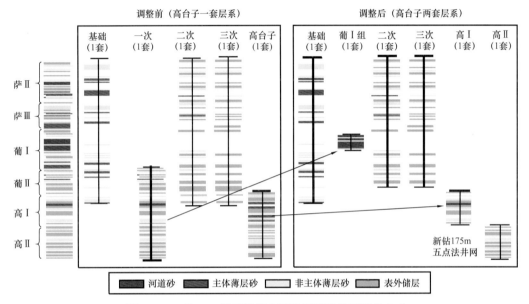

图 2-3-2　北一二排西部高台子油层层系井网调整方式

（3）喇嘛甸层系井网调整做法（喇嘛甸中块试验区）。喇嘛甸油田北北块、北东块和西块都以二类油层化学驱为主，目前三类油层不具备层系井网调整的条件，因此本次调整主要范围在中块以南地区。

以喇嘛甸中块为例，该区调整前共有 5 套水驱井网、两套化学驱井网，存在的主要问题是高Ⅰ6 以下层系划分粗、井距偏大。针对这个问题，将高Ⅰ6 以下进一步细分为高Ⅰ6—高Ⅱ3 和高Ⅱ4 及以下两套开发层系，将一次加密井中的"8"字号井由 300m 加密到 212m 开采高Ⅰ6—高Ⅱ3 层系，将二次加密井中的"1"字号井由原来的 300m 加密到 212m 对高Ⅱ4 及以下进行强化开采（图 2-3-3）。

2. 细划层段、细分对象、差层加密

油田南部主要以发育三类油层为主，且三类油层分布相对集中，历次调整虽都以这类油层为主要对象，但由于其层间及平面非均质性较强，油层动用程度及驱替程度并不均衡，存在继续调整的潜力。

（1）萨南开发区层系井网调整做法（南五区试验区做法）。萨南开发区南四—南八区层系井网情况基本相同，本次以南五区为典型区块进行研究。南五区试验区调整前共有

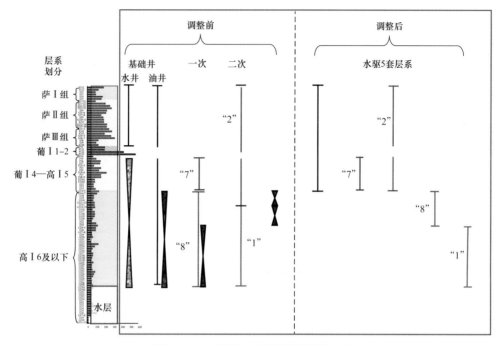

图 2-3-3　喇嘛甸中块试验区调整方式

5 套水驱井网和一套主力油层聚合物驱井网，除一次加密井细分为萨尔图和葡高两套开发层系，其他井网并未进行细分，且每套井网注采井距均为 250m，因此该区存在注采井距大、射孔井段长、层间干扰大的问题。针对这种情况，将调整前 1 套层系 5 套井网细分为 2 套层系 4 套井网，并对差层进行了井网加密，实现了细划层段、细分层系、差层加密的目的，解决了这类区块井段长、层系不清、井网交叉、差层井距大的问题（图 2-3-4）。

（2）杏北开发区层系井网调整做法（杏三区东部试验区做法）。杏北开发区各区块层系井网情况均有所差异，但整体来看，杏一——杏三区和杏四——杏五区井网形式基本相同，本次研究以杏三区东部作为典型区块。调整前有 5 套水驱井网和 1 套主力油层化学驱井网，除一次加密井细分为萨Ⅱ和萨Ⅲ + 葡高两套层系外，其他井网都是萨葡高一套层系合采，未进行细分。根据这个区块所存在层系划分过粗、井段长的矛盾，将两套一次加密井合并成一套 200m 左右的五点法井网，对萨尔图厚层进行开发，将三次加密井加密到 145m 对萨尔图差油层进行强化开采，将二次加密井网加密到 200m 左右对葡Ⅰ4 以下油层进行开发（图 2-3-5）。

3. 井网互补利用

杏南开发区油层发育少、厚度薄，进行层系细分的潜力较小，该区二次、三次井注采井距都在 250m 以上，且开发层系不同，两套井网在平面上分布均匀，平面关系较好，考虑到该区的主要问题是注采井距大、水驱控制程度低，因此，在调整方式上将二次、三次加密井通过补孔合并成一套 150m 左右的井网，对薄差层进行强化开采，在不钻井的情况下达到井网加密的目的（图 2-3-6）。

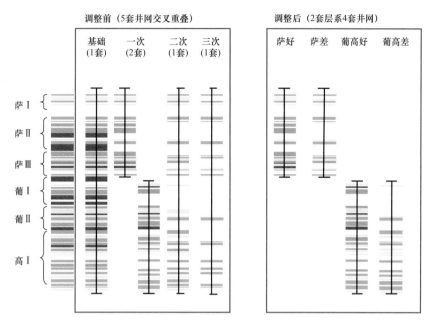

图 2-3-4 南五区层系井网调整示意图

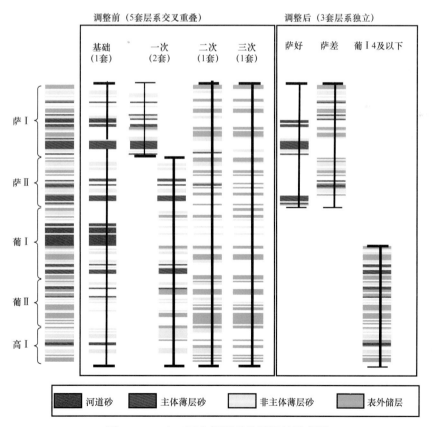

图 2-3-5 杏三区东部层系井网调整示意图

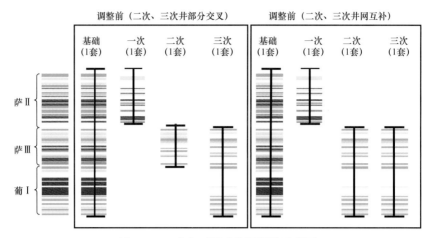

图 2-3-6 杏九区层系井网调整示意图

四、层系井网优化调整技术应用

以北二东典型区块为例，针对开发中存在的问题，结合储层特征、剩余油分布及特高含水期开发政策，以减缓层间干扰，利于动态调整为目的，确定开发调整思路及层系重组方法。

针对特高含水期典型区块北二区东部加密层系井网交错分布、调整井段长 、层间矛盾突出的问题，为充分挖掘剩余油潜力，有必要扩展井网调整的形式和内涵，提出了开采层系重组，即根据层间开发特征进行注采井网的重新匹配，对不同的层系采用不同的开发对策，大幅度降低层间干扰，充分发挥油层潜能，改善区块开发效果。该试验将在整合已有的各项开发调整技术的基础上，探索层系重组进一步提高水驱采收率的可行性、技术政策界限及配套调整方式，形成萨北开发区特高含水期层系调整与井网演化的技术思路，为研究特高含水期进一步提高水驱采收率的调整对策提供技术支持和保证。为此，以北二东典型区块为例，开展了层系井网优化调整方式研究。层系井网重组思路是，层系调整上，细化开发层系，将射孔井段长，层间矛盾突出的一次加密和萨葡高I二次加密层系在层段上进行细分重组，缩小井段开采，减少层间干扰。井网部署上，新钻井与老井网利用相结合，重新匹配注采井网，并且与原井网衔接关系好，为三次采油留有空间，使调整后区块层系清晰、井网独立、井距优化、注采完善、利于调整。

1.试验区概况

试验区面积 $1.3km^2$，地质储量为 $731.8×10^4t$。位于萨北开发区纯油区北二东西块东南部，萨尔图油田背斜构造中部，地层倾角2°，构造比较平缓，地面海拔高度 $149.5～152.9m$，萨I组油层顶界深度为 $867～911m$，构造落差44m，油层底界平均深度为 $1182.4m$，水顶平均深度 $1207.1m$，沉积总厚度约 $340m$。共发育萨、葡、高油层33个砂岩组，110个沉积单元，根据各砂体在叶状河流—三角洲中所处的沉积环境，相带和砂体发育程度、规模、分布特征的不同，将试验区110个沉积单元划分为3种亚相10种沉积模式类型。

试验区平均单井钻遇层数 127.6 个，砂岩厚度 155.5m，有效厚度 64.8m。其中扣除葡Ⅰ组后水驱平均单井钻遇层数 118.1 个，砂岩厚度 138.0m，有效厚度 53.9m。

北二东自 1963 年基础井网萨、葡主力油层投入开发以来，先后经历了 4 次大的调整，目前主要井网有：开采萨尔图、葡萄花主力油层的基础井网；开采萨、葡、高中低渗透层的一次加密调整井网；开采萨、葡、高Ⅰ组和高Ⅱ组、高Ⅲ组薄差层的二次加密调整井网；开采葡萄花主力油层的聚合物驱井网（表 2-3-3）。

表 2-3-3　北二东区块基本概况表

井网类型	投产时间	注水方式	开采层系	井排距离	注采井数比
基础井网	1963 年	行列井网	萨尔图主力油层	3 排 600m×500m（500m，300m）	1:1.67
			葡萄花主力油层	3 排 1100m×500m（500m，300m）	
一次加密	1973 年	反九点	萨、葡、高中低渗透层	250m×（250～300m）	1:2.22
二次加密	1991 年	反九点	萨、葡、高Ⅰ	250m×（250～300m）	1:2.08
			高Ⅱ及以下低渗透层		
葡Ⅰ组聚合物驱	1999 年	五点法	葡Ⅰ组主力油层	250m×250m	1:1.04

试验区目前共有水驱井 76 口（采油井 48 口，注水井 28 口），井网密度为 58.5 口 /km²；截至 2010 年 6 月，水驱累计注水 4946.5×10⁴m³，累计产油 247.42×10⁴t，累计注采比为 1.0，采出程度 33.81%，采油速度 0.50%，平均单井日产液 47.8t，日产油 2.3t，综合含水 95.2%，流压 5.7MPa，地层压力 10.47MPa，总压差 –0.66MPa；注水井平均单井破裂压力 13.4MPa，平均注水压力 11.7MPa，平均单井日注水 179m³。

2. 层系组合方式

针对北二东在油田开发中存在着井段长、层间矛盾突出、开发效果差的问题，综合考虑二类油层三次采油井网的部署衔接，并根据层系重组调整思路和层系重组技术界限研究成果进行层系组合方式的优选，由于基础葡萄花层系已基本被葡一组聚驱利用，只对基础萨尔图和一次、二次加密调整层系进行层系重组。将油层细分重组为萨尔图主力油层基础、萨尔图薄差油层二次、葡Ⅱ—高Ⅰ9 和高Ⅰ10—高Ⅲ四套层系。

针对一次加密调整层系和萨葡高Ⅰ二次加密调整层系开采井段长，注采关系不清晰的矛盾，按萨尔图和葡Ⅱ、高层段进行细分（图 2-3-7）。

萨尔图油层：萨尔图主力油层，利用基础井还原，补钻被聚合物驱利用的井位，开采萨尔图中高渗透层，后期利用二类油层三次采油井网缩小井距开采，目前调整砂岩厚度 28.6m，有效厚度 21.1m；萨尔图薄差油层，利用原萨葡高Ⅰ二次加密井网，封堵葡高油层，缩小井段、开采萨尔图薄差油层，调整砂岩厚度 17.1m，有效厚度 7.1m。

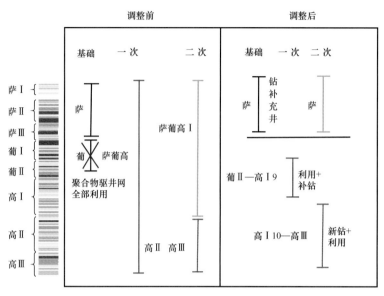

图 2-3-7 北二东层系组合方式

葡Ⅱ、高油层：细分为葡Ⅱ—高Ⅰ9 和高Ⅰ10—高Ⅲ两套层系。葡Ⅱ—高Ⅰ9 层系，油层发育相对较好，主要以三角洲内前缘相和水下分流河道砂体为主，纵向上砂体油层性质相近，单层有效厚度为 0.23～1.07m，层段平均有效厚度为 0.42m，单层渗透率为 77～367mD，层段平均渗透率为 237mD，层段内的平均渗透率级差为 7.51，层间干扰较小，且钻遇井段较短，只有 51m，通过后期动态细分调整，可进一步使层段的平均渗透率级差降到 3 左右，该层系利用原一次加密井网，封堵萨尔图及高Ⅰ10 以下油层开采，调整砂岩厚度 22.2m，有效厚度 8.2m；高Ⅰ10—高Ⅲ层系，油层发育相对较差，主要以三角洲外前缘相砂体为主，发育稳定分布的席状砂体，单层发育厚度小、渗透率低，平均单层有效厚度为 0.03～0.9m，层段平均有效厚度为 0.22m，层段平均渗透率为 20～108mD，层段平均渗透率 58mD，且其中 76% 的单层平均渗透率在 58mD 以下，纵向上砂体油层性质相近，层段内平均渗透率级差为 5.40，针对该层系的层数较多的情况，可通过分层调整使层段的渗透率级差控制在 3 左右，以保证该层系油层得到较好动用。考虑新钻井与原高Ⅱ、高Ⅲ二次加密井相结合，缩小井距井网开采，调整砂岩厚度 45.4m，有效厚度 15.5m。

这种调整方式能够同时解决两套井网井段长、层数多、层间矛盾大的问题，层系间注采关系清晰，有利于动态调整，且只需成段封堵，工艺上易于实现，因此作为推荐方式。

3. 井网调整方式

根据数值模拟结果、经济技术界限研究成果和北二东地区萨葡高油层纵向分布及砂体发育特点，并综合考虑目前即将开展的萨尔图二类油层的三次采油挖潜，优化注采井距及井网部署方式。

萨尔图基础井网还原，补钻被聚合物驱利用的井位，开采萨尔图中高渗透层，后期利用二类油层三次采油井网缩小井距开采；萨尔图二次加密井，利用原萨葡高Ⅰ二次加密井网，转注后形成250m线性井网，封堵葡高油层缩小井段，开采萨尔图薄差油层。葡Ⅱ—高Ⅰ9层系利用原一次加密井网，补钻、转注后形成250m五点法井网，封堵萨及高Ⅰ10以下油层；高Ⅰ10—高Ⅲ层系考虑到油层发育相对较差，平均有效渗透率在100mD以下，按照技术界限研究成果，井距应控制在150m左右，因此采用新钻井与原高Ⅱ、高Ⅲ二次加密井结合，补孔、转注形成175m五点法井网。调整后共部署井位104口（采油井46口、注水井58口），其中新钻井28口（采油井26口，注水井2口），转注28口。配套措施工作量109井次（其中封堵49井次、补孔60井次）。水驱控制程度为91.7%，数值模拟预测提高采收率2.55%。针对不同性质的油层采取不同的注采井距，有利于充分挖掘各类油层的剩余潜力，工作量相对较少，提高采收率较高，且可为后期三次采油井网部署留有空间（表2-3-4）。

表2-3-4　北二东层系重组试验区调整结果表

原井网					调整后井网									措施工作量/井·次
井网	井网方式	油井/口	水井/口	总井数/口	井网	井网方式	新钻井数/口			转注/口	重组后井数/口			
							油井	水井	合计		油井	水井	合计	
萨尔图基础	行列井网		4	4	萨尔图基础	行列井网	2		2		2	4	6	1
一次加密	250m反九点	11	4	15	葡Ⅱ—高Ⅰ9	250m五点法	4	1	5	5	10	10	20	29
萨葡高Ⅰ二次加密	250m反九点	18	11	29	萨尔图二次加密	250m横向线性		1	1	6	12	18	30	51
高Ⅱ、高Ⅲ二次加密	250m反九点	19	9	28	高Ⅰ10—高Ⅲ	175m五点法	20		20	17	22	26	48	28
合计	—	48	28	76	合计	—	26	2	28	28	46	58	104	109

4. 配套措施优化

北二东典型区块试验区新钻井于2010年7月投产，初期平均单井日产油4.0t，含水93.5%，单井产油较方案设计高1.2t，含水低1.0个百分点，单井产油较方案设计高1.2t，含水低1.0个百分点。在此基础上，为进一步保证试验区开发效果，积极搞好跟踪调整。

迄今已完成老井转注、封堵、补孔、压裂等各类跟踪配套调整195井次，其中转注28口、封堵49井、补孔60口、注水井压裂1口、采油井压裂13口、换泵3口、调参41口。

一是综合考虑新钻井、转注井与层系内其他油水井的对应关系，优化射补孔方式，减少层间干扰，增加多向连通厚度比例，提高水驱控制程度。萨尔图基础层系，仍以开采河道砂体为主，并通过补钻被聚合物驱利用井位，与老注水井完善注采关系；萨尔图二次加密层系，以完善萨尔图薄差油层注采关系为主，对窄小条带或河道砂体边部注采不完善区域，适当补开与基础井共同完善注采关系；葡Ⅱ—高Ⅰ9层系，以三角洲内前缘相沉积为主，通过补充钻井完善本层系注采关系，原则上钻遇油层全部射孔，高Ⅰ10—高Ⅲ层系，以三角洲外前缘相沉积为主，原则上钻遇油层全部射孔，对于与老水井同井场水淹程度高的厚油层，为控制含水上升速度，目前暂不进行射孔；对纵向上集中成段的薄差层及表外层采取限流法压裂完井，其他采用复合射孔完井，同时对于原限流段射孔层位根据目前产出、吸水状况考虑重新射孔。

调整后，试验区共射补孔井88口，其中新井射孔28口（采油井26口、注水井2口），14口采油井采用限流法压裂完井方式，老井补孔60口。全区平均单井射开层数23.8个，砂岩31.8m，有效厚度12.0m。其中萨尔图基础层系射开砂岩厚度28.6m，有效厚度21.1m；萨尔图二次加密层系射开砂岩厚度17.1m，有效厚度7.1m；葡Ⅱ—高Ⅰ9层系射开砂岩厚度22.2m，有效厚度8.2m，高Ⅰ10—高Ⅲ层系射开砂岩厚度45.4m，有效厚度15.5m。投产初期46口采油井平均单井日产液52.2t，日产油3.2t，综合含水93.9%，其中14口限流法压裂井初期单井日产油4.7t，综合含水91.8%。

二是结合层系重组及注采系统调整受效情况，搞好油井提液配套调整。抓住受效的有利时机，适时提液，共实施采油井压裂、换泵、调参等配套措施57井次，措施后平均单井日增液13.3t，日增油1.5t，含水下降1.11个百分点，其中13口压裂井单井日增油5.1t，含水下降4.32个百分点（表2-3-5）。

表2-3-5 北二东层系重组试验区采油井措施效果表

措施类型	井数/口	措施前				措施后				差值		
		日产液/t	日产油/t	含水/%	流压/MPa	日产液/t	日产油/t	含水/%	流压/MPa	日产液/t	日产油/t	含水/%
压裂	13	15.5	0.8	94.6	3.29	60.8	5.9	90.3	4.83	45.3	5.1	−4.32
三换	3	32.9	2.6	92.1	6.05	47.3	4.6	90.3	3.32	14.4	2.0	−1.85
调参	41	78.0	3.9	95.0	6.73	80.0	4.1	94.9	5.53	1.9	0.2	−0.15
合计	57	61.7	3.1	94.9	5.86	74.9	4.6	93.8	5.25	13.3	1.5	−1.11

5. 新老井注水关系匹配

为充分发挥各层系油层潜力，新钻及转注井初期注水强度为6～8m³/（d·m），后期依据注采平衡原理，综合考虑试验区注采状况、压力分布，调整匹配新、老井注水关系，加新钻、转注井方向及发育较差油层的注水，控制老井方向及发育较好油层的注水，改变液流方向，促进好差油层均匀受效。共实施注水井调整15口，调整以后老注水井的注水强度由8.13m³/（d·m）下调至8.02m³/（d·m），新钻及转注井注水强度由6.77m³/（d·m）逐步上调为8.70m³/（d·m），统计周围23口无措施老井日增液11t，日增油3.2t，含水下降0.2个百分点（表2-3-6）。

表 2-3-6　北二东层系重组试验区注水状况表（一）

层系	分类	井数 /口	砂岩厚度 /m	有效厚度 /m	注水压 /MPa	日注水 /m³	注水强度 /m³/（d·m）
萨尔图基础	老井	4	28.5	20.2	9.9	137	6.80
葡Ⅱ—高Ⅰ9	老井	4	22.9	7.6	9.4	78	10.30
	转注井	6	22.0	8.6	10.6	85	9.94
	合计	10	22.4	8.2	10.1	82	10.05
萨尔图二次	老井	11	15.0	6.8	10.0	80	11.73
	转注井	7	16.0	6.6	8.7	88	13.28
	合计	18	15.4	6.7	9.5	83	12.31
高Ⅰ10—高Ⅲ	老井	9	48.1	17.3	11.6	114	6.57
	转注井	17	51.2	17.2	11.1	125	7.28
	合计	26	50.1	17.2	11.3	121	7.02
总计	老井	28	28.7	12.2	10.4	98	8.02
	转注井	30	37.2	13.0	10.4	113	8.70
	合计	58	33.1	12.6	10.4	104	8.24

　　为了控制层系重组后含水上升速度，促进油井见效，并为后期注采结构调整留有余地，优化了注水井细分层段。初期新钻及转注井试配按油层性质分为 2～3 段，根据层间动用差异分析及细分注水界限研究成果逐步细分调整 27 口井，调整后全区平均单井注水层段数由 3.0 个提高到 3.5 个，吸水比例由 65.6% 提高到 78.7%，提高了 13.1 个百分点，统计周围为促进试验区整体均匀见效奠定了重要基础（表 2-3-7）。

表 2-3-7　北二东层系重组试验区注水状况表（二）

层系	井数 /口	射开情况			调整后初期				目前					
		层数 /个	砂岩厚度 /m	有效厚度 /m	注水层段数 /个	层段内小层数 /个	层段内砂岩厚度 /m	层段内有效厚度 /m	注水层段数 /个	层段内小层数 /个	层段内砂岩厚度 /m	层段内有效厚度 /m	日注水 /m³	注水强度 /m³/（d·m）
萨尔图基础	4	14.3	28.5	20.2	4.00	3.6	7.1	5.0	4.3	3.3	6.6	4.7	137	6.80
葡Ⅱ—高Ⅰ9	10	15.1	22.4	8.2	2.50	6.0	8.9	3.3	3.1	4.9	7.2	2.6	82	10.05
萨尔图二次	18	16.1	15.4	6.7	2.72	5.9	5.6	2.5	3.0	5.4	5.1	2.2	83	12.31
高Ⅰ10—高Ⅲ	26	36	50.1	17.2	3.23	11.1	15.5	5.3	3.8	9.5	13.2	4.5	121	7.02
全区	58	24.7	33.1	12.6	3.00	8.2	11.0	4.2	3.5	7.0	9.2	3.5	104	8.24

6. 层系井网调整效果

北二东层系重组与注采系统调整、井网加密整体考虑，解决了特高含水期多层系多井网条件下的开发矛盾，主要表现以下几个方面：

（1）层系清晰，井网独立。

调整后分为4套独立的层系井网开采，萨尔图油层分2套层系井网，其中萨尔图基础井网开采萨尔图中高渗透油层，二次加密井网开采薄差层；葡Ⅱ—高Ⅰ9油层采用1套250m的五点法井网开采，高Ⅰ10—高Ⅲ油层采油1套175m五点法的较小井距井网开采，从各套层系的注采关系上看，注水井仅与自身层系采油井相连通，井网独立。

（2）井段缩短，层间差异明显减小。

调整后平均射孔井段长度由调整前的163m下降到93m，下降了70m，其中原射孔井段较长的萨葡高一次加密井由调整前的253m下降到调整后的51m，萨葡高Ⅰ二次加密井由调整前的214m下降到调整后的118m；平均单井渗透率级差由调整前的17.5下降到调整后的6.7，下降了10.8，且各套调整层系的渗透率级差均控制在10以内，层间差异得到了进一步的控制（表2-3-8）。

表2-3-8　北二东层系重组试验区调整前后分层系射开情况表

调整前						调整后					
层系	井数/口	井段/m	层数/个	砂岩厚度/m	有效厚度/m	渗透率级差	层系	井数/口	井段/m	层数/个	砂岩厚度/m	有效厚度/m	渗透率级差
萨尔图基础	4	105	14.0	28.7	20.8	13.3	萨尔图基础	6	105	13.2	28.6	21.1	10.0
萨葡高Ⅰ二次	29	214	28.4	24.6	7.6	12.9	萨尔图二次	30	118	16.4	17.1	7.1	4.7
萨葡高一次	15	253	39.7	48.6	28.2	28.5	葡Ⅱ—高Ⅰ9	20	51	16.3	22.2	8.2	7.5
高Ⅱ、高Ⅲ二次	28	71	19.8	26.2	7.7	4.7	高Ⅰ10—高Ⅲ	48	94	33.0	45.4	15.5	5.6
合计	76	163	26.7	30.1	12.4	17.5	合计	104	93	23.8	31.8	12.0	6.0

（3）油水井数比趋于合理，井网控制程度提高。

调整后试验区各套层系油水井数比均接近合理的1:1。水驱控制程度达到93.1%，比调整前提高了2.3个百分点，多向连通比例达到56.8%，比调整前提高了25.6个百分点，其中采用175m五点法面积井网的高Ⅰ10—高Ⅲ层系提高幅度较大，调整后控制程度达到93.7%，比调整前提高了3.9个百分点，多向连通比例达到61.1%，比调整前提高了37.7个百分点，其他两套调整层系控制程度及多向连通比例也均有不同程度的提高（表2-3-9）。

（4）油层动用状况改善，薄差油层提高幅度大。

对比分析调整前后33口采油井的产液剖面资料，调整后动用层数、砂岩厚度和有效厚度比例为 70.9%、76.1% 和 87.2%，较调整前分别提高 9.2、5.3 和 8.2 个百分点，其中有效厚度小于 0.5m 的薄差油层有效厚度动用比例提高到 74.1%，增加 15.4 个百分点，层间动用差异进一步减小（表 2-3-10）。

表 2-3-9　北二东层系重组调整前后控制程度变化表

时间	层系	水驱控制程度 /%			
		单向	双向	多向	总连通
调整前	萨葡高一次	28.2	26.4	37.1	91.7
	萨葡高Ⅰ二次	24.4	32.1	34.4	90.9
	高Ⅱ、高Ⅲ二次加密	29.3	37.1	23.4	89.8
	全区	26.5	33.1	31.2	90.8
调整后	葡Ⅱ—高Ⅰ9	14.4	36.1	42.3	92.8
	萨尔图二次	13.6	21.5	56.1	91.2
	高Ⅰ10—高Ⅲ	5.2	27.4	61.1	93.7
	全区	8.9	27.4	56.8	93.1

表 2-3-10　试验区层系重组前后油层动用状况变化表

分类		调整前比例 /%			调整后比例 /%		
		层数	砂岩厚度	有效厚度	层数	砂岩厚度	有效厚度
表内	≥2.0m	93.2	92.5	92.9	100.0	100.0	100.0
	1.0～2.0m	87.9	88.2	86.8	92.9	92.5	92.3
	0.5～1.0m	70.8	71.3	69.5	85.9	87.0	85.7
	≤0.5m	60.8	62.8	58.7	75.2	77.1	74.1
	小计	70.6	77.8	79.0	81.5	86.2	87.2
表外		42.0	38.6		59.2	54.7	
合计		61.7	70.3	79.0	70.9	76.1	87.2

（5）产量上升、含水下降，递减减缓。

全区平均单井日产油由 2.3t 增加到 3.0t，综合含水由 95.2% 下降到 93.8%，年含水上升值为 0.26，低于理论值 0.25 个百分点，注水利用率大幅度提高，迄今已累积增油 5.70×10^4t，年均减缓自然递减 2.35 个百分点，控制含水上升 1.57 个百分点，跟踪数值模拟预测可提高水驱采收率 2.55 个百分点，增加可采储量 18.6×10^4t（图 2-3-8 至图 2-3-9）。

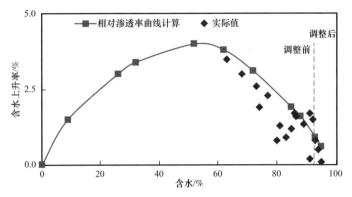

图 2-3-8　北二东层系重组试验区含水与含水上升率关系曲线

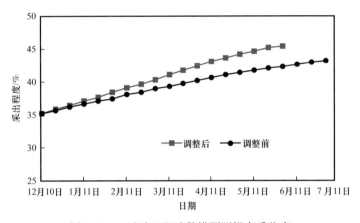

图 2-3-9　试验区跟踪数模预测提高采收率

7. 层系井网演变趋势

北二东水驱层系重组以"层系细分、井网独立、井距优化、注采完善、利于调整"为总体思路，层系调整上按照细化开发层系，缩小井段开采，减少层间干扰的原则，细分重组为四套独立的层系井网开采，即萨尔图主力油层基础井网，萨尔图薄差层二次加密井网，葡 II—高 I 9 层系井网和高 I 10—高 III 层系井网；井网部署上按照新钻井与老井网利用相结合，重新匹配注采井网的原则，针对不同类型油层优化注采井距，对发育较好的葡 II 及高 I 1-9 油层采取 250m 井距，高 I 10 以下薄差层采用 175m 井距开采。"十二五"期间北二东将开展二类油层三次采油，目前三类油层三次采油技术也正在攻关过程中，按照地面、地下"整体研究，统一部署，同步推进，全面协调"的二次开发方针，开展水驱层系重组与二类、三类油层三次采油井网整体部署研究，最大限度地动用地下油气资源。

对于一类油层，已经全面进行葡 I 组油层聚合物驱开发，采用一套独立的 175～250m 的五点法井网，"十二五"期间进入后续水驱阶段，后期根据聚合物驱后挖潜技术的成熟度，实施必要的加密调整，采用适用的化学驱方式进行挖潜。

对于二类油层，对象为萨 II 和萨 III 中有效厚度大于 1.0m 的油层。其中萨尔图油层中的二类油层由水驱萨尔图基础井网和二类油层三次采油井网共同开采，"十二五"规划安排 2013—2014 年北二东水驱层系重组与二类油层三次采油同步实施，二类油层三次采油层系组合上分萨Ⅱ10-16＋萨Ⅲ和萨Ⅱ1-9 逐段上返开采，井网部署上考虑与已部署纯油区西部萨尔图二类油层三次采油井网的衔接，在葡Ⅱ—高Ⅰ9 井网的排间井间，新钻一套 125m 井距五点法面积井网，共部署井位 737 口。通过水聚合物驱井网的协同部署，使二类油层潜力得到最大限度的挖潜（表 2-3-11）。

表 2-3-11 北二东二类油层三元复合驱层系组合情况表

层段	层数 / 个	砂岩厚度 / m	有效厚度 / m	地层系数 / D·m	地质储量 / 10^4t	孔隙体积 / 10^4m^3	部署井数 / 口		
							注入井	采油井	总井数
第一段（萨Ⅱ10—萨Ⅲ）	3.39	11.93	9.02	3.392	1510.2	2698.0	369	368	737
第二段（萨Ⅱ1-9）	2.86	9.53	7.27	2.893	1150.4	2059.2			

对于三类油层，对象为萨Ⅰ、葡Ⅱ—高Ⅰ9、高Ⅰ10 以下油层和萨Ⅱ和萨Ⅲ中有效厚度小于 1.0m 油层。水驱层系井网中主要是利用 250m 井距开采薄差油层的萨尔图二次加密层系和缩小井距至 175m 的高Ⅰ10—高Ⅲ井网开采。后期将根据正在开展的"两三结合"三元复合驱试验效果，开展三类油层三次采油，井网上考虑新钻一套独立井网或与水驱高Ⅰ10—高Ⅲ井网相结合，采取井间加井、老采油井转注的方式缩小井距至 125m，纵向上分高Ⅰ10—高Ⅲ、葡Ⅱ—高Ⅰ9、萨尔图三段开采（图 2-3-10）。

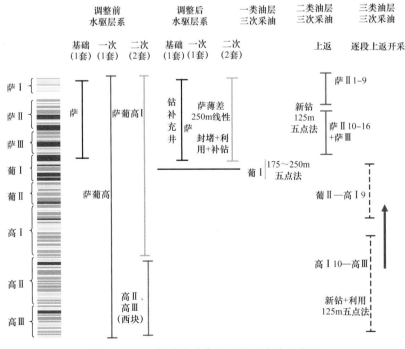

图 2-3-10 特高含水期层系井网演化示意图

综上，"十二五"期间北二东水驱层系重组与二类油层三次采油同步调整实施，共新钻井 955 口，动用地质储量 $5325.31 \times 10^4 t$，增加可采储量 $372.29 \times 10^4 t$，届时，北二区东部井网密度达到 145.39 口 $/km^2$，其中二类油层三次采油井网密度 61.16 口 $/km^2$，水驱井网密度 60.17 口 $/km^2$，为改善油田开发效果和"十二五"规划目标的实现奠定基础（表 2-3-12）。

表 2-3-12 北二东水驱层系重组与二类油层三次采油井网部署情况表

项目	新钻井 / 口			部署井数 / 口			地质储量 /$10^4 t$	增加可采储量 /$10^4 t$
	采油井	注入井	合计	采油井	注入井	合计		
水驱层系重组	158	77	235	323	286	609	3815.11	91.18
二类油层三次采油（萨II10-16+萨III）	355	365	720	368	369	737	1510.20	281.11
合计	513	442	955	691	655	1346	5325.31	372.29

北二东实施层系重组历时 5 年，确立了"层系细分、井网独立、井距优化、注采完善、利于调整"的开发模式，形成特高含水期层系调整和井网演化的技术思路，有效解决了多层系多井网下的开发矛盾，提高水驱采收率 2.55%，投入产出比 1:9.94，成功实现从试验到推广的有序衔接。面向纯油区全面推广可新钻井 1188 口，增加可采储量 $507 \times 10^4 t$，为进一步提升水驱支撑作用奠定基础，为今后层系井网调整提供指导和借鉴。

第四节　特高含水期水驱精细挖潜技术

大庆长垣油田水驱进入特高含水期开发阶段后，面临的开发矛盾更加严峻复杂。由于油层动态非均质性增强，纵向上不同渗透率油层流度差异变大，平面上不同注采方向分水量差异变大，厚油层层内注入水沿高渗透部位突进，三大矛盾更加突出（袁庆峰等，2019）。取心井资料表明，80% 以上有效层均已见水，各类油层动用差异逐步缩小，剩余油高度分散，潜力部位与高含水部位空间上交错分布，挖潜难度加大（朱丽红等，2015）。特高含水期，长垣油田水驱各开发区块、各套井网的综合含水都已达到 90% 以上，以区块、层系和井网为对象的结构调整潜力变小。针对特高含水期油田面临的开发形势，为了改善长垣水驱开发效果，"十二五""十三五"期间发展形成了精细挖潜配套技术，为实现长垣油田水驱高效开发起到了重要支撑作用。

一、油水井措施改善开发效果的作用机理

基于达西渗流规律，研究了多层砂岩油藏水驱精细挖潜改善开发效果的机理及作用。油田进入特高含水期后，层间、层内、平面矛盾加剧，各类油层动用不均衡性更加突出（袁庆峰等，2017），从达西定律看，提高油层动用厚度、增大驱动压差、提高渗透率、改变驱油半径是提高产量的主要因素，有：

$$Q = \frac{2\pi K K_{ro} h \Delta p}{\mu_o \ln \dfrac{r_e}{r_w}}$$
（2-4-1）

式中　Q——产量，cm^3/s；

　　　K——渗透率，D；

　　　K_{ro}——油相相对渗透率；

　　　h——厚度，cm；

　　　Δp——压差，MPa；

　　　μ_o——油相黏度，$mPa \cdot s$；

　　　r_e——供液半径，cm；

　　　r_w——井筒半径，cm。

通过细分注水、压裂、堵水、补孔等精细调整措施，可以扩大波及体积，提高薄差油层对采收率的贡献比例，实现提高水驱采收率的目的。

1. 细分注水调整改善开发效果作用机理

细分注水可缓解层间、层内矛盾，扩大注水波及体积，挖潜层间干扰型剩余油，还可以通过实施层内细分吸水，挖掘厚油层层内剩余油（王家宏，2009）。依据实际注水井组开采对象，设计了纵向由 36 个油层组成、平面均质的地质模型，油层渗透率为 15～710mD。采用笼统注水时，渗透率级差达到 47.15，纵向干扰很严重。

图 2-4-1 是笼统注水、细分为 4 段和细分为 7 段时各小层采出程度和含水的对比图，从图中可以看出，笼统注水时发育好的小层含水高出很多，而发育差的小层含水和采出程度明显偏低；细分为 4 段时，通过对好油层控制注水，差油层加强注水，使注水剖面

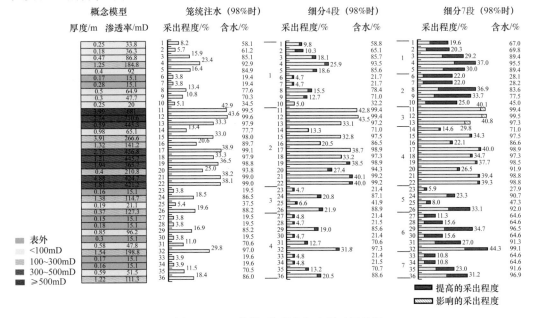

图 2-4-1　不同细分程度各小层动用状况

有了很大改善，使差油层的采出程度普遍提高两个百分点以上；进一步细分为 7 段时，每一段内的渗流差异进一步降低，注水剖面的改善更加明显，至井口含水 98% 时，差油层的采出程度比笼统注水时提高 10 个百分点。

为了找出合理的细分层段数，模拟研究了从笼统注水到细分 9 段情况下的级差和对采出程度的改善情况。从图 2-4-2 中可以看出，细分注水超过 7 段后进一步细分对注水效果的改善有限，而且对工艺要求更加严格，现场操作难度较大，细分 7 段基本可以满足现场的精细注水要求。

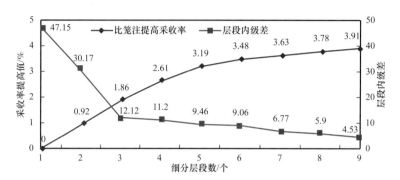

图 2-4-2　不同细分程度下层段内级差及采收率提高幅度

2. 压裂措施改善开发效果作用机理

压裂可以在近井地带形成裂缝，增加薄差油层导流能力，挖潜物性差型剩余油。数值模拟表明，薄差油层压裂后采出程度得到提高，油层动用更加均衡。裂缝保持程度越高、层间差异越大，压裂后提高采收率幅度越大。随着压裂层含水上限提高，压裂提高采收率作用降低；随压裂厚度增加，油层导流能力增加，采收率值增加，当措施厚度比例为 16%～40% 时，可提高采收率 0.2～0.5 个百分点（图 2-4-3）。

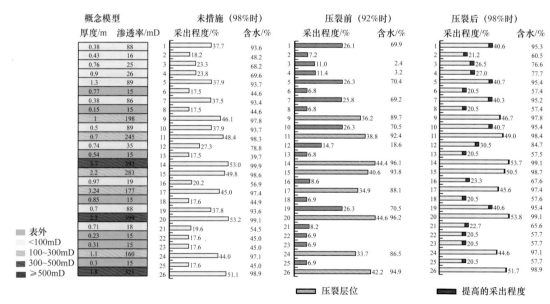

图 2-4-3　压裂前后不同阶段各小层动用状况

3. 堵水措施改善开发效果作用机理

堵水可以调整层间、层内矛盾，提高注入水利用率及波及体积，挖潜层间及厚油层层内剩余油。数值模拟表明，堵水可减缓高含水层对低含水层的干扰，封堵层位采出程度有所降低，未封堵层采出程度均得到提高，油层动用更加均衡。当含水 96% 时进行堵水，可提高采收率 0.58 个百分点，特高含水阶段少产液 6.1%（图 2-4-4）。

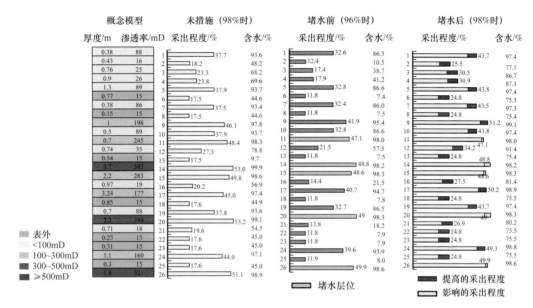

图 2-4-4　堵水前后不同阶段各小层动用状况

4. 补孔、转注措施改善开发效果作用机理

补孔、转注措施可完善单砂体注采关系，改变液流方向，扩大波及体积，挖掘注采不完善型剩余油，进一步提高采收率。长垣油田进入特高含水期后，虽然有 3～4 套水驱井网，水驱井网密度达到 40 口 /km² 以上，但各套层系井网相互交错，注采关系十分复杂。造成注采系统不适应的原因主要有两个方面：一是油水井数比偏高，注水能力满足不了产液量的需要，主要是反九点面积井网和四点法面积井网，需要通过油井转注、改变井网方式等提高波及体积；二是注采井网不完善，主要包括油水井套管损坏、部分井区井网不规则、断层遮挡、砂体发育变化在油层变差部位造成注采井网不完善，需要采取补钻新井、补孔等措施，完善单砂体注采关系。

二、精细注采系统调整技术

油田进入特高含水期后，随着井网的不断加密，地质研究工作的不断深入，对单砂体的认识也越来越清晰。通过对各种监测资料的分析认识到，虽然地面井网密度较大，但是仍有一部分单砂体存在注采关系不完善（韩大匡，2007），同时井网间注采关系相互交叉，造成单砂体之间注采状况差异较大。因此，注采系统调整必须以单砂体为研究对象，以完善单砂体注采关系为核心，通过调整达到控制油田含水上升、减缓产量递减的目的。

1. 多层砂岩油田注采关系定量评价技术

1）注采关系评价

井间连通性是实际存在的油水井连通关系，但受限于地质条件及现有的技术条件，不能完全准确进行划分。目前在油水井动态分析中普遍采用的是手工统计方法，该方法不仅烦琐、费时，而且受个人因素影响大。

通过总结经验，完善注采关系统计方法，编写软件，实现了多套层系不同阶段井间连通性划分的自动化。考虑的因素包括：沉积相带图和断层数据、油层非均质性和油水井间的距离、油水井空间分布和相对位置、油水井射孔层段及生产情况等。

对于每一个时间步的每一个小层，首先需要将有生产数据的射孔井筛选出来，对这些井层进行注采关系的划分；然后按照相应因素的权重进行注采连通关系的判定。

油水井措施是直接影响油水井注采划分结果的主要因素之一。在进行射孔层位筛选时，首先应该考虑油水井的措施：对于补孔层位，补孔时间以后注采关系划分时应考虑该层位；对于堵水层位，堵水之后注采关系划分时应剔除该层位。

沉积相对注采关系的影响在优先性原则时进行考虑。当两条注采关系相交时，非均质性强或者砂体发育不好的注采关系，连通的可能性较低，可考虑删除该注采关系。

断层发育对注采关系的影响主要是考虑断层对注入水的封堵性，对于油水井连线与断层相交的情况，可不考虑该注采关系。

同时，根据水电相似原理和渗流特性，在相同生产压差条件下，纵向上注入水总是优先进入渗流阻力低的油层，平面上则易沿渗流阻力低的方向突进。检查井资料研究表明，不同沉积微相储层由于渗透率、孔隙结构等的差异导致在相同注水时间条件下注入水的波及范围不同。据杜庆龙等研究，河道砂储层厚度大、物性好，渗流阻力相对较小，注入水易沿河道突进，有效驱替半径最大；非河道砂储层物性差，渗流阻力较大，有效驱替半径也可达 300m 以上；而表外储层泥质含量高，储层渗透率一般只有 10～20mD，注入水很难波及，有效驱替半径只有 200m 左右（表 2-4-1）。

表 2-4-1 不同沉积微相储层水洗状况与注检距离关系

沉积微相	水洗厚度比例/%				
	<150m	150～200m	200～250m	250～300m	≥300m
河道砂	74.4	63.4	58.1	50.5	35.0
非河道砂	85.0	68.0	60.7	35.0	11.9
表外	46.3	9.4	5.9	0.0	0.0

为量化评价油层非均质性对注采连通关系的影响，引入非均质加权系数：

$$\lambda = \sum_{i=1}^{n} \frac{1}{f_i} / n \qquad (2-4-2)$$

式中 λ——非均质加权系数；

n——数字化后的沉积微相图在油水井连线上的网格数，个；

f_i——第 i 个网格的沉积微相值，整数。

并规定储层物性越好，数值越低。因此，储层物性越好，λ 值越低；储层物性越差，λ 值越高，一般来说，河道砂为1，主体砂为2，非主体砂为3，表外为4。

检查井资料研究表明，注入水的有效驱替半径与沉积微相直接相关，不同注入方向上的有效驱替半径则与油水井间的沉积微相变化有关，可用非均质加权系数进行定量表征：

$$L = L_i + \frac{L_{i+1} - L_i}{\lambda_{i+1} - \lambda_i} \lambda \qquad (2-4-3)$$

式中 L——注入水在某油井方向上的有效驱替半径，m；

λ——该对油水井间的非均质加权系数；

L_i，L_{i+1}——沉积微相代码 i 和 $i+1$ 对应的有效驱替半径，m；

λ_i，λ_{i+1}——沉积微相代码 i 和 $i+1$ 对应的非均质加权系数。

当该注采井距小于有效驱替半径时，油井能够注水受效，否则为注水不受效。

应用中，首先需要对精细油藏描述的各小层的沉积微相图进行数字化，然后将油水井间的沉积微相网格进行加权得到油水井间的储层物性系数，最后根据储层物性系数大小评价注水是否受效。对任意评价井点，首先以较大半径搜索其周围的射孔注水井，然后对井间按式（2-4-3）进行储层物性系数的评价，最后计算注采井间的有效驱替半径，以此判断油水井间是否存在有效连通关系。

图2-4-5是杏十区东部葡 $I4_{2b}$ 单元不同开发阶段的注采关系划分成果，注采关系与实际较符合。从注采关系划分结果来看，断层把整个杏十区东部分成了4个小的注采井区，起到了很好的注水分割作用。从不同阶段的成果来看，基础井网阶段射孔井多位于主体砂部位，不完善井区大量存在；一次加密后，注水受效有所改善，但差油层注采不完善情况依然较严重；二次加密后，薄差油层与主体砂体间的注采关系得到明显改善；三次加密后，差油层内部注采完善程度得到进一步提高，油田开发效果得到进一步改善。

2）水驱控制程度评价

对于注水开发油田水驱厚度控制程度的评价，一般根据油层的连通状况进行简单测算，将与注水井连通的采油井射开厚度与井组内采油井的总射开厚度之比作为该井组的水驱控制程度。同时，按照与采油井连通的注水井的方向数，又将水驱厚度控制程度细分为单向、双向和多向受效三类。在进行水驱厚度控制程度测算时，需要以油井为中心，分东、西、南、北4个方向搜索注水井，若在某一方向受效即认为该方向连通。当多个油水井连通关系间夹角很小、且位于两个象限临界时将引起受效方向数统计出现误差。

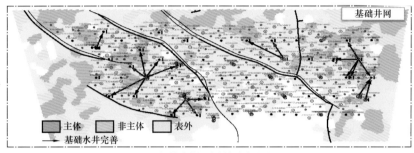

(a) 基础井网阶段注采关系图

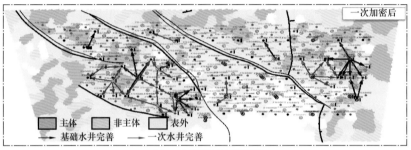

(b) 一次加密后注采关系图

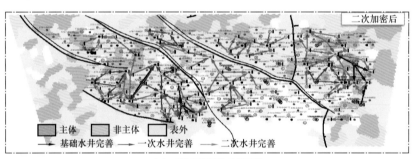

(c) 二次加密后注采关系图

(d) 三次加密后注采关系图

图 2-4-5　杏十区东部葡 $I4_{2b}$ 单元不同开发阶段注采关系划分

　　针对该问题，提出了以临界角为判断准则的水驱厚度控制程度评价方法。在给定临界角的基础上，首先，以细分沉积单元为对象，以采油井为中心，分析采油井周围的连通注水井；其次，根据连通注水井的个数确定采油井的受效方向数。如果采油井仅连通一口注水井则为单向受效；如果连通注水井数大于1，则计算油水井连线与 x 正方向的夹角，并从夹角最小的连通关系开始搜索，若第 m 与 $m+1$ 个油水井连通关系的夹角大于临界角，则从 $m+1$ 个连通开始计连通方向数为1；当第 n（$n > m+1$）个连通关系与第 $m+1$ 个间的夹角大于临界角时，计连通方向数为2，依此类推。如果所有连通关系夹角都小于临界角，且与采油井连通的注水井数大于1，则为多向连通。最后，根据连通方向数确定该采油井的受效情况。

由上述定义可知，水驱厚度控制程度是所有射孔采油井的综合评价，而单向受效井层与双向、多向受效井层在水驱波及储量上存在显著差异，为合理评价区块的水驱厚度控制程度，引入加权系数，得到更加合理的水驱厚度控制程度：

$$E_w = \sum_{i=1}^{n} c_i H_i / H_o \times 100 \qquad (2-4-4)$$

式中　E_w——水驱厚度控制程度，%；

　　　H_i——与注水井连通的第 i 采油井层射开有效厚度，m；

　　　c_i——与注水井连通的第 i 采油井层加权系数，单向受效取 1/4，双向受效取 1/2，多向受效取 1；

　　　H_o——采油井射孔总有效厚度，m；

　　　n——采油井射孔井层数，个。

通过上述分析可以看出，采油井的受效方向数直接决定了水驱储量的动用程度和最终采收率，而本文提出的水驱厚度控制程度统计方法的关键是临界角的确定。为此设计了13个单层一注二采概念模型进行数值模拟的研究，油层厚度为2m，井距300m，孔隙度和渗透率分别为27%和300mD。通过对比油水井连通关系不同夹角、含水率为98%时的采出程度来确定合理的临界角（表2-4-2）。从单层概念模型数值模拟的结果看，当两个油水井注采关系井间夹角小于90°时，含水率98%对应的采出程度均在33%以下；当夹角大于90°时，采出程度随夹角增大而增加；当夹角为180°，即正对注水时，采出程度最大，为36.3%。由结果得出，当油水井注采关系井间夹角接近0°时的采出程度仅为31.7%，与两口注水井相对时相差4.6个百分点，油水井注采关系井间夹角是影响水驱开发效果的主要因素之一，而90°则可以作为水驱单向与双向受效的临界角。

表 2-4-2　不同油水井连通关系夹角时概念模型结果

序号	夹角 /（°）	含水 98% 时采出程度 /%	注采井距 /m
1	1.9	31.7	300.2
2	30.0	32.3	300.8
3	60.0	32.6	300.2
4	68.4	32.7	302.3
5	79.2	32.4	298.3

续表

序号	夹角 /（°）	含水 98% 时采出程度 /%	注采井距 /m
6	90.0	32.6	297.0
7	100.9	33.5	298.3
8	106.3	34.1	300.0
9	111.6	34.6	302.3
10	120.0	35.0	300.2
11	146.2	36.0	300.8
12	176.2	36.3	300.2
13	180.0	36.3	300.0

为了验证上述方法的精度，在喇萨杏油田 6 个采油厂分别选取一个区块进行注采连通关系的评价和对比。人工统计的油井数为 20～30 口，油水井数合计为 30～50 口，而使用 PREP 评价时工区大、井数多。表 2-4-3 给出了研究工区的具体情况和所需的评价时间。可以看出与人工统计相比，本方法可提高工效近百倍。

表 2-4-3　各开发区注采关系评价对比区块

开发区	区块名称	单元数 /个	实际软件对比用井数 / 口			人工统计井数 / 口		
			油井	水井	合计	油井	水井	合计
喇嘛甸	喇 6-27 井区	112	37	26	63	15	11	26
萨北	北二东水驱层系重组试验区	97	28	35	63	28	35	63
萨中	中区东部萨葡	53	144	88	232	20	14	34
萨南	萨南开发区南八区	111	259	162	421	30	20	50
杏北	杏六区东部示范区Ⅱ块	79	216	186	402	25	20	45
杏南	杏十区纯油区东部	68	229	120	349	29	16	45

表 2-4-4 给出了各区块软件计算和人工统计结果的对比情况，总的误差控制在 ±5% 以内，而不同受效方向数的误差稍大。分析误差的主要原因有：首先，油水井间的连通关系虽然是客观存在的一个事实，但水驱控制程度统计本身是一个统计量，并没有一个准确数值。各油水井间是否连通的判定标准并不统一，进而导致统计出来的结果有偏差。其次是人工统计与油藏工程师的技术水平、熟练程度有关，经验丰富的研究人员由于各种因素遗漏造成的误差较小，但是年轻的分析人员误差则较大。最后是人工统计一般只能分析目前的油水井生产资料，而对于历史的资料利用不足，易造成误差。综合分析认为，上述方法在注水开发水驱控制程度统计方面的统计精度已经达到或超过人工分析精度，可以作为今后水驱控制程度统计的标准加以应用。

表2-4-4　各开发区水驱控制程度误差对比表　　　　单位：%

开发区	PREP 软件计算				人工统计				差值（软件－手工）			
	单向受效	两向受效	多向受效	合计	单向受效	两向受效	多向受效	合计	单向受效	两向受效	多向受效	合计
喇嘛甸	17.0	38.0	41.7	96.7	12.5	36.7	46.4	95.6	4.5	1.3	−4.7	1.1
萨北	7.6	8.7	81.3	97.7	5.4	9.0	82.2	96.5	2.2	−0.2	−0.8	1.2
萨中	26.8	27.5	30.2	84.5	27.1	28.4	32.3	87.7	−0.3	−0.8	−2.1	−3.2
萨南	24.6	29.4	39.7	93.7	25.1	27.6	40.5	93.2	−0.6	1.8	−0.7	0.5
杏北	15.3	20.7	53.4	89.3	7.8	11.7	72.0	91.5	7.5	9.0	−18.6	−2.1
杏南	26.1	30.2	34.5	90.8	23.9	35.9	35.5	95.3	2.2	−5.8	−1.0	−4.5

2.注采系统调整适用条件及原则

注采系统调整的时机主要取决于目前注采系统的不适应程度、调整对产量接替的影响以及不同调整时机对调整效果的影响。目前注采系统的不适应程度可以用合理油水井数比与实际油水井数比的差别来衡量，实际油水井数比高于合理油水井数比越多，则目前注采系统不适应越严重，如果实际油水井数比高于合理油水井数比0.5以上，应该及时对目前注采系统进行调整。注采系统调整对产量接替的影响，主要考虑两个方面：一是分析需要进行注采系统调整区块的产量递减变化趋势，如果产量递减加快或者产量递减持续较高，则应及时对注采系统进行调整；二是尽可能减少调整过程中对产量的影响，尽可能与三次加密调整、三次采油的产能建设结合进行注采系统调整；调整时机对调整效果的影响，主要分析需要调整区块不同调整时机对采收率的影响，以及对产液、耗水的影响。

喇萨杏油田高含水后期的注采系统比较复杂：一是油田多套井网开发，各套井网开采对象部分交叉，注采系统不独立，相互影响；二是根据油田不同开发调整阶段开发调整对象的差别以及不同地区油层特点的不同，采取了不同的布井方式，不同布井方式注采系统适应性不同；三是油田套管损坏井较多。因此，注采系统调整的难度大。

造成注采系统不适应的原因归根结底有两个方面：一是油水井数比偏高，注水能力满足不了产液量的需要，主要是反九点面积井网和四点法面积井网；二是注采井网不完善，主要包括油水井套管损坏、部分井区井网不规则、断层遮挡、砂体发育变化在油层变差部位造成注采井网不完善。因此调整的途径是降低油水井数比偏大区块层系的油水井数比，对不完善井区完善其注采系统。

以北三西示范区为例，注采系统调整主要针对油田进入特高含水阶段后加密调整层系采用反九点面积井网，油水井数比偏高，油层多向连通比例低，长垣油田葡I组聚合物驱井网利用基础葡萄花层系的油水井后，井网完善程度差；油层压力水平低，压力系统不合理；薄差层、表外层动用状况差；层系间含水接近，注采结构调整余地小等问题。

采取以老井转注为主，与补孔、补井及井网互补调整等多种措施相结合的方式，整体完善注采关系，解决多层系多井网下的开发矛盾。

因此，注采系统调整应充分考虑与原井网及将要实施的二类油层三次采油井网的衔接，以有利于井网的后期综合利用；注采系统调整后的油水井数比，应尽可能接近合理油水井数比，以满足今后一段时间内油井开采对注水量的需求；注采系统调整要立足于本层系内单砂体完善注采关系，尽可能增加多向连通比例，提高水驱控制程度；转注后井网分布尽可能相对规则，有利于后期调整；为保护套管，距断层100m以内油井不转注，距断点5m以内油层不补孔；与转注、更新、大修、补孔、封堵、钻补充井等多种措施相结合来完善区块注采关系，转注井井况要求良好，并尽可能选择高含水井和低产低效井，以达到产量损失最小及控制区块含水上升速度的目的。

3. 注采系统调整方式

1）确定合理油水井数比

根据注采平衡原理，确定合理油水井数比公式为：

$$N=\sqrt{\frac{1}{B_o\left(1-f_w\right)+f_w}\frac{J_W}{J_L}} \qquad (2-4-5)$$

式中　　N——合理油井数比；

B_o——原油体积系数；

f_w——综合含水，%；

J_W——吸水指数，$m^3/(d \cdot MPa)$；

J_L——采液指数，$t/(d \cdot MPa)$。

据此计算，北三西一次加密调整层系、萨尔图油层二次加密调整层系的合理油水井数比分别为1.51和1.38，而目前两套层系的实际油水井数比分别为2.34和2.12，远高于合理油水井数比。

2）以完善单砂体注采关系为核心的注采系统调整

由于特高含水期注采系统的复杂性，为了使注采系统调整取得较好的效果，调整的方式和方法必须多元化，必须根据不同的适应状况、不同的井网条件、不同的剩余油分布特点，采取不同的调整方式（万新德等，2006）。调整的措施手段也由单一的油井转注转变为以油井转注为主，与油水井大修、更新、补孔相结合，并采取相应的压裂、换泵等综合调整措施相结合的综合调整。

（1）以注采井网为对象采取两类调整方式。与原有井网相结合，合理优化调整方式。针对注采井网不适应造成的油水井数比高、地层压力低的矛盾，实施油井转注降低油水井数比。以转注后油水井数比合理、层系井网相互衔接、提高采收率最高为原则。

与补充钻井相结合，完善注采系统。针对被聚合物驱利用、套损报废、套损关井等造成的注采井网不完善，实施补钻新井、更新、侧斜、大修等措施完善注采井网。

（2）以单砂体为对象采取两类调整方式。与完善单砂体注采关系相结合，提高注采对应率。针对控初含水和作为隔层的未射孔层造成的单砂体注采关系不完善，实施油水井补孔完善单砂体注采关系。

针对储层非均质、注采井距等差异造成的单砂体各向受效不均衡，实施水井匹配调整，使单砂体各向得到均衡动用。

3）4 项跟踪调整

通过 4 项跟踪调整，促进注采系统调整进一步见效：

（1）结合注采结构变化，优化注采比调整。依据阶段注采比与压差关系以及注采比与水油比关系曲线，确定调整后各套井网合理注采比。

（2）结合层间动用差异，搞好注水井细分调整。精细分析层间剩余油分布，转注井实施细分调整，提高吸水动用厚度比例。

（3）结合新老井对应关系，优化注水量匹配调整。平面上通过新老注水井间、高低含水层间注水量的合理转移，促进液流方向改变，进一步提高注水效果。

（4）结合转注受效情况，搞好油井提液调整。抓住受效的有利时机，实施调参、换泵、压裂、酸化等措施，适时提液，促进调整受效。

三、精细注采结构调整技术

为了进一步改善特高含水期油田水驱开发效果，在剩余油研究基础上，发展形成适合不同类型剩余油分布特点的精细注采结构调整技术，拓宽了挖潜的空间。精细注采结构调整实现两个转变：注水调整由定性到定量转变；措施挖潜由层间向层内转变。

1. 注水优化调整技术

1）基于渗流阻力的注水层段优化组合

随着油田进入特高含水期以后，各小层含水率差异较大，由渗流控制的动态非均质进一步加剧，渗流能力大小不再只由静态因素（渗透率、有效厚度等）决定，相同渗透率小层在含水率不同时，渗流能力也会存在较大差异，层段内各小层能否实现均匀推进，受动静态因素共同影响。为此，依据油水两相流达西公式及水电相似原理，用渗流阻力定量描述渗流能力大小，并分析渗流阻力的影响因素，定量计算水井小层渗流阻力大小及层段组合的界限，将注水层段划分思路从近渗组合转变为近阻组合，以有效缓解特高含水期油田层间矛盾。

（1）特高含水后期层段优化组合参数确定。随着油田进入特高含水期后，注入水在小层上的推进速度除了受井间地质参数变化、油水井距、油水井点射开厚度、渗透率及连通井数等静态因素影响外，还与小层含水率关系较大：含水率增加，油相相对渗透率下降，水相相对渗透率上升，水油相对渗透率比值急剧上升（图 2-4-6），注入水推进速度变快。

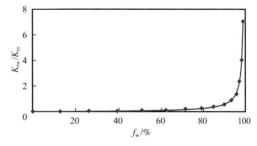

图 2-4-6　水相与油相相对渗透率比值随含水率变化曲线

从现场吸水剖面数据统计来看，砂岩厚度吸水比例与渗流阻力的相关性要明显好于与渗透率的相关性（图2-4-7和图2-4-8），特高含水期各小层渗透率差异，已不能代表各小层渗流能力的差异。因此，注水层段的划分应该考虑影响渗流阻力大小的动静态因素，将渗流阻力相近的小层进行组合。

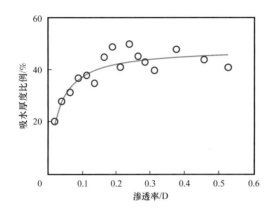

图2-4-7 砂岩厚度吸水比例与渗透率关系
（南四西试验区2015年后108口井）

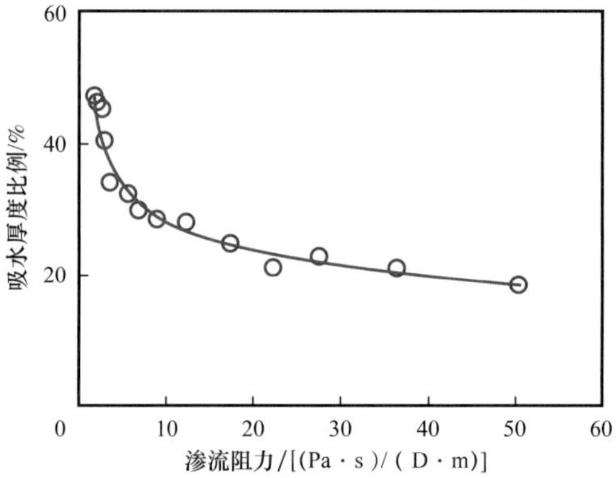

图2-4-8 砂岩厚度吸水比例与渗流阻力关系
（南四西试验区2015年后108口井）

（2）层段优化组合参数综合评价参数的计算。利用渗流阻力变异系数表征层间渗流阻力差异，同时考虑层段组合现场实际跨度不宜过大的经验做法，兼顾单井各层段内平均渗流阻力差异及平均层段跨度，构建层段渗流阻力变异系数及层段跨度归一化综合评价参数（图2-4-9）。

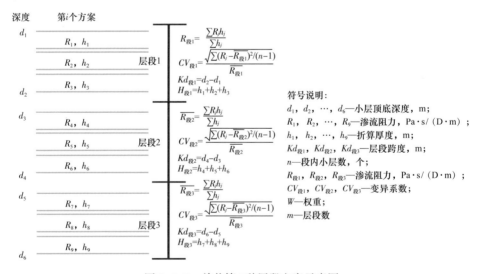

图2-4-9 单井第 i 种层段方案示意图

计算单井所有方案平均层段渗流阻力变异系数及平均层段跨度，采用最大最小值方法进行归一化处理，乘以各自的权重系数 W，加和得到综合评价参数 Z，Z 最小值对应的方案即为最优方案。

单井平均变异系数：

$$CV_{\text{方案}i} = \frac{\sum CV_{\text{段}i} \cdot H_{\text{段}i}}{\sum H_{\text{段}i}}$$ （2-4-6）

单井平均层段跨度：

$$Kd_{\text{方案}i} = \frac{\sum Kd_{\text{段}i}}{m}$$ （2-4-7）

方案 i 单井平均变异系数归一化：

$$CV_{\text{方案}i\text{归一}} = \frac{CV_{\text{方案}i} - \min(CV_{\text{方案}i})}{\max(CV_{\text{方案}i}) - \min(CV_{\text{方案}i})}$$ （2-4-8）

方案 i 单井平均层段跨度归一化：

$$Kd_{\text{方案}i\text{归一}} = \frac{Kd_{\text{方案}i} - \min(Kd_{\text{方案}i})}{\max(Kd_{\text{方案}i}) - \min(Kd_{\text{方案}i})}$$ （2-4-9）

方案 i 综合评价参数：

$$Z_{\text{方案}i} = W_1 \cdot CV_{\text{方案}i\text{归一}} + W_2 \cdot Kd_{\text{方案}i\text{归一}}$$ （2-4-10）

（3）层段优化组合方法。层段调整的总体思路是在满足工艺条件的前提下，考虑所有的层段组合可能，以综合评价参数 Z 最小化为目标，确定最优的层段划分方案。

一是根据目前工艺条件下的隔层厚度下限进行初步层段划分。考虑封隔器长度，层段间隔层厚度应不低于目前分层工艺下的隔层厚度下限，以保证封隔器有足够的长度空间分隔上下油层，按照隔层约束条件，进行初步的小层段划分，共计划分为 m 段。

二是根据封隔器间长、单井最高的层段数及层段内最小有效厚度要求将初步划分的 m 段进行组合，同时对无效循环层位、异常吸水层位及套损层位进行单卡。考虑测试工艺要求，封隔器之间长度不低于目前工艺条件下的下限，以保证水嘴之间有足够的测试距离；单井层段数不超过目前工艺条件下的上限，以保证在作业时能够正常起下管柱；考虑层段的吸水能力，层段内需要有足够的有效厚度，以保证层段最小注水量及测试精度的要求。

将 m 个小层段组合为 n 个层段，最多可能的划分方案数为 C_{m-1}^{n-1}，按照上述约束条件对 C_{m-1}^{n-1} 种方案进行筛选，得到工艺上可行的方案 k 种。

三是计算 k 种层段组合方案各层段的渗流阻力变异系数及层段跨度，然后计算各方案的单井综合评价参数 $Z_{\text{方案}i}$（$i = 1 \sim k$）。

四是求最小的综合评价参数 $\min(Z_{\text{方案}i})$，对应的组合方案即为层段最优组合方案。

上述所涉及的工艺参数界限可能会根据不同开发区、不同工艺技术的变化略作调整，整个流程（图 2-4-10）已利用计算机程序实现自动化，并编制软件。

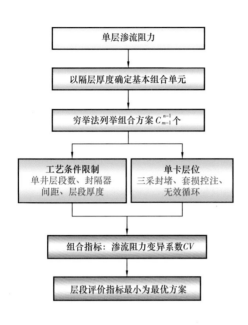

图 2-4-10　注水井层段优化组合流程

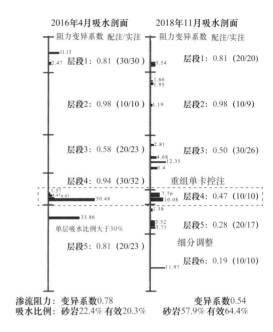

图 2-4-11　高 126-295 井调整前后吸水剖面对比

（4）注水井层段组合调整实例。以高 126-295 井为例，按照目前的分层工艺条件，给定最小隔层厚度 1.0m，封隔器之间间隔下限 7m，单井最多可分的层段数 7 个，层段内折算厚度下限 2m。原方案层段数 5 个，全井各层段厚度加权平均渗流阻力变异系数 0.78，平均层段跨度 22.4m。该井在 2018 年 6 月进行细分调整，首先考虑异常吸水层位，将吸水比例超过 50% 的层位高Ⅲ1—高Ⅲ3 进行单卡控注，然后按照综合评价参数最小对其余层段进行优化组合，优化后的方案层段数 6 个。新方案将原偏 4、偏 5 层段进行了细分重组，高Ⅲ4—高Ⅲ9 渗流阻力小，同时其中高Ⅲ6 单层吸水比例大（大于 30%），计算结果将高Ⅲ4—高Ⅲ9 组合为一段，另外将阻力相近的高Ⅲ10—高Ⅲ18 组合为一段，新方案平均单井渗流阻力变异系数 0.54，平均层段跨度 16.2m，层段内渗流阻力差异及层段跨度均明显较小（图 2-4-11）。

方案调整前砂岩厚度吸水比例为 22.4%，有效厚度吸水比例为 20.3%，方案调整后，砂岩厚度吸水比例为 57.9%，有效厚度吸水比例为 64.4%，砂体动用比例大幅度提高，吸水剖面更加均匀，连通井区油井产油量稳定，含水下降 0.45%，调整效果明显。

2）"四参数"层段水量优化调整技术

分层注水是减缓层间矛盾、提高油层动用程度的重要手段。大庆长垣油田经过多年精细挖潜，注水井层段细分潜力小，特别进入特高含水期后，剩余油高度零散，低效无效循环严重，注水利用率降低（杜庆龙等，2004），如何对分层井层段水量进行合理分配显得尤其重要。集合现场经验制订了调整原则：一个均衡，均衡层间压力；两个加强，加强含水低的层段，加强剩余油多的层段；三个限制，限制剩余油少的层段，限制含水高的层段，限制含水上升速度快的层段。以"层间动用均衡、层间压力均衡、提高注水效率"为目标，考虑层段剩余储量、合理注采比、注水效率、含水上升速度，建立了剩余储量系数、相对注水效率系数、含水上升速度系数、注采比系数构成的"四参数"层段水量调整方法，优化了层段间注水结构，实现了层段定量配水。

（1）层段水量调整参数及意义。剩余储量系数：层段剩余储量系数是层段剩余储量占全井控制储量的比例。层段剩余储量可以由小层剩余储量累加得到，小层剩余储量可以根据剩余油饱和度分布来计算。

层段剩余储量系数表示为：

$$a_{1i} = \frac{N_{ci}}{\sum_{i=1}^{w} N_{ci}}$$ （2-4-11）

式中 N_{ci}——第 i 层段单井控制剩余储量；

a_{1i}——第 i 层段剩余储量系数；

w——层段内小层个数。

相对注水效率系数：注水效率是指单位注水量所驱替出的原油量，反映油藏注水利用率状况。可以分层次逐步计算并评价层段、井组的注水效率。其中：

层段注水效率

$$\eta_{wi} = \frac{各小层产油量之和}{各小层注水量之和} = \frac{\sum_{k=1}^{m} q_{ok}}{\sum_{k=1}^{m} q_{wk}}$$ （2-4-12）

单井注水效率

$$\eta_{w} = \frac{各层段产油量之和}{各层段注水量之和} = \frac{\sum_{i=1}^{w} q_{oi}}{\sum_{i=1}^{w} q_{wi}}$$ （2-4-13）

式中 η_{wi}——层段注水效率；

η_{w}——单井注水效率；

q_{ok}——第 k 小层产油量；

q_{wk}——第 k 小层注水量；

q_{oi}——第 i 层段产油量；

q_{wi}——第 i 层段注水量。

相对注水效率是层段注水效率与全井注水效率的比值，反映目前层段的含水率水平对全井含水率的贡献情况。相对注水效率系数可以表示为：

$$a_{2i} = \eta_{wi} / \eta_{w}$$ （2-4-14）

式中 a_{2i}——第 i 层段相对注水效率系数。

含水上升速度系数：含水上升速度反映一个阶段内层段含水变化状况，根据层段含水上升速度与单井含水上升速度差值大小，按照经验将含水上升速度分为三级，含水上升速度系数可表示为：

$$a_{3i} = \begin{cases} 1 & \left(\Delta f_{w层段} - \Delta f_{w单井} \leqslant 0\right) \\ 0.8 & \left(0 < \Delta f_{w层段} - \Delta f_{w单井} \leqslant 5\%\right) \\ 0.5 & \left(\Delta f_{w层段} - \Delta f_{w单井} > 5\%\right) \end{cases} \qquad (2-4-15)$$

式中 a_{3i}——第 i 层段含水上升速度系数。

注采比系数：层段注采比（R_{IP}）反映的是层段内注采平衡状况，保持层段合理注入量即保持层间压力均衡，防止套损情况的发生。根据大庆长垣油田套损预警研究，注采比不应超过 1.25，以此为界限，确定合理的注采比系数 a_{4i}，则：

$$a_{4i} = \begin{cases} 0.8 & \left(R_{IP} > 1.25\right) \\ 1 & \left(1 < R_{IP} \leqslant 1.25\right) \\ 1.25 & \left(R_{IP} < 1\right) \end{cases} \qquad (2-4-16)$$

式中 a_{4i}——第 i 层段注采比系数。

（2）层段注水量调整技术界限。根据不同开发区油层发育特征、套损情况及吸水状况，在全面统计分析基础上，建立层段注水量调整的注水强度和注水量调整界限，指导注水调整。

注水强度上限：对于套损防控重点层位，根据开发部要求，各开发区按照易套损层位设置最大注水强度上限，其中喇嘛甸开发区和萨北开发区易套损层位是萨I组油层，其余 4 个开发区易套损层位是萨II4 以上油层。对于其他层位，以最大注水强度为约束，分类确定不同区块注水强度上限。统计实际区块的层段注入强度，作出各区块注水强度频率分布图，以 $\mu+2\sigma$ 为界限，确定各区块注水强度最大值。以长垣油田控水提效试验区为对象，统计 6 个试验区注水强度分布状况，其中喇南中西二区由于地质条件优势，砂体发育厚度大，最大注水强度明显高于其他区块，其余 5 个区块最大注水强度虽各不相同，但整体差别不大。

按照上述方法，统计分析确定了控水提效试验区不同类型层位注水强度最大值，以此为注水强度调整上限（表 2-4-5）。

表 2-4-5 控水提效试验区注水强度上限　　　　　　　　　　单位：m³/（d·m）

区块	南中西二	北二西	中区西部高台子	南四西	杏六东	杏十东
易套损层位砂岩注水强度上限	萨I组	萨I组	萨II4 以上	萨II4 以上	萨II4 以上	萨II4 以上
	6	6	4	4	4	4
其他层位折算厚度注水强度上限	32	21	16	21	25	15

层段水量调整界限：以均衡单层吸水比例为标准，确定层段水量调整界限，对于连续吸水比例超过30%，但注水效率高的层位暂不增注，这样的层位一方面容易造成单层突进，影响小层均衡动用，另一方面也容易造成局部高压，从而导致套损的发生；对于吸水比例小于10%，但注水效率低的层位暂不控注，吸水比例小的层位一般动用状况较差，以保证均衡注入为目标，暂时不进行控注。具体调整思路如图2-4-12所示。

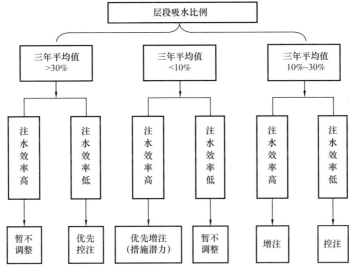

图 2-4-12　考虑小层动用状况的层段水量调整思路

（3）层段水量优化调整方法。根据注水优化原则，考虑层段剩余储量、合理注采比、注水效率、含水上升速度4个参数。其中层段剩余储量系数与配注量呈正相关关系；层段相对注水效率系数与配注量也呈正相关关系，则层段配注系数可以表示为：

$$q_i = \frac{w_1 a_{1i} w_2 a_{2i} w_3 a_{3i} w_4 a_{4i}}{\sum\limits_{i=1}^{n} w_1 a_{1i} w_2 a_{2i} w_3 a_{3i} w_4 a_{4i}} Q_w \qquad (2-4-17)$$

式中　w——参数权重；

　　　q_i——层段注水量；

　　　Q_w——单井注水量。

水量计算模型参数权重确定方法：由于水量调整以提高注水效率为目的，参数权重也按照注水效率分级计算，对于注水效率大于等于无效循环界限的层段，如果剩余储量大，注水调整时可以加强注水，参数权重均衡考虑剩余储量动用和注水效率；而对于注水效率小于无效循环界限的层段，要重点考虑无效循环的控制。

利用层次分析法，根据专家经验给定各参数权重赋值，进而构造判断矩阵。计算判断矩阵的特征根，求得各参数的权重系数，见表2-4-6。

（4）注水井层段水量调整实例。以南3-31-428井为例，该井2019年5月进行层段水量调整，调整前5个层段，单井日配注85m³，吸水剖面不均匀，根据特高含水期注水

表 2-4-6　水量计算模型参数权重表

效率分级	参数权重			
	剩余储量	相对注水效率	层段注采比	含水上升速度
＜无效循环界限	0.15	0.5	0.1	0.25
≥无效循环界限	0.25	0.35	0.1	0.3

优化调整软件计算方案，对注水效率低的层段控制注水，对注水效率高的层段加强注水，调整后单井日配注75m³，其中：

偏1层段：连续吸水比例大，注水效率低（0.58%），停注；主要层位萨Ⅰ3剩余油饱和度低。

偏2层段：注水效率高（8.11%），吸水均匀，增注为30m³/d；主要层位萨Ⅱ4剩余油饱和度较高。

偏5层段：吸水比例大，注水效率低（1.54%），控注为15m³/d；主要层位；葡Ⅱ7剩余油饱和度低（图2-4-13）。

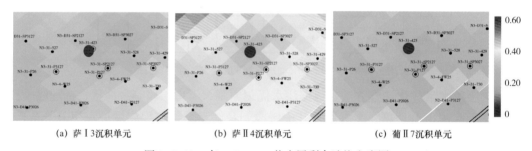

(a) 萨Ⅰ3沉积单元　　　(b) 萨Ⅱ4沉积单元　　　(c) 葡Ⅱ7沉积单元

图 2-4-13　南 3-31-428 井小层剩余油饱和度图

按新方案调整后（图2-4-14），偏1层段停注，提高了偏3和偏4层段的吸水比例，小层动用状况更加合理均匀；从连通井区开发效果看，调整井区含水下降0.5%，产液量下降，但产油量保持稳定，稳油控水效果显著。

3）控水提效示范区注水优化调整效果

注水优化调整技术在控水提效试验区应用，控水提效试验区潜力井数增加20%，指导调整1146井次，控制无效注水8%，含水下降0.25个百分点（图2-4-15和图2-4-16）。该项技术已形成软件，并在油田全面推广。

2. 精细措施挖潜技术

油田进入特高含水期，一方面由于剩余油分布更加零散，挖潜难度越来越大；另一方面由于各开发区、各区块、各井点油层发育差异和动用不均衡，也使精细挖潜方式不同。通过几年的攻关实践，发展形成了特高含水期个性化、精细化措施挖潜技术。建立了特高含水期砂岩油田主要措施选井、选层量化标准；形成措施前培养、措施中监督、措施后保护的措施配套调整技术。优化形成针对层间、平面不同类型剩余油的油水井组

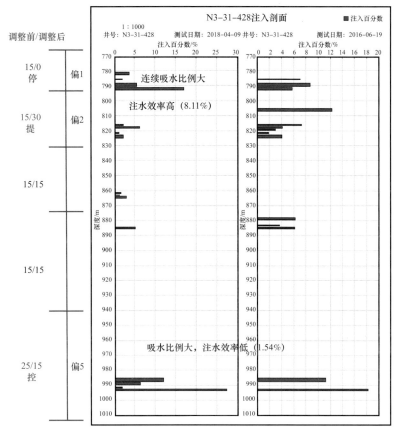

图 2-4-14 南 3-31-428 井注水调整

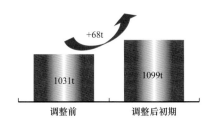

图 2-4-15 注水优化调整受效井产量变化

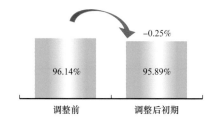

图 2-4-16 注水优化调整受效井含水变化

合挖潜方式。通过精心选井选层、优化措施工艺，优化层段组合，改善了措施效果，提高了措施效益。

1）主要措施选井选层界限

随着油田综合含水的上升，油井各项措施效果逐渐变差，通过对 6 个开发区近 10 年油井措施效果的分析，措施效果随综合含水增加而逐渐变差的趋势比较明显，规律性较强，图 2-4-17 到图 2-4-24 给出了油井压裂、补孔、换泵、堵水四项措施效果的变化趋势。

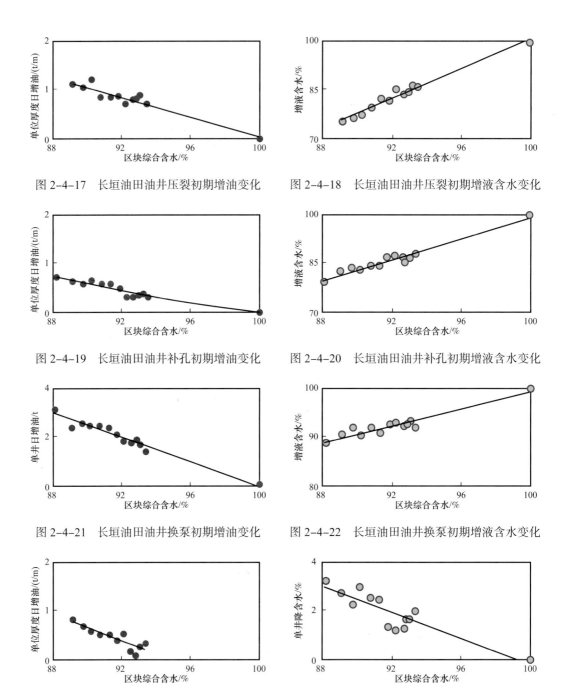

图 2-4-17 长垣油田油井压裂初期增油变化   图 2-4-18 长垣油田油井压裂初期增液含水变化

图 2-4-19 长垣油田油井补孔初期增油变化   图 2-4-20 长垣油田油井补孔初期增液含水变化

图 2-4-21 长垣油田油井换泵初期增油变化   图 2-4-22 长垣油田油井换泵初期增液含水变化

图 2-4-23 长垣油田油井堵水初期增油变化   图 2-4-24 长垣油田油井堵水初期增液含水变化

　　根据以上规律，结合各开发区单井措施初期增油实际效果，可确定适当措施增量情况下的单井措施厚度界限。充分考虑现场措施实施情况，分析各开发区措施层位和措施效果的相关性，以达到"2455"措施增油为目标，确定出选井选层条件和措施厚度下限，见表2-4-7。

表 2-4-7　长垣油田油井主要措施选井选层界限表

油井措施	分类		喇嘛甸	萨北	萨中	萨南	杏北	杏南
压裂	选井界限	日产液 /t	≤50	≤50	≤40	≤40	≤40	≤20
		流压 /MPa	≤4	≤4	≤4	≤4	≤4	≤3
		总压差 /MPa	≥-0.5	≥-0.5	≥-1.0	≥-1.5	≥-1.5	≥-1.5
		潜力层折算有效厚度 /m	≥5	≥4	≥4	≥5	≥4	≥4
	选层界限	含水 /%	≤92	≤90	≤90	≤90	≤90	≤85
		连通方向数 / 个	≥1					
		隔层厚度 /m	≥1					
补孔	选井界限	日产液 /t	≤60	≤50	≤50	≤50	≤30	≤30
		潜力层折算有效厚度 /m	≥6	≥5	≥5	≥6	≥6	≥5
	选层界限	含水 /%	≤92	≤90	≤90	≤90	≤90	≤90
		注采井距 /m	≥150	≥100	≥100	≥100	≥100	≥100
		连通方向数 / 个	≥1					
		与高含水层隔层厚度 /m	≥1					
		补孔对象	本井网开采层段内的开采目的层					
堵水	选井界限	日产液 /t	≥60	≥50	≥50	≥60	≥40	≥30
		流压 /MPa	≥5	≥5	≥5	≥5	≥4	≥4
		含水 /%	≥95					
	选层界限	封堵层产液比例 /%	≥10					
		含水 /%	≥97					
换泵	选井界限	含水与层间渗透率变异系数	≤全区含水或>全区含水（层间渗透率变异系数≥0.6）					
		流压 /MPa	≥5	≥5	≥4	≥5	≥4	≥4
		连通水井方向数 / 口	≥2					
		机采参数	机采参数无调整余地					

2）改善措施效果的配套做法

为保证取得措施预期效果，在措施方案制订、现场实施过程中，加强过程管理，强化措施前培养、过程中强化质量监督、措施后及时跟踪调整等配套调整方法和工艺技术设计，保证措施效果。在油井压裂过程中，不断完善油井压裂的配套技术和管理方法，以保证压裂的效果，延长压裂有效期。

（1）优化压裂设计。采取5种做法：① 细分压裂层段，提高压裂目的层的针对性；② 增加压裂层段数，扩大纵向上挖潜范围；③ 加大单层加砂量，扩大平面上的改造范围；④ 层段优化组合挖掘重复压裂井的潜力；⑤ 工艺优化组合最大限度地挖掘薄差层的潜力。

（2）配套调整技术。在配套调整上搞好"三个坚持"，坚持压前培养、压中监督、压后保护工作，确保压裂高效长效。

一是坚持压前培养，保证充足地层能量。对流压、液面较低的油井，在编制油井措施方案的同时，及时编制周围注水井方案提水，进行措施前培养，使压裂井高效。

二是坚持压中监督，保证作业施工质量。在压裂井作业施工监督上，一是加强暂堵剂投放过程监督，实现"多投慢起"，实现高水淹段的有效暂堵，保证多裂缝压裂工艺措施效果；二是加强破胶剂施工过程监督，保证破胶剂"梯形"加入，实现压裂液连续破胶，保证压裂液返排效果；三是加强石英砂和压裂液质量监督，每口压裂井检查石英砂和压裂液2～3次，保证下井材料的质量；四是加强压裂扩散时间、固砂剂用量监督，保证树脂砂固砂效果。

三是坚持压后保护，延长措施的有效期。对压裂后液面较低、供液不足的措施井，及时进行周围注水方案调整，进行压后保护，使压裂井长效。

3）措施挖潜效果

通过优化选井选层，优选措施工艺，水井调整促效，长垣水驱压裂井在压前含水不断上升的情况下，单井年增油水平基本保持稳定，措施效果变差的趋势得到有效缓解（图2-4-25）。

图2-4-25　长垣水驱压裂单井年增油及压前含水变化

四、无效循环识别与治理技术

喇萨杏油田目前综合含水高达95%以上，已全面进入特高含水后期开发阶段。近年来，年注水量和年产液量逐年攀升，液油比急剧增大，注入水无效循环日趋严重；为控制注水产液总量、改善注水开发效果，必须加大无效循环高效治理技术的研究。"十三五"期间，依托国家示范工程，深入开展了无效循环定量评价、无效循环综合治理和无效循环深部调堵等技术的攻关和应用，取得显著效果。

1. 无效循环定量评价技术

随着油田注水开发的深入，综合含水逐年升高，地下剩余油分布更加零散。研究表明，特高含水期以后，局部剩余油富集与无效循环并存，无效循环治理必须建立在对无效循环的精准定量识别基础上。

1）无效循环定义及评价指标界限

低效无效循环是受储层非均质性及注水长期冲刷的影响，造成注入水优先沿着高渗透带向油井快速突进，形成油水井间相互连通的高渗透强水洗通道。从经济技术角度考虑，无效循环即是注入水不能满足经济效益评价的部分。对于无效循环识别界限研究，首先利用盈亏平衡原理，建立低效、无效循环的计算公式，其中低效循环的成本部分仅含吨液操作成本，无效循环的成本部分包含吨液操作成本、人员费用和税金三部分。其次根据典型区块的经济评价参数选取标准和产液量规模，计算给出不同区块不同油价、不同产液量时的低效无效循环的经济极限含水率界限。最后，根据油藏工程原理，对不同区块水驱目的层的相对渗透率曲线进行归一化处理，计算得到低效无效循环的平均含水饱和度、注入体积倍数和驱油效率等技术界限标准。

由于目前尚无注采方向经济评价的方法，参考边际效益井、无效井经济评价方法，利用盈亏平衡原理，构建经济极限含水率计算模型，推导出经济极限含水与油价、单井日产液及成本的关系。

考虑吨液操作成本、人员费用、吨油税金，推导出的经济极限含水定义为低效循环经济极限含水率：

$$f_{\text{w低效}} = 1 - \frac{C_{\text{dy}} + C_{\text{ry}}}{I(P-R)q_{\text{L}}} \qquad (2-4-18)$$

而仅考虑吨液操作成本的经济极限含水定义为无效循环经济极限含水率：

$$f_{\text{w无效}} = 1 - \frac{C_{\text{dy}}}{IPq_{\text{L}}} \qquad (2-4-19)$$

式中　C_{dy}——吨液操成本，元/t（液）；

C_{ry}——人员费用，元/t（液）；

I——原油商品率，%；

P——原油价格，元/t；

R——吨油税金，元/t；

q_{L}——单井日产液，t。

定义当井、层含水高于低效（无效）循环的经济极限含水，则该井、层处于低效（无效）循环状态。

根据上述公式，即可给出不同油价、不同产液水平条件下无效循环的含水率界限，以此为依据即可开展无效水循环的定量评价。在实际评价过程中，由于含水率评价不易获取，而含水饱和度评价方法相对成熟，需进一步利用油藏工程方法将井间平均含水饱和度转换成含水率开展评价。

依据经济极限含水率，采用油藏工程方法即可利用相对渗透率曲线建立无效循环对应的平均含水饱和度、驱油效率及注入 PV 数等指标。

分流量方程：

$$f_w = \cfrac{1}{1 + \cfrac{\mu_w}{\mu_o} \cfrac{K_{ro}(S_w)}{K_{rw}(S_w)}} \qquad (2\text{-}4\text{-}20)$$

式中　f_w——含水率；

　　　μ_w——水相黏度，mPa·s；

　　　μ_o——油相黏度，mPa·s；

　　　$K_{rw}(S_w)$——含水饱和度为 S_w 时的水相相对渗透率；

　　　$K_{rw}(S_w)$——含水饱和度为 S_w 时的油相相对渗透率。

基于前沿推进方程，进一步给出：

$$\overline{S_w} - S_{w2} = Q_i(1 - f_{w2}) \qquad (2\text{-}4\text{-}21)$$

式中　$\overline{S_w}$——两相区平均含水饱和度；

　　　S_{w2}——含水饱和度；

　　　Q_i——注入体积倍数；

　　　f_{w2}——含水饱和度为 S_{w2} 时分流曲线的导数。

$$Q_i = \cfrac{1}{\left(\cfrac{\partial f_w}{\partial S_w}\right)_{S_{w2}}} \qquad (2\text{-}4\text{-}22)$$

式中　$\left(\cfrac{\partial f_w}{\partial S_w}\right)_{S_{w2}}$——含水饱和度为 S_{w2} 时分流曲线的导数。

利用上述方法，即可开展低效无效循环指标界限研究。喇萨杏油田整体评价表明，低效循环含水率界限为 98%～99%，无效循环含水率界限为 99%～99.5%。

2）无效循环识别方法

由低效无效循环的定义及评价指标界限可以看出，油水井间连通性及井间平均含水饱和度、井间含水率的评价，是无效水循环识别的基础。第二章的剩余油快速评价方法可直接给出无效循环识别所需参数，而集成多学科研究成果的评价方法则需要在井间平均含水饱和度基础上，进一步利用相对渗透率曲线进行井间含水率的估算。同时，为了充分利用生产动态数据和监测资料，在进行无效循环识别过程中引入了容量阻力模型对小层方向注水量进行动态修正。

（1）井间含水率评价。

① 分流量曲线。根据达西定律，当油水两相同时流过油藏内某一地层的横截面时，水相占整个产液量的百分数称为水的分流量或含水百分数，用 f_w 表示。在一维条件下，

忽略毛细管力和重力的作用，其公式为：

$$f_w = \frac{1}{1+\dfrac{K_{ro}\mu_w}{K_{rw}\mu_o}} \qquad (2\text{-}4\text{-}23)$$

严格地讲，以上求得的水相分流量曲线，应为地层水的体积分流量曲线，为了求得地面水的质量分流量曲线，应把地层水的体积分流量曲线换算为地面水的质量分流量曲线，换算公式为：

$$f_w = \frac{1}{1+\dfrac{\mu_w}{\mu_o}\dfrac{K_{ro}(S_w)\gamma_o}{K_{rw}(S_w)B_o}} \qquad (2\text{-}4\text{-}24)$$

式中　γ_o——原油相对密度；

B_o——原油体积系数。

② 平均含水饱和度及注入体积倍数。

a. 水驱前缘到达油井前，在含水率与含水饱和度关系图中，通过束缚水饱和度 S_{wc} 点对 f_w—S_w 曲线作切线，并延长此切线使之与 $f_w=1$ 的横线交于一点，该点所对应的含水饱和度即为两相区平均含水饱和度 $\overline{S_w}$，它是个定值。见水时的注入体积倍数为：

$$Q_{if} = \frac{1}{f_w'(S_{wf})} \qquad (2\text{-}4\text{-}25)$$

式中　Q_{if}——见水时的注入体积倍数；

$f_w'(S_{wf})$——含水饱和度为 S_{wf} 时分流曲线的导数；

S_{wf}——前缘含水饱和度。

见水时的含水率也可利用下式试凑得到：

$$f_w'(S_{wf}) = \frac{f_{wf}}{S_{wf}-S_{wc}} \qquad (2\text{-}4\text{-}26)$$

式中　$f_w'(S_{wf})$——见水时分流曲线的导数；

S_{wf}——前缘含水饱和度；

S_{wc}——束缚水饱和度。

b. 水驱前缘到达油井后，出口端见水后地层内平均含水饱和度求法与见水前类似。先由以孔隙体积倍数为单位的累积注水量求出 f_{wL}'，再由相渗曲线得到的含水上升率曲线得到相应的出口端含水饱和度 S_{wL}，然后在含水率曲线对应的 S_{wL} 点做切线，该切线与含水率等于1的水平线的交点所对应的含水饱和度既是此时的平均含水饱和度。由水驱前缘推进理论可得累积注入体积倍数和平均含水饱和度的计算公式分别为：

$$Q_i = \frac{1}{f_{wL}'} \qquad (2\text{-}4\text{-}27)$$

式中 f'_{wL}——分流曲线的导数。

$$\overline{S_w} = S_{wL} + \frac{1-f_{wL}}{f'_{wL}} \qquad (2-4-28)$$

式中 S_{wL}——出口端含水饱和度。

（2）小层方向注水量的动态修正。

① 修正的容量阻力模型。基于物质守恒原理，将注水井作为输入系统、采油井作为输出系统，综合考虑采油井自身产量递减、采油井井底流压影响、注水井注水影响，建立单井的容量阻力模型：

$$q_j(t) = q_j(t_0)e^{-(t-t_0)/\tau_j} + e^{-\frac{t}{\tau_j}}\int_{t_0}^{t}e^{\frac{\xi}{\tau_j}}\frac{1}{\tau_j}\sum_{k=1}^{m}\lambda_{kj}w_k(\xi)d\xi - e^{-\frac{t}{\tau_j}}\int_{t_0}^{t}e^{\frac{\xi}{\tau_j}}J_j\frac{dp_{wf,j}}{d\xi}d\xi \qquad (2-4-29)$$

式中 $q_j(t)$——第 j 口生产井 t 时刻的产液量，m^3/d；

$q_j(t_0)$——第 j 口生产井 t_0 时刻的产液量，m^3/d；

m——区块所有注水井，口；

τ_j——时间延迟因子，d；

λ_{kj}——第 k 口注水井与第 j 口生产井之间的连通系数；

$w_k(\xi)$——第 k 口注水井在 ξ 时刻的注水量，m^3/d；

J_j——第 j 口生产井的产液指数，$m^3/(d·MPa)$；

$p_{wf,j}$——第 j 口生产井的井底流动压力，MPa。

这里 t_0 为初始时刻。由式（2-4-29）可以看出，在任意时刻生产井的总产量由三部分组成。方程右端第一项为第一部分，代表初始产量衰减后的产量。方程右端第二项为第二部分，代表由历史注水行为累计带来的生产。方程右端第三项为第三部分，代表由井底压力变化带来的生产。当生产为定压条件时，方程第三部分可以忽略。容量阻力模型通常假设：油藏是成熟的，即油藏内部有着平均且缓慢变化的饱和度；油藏流体的性质不随压力变化。

式（2-4-29）中连通系数 λ 有如下表达：

$$\lambda_{kj} = \frac{\left(\frac{K_rK}{\mu L}A\right)_{kj}}{\sum_{j=1}^{n}\left(\frac{K_rK}{\mu L}A\right)_{kj}} \qquad (2-4-30)$$

式中 K_r——相对渗透率；

K——绝对渗透率，mD；

A——注采井间等效渗流面积，m^2；

L——注采井间等效距离，m；

n——与注水井连通的采油井个数，口。

时间迟延因子依赖的参数有：总压缩系数 C_t、控制体体积 V_p 和生产指数 J_j。

$$\tau_j = \frac{C_t V_p}{J_j} \qquad (2\text{-}4\text{-}31)$$

式中 C_t——控制体的总压缩系数，MPa^{-1}；

V_p——每一生产井周围控制体的体积，m^3。

上述容量阻力模型的解是基于参数 λ_{kj}，τ_j 和 J_j 均为常数的情况。对于某些问题，可以将这些参数假设为分段常数函数，在这种情况下，容量阻力模型有如下形式：

$$q_j(t_n) = q_j(t_{n-1})e^{-(t_n-t_{n-1})/\tau_j(t_n)} + e^{-\frac{t}{\tau_j(t_n)}}\int_{t_0}^{t}e^{\frac{\xi}{\tau_j(t_n)}}\frac{1}{\tau_j(t_n)}\sum_{k=1}^{m}\lambda_{kj}(t_n)w_k(\xi)d\xi - e^{-\frac{t}{\tau_j(t_n)}}\int_{t_0}^{t}e^{\frac{\xi}{\tau_j(t_n)}}J_j\frac{dp_{wf,j}}{d\xi}d\xi$$

$$(2\text{-}4\text{-}32)$$

式中 $q_j(t_n)$——第 j 口生产井 t_n 时刻的产液量，m^3/d；

$q_j(t_{n-1})$——第 j 口生产井 t_{n-1} 时刻的产液量，m^3/d；

m——区块所有注水井，口；

$\tau_j(t_n)$——t_n 时刻的时间延迟因子，d；

$\lambda_{kj}(t_n)$——t_n 时刻第 k 口注水井与第 j 口生产井之间的连通系数。

这种处理使得容量阻力模型可以用来处理非成熟的油藏，同时也能提供更多的油藏定量信息。而为了求解容量阻力模型的未知参数，引入集合卡尔曼滤波（EnKF）方法。

另外，为了通过历史拟合得到最优的容量阻力模型参数，必须有足够多的观测数据，也即油田要有足够长时间的注水开发历史数据。相反，如果观测数据的个数与未知参数个数相当或者比未知参数个数少，即可认为拟合出来的模型参数是不准确的。定义 L_R 为观测数据与未知参数个数的比：

$$L_R = \frac{N_d N_P}{N_P(N_I + 5)} = \frac{N_d}{N_I + 5} \qquad (2\text{-}4\text{-}33)$$

式中 N_d——观测数据数，个；

N_P——研究区的总采油井数，口；

N_I——研究区的总注水井数，口。

对于固定的研究区块，油水井数相对不变，生产历史越久，所能得到的生产数据也就越多，进而拟合的容量阻力模型参数也就越准确。Soroush（2014）的研究表明，只有当 $L_R > 4$ 时，才能得到稳定的参数估计。为了得到较大的 L_R，一般来说有两种途径：一是增加生产数据点数，也就延长历史拟合的时间段；二是减少研究区的油水井数。以喇萨杏油田某反九点注水开发区块为例，该区块共有油水井 103 口，其中采油井 69 口，注水井 34 口。为了得到准确的参数拟合结果，最少需要的生产数据个数为 156 个，对应的生产历史约为 13 年。而按照分阶段容量阻力模型的要求，拟合时间段内不能有新增油水井或大型改造措施。显然，通过增加动态数据点个数来增大观测数据与未知参数个数的比值是不可行的。为了将分阶段容量阻力模型应用于实际区块，必须对其进行进一步改进。

为了降低参数求解对生产数据的依赖，在注采关系评价基础上，进一步明确每口注水井可能的影响范围及采油井，对分阶段容量阻力模型中的注水井数进行修正，得到：

$$q_j(t_n) = q_j(t_{n-1})e^{-(t_n-t_{n-1})/\tau_j(t_n)} + e^{-\frac{t}{\tau_j(t_n)}}\int_{t_0}^t e^{\frac{\xi}{\tau_j(t_n)}}\frac{1}{\tau_j(t_n)}\sum_{k=1}^l \lambda_{kj}(t_n)w_k(\xi)\mathrm{d}\xi - e^{-\frac{t}{\tau_j(t_n)}}\int_{t_0}^t e^{\frac{\xi}{\tau_j(t_n)}}J_j\frac{\mathrm{d}p_{\mathrm{wf},j}}{\mathrm{d}\xi}\mathrm{d}\xi$$

$$(2-4-34)$$

将式（2-4-34）应用于每个以采油井为中心的注采井组，即可极大降低参数求解对生产数据数量的要求，从而使容量阻力模型在大区块的应用成为可能。由于井网形式不同，每口注水井周围受效的采油井个数也不相同。对于四点法、五点法和反九点法井网，对应的未知参数个数由 $N_P(N_1+5)$ 分别减少为 $N_P(3+5)$、$N_P(4+5)$ 和 $N_P(3+5)$。可以看出，参数历史拟合所需的最小时长减少值与注水井个数密切相关，约降低注水井数 1/8 倍。同时，注水井数越多，降低的倍数越大。仍以上述喇萨杏油田某反九点注水开发区块为例，所需动态数据点数由 156 个减少为 32 个，对应的生产历史约为 2.7 年。

在精细注采关系评价基础上，利用该方法对中区西部高台子 400 口采油井、350 口注水井 2010 年后的生产数据进行拟合计算，月产量符合率达到 80% 以上，并进一步给出各注—采井间的优势渗流方向及注水量（图 2-4-26）。

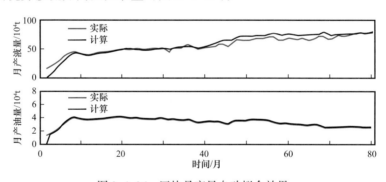

图 2-4-26 区块月产量自动拟合效果

② 井间连通系数动态修正。设注水井第 k 个小层周围有 K 口油井，渗流阻力分别为 R_{ki1}，R_{ki2}，$\cdots$，R_{kij}，$\cdots$，R_{kiK}。根据水电相似原理，可得第 i 注水井到第 j 采油井方向的连通系数为：

$$\alpha_{kij} = \frac{\Delta p_{ij}/R_{kij}}{\sum_{k=1}^k \Delta p_{ij}/R_{kij}}$$

$$(2-4-35)$$

式中　α_{kij}——第 k 个小层第 i 注水井到第 j 采油井的连通系数；

Δp_{ij}——注水井 i 与采油井 j 间的生产压差，MPa。

上述井间连通系数仅考虑了油水井间的非均质性变化及井间含油饱和度随开发的变化，而井间连通系数还与油水井井底状况、水嘴开度、层间干扰等因素有关。为了更好地反映各种因素的综合影响，引入容量阻力模型计算得到的单井井间连通系数和吸水剖面资料对上述小层井间连通系数进行修正：

$$\beta_{kij} = \lambda_{ij}\alpha_{kij} \qquad (2-4-36)$$

$$\gamma_{kij} = \left(\beta_{kij}\eta_{ki}\right) / \sum_{j=1}^{n}\beta_{kij} \qquad (2-4-37)$$

式中　β_{kij}——经单井井间连通系数修正后第 k 层第 i 注水井到第 j 采油井的连通系数；

　　　h_{ki}——第 i 注水井吸水剖面监测得到的第 k 层相对吸水量；

　　　γ_{kij}——经吸水剖面资料修正后第 k 层第 i 注水井到第 j 采油井的连通系数。

在此基础上，即可进行注水井小层各采油井方向注水量的计算，即：

$$q_{kij} = Q_{wi}\gamma_{kij} \qquad (2-4-38)$$

式中　q_{kij}——第 k 层第 i 注水井到第 j 采油井的注水量，m^3/d ；

　　　Q_{wi}——第 i 注水井的井口注水量，m^3/d 。

3）无效循环分级评价

通过上述注采连通关系、小层注水量和含水饱和度的评价，即可得到各注采方向在不同小层、不同开发阶段的阶段注水量及平均注水强度以及井间的平均含水饱和度、含水率，结合无效循环指标界限即可实现无效循环的量化识别与评价。为了更好地满足无效水循环治理需求，在无效循环识别的基础上，还需对其进行严重程度分级，具体方法如下：

（1）将所有小层、注采方向按无效循环含水率界限进行筛选，给出无效循环方向。

（2）将各无效循环方向对应的方向日注水量进行统计，计算得出平均日注水量作为分级日注水量界限：

$$\overline{Q} = \frac{\sum_{i=1}^{n}\sum_{j=1}^{m}q_{ij}}{N} \qquad (2-4-39)$$

式中　$\overline{Q}$——分级日注水量界限，m^3/d ；

　　　q_{ij}——注水井 i 与采油井 j 间的阶段日注水量，m^3/d ；

　　　N——无效循环方向个数。

（3）根据日注水量界限，将无效水循环方向进行分级，即：方向含水率＞界限含水率且方向日注水量＞界限注水量的为 I 级无效循环，方向含水率＞界限含水率且方向日注水量≤界限注水量的为 II 级无效循环。

（4）无效水循环小层分级。根据无效水循环方向个数及严重程度，对无效水循环的小层进行分级评价，即 I 级方向数＞界限方向数的小层为 I 级无效循环小层，其余无效注水＞0 的小层的为 II 级无效水循环小层。其中界限方向数为各小层 I 级无效水循环方向数的平均值。

（5）无效水循环注水井分级。根据无效水循环小层个数及严重程度，对无效水循环单井进行分级评价，即 I 级小层数比例＞界限小层数比例的注水井为 I 级无效循环注水井，其余无效注水>0 的注水井的为Ⅱ级无效水循环注水井。其中界限小层数比例为各注水井Ⅰ级无效水循环小层数比例的平均值。

无效水循环分类评价标准见表2-4-8。

表2-4-8　无效水循环分类评价标准

分类	无效水循环方向	无效水循环小层	无效水循环单井
Ⅰ级	含水率>界限含水率 注水量>界限注水量	Ⅰ级方向数>界限方向数	Ⅰ级小层数比例>界限小层数比例
Ⅱ级	含水率>界限含水率 注水量≤界限注水量	其他无效注水>0 的小层	其他无效注水>0 的水井

2. 无效循环综合治理技术

以地质研究为基础，根据不同油层的无效循环分布特征，结合厚油层韵律特征、无效循环纵向分布厚度，制订不同治理对策。

"十三五"以来，试验区以精准开发为主线，在无效循环及剩余油精准识别基础上，强化提控挖潜技术研究，形成了一套特高含水开发后期控水挖油的技术体系。

1）加大精准注水方案调整

在多学科研究成果的基础上，结合注水调整技术界限，进一步优化注水方案。

"一提"，即细分注水与措施增注配套调整，提高有效注水。针对精细解剖后连通关系变差、发育差的油层，实施压裂酸化措施，加强注水效果。针对精细解剖后连通关系较好、发育好的油层，直接提高注水强度，增加有效注水。

"一控"，即细分重组与停注配套调整，控制无效注水。针对隔层发育的油层，直接将无效循环层单卡细分停注。针对隔层不发育的油层，利用长胶筒封堵无效循环部位，并作为隔层重组细分。

"提堵结合"，即层内细分与强度调整相结合，实现合理提控。针对复合韵律厚油层，利用长胶筒封堵韵律段内的无效循环部位，实现分段注水，对上部层段加强注水，下部层段合理调控注水强度。针对正韵律厚油层，结合结构界面发育情况，利用长胶筒直接封堵无效循环部位，提高剩余油富集部位注水强度。

"提控结合"，即层段细分与调剖、控注相结合，实现有效提控。针对复合韵律厚油层，细分注水后实施层内调剖，增加层内潜力部位的注入；针对正韵律厚油层，实施全层周期注水或控注，减缓层间干扰。

通过精准注水调整，共实施注水井调整方案365 井次。累计控制无效注水 270.6×10^4m³，累计控制无效产液 173.9×10^4t。

2）加大对应调整力度

一是针对无效循环及剩余油分布特征，以组合措施为手段，优化注采结构调整，实现控水与挖潜并举。

二是针对条状无效循环与相带过渡型、分流间滞留区型剩余油并存的井组，采取压堵结合措施，控制无效产出，提高剩余油部位产出能力。

三是针对条状、枝状无效循环与断层遮挡型、厚层顶部注采不完善型剩余油并存的井组，采取补堵结合措施，控制无效产出，增加注采不完善型剩余油的接替能力。

四是针对枝状无效循环与厚油层顶部剩余油并存的井组，应用长胶筒对无效循环部位实施对应封堵，控制井组无效注采，释放剩余油富集部位的产出能力（表 2-4-9）。

表 2-4-9　喇南中西二区示范区注采配套提控调整对策表

无效循环类型	典型井组剖面图			对策
条状	4-3726 4-3816 4-3826	4-3726 高Ⅰ13-16Ⅱ 高Ⅰ13-16Ⅱ	4-3816 定位平衡压裂 封堵无效循环	4-3826	压堵结合措施：控制无效产出，提高剩余油部位产出能力
枝条状	4-36 4-3601 4-362	4-362 补孔层薩Ⅱ3+4Ⅱ	4-3601 封堵层薩Ⅲ3	4-36 无效循环	补堵结合措施：控制无效产出，增加注采不完善型剩余油的接替能力
枝状	-349 4-3436	3-349	4-3436 南Ⅱ4-6 无效循环对应封堵	4-349	长胶筒对应堵水：控制井组无效注采，释放剩余油富集部位的产出能力
网状	3-3511 4-3531 4-3611	3-3511	4-3531 调剖 层段	4-3611	细分与周期注水、平面调整结合；平面调整与参数优化结合：控制井组无效注采

3. 无效循环深部调堵技术

无效循环深部调堵技术，是针对局部无循环集中分布井区的有效治理手段。深部调堵技术通过将注入性好、成胶时间长、封堵能力强的封堵剂注入注采井间，进而达到封堵无效循环部位的目的。该技术的实施效果，依赖于新型多元络合凝胶体系的成功研发和调堵方案的优化设计。

1）新型多元络合凝胶体系

多元络合凝胶调剖剂体系由聚合物主剂、多元络合交联剂和稳定剂组成，可用现场污水直接配制。通过改变组分配方，调剖剂体系成胶性能可调可控。再生胶颗粒利用废弃树脂类工业品回收改性制造，与常规颗粒类调剖剂相比具有低廉的价格优势，可针对厚度较低的窜流层形成有效封堵。

利用填砂管岩心模型评价再生胶颗粒和多元络合凝胶匹配的封堵性能：当使用 0.3PV 再生胶颗粒（2000mg/L）复配 0.7PV 多元络合凝胶（2000mg/L）时，岩心封堵效果最佳，残余阻力系数得到有效提升。同时，组合使用的调剖剂体系的药剂成本比完全使用凝胶体系的药剂成本降低了 20.87%，故段塞设计选取 "0.3PV 再生胶颗粒 +0.7PV 多元络合凝胶"。

（1）多元络合交联剂适应聚合物成胶浓度范围宽、成胶强度高。根据优选的交联剂体系配方，对调剖体系成胶性能进行了评价。结果表明，该交联剂在聚合物浓度在1000～3500mg/L 范围内均可成胶，成胶时间为1～5 天，成胶黏度大于5000mPa·s。

（2）多元络合凝胶具有一定的抗剪切特性。机械剪切对体系性能的影响实验表明，室内机械剪切对体系成胶时间、成胶黏度影响不大。

（3）多元络合凝胶具有良好的热稳定性。将成胶后的样品在45℃烘箱中放置，每隔一段时间测定体系的黏度变化情况。从实验结果可看出，该体系热稳定性较好，经过4个月放置，黏度变化不大，黏损率在10% 以内（表2-4-10）。

表2-4-10　再生胶颗粒与多元络合凝胶复配注入岩心实验数据表

编号	渗透率/mD	孔隙体积/mL	注入模式	0.3PV注入压力/MPa	1PV注入压力/MPa	7PV后续水驱注入压力/MPa	封堵率/%	残余阻力系数
1			1PV 新型多元络合凝胶	0.104	0.259	3.936	99.09	109.35
2			1PV 改性再生胶颗粒	2.701	9.011	10.896	99.67	302.53
3	816.84	180.01	0.2PV 改性再生胶颗粒 + 0.8PV 新型多元络合凝胶	2.125	2.653	4.205	99.14	116.86
4			0.3PV 改性再生胶颗粒 + 0.7PV 新型多元络合凝胶	2.517	3.548	5.125	99.30	142.38
5			0.4PV 改性再生胶颗粒 + 0.6PV 新型多元络合凝胶	2.634	3.073	3.425	98.95	95.20

（4）多元络合凝胶岩心封堵性强。采用4.5cm×4.5cm×30cm 方岩心，配制凝胶的聚合物浓度1500mg/L 和2000mg/L，聚交比30∶1。把样品通过岩心驱替1PV，10 天后对岩心进行驱替，评价突破压力及耐冲刷性。实验结果表明，突破压力大于3MPa，封堵率达到99% 以上，实验过程中后续水驱4PV 时的压力比突破压力高，说明岩心突破后可再次封堵。

（5）凝胶动态驱替实验表明多元络合凝胶体系可在岩心中"动态成胶"。配制浓度为1000mg/L 多元络合凝胶对500mD 渗透率10m 长岩心进行0.3PV 凝胶的模拟驱替实验，电镜分析数据证明，岩心孔隙中存在凝胶成胶结构。聚合物在岩心孔隙中呈单丝状，多元络合凝胶呈致密的网膜状。岩心取样结果表明，岩心8.6m 内多元络合凝胶具有网膜状成胶特征，网膜致密性随驱替距离增加而减弱，与注入压力变化趋势一致。

（6）再生胶颗粒聚合物凝胶中分散性好，可携带进入油层深部实现封堵。目前应用的颗粒调剖剂主要是体膨型颗粒，体膨型颗粒由于膨胀速度快，导致注入中升压快、易破碎，后续水驱压力回落快，不易进入地层深部，深调距离受限。再生胶颗粒基本不膨胀，不易发生剪切破碎；同时，由于界面能很低，表面张力仅为20mN/m 左右（水的表面张力为72.2mN/m），利用其疏水性，可由聚合物携带至调剖目的层深部，于高含水部位聚集堆塞，对厚度较低的窜流层形成有效封堵。评价 40～60 目再生胶颗粒在不同浓度的 1900 万～2200 万分子量阴离子型聚合物配制污水凝胶中的分散悬浮性，其中 1000～2000mg/L 凝胶中颗粒分散性和悬浮性最佳。

（7）再生胶颗粒过孔强度高、形变通过能力好。采用过孔压力测试法，使 40～60 目和 80～120 目的再生胶颗粒分别通过 0.3mm 和 0.4mm 的孔板，观察其通过孔板时的压力，40～60 目再生胶颗粒通过 0.3mm 孔板时的压力能达到 6.3MPa 左右，通过 0.4mm 孔板时的压力为 6.7MPa。测试结果表明，再生胶颗粒不易破碎，颗粒强度高。将 20～40 目再生胶单颗粒置于调剖颗粒强度可视化测定装置，观测其过孔强度变化及形变过程，从测定的压力曲线分析，再生胶颗粒通过第二段孔喉时，出现了尖锐而密集的压力峰值；从可视化视窗观测的结果证实，再生胶颗粒在通过第二段孔喉时，发生了明显的形变，从通过中形态体现了明显的形变通过能力。

（8）再生胶颗粒具有可降解性能。再生胶颗粒采用未硫化橡胶原胶，具有可降解性，且颗粒中橡胶组分含量仅占 35%，遇原油即发生降解；通过在不同介质中长时间浸泡，三个月后再生胶颗粒过孔强度与可降解缓膨颗粒相当。

（9）再生胶颗粒调剖剂岩心封堵性好。室内用 3.8cm×30cm 石英砂人造岩心保压模型对再生胶颗粒（粒径为 80～120 目）进行了岩心封堵评价，注入 1PV 再生胶颗粒后突破压力大于 7.0MPa，可大幅提高后续水驱注入压力，能满足封堵高渗透部位的需要。

2）深部调堵试验及效果评价

（1）井组的选取原则。

① 井组应具有相对独立性和完整性；

② 井组以厚油层发育为主，连通状况较好；

③ 井组注采关系清晰，无效循环严重，并具有一定的剩余油潜力；

④ 井况良好，无套管损坏，地面条件较好。

（2）井层的选取原则。

① 注水井注水压力余地大，一般低于破裂压力 3MPa 以上；

② 采油井含水高，地层压力水平较高；

③ 目的层连通性好，无效循环严重，并存在一定的剩余油；

④ 注水井吸水剖面不均匀，单层突进严重；

⑤ 目的层压降曲线陡，启动压力低。

（3）深部调剖方案设计优化。

① 调堵剂用量。根据单井调剖厚度和控油面积，利用单井调堵剂用量计算公式，计算出各井调堵剂用量。

$$Q = SH\phi E_{\mathrm{v}} F_{\mathrm{n}} / 4 \qquad (2\text{-}4\text{-}40)$$

式中　Q——调剖剂用量，m^3；

　　　S——调剖面积，m^2；

　　　H——调剖厚度，m；

ϕ——孔隙度；

E_V——波及系数；

F_n——调剖方向数。

② 计算参数说明。调剖半径：调剖井组为一次加密井组，平均井距330m，设计调剖半径为原始井距的1/5左右，按照调剖半径65m计算。调剖厚度：根据低效无效循环识别结果，结合剖面分析，确定喇3-3826井调剖厚度为4.6m；喇3-3726井调剖厚度为4.8m；喇4-3826井调剖厚度4.0m；喇4-3726井调剖厚度3.4m。油层的孔隙度：28.0%。调剖剂平面波及系数：喇3-3826波及系数0.95；喇3-3726波及系数0.89；喇4-3826波及系数0.95；喇4-3726波及系数0.86。调剖方向数：喇3-3826低效无效循环连通两个方向；喇3-3726低效无效循环连通三个方向；喇4-3826低效无效循环连通两个方向；喇4-3726低效无效循环连通四个方向（表2-4-11）。

表2-4-11 井组注入井设计方案下调剖剂用量表（65m）

井号	调剖有效厚度 /m	试验半径 /m	调剖面积 /m²	注液量 /m³	施工周期 /d
喇 3-3826	4.6	65	12610	8121	103
喇 3-3726	4.8	65	11813	11908	103
喇 4-3826	4.0	65	12610	7061	101
喇 4-3726	3.4	65	11415	10867	104
合计 / 平均	4.2	65	12112	37957	103

③ 调剖段塞设计。根据室内实验结果和先期试验认识，施工过程采用段塞式注入。

第一段塞：注入浓度为2000~2500mg/L的凝胶调堵剂，调剖剂量约占总量的30%。若注入压力上升快（10天内压力上升大于0.5MPa），调整注入浓度；若升压仍然过快，则调整药剂量至第二和第三段塞注入，编写补充设计进行说明；整个注入过程压力升高幅度控制在0.5~1.0MPa。

第二段塞：注入1000~2000mg/L聚合物携带500~4000mg/L颗粒，调剖剂量约占总量的30%。若注入压力上升快（10天内压力上升大于0.5MPa），调整注入浓度；若升压仍然过快，则将颗粒类调剖剂浓度降低，调整一定量药剂至第三段塞混合凝胶继续注入，编写补充设计进行说明；整个注入过程压力升高幅度控制在1.0~1.5MPa。

第三段塞：继续注入聚合物浓度为1500~2500mg/L的凝胶调堵剂，调剖剂量约占总量的30%。若注入压力上升快（10天内压力上升大于0.5MPa），调整注入浓度；若升压仍然过快，则降低日配注量，延长施工周期，确保调剖剂总量不变，保证调剖半径，编写补充设计进行说明；整个注入过程压力升高幅度控制在0.5~1.0MPa。

封口段塞：注入浓度为3000~4000mg/L的凝胶调堵剂，调剖剂量约占总量的10%。对整个调剖进行封口。段塞浓度及注入量需根据实际情况进行调整，段塞变化可根据现场注入压力和实际注入状况进行调整）。

（4）深部调剖实施效果评价。喇4-3866井组4口调堵注水井平均单井射开砂岩厚度 31.0m，有效厚度 20.7m，平均渗透率 0.180D，破裂压力 15.3MPa，压力空间均大于 4.0MPa，平均单井日注水量 203m³。调堵井组拟采用"高强度封堵—颗粒填充骨架—调堵半径推进—封口保护"段塞组合方式注入，通过调整注入颗粒的粒径及凝胶的浓度控制注入压力的升幅，调堵预期总体平均升压 2.0MPa 以上，颗粒占比 30%，凝胶占比 70%。4 口井平均单井调堵厚度 4.2m，调堵剂总用量 37957m³。

2019 年 7 月 8 日开始调堵，11 月 2 日结束，平均单井施工周期 110 天。调堵后 4 口调剖井注水压力平均上升 1.3MPa，视吸水指数下降 3.1m³/（d·MPa），吸水指示曲线上移，启动压力上升，平均单井上升 2.6MPa。吸水剖面总体改善，吸水层数比例由 39.1% 提高到 41.3%，砂岩厚度吸水比例由 63.6% 提高到 64.7%，有效厚度吸水比例由 76.3% 提高到 76.6%。调剖井组有采油井 18 口，调剖后初期日产液量下降 172t，日产油量增加 1t，含水下降 0.31 个百分点，目前日产液较调剖前下降 78t，日产油增加 7t，综合含水下降 0.42 个百分点，截至 2020 年 12 月，累计少产液 3.86×10⁴t，增油 3890t（图 2-4-27）。

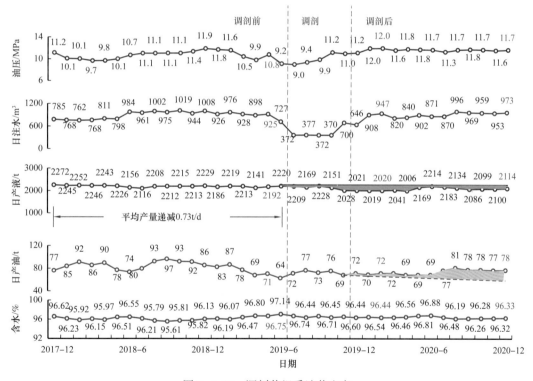

图 2-4-27 调剖井组采油井生产

第五节 特高含水期分层注采工艺技术

油田进入特高含水期后，油田开发的三大矛盾更加突出，油层水淹程度增加，水淹厚度明显增强，剩余油高度分散，层系间含水差异进一步缩小。单个层段内小层数越多，注水越不均衡，油层动用程度越低。针对特高含水期储采失衡严重、剩余油高度分散、液油比急剧上升、挖潜难度加大等矛盾和问题，以控含水、控递减、大幅度提高采收率和提高难采储量动用程度为目标，发展了以水驱"四个精细"（精细油藏描述、精细注采系统调整、精细注采结构调整及精细生产管理）为核心的特高含水油田开发技术系列。

一、多级细分注水技术

为了进一步挖掘剩余油，控制水驱的含水上升速度、减缓递减，实现特高含水开发期持续稳产的目标，必须对注水井进行进一步的细分调整。根据现场数据统计及油藏研究分析：注水层段由 4 段增加到 7 段，可提高油层动用程度 6～8 个百分点。为此，大庆油田在原有桥式偏心分层注水工艺基础上继续大力加强细分注水工艺技术的研究，解决了层段细分带来的卡距小、隔层小、管柱解封力大等问题，使常规最高分注级数由 3～5 级提高到 7 级以上，实现了多薄层更小卡距、更多薄层的分层注水。

1. 工艺原理

图 2-5-1　管柱示意图

多级细分注水工艺技术由井下工艺管柱和调控系统两部分组成。其中，井下工艺管柱主要包括正、反导向桥式偏心配水器与逐级解封封隔器等，相邻正、反导向桥式偏心配水器之间投捞、测调互不干扰，从而缩小两级配水器之间的间距，实现注水层段细分（图 2-5-1）；调控系统主要由地面控制系统及双导向双流量直读式测调仪组成。进行分层流量测调时，由电缆将双导向双流量直读式测调仪下入井中需要调配的层段，根据目的层桥式偏心配水器的导向，通过地面控制系统发送指令，完成导向滑块与调节臂执行机构状态检测和分层流量、压力、温度的测量，并根据测得的分层流量实时调节控制井下桥式偏心配水器内的偏心可调堵塞器的水嘴通径，直至目的层注水量达到要求。

多级细分注水工艺的技术特点：

（1）细分工艺管柱的配水器由正、反导向桥式偏心配水器组成，在偏心可调堵塞器投捞或流量调配时，相邻正、反导向桥式偏心配水器之间投捞互不干扰，从而达到细分目的。

（2）细分工艺管柱上提解封的最大负荷降到 30tf 以内。采用逐级解封封隔器，解封时可从最上一级开始逐级进行解封，从而大幅度降低了管柱上提解封的最大负荷。

（3）多级细分管柱配套测试工艺实现了高效测调。细分工艺管柱分层注水量的测试与调配是通过双导向双流量直读式测调仪实现的，该测调仪设计有角度相差 180°的正、反两个导向滑块，由地面控制导向滑块与调节臂一起完成偏心可调堵塞器的水量调节。

2. 井下工具组成

多级细分注水工艺技术的井下工具主要由正、反导向桥式偏心配水器、偏心可调堵塞器与逐级解封封隔器等组成，可实现 7 级以上注水层段细分功能。

1）正、反导向桥式偏心配水器

反导向桥式偏心配水器，其基本结构与正导向桥式偏心配水器相同，只是其导向笔尖与正导向桥式偏心配水器位置相反，导向槽在扶正体偏槽和偏孔相反方向，即正导向桥式偏心配水器与反导向桥式偏心配水器的导向角度相差 180°，在井下细分管柱中正导向桥式偏心配水器与反导向桥式偏心配水器相邻使用。投捞时，正导向投捞器与正导向配水器中的堵塞器实现投捞，反导向投捞器与反导向配水器中的堵塞器实现投捞，使正、反导向偏心配水器之间投捞互不干扰，从而减少配水器的投捞间距，实现细分要求。

2）正、反导向投捞器

为了实现偏心堵塞器在反导向桥式偏心配水器中的投捞，研制了反导向投捞器，其基本结构与常规投捞器相同，只是投捞支臂与导向滑块相差 180°。此外，正、反投捞器打捞时，支臂连接打捞头，而投送时，支臂连接投送头与堵塞器，两者距离导向滑块长度不同，为确保投捞器支臂进入相应配水器扶正体槽内，在投捞器底端设计了双导向滑块，可确保打捞臂进入扶正体前完成导向动作，从而避免误投、误捞。

3）逐级解封封隔器

随着注水层段的增加，每口井内需要封隔器数量也随之增加。原有的注水封隔器为单解封结构，随着封隔器级数的增加，管柱上提解封力依次加大，4～5 级封隔器解封时上提负荷经常超过 300kN 的安全负荷，影响作业施工的效率及安全性。逐级解封封隔器中心管采用了分体式结构，设计有上解封机构，上解封销钉在多级胶筒摩擦力及下部悬重管柱作用下受到较大剪切力的作用，因此可实现封隔器由上至下的逐级解封，由于上解封机构的存在，上解封销钉在坐封和注水过程中会受到下部管柱悬重及注水压力的作用，为此在逐级解封封隔器上部设计了空气腔结构，在坐封及注水过程中，空气腔结构在水压作用下，对中心管产生上提力，与水压在整个管柱中产生的向下的活塞力平衡，避免活塞力对上解封销钉产生拉力，并以此为依据对上解封销钉尺寸进行优化，减小其外径尺寸，利于解封功能的整体实现，逐级解封封隔器坐封结构部分设计了弹簧爪机构，在坐封及注水过程中，胶筒反弹力作用在弹簧爪机构上，不再作用在上解封销钉上，减少了由于压力波动产生的胶筒反弹力变化对上解封销钉的影响，逐级解封封隔器从根本上改变了传统上提解封封隔器的解封方式，整体上提高了封隔器工作性能的稳定性（图 2-5-2）。

图 2-5-2 逐级解封封隔器示意图

4）双组胶筒封隔器

注水井井下封隔器随着注水压力的变化会产生位移，常规管柱可满足的最小夹层厚度一般定为 1m，夹层过小会造成封隔器出夹层而失去密封性能，为了解决 0.5m 小夹层的密封问题，设计了双组胶筒封隔器（图 2-5-3），封隔器采用压缩式胶筒，在原有结构基础上又增加了一组胶筒，延长了封隔器胶筒密封长度，当注水压力变化导致管柱上、下蠕动时，确保一组胶筒在夹层内，从而保证分层注水管柱的工作可靠性。同时设计有洗井机构，洗井液从油套环空进入两组胶筒上端的洗井阀中，经过两组胶筒与中心管之间的洗井通道，从封隔器下端返出，进入下层段的封隔器中，实现洗井功能。

图 2-5-3　双组胶筒封隔器示意图

3. 现场应用情况

"十三五"期间，多级细分注水工艺技术应用 5 层段以上井 9699 口，提高了薄差层吸水比例，已成为水驱分注主体技术。

二、高效测调工艺技术

常规的钢丝投捞测调工艺需要反复投捞堵塞器进行流量测试和调节，井下仪器需要多次反复提出防喷管，随着油田分注井数及细分层段数的逐年增加，常规钢丝测试工艺效率低带来的测试工人劳动强度大、测试调配时间长等问题逐渐突出，同时，测调过程中数据采用存储式，地面回放获得测试结果，投捞试凑调节水量，测试结果的方式也非常不直观。调节分层注水量堵塞器上的水嘴通径为固定不连续分级差模式，固定水嘴通径级差 0.2mm，分层注水量无法精确控制。为了确保"注好水"，控制自然递减率和含水上升率，必须有效保证注水合格率，提高测试精度，缩短测调周期。而缩短测调周期将导致测试工作量大幅度增多，测试队伍超负荷工作，测试质量受到一定程度影响。

1. 工艺原理

为解决以上矛盾，攻关并推广了注水井高效测调工艺技术，经几年的研究和完善，统一了桥式偏心配水器、可调堵塞器、防喷管等核心工艺，形成一套统一的高效测调工艺技术标准。目前，高效测调工艺技术在中国石油各大油田得到了广泛应用。高效测调工艺技术综合了机电一体化技术、计算机控制技术、通信技术、传感器技术、精密机械传动技术等。主要由地面控制系统（包括计算机和地面控制仪）、电缆绞车、防喷系统、电动测调仪、可调堵塞器等部分组成（图 2-5-4）。其中地面控制仪用于井下电动测调仪供电及人机交互操作；电缆绞车是电缆的升降装置，牵引井下仪器在注水井中升降，利用电缆建立地面控制系统与井下电动测调仪之间联系；防喷系统用于井下仪器起下过程中防止水溢、井口密闭等安全环保作业；电动测调仪用于分层注水井各注水层工程参数的测试及调整各分层注水量；可调堵塞器用于控制分层注水量和新完成的分层注水管柱封隔器打压坐封。

整套系统由车载逆变电源供电，以计算机为核心，通过通信接口与地面控制仪通信，完成井下参数的测量和仪器控制，采用边测边调的方式进行流量测试和调配，测调时，电动测调仪通过电缆下入井中至需要调配的层段并定位，电动测调仪的调节臂与可调堵塞器对接；同时地面控制系统同步显示该注水层段注入量，根据实时监测到的流量调整可调堵塞器的水嘴大小，直到达到预设流量。该层调配完成后，收起调节臂下放／上提至另一需要调配的层段进行调配测试，直至所有层段调配完毕，而后根据层间矛盾的大小适当调整井口压力并对个别层段注入量进行微调，完成全井各层段的调配。最后采用上提／下放方式对全井调配结果进行统一检测。

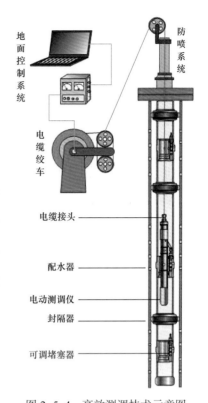

图 2-5-4　高效测调技术示意图

2.高效测调工艺技术配套工具

1）地面控制系统

地面控制系统主要由地面控制仪、计算机及控制软件组成。其中地面控制仪（图 2-5-5）具有完成电缆供电、电压控制、电流监测、数据和指令的发送接收以及与电脑间的数据交换功能。

计算机及控制软件为操作控制中心，通过 USB 通信接口与地面控制仪完成数据通信，地面控制系统根据井下仪器的工作要求给井下仪器供电，井下仪器供电后，地面控制系统根据位置传感器的信号来决定井下仪器的动作（仪器收放、流量测量还是调节）。地面仪控制系统会发给井下仪器流量、压力、温度测量相应的通信信号，来测量流量、温度和压力，同时井下调制和传输部分完成信号的调制和传输，把信号传到地面。地面控制系统接收井下仪器的信号，对信号进行处理，并上传到地面便携机显示。

2）电缆绞车

根据高效测调技术实际需要开发研制了钢丝—电缆双滚筒测试车，可根据现场需要进行滚筒更换，实现同一班组完成测调、投捞等任务，有效提高了测试效率。

以 CJC-S35 型双滚筒液压测井绞车为例，其适用于 $\phi 1.8mm \sim \phi 2.4mm$ 录井钢丝以及 $\phi 3.5mm$ 单芯电缆的测井作业。既可以进行井下测调配水，也可以进行井下其他测试、取样和打捞等多种井下作业。CJC-S35 型双滚筒液压测井绞车（图 2-5-6）具有车体稳定、工作平稳、噪声低、质量轻、操作灵活、适用方便等优点，且具有维修简便等性能，广泛用于各地质和石油等领域的勘探、测试和作业。

图 2-5-5　地面控制仪

图 2-5-6　CJC-S35 型双滚筒液压测井绞车

3）防喷系统

井口防喷系统用于在带压状态下起下仪器，主要由旋转机构、防喷管、锁紧机构、活接头、放空阀等配件构成。首次向井内下入测试仪器（工具）时按常规方法进行。仪器正常下入井后，人可从梯子上下来，把梯子摘下。在收回或更换仪器井下工具时，先把仪器提到防喷管内，由固定装置把仪器固定，关闭井口阀门，打开放空阀，打开活接头，由弹簧把固定防喷管的活接头弹开一定的位置。打开锁销，就可以把防喷管旋转任意角度，打开仪器固定装置，从防喷管的下端取出仪器。第二次投放更换仪器（工具）时，把仪器（工具）从防喷管的下端送入防喷管内，同时需要把钢丝从测试堵头拉出，由固定装置把仪器固定，打开锁销，把防喷管归位，由活接头固定好，打开固定装置，下放仪器，打开阀门，仪器进入井中，进行第二次测调。现场使用时通过活接头将防喷管卸下，通过旋转机构、锁紧机构控制防喷管倾斜角度，从防喷管的下端投放或打捞测试仪器。工作人员无须通过梯子上下，工作安全、方便，省时、省力。

4）电动测调仪

电动测调仪主要由电缆头、上流量传感器、电动机、收放凸轮机构、伸缩万向节传动机构、调节臂、压力温度传感器、线路板、收放电动机、收放凸轮、正反导向臂、下流量传感器和加重杆组成。结构及实物如图 2-5-7 所示。

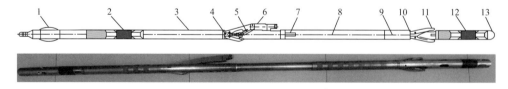

图 2-5-7　电动测调仪结构及实物

1—电缆头；2—上流量传感器；3—电动机；4—收放凸轮机构；5—伸缩万向节传动机构；6—调节臂；7—压力温度传感器；8—线路板；9—收放电动机；10—收放凸轮；11—正反导向臂；12—下流量传感器；13—加重杆

工作原理：采用上下双置流量计的结构设计，调节臂利用凸轮支点使得调节臂弹开或收拢，收放快速有效；保证电动机与调整头之间的有效传递，使对接后的可调堵塞器连续可调。通过位置传感器来确定可调堵塞器的旋转圈数、调节臂的弹开及收拢、调节臂与可调堵塞器是否对接。测调时，将仪器坐入桥式偏心配水器内与可调堵塞器对接，此时上流量计位于偏心配水器上部，下流量计位于偏心配水器下部，两流量计测量差值即当前层位的单层流量，据此进行流量的调节，同时还可监测到下部各层段调配时的流量变化，使调配更加快速。采用非集流测试方式，可适用于普通偏心配水器，具有更广的适应范围。

5）可调堵塞器

可调堵塞器（图 2-5-8）主要由打捞杆 / 调节杆、压盖、主体、可调水嘴套和滤罩等部件组成。

图 2-5-8　可调堵塞器实物图

工作原理：可调堵塞器壳体内有金属传动螺杆，两端装有调节复位弹簧和调节复位加强弹簧，陶瓷阀芯套的中间开有台阶通孔，与金属传动螺杆配合连接成为一体，陶瓷阀芯套上设计为 V 形流通口，陶瓷阀芯套外圆周上有陶瓷外阀套，陶瓷外阀套的内孔是设计为带台阶的通孔，陶瓷外阀套的内孔与陶瓷阀芯套的外圆周小间隙配合，陶瓷阀芯套上 V 形流通口的底部与陶瓷外阀套的内孔壁在轴向上左右进退配合，当需要改变高压注水阀的流量时，转动金属传动螺杆，金属传动螺杆上大螺纹体部分与壳体内孔上相应螺纹配合螺旋运动，带动陶瓷阀芯套作轴向运动，便使陶瓷阀芯套的 V 形流通口从底部开始脱离或推进与陶瓷外阀套的内孔密封配合面的距离，当陶瓷阀芯套的左端推进到最右边底端时，便关闭阀，漏失量为最小，当陶瓷阀芯套的 V 形开口从底部开始脱离陶瓷阀外阀套的内孔向左端距离最大时，阀打开的流量为最大，从陶瓷阀芯套关闭到陶瓷阀芯套向左端远离陶瓷外阀套的内孔密封面轴向距离的逐步推远或向右的逐步推近，就可调节陶瓷阀芯的开口流量相对陶瓷外阀套密封面的大小，由此可以方便地调节高压注水阀的流量。关状态时，陶瓷阀芯套正处于与陶瓷外阀套内孔密关闭状态，是通过主传动力传动给金属传动螺杆带动陶瓷阀芯套向右轴向推进来实现的。堵塞器全打开的工作状态是陶瓷阀芯套正处于与陶瓷外阀套内孔密闭口最大距离远离的状态，阀打开度最大，通过主传动力传动给金属传动螺杆带动陶瓷阀芯套向左轴推进来实现。

3. 现场应用情况

高效测调技术年应用 5 万井次以上，提高了一次测调成功率，有效提高注水合格率，使得注水井吸水剖面得到改善。7 层段井测调时间降至 3.9 天，提高了测调效率，为精细分层注水提供了技术保障。高效测调技术在少量增加测试队伍和设备的条件下，即可满足细分需要，高效测调工艺的规模化应用，为进一步细分层段、实现精细注水挖潜提供了工艺保证，具有重要的战略意义。

三、智能分层注水工艺技术

大庆油田现有水驱井 30279 口，其中细分注水井 26842 口，随着分注井数不断增多，测试工作量也逐年增大，这些问题对测试效率和注水合格率都提出了更高的要求。为此先后研究形成了可充电式智能分层注水技术和预置电缆式智能分层注水技术。其中可充电式智能分层注水技术实现了对井下多个参数的采集并实现全自动测调，但在读取数据和为井下配水器充电时仍需要向井筒内下入仪器，同时配水器内电池容量的逐渐下降也成了制约整个工艺管柱寿命的主要因素。为解决上述问题，预置电缆式智能分层注水技术应运而生。该技术主要是针对我国油田开发后期，对重点井、重点区块及海油注水井实施多层段实时监测与控制的一种分注工艺，相当于植入井下的"眼睛"和"手"，可实时长期获取井下工艺参数和实时调整注入量。为油田分层注水技术向数字化、智能化方向发展提供技术了支持。

1. 工艺原理

预置电缆式智能分层注水技术工艺管柱由预置电缆式智能配水器、过电缆封隔器、钢管电缆、地面控制箱和上位机控制系统组成，其工程实施如图 2-5-9 所示，智能配水器中集成井下流量计压力计，由钢管电缆穿越过电缆封隔器与之连接并随管柱下入，电缆从井口套管穿出并密封，连接至地面控制箱，由地面控制箱对井下设备供电及通信。

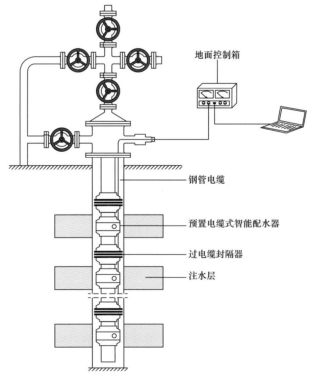

图 2-5-9　预置电缆全过程实时监测分层注水工艺原理

通过计算机中的上位机控制软件控制地面箱及井下工具，实现对井下各层流量、压力数据的实时监测。智能配水器中的流量控制阀可由智能配水器中的主控单元根据井下流量数据自动调配，也可经上位机控制软件由操作人员手动调整。

2. 预置电缆式智能配水器

预置电缆式智能配水器采用桥式偏心结构设计配水管柱，进行偏心流量调配，结构如图 2-5-10 所示，包含下主体、流量计、流量控制阀、压力计和集线机构。

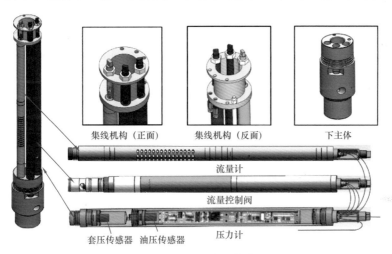

图 2-5-10　配水器结构

下主体设计为 U 形管的流道结构，注入水通过流量计后进入下主体流道，经流量控制阀后进入地层，油压和套压分别由压力计内的两个传感器测得。流量控制阀内置了电动机、传动总成和陶瓷水嘴，利用流量计单层流量信号作为判断依据，通过驱动电动机控制陶瓷水嘴的开度实现单层配注的调节。

3. 过电缆可洗井封隔器

由于预置电缆式智能配水器的两端需连接电缆下入井筒，为此研制了过电缆可洗井封隔器，以便电缆越过封隔器并随油管连至井口，其主要结构包括由上接头、电缆通道、洗井机构、坐封机构和下接头，具体如图 2-5-11 所示。

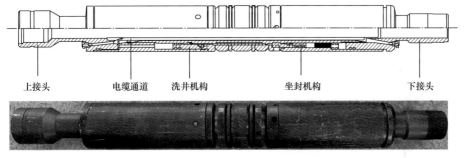

图 2-5-11　过电缆可洗井封隔器整体结构及实物

4. 系统控制及通信

预置电缆智能井下配水器控制系统方案如图 2-5-12 所示。其工作过程为：主控单元通过频率计数单元对流量计产生的频率信号进行数字信号采集，通过模拟—数字转换器对两路压力计产生的模拟差分信号进行模拟信号采集，并根据内部标定表转换为实际的流量、压力数据，存储在数据存储区中；当接收到由上位机软件通过地面控制箱产生的载波信号读取指令时，由载波通信模块将数据存储区中的流量压力等数据根据通信协议进行编码，并沿通信电缆发回地面控制箱及上位机控制软件；当主控单元发现当前流量超出配注方案允许范围或受到由上位机软件发送的手动调节阀门指令后，主控单元通过脉宽调制模块控制电动机转动，由换向器控制电动机转动方向，电动机转动带动陶瓷水嘴完成流量控制阀的开闭动作。

地面控制箱主要包括两部分：交流—直流电源转换及程控变压模块，用于为地面箱自身工作及井下预置电缆式智能配水器提供工作电压；直流载波通信调制解调模块，用于将上位机控制指令通过钢管电缆传输到井下预置电缆式智能配水器以及将井下预置电缆式智能配水器发出的反馈信号解析并返送到上位机。地面控制箱实物如图 2-5-13 所示。

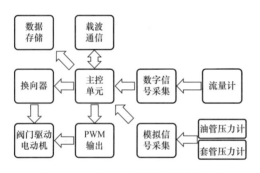

图 2-5-12　井下配水器控制系统方案

图 2-5-13　地面控制箱实物

5. 现场应用情况

预置电缆式智能分层注水技术在运行 191 口井，最高段数 8 段，工艺成功率 93%，7 层段井平均单井测调时间 1h 以内。建立杏六区东部、杏十区东部两个示范区块，集中进行现场试验和效果评价。

1）示范区块——杏十区东部试验区

该试验区临近杏南东部过渡带，油层为薄差储层，层段吸水情况变化较频繁，区块内共有 85 口注水井，目前已开展现场试验 43 口井，最长使用寿命已近 3 年。由于二次和三次加密井主要开采表内薄差及表外储层，具有层多、层薄、层差的特点，层间差异大、渗流阻力大；薄差油层动用厚度较低，半数以上的表外层动用差或不动用；低效循环严重，从分层动用状况看，动用差油层和动用好油层交互分布。

统计应用智能注水技术前后，20 口有连续同位素资料井吸水厚度，砂岩吸水厚度提高 11.9 个百分点，其中表外储层吸水厚度提高 15.9 个百分点，有效提高了动用厚度（表 2-5-1）。

表 2-5-1　智能测调试验区油层吸水状况变化表（相同井对比）

有效级别	井数/口	射孔情况			2016 年吸水比例 /%			2018 年吸水比例 /%			2020 年吸水比例 /%			试验前后差值 /%		
		层数/个	砂岩厚度/m	有效厚度/m	层数	砂岩厚度	有效厚度	层数	砂岩厚度	有效厚度	层数	砂岩厚度	有效厚度	层数	砂岩厚度	有效厚度
(2, 10]	4	11.9	7.9	75.0	74.9	84.7	100	100	100	100	100	100	25.0	25.1	15.3
(1, 2]	23	41.6	29.5	93.5	93.4	91.5	100	100	100	100	100	100	6.5	6.6	8.5
(0.5, 1]	81	90.9	59.9	82.6	81.2	82.5	84.4	83.5	83.5	87.2	90.8	88.5	4.6	9.6	6.1
(0, 0.5]	183	143.0	62.1	67.2	65.9	61.2	72.9	74.8	71.6	78.2	79.2	72.8	11.0	13.3	11.6
表外	310	209.4		53.9	52.0		59.1	61.5		68.2	67.9		14.3	15.9	
合计	601	496.7	159.4	63.6	65.6	75.9	68.0	73.2	82.7	73.9	77.5	88.7	10.3	11.9	12.7

（井数/口 20 合并行）

自 2017 年试验以来，试验区自然递减和含水上升速度逐年下降，取得了较好的调整效果，4 年增油 0.75×10^4t（表 2-5-2）。

表 2-5-2　杏十东智能注水试验区年度增油统计表　　　　单位：10^4t

时间	未开展试验预计产油量	开展试验后实际产油量	增油量
2017 年	4.78	4.83	0.05
2018 年	4.20	4.39	0.19
2019 年	3.82	4.05	0.23
2020 年	3.51	3.79	0.28
合计	16.31	17.06	0.75

2）示范区块——杏六区东部试验区

该试验区剩余油主要分布在薄差储层，受油层发育、渗流特征等因素影响，措施调整潜力较小；部分井层注水突进现象严重，油层动用不均衡；表内薄层和表外储层动用程度相对较低；压力系统内部结构不合理，受吸水能力差、套损关井、注采不完善等因素影响，区块地层压力水平偏低。

自 2018 年 11 月开始智能分注井未措施情况下含水上升速度得到有效控制，区块开发形势保持平稳（图 2-5-14）。

（1）提高了测调效率。以 5 段分层注水井为例，对比单井次测调时间，由高效测调的每口井 14.4h 降低为每口井 1h。

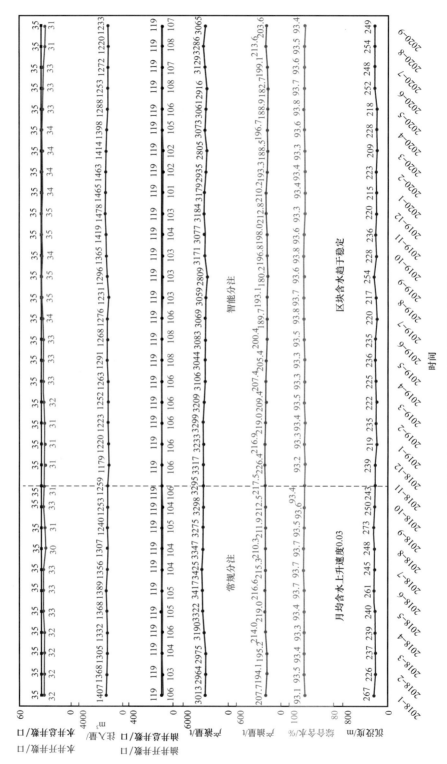

图 2-5-14　杏六区东部试验区开发曲线图

（2）提高了注水合格率。统计 20 口井，测调周期 1 个月，测试合格率始终保持较高水平（图 2-5-15）。

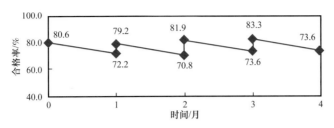

图 2-5-15　智能注水测试合格率变化曲线图

（3）提高了动用厚度。统计 11 口井同位素资料，砂岩吸水厚度提高 4.5 个百分点，表外储层吸水厚度提高 4.8 个百分点。

四、压电开关分层配产技术

大庆油田进入特高含水开发阶段，根据油藏模拟及检测井岩心水淹状况分析显示，剩余油高度分散，纵向上水淹层交互分布，开发矛盾进一步加剧，同井出现多层高含水且动态变化，控水难度加大，为了进一步提高采收率，提出了"细分开采"要求，同时油藏研究成果表明，实施采油井分层控制可有效缓解层间干扰，同时扩大注入水波及体积，缓解井间平面矛盾，从而提高原油采收率，为此研究了压电开关分层配产技术。压电开关分层配产技术通过地面打压方式，无须下入仪器，解决了大泵井、电泵井等目前无法在正常生产状态下的找水和堵水的问题，实现了在正常泵抽状态下获得任意层段（或组合层段）的产量和含水数据，一趟管柱完成找水和堵水两项生产任务，工艺简单、操作可靠。

1. 技术原理

压电开关分层配产管柱下井后通过地面打压向井下各层段的压电开关发出开、关等信号，电池提供动力，由井下电动机控制各层段的开度，进而在正常泵抽状态下，获得任意层段或组合层段的产量和含水数据，为合理分层配产方案制订提供了依据，该技术可有效缓解层间干扰，增加控水成功率，为各生产层段控制及均衡动用提供了技术手段。

2. 技术特点

（1）该技术核心工具是压电开关，压电开关寿命取决于电池寿命，电池寿命受到多因素影响，一般使用周期为 1 年左右，寿命相对较短，影响大面积推广。

（2）该技术以地面压力波作为控制信号，靠井下电动机为动力实现多层段的开关以及准确的控制，解决了由于泵抽管柱的阻挡而无法对分层配产井进行测试调配的问题，同时压电开关使用操作简便、安全可靠、大大降低测试成本。

（3）该技术采用找水、堵水、控水功能一体化设计，能够实现斜井、定向井及套损修复机采井（抽油机、电泵及螺杆泵）在生产状态下对任意层段进行找水、堵水、分层配产，适应范围广泛。

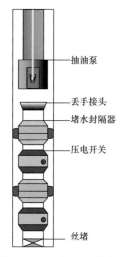

图 2-5-16 压电开关分层
配产管柱示意

3. 工艺管柱及核心工具

压电开关分层配产管柱由丢手接头、堵水封隔器、压点开关、丝堵组成（图 2-5-16）。压电开关是机电一体化井下工具，与堵水封隔器配套使用。堵水封隔器将油层分隔成若干层段，每个层段内下入压电开关，投送管柱到达预定位置，释放封隔器，丢手后下泵生产。下井过程中压电开关处于关闭状态，利于油管内外建立压差释放堵水封隔器。下泵生产后，按预先设定开启阀开度或利用地面压力信号控制阀开度。

1）压电开关结构

压电开关主要由：上接头、连接体组件、控制系统、电池、压力传感器、控制阀、下接头组成（图 2-5-17）。控制阀由开关接头、下阀体、上阀体、电动机等组成，上下阀体间采用超平面密封技术所用材料具有不结垢、不锈蚀、不怕砂、耐冲击等特性，控制阀转动灵活可靠。压力传感器、控制系统和控制阀的能量由锂电池提供。

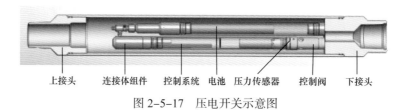

上接头　连接体组件　控制系统　电池　压力传感器　控制阀　下接头

图 2-5-17　压电开关示意图

2）压电开关工作原理

压力传感器随时接收井下的压力信号，从中分辨出来自地面的压力波动，将压力波动信号送入控制电路进行各种逻辑运算，比对压力波动信号所携带的编码内容，当分辨出该信号为有效信号时操控电动机，驱动开关阀做出相应动作，电动机转动时上阀体随之转动，下阀体是固定不动的。当上下阀体轴向的扇形孔相通时，开关阀为开通，不相通时为关闭。上下阀体扇形孔重叠的角度不同，即可获得大小不同的过流通道。定位控制采用霍尔磁控技术，由霍尔传感器产生定位脉冲信号，实现流量控制阀开度基准定位，编码器测量传感轴输出转角，使开度控制更加准确可靠，满足了高精度流量控制的要求。

3）压电码

（1）有效信号。下井前，在压电开关上预先设定好开启或关闭的压电码。压电开关在井下的工作环境压力值为静液柱压力和生产状态的流动压力，下井前，设定压电开关有效信号的起始值高于井下的工作环境压力值 2～5MPa。因此，只有井口打压或洗井时，井下压力传感器才能接收到有效信号。

（2）压电码的设定。开、关两种状态或开、关、开度 1、开度 2 四种状态的压电开关压电码的设定。压力传感器接收的井下有效压力信号由集成线路板处理，为保证不会误处理，结合压力传感器接收井下压力信号的时间间隔，以及地面打压可以控制的压力情况，形成了一组地面、井下都可以接受的压电码（表 2-5-3）。

表 2-5-3 5 个层段压电码 单位：min

压电码	打压时间	间隔时间	打压时间	间隔时间	打压时间	间隔时间	打开命令时间	关闭命令时间
1 号层	2	2	2	2	2	2	2	8
2 号层	2	8	2	8	2	2	2	8
3 号层	8	2	8	2	8	2	2	8
4 号层	8	8	8	8	8	8	2	8
5 号层	13	2	13	3	13	2	2	8

每个层段的压电码以时间间隔加以区分。动作程序为：三次井口打压 $\geqslant 2\sim 5$ MPa 时间为 X min，间隔的低压时间 Y min，每层的压电开关均处理这些压力信号，只有要求做相应动作层位的压电开关接到的压力信号与下井前设定的动作指令信号一致时，该层的压电开关检测电路检测到压电码后，命令电动机带动压点开关阀进行打压时间 Z min 相应命令动作。

（3）压电开关现场操作。由于压力传感器接收的井下有效信号的起始值可以任意设定，井口可以采用水泥车进行打压操作。由于水泥车具有打低压不易控制，升压快，压力不易稳定（人工油门控制）的问题，设定有效起始值为 5MPa。

4）压电开关指标

压电开关分为两种型号，具体指标见表 2-5-4。

表 2-5-4 压电开关工具指标

指标	压电开关 PE-100-40L	压电开关 PE-114-40H
工作压力 /MPa	35	60
工作温度 /℃	80	120
工具总长 /mm	1090	1300
最大外径 /mm	100	114
连续工作时间 /a	<1	<2
最小内通径 /mm	38	38
两端连接螺纹	$2\frac{7}{8}$TBG	$2\frac{7}{8}$TBG
适应井深 /m	≤5000	≤5000
初始状态	关	关

4. 应用效果

压电开关分层配产技术现场应用 312 口井。平均单井划分层段 4.1 个，堵水层段 1.9 个。措施后平均单井日降液 28.5m³，含水下降 0.7 个百分点，取得了较好应用效果。

5. 应用实例

在试验区 N4-21-D228 井开展现场试验，日增油 1.55t，含水下降 1.4 个百分点。

第六节　特高含水期精准开发实践与认识

为支撑大庆油田持续稳产、引领国内同类油田进一步提高采收率，长垣水驱在"十二五"开展精细挖潜技术攻关示范，"十三五"开展控水提效技术攻关示范，建成水驱示范基地，示范区取得了控含水、控递减的好效果，实现长垣水驱主体开发技术的接替发展，带动油田开发水平的大幅提升。

一、水驱精细挖潜示范区调整对策与效果

2010 年，按照大庆油田确定的"立足长垣、稳定外围、加快海塔、依靠技术、夯实基础、突出效益"总体思路，为适应油田开发新形势需要，采油一厂至采油六厂创建了水驱精细挖潜示范区，通过精细油藏研究、精细注采系统调整、精细注采结构调整、精细生产管理，采取综合措施进行集中治理，努力将示范区建成油田开发的试验田、技术的集中地、攻关的主战场，探索出一条老油田高效深度开发的新路子。

按照区块相对独立、具有代表性的选取原则，长垣水驱确定了 6 个精细挖潜示范区，分别为：采油一厂北一区断东高台子、采油二厂南八区、采油三厂北三西、采油四厂杏六区东部、采油五厂杏十区纯油区东部、采油六厂北北块一区。

1. 精细挖潜示范区概况

大庆长垣油田 6 个精细挖潜示范区，总含油面积 89.3km²，地质储量 32562.9×10⁴t。精细挖潜前示范区共有油水井 3022 口，其中采油井 1884 口，注水井 1138 口，年产油 161.69×10⁴t，自然递减 8.68%，综合递减率 7.02%，年均含水 92.97%（表 2-6-1）。

示范区的选择体现了以下两个特点：

一是具有较强的代表性。6 个示范区的综合含水在 91.93%～94.43% 之间，老井自然递减在 6.2%～14.46% 之间。示范区的自然递减率、年均含水和采出程度与长垣油田水驱整体指标接近，可以代表目前长垣水驱的开发状况。

二是具有一定的规模。6 个示范区分布于长垣油田的 6 大开发区，地质储量占长垣水驱地质储量的 8.8%，井数占 7.5%。示范区的选择具有一定的规模，治理效果具备示范作用。

表 2-6-1　水驱精细挖潜示范区精细挖潜前基本情况

区块	含油面积 / km²	地质储量 / 10⁴t	采油井 / 口	注水井 / 口	2009年产油 / 10⁴t	年均含水 / %	老井自然递减 / %	老井综合递减 / %	采出程度 / %
采油一厂北一区断东高台子	25.3	7076.4	277	97	42.97	91.93	10.68	10.24	40.75
采油二厂南八区	11.3	4142.0	266	137	25.18	92.71	7.93	6.60	53.74
采油三厂北三西	18.5	7964.5	408	217	25.62	92.36	7.33	5.03	37.43
采油四厂杏六区东部	9.7	3716.6	406	353	26.00	92.57	7.16	2.37	45.94
采油五厂杏十区纯油区东部	7.8	2418.8	230	118	12.84	93.83	14.46	12.03	38.04
采油六厂北北块一区	16.7	7244.6	297	216	29.08	94.43	6.20	5.41	35.53
示范区小计	89.3	32562.9	1884	1138	161.69	92.97	8.68	7.02	40.82

2. 长垣油田水驱特高含水期精细挖潜做法

根据油层发育特点和主要矛盾，长垣油田 6 个示范区进行了四类模式的精细挖潜（表 2-6-2）。

表 2-6-2　长垣油田精细挖潜示范区主要做法

示范区	存在的主要问题	精细挖潜主要做法
南八区	萨Ⅱ7—12 油层井网控制程度低；薄差层动用程度低	层系井网重组
杏十区纯油区东部	薄差层、窄小河道砂体注采系统不完善；井网交叉严重，注采关系复杂	
北三西	油水井数比高；多向连通比例低	注采系统调整
北一区断东高台子	薄差层动用程度低；地层压力低	薄差层强化注采
杏六区东部	葡Ⅰ4 以下油层动用程度低；三次加密井低产井比例高	
北北块一区	厚油层层内动用差异大，低效无效循环严重	厚油层层内挖潜

1）多井网协同重组调整

大庆长垣油田在特高含水期多层系井网条件下，注采关系复杂，各类油层动用不均衡，剩余油高度分散，对注采系统不完善区块，需要通过优化井网部署、细化开发层系、强化注采系统，有效改善水驱开发效果。长垣油田各区块均进行了二次加密调整，有一半的区块进行了三次加密调整，各套井网间的射孔对象均有一定程度交叉。特高含水期，可利用射孔对象相近、井位关系好的井网相互完善注采关系。

（1）南八区示范区。对于大井距行列井网开采的二类油层，立足现有井网，缩

小注采井距,通过开采对象相近的基础和一次加密井网重组萨Ⅱ7-12油层注采系统
(图2-6-1)。

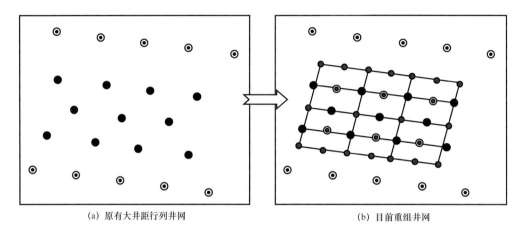

(a) 原有大井距行列井网   (b) 目前重组井网

图2-6-1 南八区井网重组示意图

萨Ⅱ7-12油层属于内前缘相沉积砂体,河道砂呈条带状分布,河道宽度为200～
400m,由基础井网采用500m井距行列井网开采,由于井距大,砂体控制程度较低,只
有79.16%,导致油层动用程度相对较低。为此进行了萨Ⅱ7-12油层井网重组工作,利用
开采萨尔图层系中低渗透层的一次加密油水井补孔,基础与一次加密井网在萨Ⅱ7-12油
层共同组成一套反九点面积井网,将萨Ⅱ7-12油层注水方式由行列井网调整为面积井网,
注采井距由500m缩小到250m,提高控制程度,挖掘原井网控制不住潜力,同时也保持
了开发层系的一致性。

依据油层发育状况、剩余油分布状况以及油水井开发现状,优选41口一次加密井网
油水井补射萨Ⅱ7-12油层。其中,注水井补孔18口,补开191个沉积单元,平均单井补
射砂岩厚度13.0m,有效厚度7.1m。采油井补孔23口,补开276个沉积单元,平均单井
补射砂岩厚度15.4m,补射有效厚度7.7m,补前平均日产液598t,日产油32.0t,综合含
水94.65%。

补孔后,初期单井日增油5.1t,综合含水下降到90.64%。二类油层工作井网密度
由5.04口/km² 增加到11.24口/km²,水驱控制程度由79.16%提高到95.24%,提高
了16.08个百分点。其中三向及以上连通比例提高23.85个百分点。预计增加可采储量
45.59×10⁴t,提高采收率1.21个百分点(表2-6-3)。

(2)杏十区纯油区东部示范区。针对示范区薄差油层注采井距大,造成水驱控制程
度低、部分窄小河道缺少注采方向的问题,确定了通过井网重构完善单砂体注采关系的
思路,并应用多学科油藏研究技术,对不同井网重构方案进行了优选。

基于现有井网,制订了4套完善注采关系方案,其中:方案一为保持现状开发,基
础井采萨葡表内油层,一次井采萨葡表内非主力油层,二三次井采萨葡表外及表内薄层;
方案二为基础井和一次井组成一套井网,二次井和三次井保持现状;方案三为基础井和
一次井组成一套井网,二次井和三次井组成一套井网;方案四为基础井、一次井保持现

状，二三次井组成一套井网。补开未射非主力油层缩小薄差层注采井距，补开注采不完善的主体薄层砂和窄小河道砂体（表2-6-4）。

表2-6-3　萨Ⅱ7-12油层采油井调整前后水驱控制程度统计表

分类	项目	连通总厚度		不连通		单向连通		双向连通		三向连通及以上	
		砂岩	有效	砂岩	有效	砂岩	有效	砂岩	有效	砂岩	有效
治理前	厚度/m	519.6	286.4	136.8	86.2	282.5	142.6	82.7	49.7	17.6	7.9
	比例/%	79.16	76.86	20.84	23.14	43.03	38.25	12.60	13.34	2.68	2.13
治理后	厚度/m	519.6	286.4	26.0	16.3	141.7	77.4	207.2	119.2	144.8	73.5
	比例/%	95.24	94.62	4.76	5.38	25.97	25.58	37.98	39.39	26.53	24.27
差值/%		16.08	17.76	−16.09	−17.76	−17.06	−12.67	25.38	26.05	23.85	22.15

表2-6-4　不同注采系统调整方案预测结果对比表

分类	工作量/口	层数/个	砂岩厚度/m	有效厚度/m	可采储量/10^4t	预测2011—2020年开发指标				
						采出程度/%	综合含水/%	累计产油/10^4t	经济效益/万元	累积投入产出比
方案一						43.7	97.03	88.4		
方案二	102	1345	1248	421	13.8	43.97	97.77	94.8	8864	1:8.4
方案三	103	1779	1109	193	6.18	43.9	96.51	93.2	6408	1:6.0
方案四	121	1894	1371	396	12.7	44.05	96.35	96.8	11214	1:9.3

通过应用数值模拟技术进行不同方案效果预测，方案四效果最好，阶段采出程度最高、含水最低，投入产出比最高。因此，将方案四作为杏十区纯油区东部的注采系统调整实施方案，即基础井、一次井保持现状，二三次井组成一套井网，补开未射非主力油层缩小薄差层注采井距，补开注采不完善的主体薄层砂和窄小河道砂体。

按照井网重构思路及逐块实施原则，将示范区分成了3小块分批实施。从实施效果看，油井单井日增油2.2t，水井单井日增注22m³。补孔井区水驱控制程度达到91.3%，达到了薄差油层注采井距缩小、窄小河道控制程度提高的目的。

2）注采系统优化调整

北三西示范区一次和二次加密调整井均采用反九点面积井网开采，进入特高含水期后表现出了井网的不适应，注采矛盾加剧。表现为油水井数比高，调整前两套层系的实际油水井数比分别为2.34和2.12，远高于合理油水井数比；水驱控制程度相对较低，且以单方向和双方向连通为主，注采系统需要进一步完善；地层压力水平低，水井提水潜力小，调整前水驱总压差为−1.55MPa，两套井网顶破裂压力注水的井占到40%，注水压力提高余地小，水井负担重。

做好"四个结合",实施注采系统调整:

一是与原井网相结合,合理优化转注方式。一次加密井网由反九点转为五点法面积井网、萨尔图二次加密井网由反九点面积井网转为线性注水方式,两套井网转注53口井。

二是与局部区域钻补充井相结合,完善注采井网。缺少注采井点的井区,没有其他层系井可以利用,且井区间具备补钻条件的,采用补钻新井方式完善注采井网,钻补充井38口。

三是与完善单砂体注采关系相结合,实施油水井对应补孔,提高单砂体注采对应率。

四是与优化治理低效井相结合,灵活调整,提高区域整体开发效果。

注采系统调整实施后,两套层系注采井数比分别由2.34和2.12调整到1.47和1.31,趋于合理;水驱控制程度分别为91.6%和91.4%,提高7.7和3.3个百分点(表2-6-5)。

同时,加强套损井区治理,实施大修53口井,平面上注采关系进一步完善。为完善单砂体注采关系,实施油水井补孔27口。

实施后,示范区注采系统调整井区单井日产液增加5.5t,日产油增加0.93t,综合含水下降1.08个百分点,增油降水效果明显,累计增油4.75×10^4t,预计增加可采储量65.3×10^4t,提高采收率0.82个百分点。

表2-6-5 北三西注采系统调整结果表

层系	新钻井数/口		转注井数/口	井网		注采井数比/%		水驱控制程度/%		多向连通比例/%	
	注水井	采油井		调整前	调整后	调整前	调整后	调整前	调整后	调整前	调整后
一次	8	30	29	反九点法	五点法	2.34	1.47	83.9	91.6	28.6	48.8
二次			24	反九点法	线性	2.12	1.31	88.1	91.4	27.2	48.4

3)薄差层强化注采调整

长垣油田南部以及高台子油层,以三角洲前缘相沉积砂体为主,油层性质差,渗透率低。针对薄差层和表外层动用较差的实际,通过细分注水、措施改造,对薄差层实施强化注采调整,提高薄差层动用程度,促进区块整体见效。

(1)对层间干扰大、井段长的水井进一步细分,加强薄差层注水。

① 制订了细分注水分级标准。北一断东高台子示范区,为了进一步量化细分注水分级标准,对萨中水驱有连续吸水剖面的1381口分层井、4832个注水层段的注水状况进行调查,统计不同动用程度的层段地质参数,得出了动用程度大于80%的统计规律,即动用程度与层段内小层数、层段内砂岩厚度及渗透率变异系数有关。适合萨中开发区的细分技术标准为"778",即:层段内小层数小于7个、渗透率变异系数小于0.7,层段内小层砂岩厚度小于8m,在一年测调三次的基础上,砂体吸水厚度比例可以达到80%以上。

② 进行示范区细分潜力调查。应用"778"细分标准,对所有注水层段进行地下大调查。截至2009年12月,示范区97口注水井中分注井有96口,分注率99%,分注层段

413 个。从分注层段来看，五段及以下分层注水井 85 口，占分层井的 92.4%，其中分注层段三段及以下的注水井有 12 口，分注层段划分较粗（表 2-6-6）。

表 2-6-6 北一区断东高台子示范区分注井分段情况统计表

井网	井数/口						合计层段数/个
	二段	三段	四段	五段	六段	总计	
高Ⅰ、高Ⅱ			13	5	2	20	89
高Ⅲ、高Ⅳ		4	18	9		31	129
合采	2	6	17	15	5	45	195
合计	2	10	48	29	7	96	413

示范区平均单井砂岩厚度 50.7m、有效厚度 20.6m、射开层数 38 个、分注层段 4.3 个、段内平均小层数 8.6 个、段内平均砂岩厚度 11.8m。其中符合标准井 16 口、239 个层段，一项不符合井 1 口、1 个层段，二项不符合井 8 口、20 个层段，三项不符合井 72 口、153 个层段，不符合细分标准井占 83.3%，导致全区吸水厚度比例只有 46.5%，说明高台子油层层段划分过粗是导致层间干扰大、动用低的主要原因。

优先对三项不符合井实施细分调整，考虑注水井层间吸水差异、动用状况、隔层厚度及周围采油井生产状况，针对"三高"（压力高、含水高、采液强度高）井区、"两低"（压力低、含水低）井区、措施井区、层间矛盾突出井、管柱多年未动井进行细分。

细分前后动用状况对比，分注层段由 4.2 个增加到 6.3 个，层段内小层数由 9.9 个减少到 6.7 个，层段内砂岩厚度由 12.7m 降低至 8.6m，统计 16 口井的同位素资料表明，细分后小层动用程度提高了 11.6 个百分点，吸水状况得到明显提高。统计 56 口细分调整井周围未措施 91 口采油井效果，日增油 0.9t，含水下降了 0.5 个百分点，说明依据"778"精细细分技术标准进行细分调整可以达到较好的调整效果。

（2）精细采油井挖潜，实现"2455"措施增油目标。结合注水井精细注水结构调整，以数值模拟辅助剖面为参考，优化采油井单井措施方案，"提、控、治"结合精细产液结构调整，通过压裂、换泵、堵水、高关井治理等综合措施，挖潜剩余油的同时，控制含水上升速度。

① 针对潜力井层，实施措施压裂，挖潜剩余油。细化压裂选井选层原则，选择厚度较大、产能较低、含水较低井压裂；对于含水相对较高井，采用堵压结合方式；对于压裂井要求采油井要有两个以上注水受效方向；选择地层压力较高的井，试井资料双对数曲线出现较大驼峰，半对数曲线续流段长，径向流直线段短，呈 S 形的曲线形态。

② 针对供液充足井区，采取换泵提液，弥补产量递减。由于整个区块处于高含水期开发，选取低含水的换泵井越来越困难，换泵前含水为 75%～92% 的井有 12 口，日增油 3.9t，含水上升了 0.7 个百分点，液油比上升 0.5；换泵前含水值超过全区平均水平（≥92%）的井有 7 口，日增油 2.2t，含水下降了 1.3 个百分点，液油比下降 3.28 个百分点。实践说明，示范区大胆突破高含水期换泵含水界限，以井组的综合生产情况分析判

断选取换泵井，效果良好。

③ 对高含水井层，实施堵水措施，控制低效无效循环。在堵水井的选取上，采取了动静结合、综合分析寻找高水淹、高动用层实施堵水。

以高Ⅰ12单元为例，从数模拟合图上分析（图2-6-2），该小层水淹程度高、采出程度高，剩余油较少，从沉积微相分析，该小层河道砂发育，且大面积发育一类席状砂体，油层物性较好，水淹程度高，是堵水的首选层位。

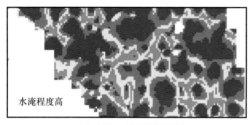

(a) 高Ⅰ12小层数模水淹图

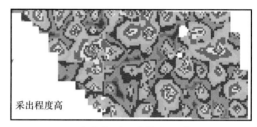

(b) 高Ⅰ12小层数模采出程度图

(c) 高Ⅰ12小层数模剩余油饱和度图

(d) 高Ⅰ12小层沉积相图

图2-6-2　北一断东高台子示范区数模拟合图

实施压电开关堵水16口井，累计减少产液 7.87×10^4t，拉动全区含水下降0.2个百分点。实践表明，压电开关堵水是降低液油比、降低无效循环、实现分层采油的有效手段之一。

4）厚油层层内挖潜调整

长垣北部以厚油层沉积为主，综合含水高且井井高含水、层层高含水，井间、层间调整余地小。但密闭取心资料表明，厚油层内仍有23.3%的厚度低未水洗，驱油效率仅为28.7%。为此，将产液结构调整转移到层内，实施层内细分注采，加大厚油层内剩余油挖潜力度。

北北一区示范区针对厚油层层内动用差异大的问题，利用层内结构界面进行厚油层层内挖潜。利用层内结构界面将厚油层细分为结构单元，细分后，充分揭示了厚油层内部结构特征，把层内矛盾当作层间矛盾来处理，为"向层内要油、在层内控水"奠定了坚实基础。原来认为全部连通的单砂体，结构单元细分后，存在部分结构单元不连通或连通变差的现象；原来认为是成片分布的单砂体，在细分结构单元后，部分单砂体的分布规模变小、连续性局部变差，为进一步完善结构单元注采关系提供了依据。在此基础上开展厚油层层内细分注采调整，挖掘厚油层顶部剩余油。

具体做法是在注水结构调整上，宏观上控制，单层上优化，实现有效注水。宏观上对高压井区的高含水井组要控制注水，降低注采比；对低压井区的低含水井组要加强注水，提高注采比；对高压井区的低含水井组及低压井区的高含水井组要平衡注水，优化注采比。单层上对由于油层性质差、油层伤害及平面干扰导致吸水能力差的层位，实施压裂、酸化及测试调整，增加有效注水；对由于层内、层间及平面干扰导致吸水差异大的层位，实施层内细分、层段细分、深浅调剖及周期注水调整，改善吸水状况。

在油井措施挖潜上，根据层内不同剩余油类型的井和层，实施分类挖潜实现挖潜与控水并举。对由于油层性质差、渗流能力差导致剩余油富集的井采用精细压裂方式挖潜；对由于砂体注采不完善、完善程度低导致剩余油富集的井采用精细补孔方式挖潜；对由于层内无效循环严重、层内干扰导致剩余油富集的井采用精细堵水方式挖潜（图 2-6-3）。

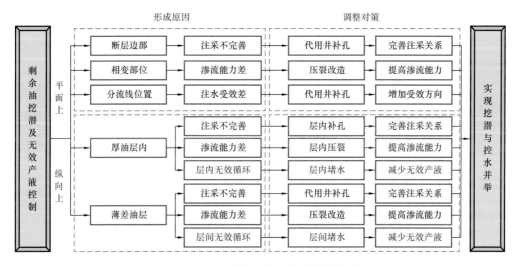

图 2-6-3　不同类型剩余油分类挖潜图

在注水结构调整上，自 2010 年以来，示范区共实施注水井精细调整 568 井次，其中细分及层段重组注水调整 153 井次。实施后示范区分注率由 98.6% 提高到 99.1%，细分井后平均单段砂岩厚度由 8.9m 降低到 5.3m，砂岩吸水厚度比例由 81.1% 提高到 87.6%。

在油井措施挖潜上，2010 年以来，示范区共实施采油井精细挖潜 107 口井。其中精细压裂 40 口井，措施初期平均单井日增油 6.1t；精细补孔 33 口井，措施初期平均单井日增油 6.4t；精细堵水 34 口井，措施初期平均单井含水下降了 4.18 个百分点（表 2-6-7）。

3. 精细挖潜示范区效果分析

大庆长垣油田 6 个示范区 2010—2014 年 5 年期间，共实施各类油水井措施调整 5600 井次，其中水井 4355 井次、油井 1245 井次。示范区由于集中挖潜，工作量占总井数比例高于全区平均水平。大庆长垣油田 6 个示范区 5 年来，油井年工作量占井数比例为 11.2%～17.0%，平均为 13.2%，较全区高 6.2 个百分点；水井年工作量占井数比例为 60.9%～82.2%，平均为 71.5%，较全区高 23.2 个百分点。

表 2-6-7　2010 年以来示范区措施效果对比表

措施	井数 / 口	措施前				措施初期				差值			
		产液 / t/d	产油 / t/d	含水 / %	液面 / m	产液 / t/d	产油 / t/d	含水 / %	液面 / m	产液 / t/d	产油 / t/d	含水 / %	液面 / m
精细压裂	40	25	1.1	95.74	593	72	7.1	90.16	382	47	6.1	−5.59	−211
精细补孔	33	34	0.9	97.24	670	63	7.3	88.36	443	30	6.4	−8.88	−228
精细堵水	34	87	1.2	98.59	163	56	3.1	94.41	447	−31	1.9	−4.18	283

1）示范区"四个精细"调整效果

在精细油藏描述方面，实现了更加精确的构造、储层及剩余油空间定量表征。通过井震结合精细构造描述，识别断层由 5m 精细到 3m，断点组合率由 80% 提高到 95%；通过精细数值模拟，剩余油描述由区块、小层细化到微相、单砂体及层内。

在精细注采系统调整方面，通过完善单砂体注采关系，水驱控制程度提高到 92.1%。

在精细注采结构调整方面，通过建立细分注水量化标准，完善配套工艺技术，年均细分井占注水井总数的 21.8%，5 段以上井占分注井数的 47.6%，砂岩吸水厚度比例达到 83.6%；通过量化措施选井选层标准，优化措施组合，油井平均单井压裂日增油 5.6t、补孔日增油 3.7t、换泵日增油 2.2t。

在精细生产管理方面，通过构建规范高效的管理体系，生产管理水平大幅提升。实施油井单井效益评价和分类管理，高效井比例增加 3.3 个百分点，低效、无效井比例减少 8.5 个百分点，油井利用率和生产时率达到 90.3% 和 91.8%；实施污水节点管理，井口水质合格率达到 72.5%；实施水井目标管理，分层注水合格率达到 87.8%。

2）示范区开发指标变化

6 个示范区实施精细挖潜 5 年后，在含水接近 93%、无规模钻井的情况下，实现了产量不降，含水基本不升的阶段目标。2014 年年产油 167.52×10⁴t，较试验前增加 5.83×10⁴t；2014 年年均综合含水 93.26%，5 年含水仅上升 0.29 个百分点（表 2-6-8）。

表 2-6-8　长垣水驱精细挖潜示范区开发指标表

时间	年产油 /10⁴t	两年老井 自然递减 /%	两年老井 综合递减 /%	年均综 合含水 /%	含水上升值 / %
2009 年（试验前）	161.69	8.77	7.02	92.97	0.40
2010 年	165.10	4.24	−0.15	92.88	−0.09
2011 年	169.08	1.92	−2.57	92.85	−0.03
2012 年	174.60	2.16	−2.72	92.82	−0.04
2013 年	172.22	5.47	2.06	92.84	0.02
2014 年	167.52	6.67	3.89	93.26	0.42

（1）水驱控制程度得到提高。通过层系井网优化调整、油井转注、油水井对应补孔等措施，单砂体注采关系进一步完善。水驱控制程度由 2009 年的 89.6% 提高到 2014 年的 92.1%，提高了 2.5 个百分点，其中多向连通比例提高了 5.3 个百分点。

（2）油层动用状况明显改善。通过大规模实施细分注水调整及注水井增注措施，油层动用状况明显提高。2014 年砂岩厚度吸水比例为 83.6%，较 2009 年提高了 8.9 个百分点。从分类油层来看，主要是薄差油层提高幅度较大，0.5~1.0m 的油层提高 8.3 个百分点，小于 0.5m 的油层提高 14.9 个百分点，表外层提高 9.5 个百分点。

（3）地层压力水平逐年恢复。地层压力由 2009 年的 9.41MPa 恢复到 2014 年的 10.27MPa，总压差由 −1.67MPa 恢复到 −0.81MPa，平均年地层压力恢复 0.17MPa。

（4）可采储量增加，采收率得到提高。预计增加可采储量 272.0×10^4t，提高采收率 0.84 个百分点。在无新井情况下阶段储采平衡系数为 0.31，与全油田水驱储采平衡系数基本持平。

（5）取得较好的经济效益。2010 年以来，共实施各类油水井措施调整 5600 井次，总工作量为精细挖潜前的 2.4 倍。按照当年油价，用增量法计算，示范区 5 年多产油 133.7×10^4t，多投入 3.5 亿元，实现增油效益 40.63 亿元，投入产出比为 1:6.3。

示范形成的精细挖潜技术已在大庆油田水驱全面推广应用，预计可新增可采储量 1000×10^4t 以上，有力支撑了油田"控递减、控含水"目标的实现。

二、控水提效示范区调整对策与效果

"十二五"期间，水驱精细挖潜技术在长垣油田全面推广应用，长垣油田水驱自然递减率由"十一五"的 8% 控制到 7%，精细挖潜后，常规措施调整潜力变小，2015 年出现产量递减加大、含水上升加快的情况。2016 年，油田即将进入特高含水后期开发阶段，剩余油更加零散，无效循环加剧，采油成本刚性增长，长垣油田水驱持续、有效开发难度加大。必须深挖内部潜力，向技术创新和管理提升要效益，水驱开发技术向更高层次、更新阶段迈进，需要从"精细"向"精准"转变。地质研究要精准，开发方案要精准，工艺措施要精准，管理手段也要精准，通过关键技术攻关升级，进一步提高长垣油田水驱采收率和经济效益。为此开辟控水提效试验区，通过 5 年攻关，发展形成长垣油田水驱控水提效配套技术，为夯实长垣油田水驱"压舱石"作用、持续有效开发提供技术支撑。

1. 控水提效示范区概况

各开发区选取区块相对独立、含水较高、与精细挖潜有一定延续性的 6 个控水提效示范区。6 个试验区总含油面积 $62.7km^2$，地质储量 29992.9×10^4t。截至 2015 年 12 月，共有油水井 3572 口，年产油 154.31×10^4t，年末含水 94.68%，采出程度为 42.11%（表 2-6-9）。

表 2-6-9 大庆长垣水驱控水提效示范区简况（截至 2015 年 12 月）

试验区	面积 / km²	储量 / 10⁴t	井数 / 口	年产油 / 10⁴t	年末含水 / %	自然递减率 / %	综合递减率 / %	含水上升值 / %	采出程度 / %
中区西部高台子	9.0	4468.8	850	38.47	96.02	15.37	13.71	0.88	44.79
南四区西部	8.4	3810.9	397	17.22	93.00	6.44	6.44	0.30	44.53
北二区西部	16.5	8913.0	774	33.12	92.76	6.54	4.70	0.23	39.64
杏六区东部	9.7	3716.6	755	24.37	92.56	9.61	7.79	0.20	50.19
杏十区纯油区东部	7.8	2418.8	350	11.48	94.40	15.78	13.85	0.65	43.24
喇南中西二区	11.3	6664.8	446	29.65	95.73	9.82	7.50	0.04	37.31
合计	62.7	29992.9	3572	154.31	94.68	11.33	9.70	0.44	42.11

2. 控水提效挖潜对策

6 个控水提效试验区，储量和产量分别占长垣油田水驱的 9.5% 和 8.7%，是实施精准开发的主战场之一。通过 5 年攻关与试验，形成控水提效挖潜模式，探索出特高含水后期控含水、控递减有效途径，持续引领长垣油田水驱开发（表 2-6-10）。

表 2-6-10 控水提效试验区分类表

试验区分类	代表区块	主要剩余油类型	主要矛盾问题
薄差层强化挖潜	杏六区东部	物性差型	薄差油层，特别是表外储层，动用程度低
	杏十区东部		
厚油层控水挖潜	喇南中西二区	层内非均质型	厚油层内低效无效循环严重
断层区高效挖潜	南四区西部	断层附近注采不完善型	断层发育复杂，断层区水驱控制程度低、采出程度低
	北二区西部		
小井距综合挖潜	中区西部高台子	层间干扰型	注采井距小，层间干扰严重，注水合格率低，含水上升快

1）以低效无效循环识别与治理为核心的厚油层控水挖潜

喇南中西二区示范区，2m 以上厚层储量占 70% 以上，区块综合含水达到 95.73%，厚层底部低效无效循环严重。

针对厚油层底部无效循环严重、顶部剩余油相对富集的问题，开展厚油层层内建筑结构解剖，纵向细分结构单元，平面细分沉积微相，利用岩电关系建立了 12 种微相定性识别图版，进一步细化砂体成因分布特征和连通特征，为动用特征分析提供更完善的判断依据。

建立无效循环自动识别和层内剩余油量化方法。结合喇嘛甸油田储层及开发特点，确定了以含水饱和度、驱油效率为基础，以电测曲线、注采倍数为核心的识别标准体系，并通过数值模拟、概率统计分析等方法，量化了无效循环识别标准，确定了喇嘛甸油田动静态 16 项识别标准。在无效循环识别标准确定的基础上，结合生产实际，进一步将注采连通状况、多学科研究成果、动态监测等资料应用到无效循环识别工作中，总结出单项识别、逻辑分析及综合判断三种无效循环的识别方法。从认识结果看，喇南中西二区低效无效循环层主要分布在萨Ⅲ组和葡Ⅰ组油层；从厚度上看，无效循环主要分布在有效厚度 2m 以上油层，平均单井识别层数 9.0 个，无效循环厚度 11.4m，单层无效循环厚度 1.3m。通过统计 879 口井的无效循环结果，存在无效循环的井 702 口，占 79.9%，其中基础井网、一次加密井较为严重，无效循环厚度比例分别为 34.5% 和 16.7%。

（1）针对无效循环严重的问题，加大精准注水方案调整，控制含水上升。在多学科研究成果的基础上，结合注水调整技术界限，进一步优化注水方案。

细分注水与措施增注相结合，提高有效注水；细分重组与停注相结合，控制无效注水；层内细分与强度调整相结合，实现合理提控；层段细分与调剖、控注相结合，实现有效提控。通过精准注水调整，共实施注水井调整方案 365 井次。累计控制无效注水 $270.6 \times 10^4 m^3$，累计控制无效产液 $173.9 \times 10^4 t$。

（2）针对剩余油零散的问题，形成了精准挖潜方法，控制了产量递减。依据沉积单元剩余油量化结果，结合分类油层精细解剖成果，进一步了细化了 A 类、B 类和 C 类三类厚油层剩余油分布特征和挖潜方式。

一是针对 A 类油层采取"层内定位压裂与常规压裂"结合方式，结合剩余油分布状况设计压裂半径，半径范围为 40~80m，实现厚油层顶部挖潜。

二是针对 B 类油层采取"加大砂量压裂与选择性压裂"结合方式，优化改造规模，单缝加砂量由 $17m^3$ 增加到 $22m^3$，实现井间深部剩余油挖潜。

三是针对 C 类油层采取"加大砂量压裂与多裂缝压裂"结合方式，设计上缝数达到了 3~4 条，实现未动用层的有效挖潜。

四是对过渡带边部剩余油富集的挖潜类型，采取控砂体压裂，实现油层有效动用。通过优化压裂穿透比，扩大裂缝控制砂体波及范围，解决由于连通差导致常规压裂挖潜效果不明显的问题。

通过精细油井措施挖潜，区块共实施油井措施 57 井次，其中，实施压裂 47 井次，实施补孔 10 井次。

（3）针对无效循环与剩余油交错分布的问题，加大对应调整力度，实施控水挖油目的。

一是针对无效循环及剩余油分布特征，以组合措施为手段，优化注采结构调整，实现控水与挖潜并举。

二是针对条状无效循环与相带过渡型、分流间滞留区型剩余油并存的井组，采取压堵结合措施，控制无效产出，提高剩余油部位产出能力。

三是针对条状和枝状无效循环与断层遮挡型、厚层顶部注采不完善型剩余油并存的井组，采取补堵结合措施，控制无效产出，增加注采不完善型剩余油的接替能力。

四是针对枝状无效循环与厚油层顶部剩余油并存的井组，应用长胶筒对无效循环部位实施对应封堵，控制井组无效注采，释放剩余油富集部位的产出能力。

南中西二区试验区采取油水井对应、疏堵结合的挖潜措施，2016 年以来各项开发指标保持较好形势。年均自然递减率控制在 3.0% 以内，综合递减率控制在 1.0% 以内，5 年含水上升仅 0.62 个百分点，5 年控制无效注水量 $323 \times 10^4 \mathrm{m}^3$，控制无效产液量 $319 \times 10^4 \mathrm{t}$。

2）以精准储层改造为核心的薄差层强化挖潜

杏六区东部和杏十区纯油区东部两个示范区，油层发育较差，以薄差油层和表外层为主。"十二五"期间，区块通过不断加大油水井措施调整挖潜力度，取得了较好的开发效果，但仍然存在着表外层动用程度仍较低、常规挖潜效果差的问题。表外储层储量占地质储量的 20% 左右，是产量接替的重要组成部分，受自身发育条件差、存在非达西现象、存在启动压力梯度、层间干扰等因素影响，难以动用。

为了进一步拓展精细挖潜后的措施调整潜力，夯实控水提效物质基础，进一步深入研究单砂体，针对精细挖潜后剩余储量多的薄差油层，开展了薄层砂单期砂体识别方法及连通关系研究。垂向上精细刻画到单一期次砂体，平面上建立了不同环境薄层砂沉积模式，明确了薄层砂 3 大类 16 种接触关系。

表外层层内识别优势砂体，从岩心沉积特征上看，渐变表外与独立表外均存在中高渗透条带，层内非均质性严重。从取心井统计的优势条带水洗状况可知，因注采完善而动用的优势条带占比为 68.8%，还有 31.2% 的优势条带因有注无采、有采无注、层间干扰等因素而未动用，岩心显示优势条带存在一定剩余油潜力。从动态分析上显示，目前已动用的优势条带因高注入量而形成强渗通道，而未受注水波及的高含油饱和度的优势条带则是剩余油富集区，应为特高含水后期表外储层的重点挖潜对象。

（1）建立表外储层分类治理模式。依据表外储层优势条带动用两级分化，随着沉积环境变差动用状况逐渐变差的注水开发特点，明确了基于沉积环境的"提控结合"表外储层分类治理原则，不断提高表外储层有效动用水平，实现从精细挖潜到控水提效的薄差储层挖潜重心的转变。

外前缘 I 类和 II 类沉积环境中的表外储层，优势条带和常规表外砂体的发育较为混杂，需要通过开展优势条带的精细识别，判断砂体的连通状况以及动用状况，采取不同的挖潜措施。其中未动用的优势条带以"提"为主，通过平面上堵补结合、纵向上分调结合，实现提液的目的，而已动用优质条带，以"控"为主，采取单卡停注的方式控制低效无效循环。

外前缘 III 类和 IV 类沉积环境中的表外储层，其优势条带的发育比例低，储层物性差，动用难度相对较大，采取压裂等方式提高注入量，以达到动用的目的（图 2-6-4）。

（2）实施精控压裂改造，提高薄差油层动用程度。针对薄差层层多、层薄、层差、注采井距大、难压层比例高、缝间干扰影响的实际，开展了工艺技术攻关，形成了以"三个对应""四个控制"为核心的单砂体对应精控压裂技术。根据不同类型井组的开采特点，地质与工艺设计个性化相结合，制定了薄差层单砂体精控压裂方案设计标准，形成了相应的设计流程，使压裂方案设计更加标准化（图 2-6-5）。

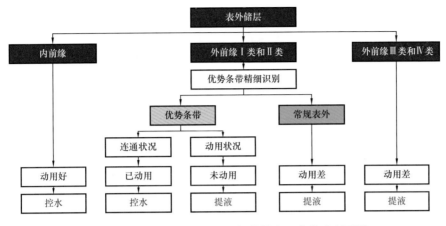

图 2-6-4 基于沉积环境的"提控结合"分类治理原则

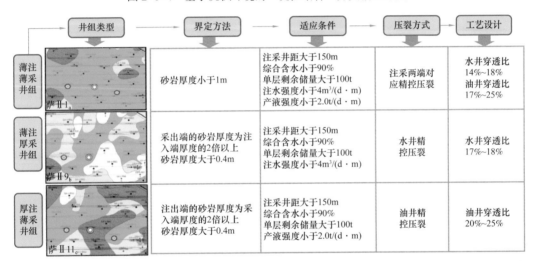

图 2-6-5 稳定表外单砂体对应精控压裂设计标准

采取提控结合调整对策，采用精控压裂实现薄差层强化挖潜。控水提效试验区实施精控压裂 53 口井，初期单井日增油 4.8t，动用比例提高 33.0 个百分点；杏六东和杏十东试验区，5 年累增油 21.1×10⁴t，5 年含水上升值控制在 1 个百分点以内。

3）以完善断层边部注采关系为核心的断层区高效挖潜

南四区西部和北二区西部示范区，区块内断层较为发育，存在着断层发育区注采不完善、局部剩余油富集的问题。

应用井震结合三维构造建模技术，精细刻画断层空间展布。井震结合后，南四区西部示范区的断层认识发生变化，新增断层 6 条，断层变化 14 条，主要表现在局部位置、延伸长度或走向发生变化，大断层位置的描述更加准确。局部区域受新增小断层和组合方式变化影响，交切关系更加复杂，主要形成 3 个潜力区域。交切复杂区：无注水井，井网密度低，含水仅 77.65％。狭窄断块区：断层间距狭小，钻遇多条断层，储量控制程度低，厚度损失较大，油水井数比高达 3.14。宽长条带区：构造变化较小，局部注采不完善，油水井数比高达 2.3（图 2-6-6）。

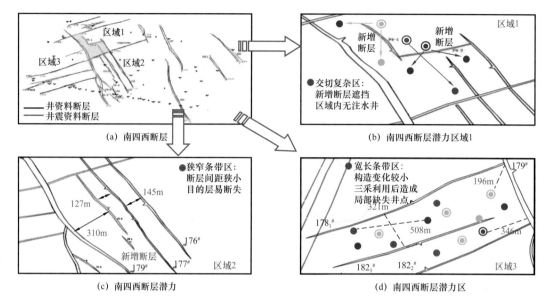

图 2-6-6　南四西断层区分成三个潜力区域

（1）断层发育区整体挖潜。结合三个区域剩余油潜力、井网状况，实施个性化调整，明确分区域个性化调整方式。

区域Ⅰ局部补钻注水井点：针对断层新增及变化形成注采不完善型剩余油，补钻注水井，完善注采关系。补钻 3 口注水井，完善注采关系，调整后区域水驱控制程度提高 32.8 个百分点，补孔井区日增液 9t，日增油 4.3t，含水下降 11 个百分点。

区域Ⅱ细分层系开发：针对新增断层形成狭窄条带区存在目的层断失风险，细分萨尔图和葡萄花两套层系开发，单一条带完善注采关系。补钻油水井 25 口，其中油井 18 口，投产初期日产油 7.3t，含水 69.6%。

区域Ⅲ井网综合利用完善注采关系：由于聚合物驱利用造成水驱井网注采不完善，在局部剩余油富集区，补钻油水井 12 口，同时聚合物驱利用井回归水驱，多向水驱控制程度提高 11.7 个百分点。

调整后断层区产量水平明显增加，年均含水由 89.21% 下降到 85.02%；油水井数比由 3.15∶1 下降到 1.34∶1；水驱控制程度由 56.8% 提高到 83.3%，其中多向连通比例由 15.6% 提高到 40.6%。

（2）断层边部大斜度井挖潜。开发实践表明，大断层边部剩余油相对富集，主要是沿断层面以倾斜立体空间形式分布，在精细构造认识的基础上，大斜度井由躲断层向靠断层挖潜转变。

一是完善大斜度井布井界限。通过几年来的挖潜实践，逐步形成断层规模、井网关系、潜力界限、初期产能等 8 项技术界限。

二是优化井轨设计。断层一侧潜力区域，采用直斜式钻井；断层两侧潜力区域，采用多靶点钻井。

三是优化射孔对象。潜力层主要以坨状及条带状砂体为主，剩余油较为发育，投产后初含水较低。

控水提效试验区投产 27 口定向井，初期单井日产油 9.6t，5 年累产油 14.2×10^4t ；南四西和北二西试验区，5 年累计增油 31.7×10^4t，含水少上升 1.0 个百分点。

4）以提高注水效率为核心的小井距综合挖潜

中区西部高台子示范区，开采对象为有效厚度小于 0.5m 的表内及表外储层，高Ⅲ和高Ⅳ井网采用五点法面积井网开采，注采井距 106m，是萨中开发区第一个小井距区块。该套井网斜井较多，采油井斜井 311 口，占总井数的 77.75%，注水井斜井 177 口，占总井数的 50.28%。注采井距小，斜井比例大，开采层位注采井距不均匀，在开采过程中出现短路循环和突进层频繁变化的现象，导致了小井距的注水合格率较低。检配结果表明，常规井距井网经过 6 个月注水合格率由初期的 86.1% 下降到 48.6%，小井距井网经过 6 个月注水合格率由初期的 81.2% 下降到 42.3%。导致小井距开发区块含水上升速度加快，加密后最近三年平均含水上升率达到了 1.46，区块综合含水上升到 96% 以上。

（1）开展智能分层注水试验，提高注水合格率。试验区 55 口井采用智能分层注水工艺，实现无线远程控制实时测调，技术人员在计算机上实时监测，即时调整各层流量、压力等参数，试验井测试合格率提高到 92.7%。

（2）采用轮循检调测试方法，提高注水合格率。采取轮循—检配—调整测试方法，以 2 个月为一个周期实施检配，将轮循、机动、投捞班组整体运行，对检配井的各层实施检配工作，对各层均合格的井无须重新测试，沿用上次成果，对不合格的井测调合格后，根据连续检配合格率的情况，对单井测调周期进行优化（表 2-6-11）。

表 2-6-11　中区西部高台子区块轮循检调优化周期表

连续检配合格率情况 /%	测试周期 / 月	实施井数 / 口	比例 /%
50	1	54	14.8
50～60	2	72	19.8
60～70	3	76	20.8
70～80	4	158	43.4

试验区注水质量得到提升，测试合格率提高到 96.6%，注水合格率提高到 73.6%，分别提高 4.9 和 12.2 个百分点。

（3）进行抽稀井层变流线调整试验，扩大注水波及体积。应用优势渗流通道识别成果，并结合井组动态数据、模拟成果等资料，选取了 5 注 12 采的井组开展抽稀井层试验，以水井为中心分为三个阶段开展：第一阶段为关闭水井的高渗透突进层；第二阶段打开中心注水井的高渗透层，同时关闭一线采油井对应的高含水高产液层，将液流方向改变，由原来的驱替主流线方向的剩余油转变为驱替二线采油井分流线方向的剩余油；第三阶段为全部恢复正常注水产液并观察整体效果，目前效果持续保持稳定。

通过改善注入质量，中区西部高台子试验区整体趋势向好，注水量和产液量上升趋势得到控制，同时注水合格率及油层动用得到提高，吸水厚度比例提高 4.6 个百分点，年含水上升值由试验前的 0.88 降至 0.19 个百分点。

3. 控水提效试验效果

2016—2020 年，控水提效试验区共实施调整挖潜 5876 井次，占油水井总数的 146.28%，其中注水井措施 4738 井次，占水井总数的 269.51%；采油井措施 1138 井次，占油井总数的 50.38%。水井以层段调整减缓层间干扰、措施增注为主，油井以压裂薄差层、封堵高含水层为主。

1）控含水、控递减效果显著

通过 5 年控水挖潜，示范区注水、产液量保持平稳，产量递减减缓，含水上升得到有效控制。自然递减率和综合递减率逐年下降，试验区老井自然递减率由精细挖潜前的 9.14% 下降到 2020 年的 4.36%，综合递减率由 7.59% 下降到 2.26%，年含水上升值由 0.45% 下降至 0.20%。

2）油层动用比例提高

统计长垣试验区 546 口注水井吸水状况，控水提效前后对比，吸水厚度比例增加了 15.3 个百分点，各类油层的动用状况均得到较好改善，有效厚度小于 0.5m 的差油层和表外层，吸水厚度比例增加 17 个百分点以上，保证油层注够水、注好水。

3）管理水平得到提升

通过加强管理，油水井利用率及油井时率均有不同程度的提高，注水井分注率提高 2.4 个百分点，注水合格率提高 2.3 个百分点，测试合格率提高 4.5 个百分点，封隔器密封率提高 1.5 个百分点。

4）试验区增油效果和经济效益显著

控水提效 5 年期间，试验区阶段增油 73.5×10^4t，预计提高采收率 0.6 个百分点。用增量法计算，经济效益 6.8 亿元，投入产出比为 1∶2.91。

第三章 聚合物驱提质提效配套技术

聚合物驱油是砂岩油田水驱之后实施三次采油进一步提高采收率的主要技术之一。聚合物驱（Polymer Flooding）是指通过在注入水中加入少量水溶性高分子量的聚合物，增加水相黏度，同时降低水相渗透率，改善流度比，提高原油采收率的方法。对于非均质比较严重、原油黏度相对较高、渗透性适合的油藏，采用聚合物驱油技术通常可以获得较好的开发效果。目前，聚合物驱在中国的大庆油田和胜利油田等已进入工业化推广应用阶段。大庆油田从 20 世纪 60 年代就开始聚合物驱的研究，先后经历了室内研究、先导性矿场试验、工业性矿场试验、工业化推广应用 4 个阶段，逐步发展形成了聚合物黏弹性驱油理论和成熟的配套技术。大庆油田聚合物驱于 1995 年开始工业化推广应用，1996 年聚合物驱产油量达到 $100 \times 10^4 t$，2002 年聚合物驱年产油量突破 $1000 \times 10^4 t$，到 2015 年连续稳产 14 年。截至 2020 年底，累计产油 $2.26 \times 10^8 t$，累计增油 $1.43 \times 10^8 t$。聚合物驱工业化区块平均提高采收率 13 个百分点以上，已成为大庆油田持续稳产的关键技术。

第一节 聚合物黏弹性驱油机理及实验技术

一、聚合物黏弹性驱油理论

传统的聚合物驱油理论认为，聚合物驱只能扩大波及体积，不能提高微观驱油效率，聚合物驱后的残余油饱和度与水驱之后相同。近年来，许多学者通过室内实验及对现场开发实际情况的研究形成了"聚合物黏弹性驱油理论"，指出聚合物溶液不仅可以扩大波及体积，还可以通过黏弹性流体对微观剩余油的"拉、拽"作用，降低油藏残余油饱和度，提高驱油效率，从而大幅度提高油藏采收率。

1.聚合物溶液的流动特性

高分子水溶聚合物溶液（HPAM）同时具有黏性和弹性的性质。对于黏性流体，流动和形变是能量消耗过程，剪切应力对流体做的机械功完全转换成热能而消耗掉，当应力消除后，流体不会恢复至原来状态。而对于弹性流体，拉伸应力对流体做的功则转变为弹性能量储藏起来，当拉伸应力解除后，能量释放，流体恢复至原来状态。高分子聚合物溶液同时具有黏性及弹性的流体特征称为高分子聚合物溶液的黏弹性。

1）聚合物溶液的黏性特征

流体在运动状况下，流体内部质点之间或流层之间因相对运动而产生的内摩擦阻力以抵抗剪切变形的性质，称为流体的黏滞效应，内摩擦阻力称为黏滞力。牛顿于 1686 年提出了描述流体黏滞效应的流体内摩擦定律：处于相对运动的两层相邻流体之间的内摩擦阻力（或切力）T 大小与流体的物理性质有关，并与垂直于流动方向上的流速梯度 $\mathrm{d}u/\mathrm{d}y$ 和流层的接触面积 A 成正比，与接触面上的压力无关。其数学表达式为：

$$T = A\mu\mathrm{d}u / \mathrm{d}y \qquad (3-1-1)$$

式中 μ 为比例系数，在 A 和 $\mathrm{d}u/\mathrm{d}y$ 相同的情况下，流体的内摩擦阻力越大，则 μ 也越大，因此可以用 μ 来度量流体的黏滞性，μ 称为流体的动力黏度，也可以简称为黏度，其单位为 Pa·s 或 mPa·s。

聚合物分子溶于水后其分子在溶液中呈无规线团，由于分子链上的极性基和氢键的作用，使分子舒展，分子溶胀变大，在溶液流动时表现为内摩擦阻力增加，溶液黏度升高，由于其分子量比溶剂的分子量大很多，因此聚合物溶液比溶剂的黏度增加很多。聚合物溶液的黏度与其浓度、分子量、含盐度和温度等有关（叶仲斌等，2017）。

2）聚合物溶液的流变性

聚合物驱油过程中，聚合物溶液从注入井到油层深部的流动为径向流，其流速越来越小。而聚合物溶液为非牛顿流体，其黏度随剪切速率变化而变化。为了预测油藏中聚合物溶液改善流度能力，有必要了解聚合物溶液的流变性。流变学参数是聚合物驱油中最重要的参数之一，直接影响着聚合物驱的波及系数和采收率。

聚合物溶液是非牛顿流体，在剪切流动中，一般表现出假塑性流体的流变特性，其表观黏度随剪切速率增加而降低，即剪切稀释。流变性通常可以用黏度与剪切速率的双对数关系（流变曲线）来表示（沈平平等，2006）。在整个剪切速率范围内，聚合物溶液的流变特征是（图 3-1-1）：

在较低剪切速率下，表现出牛顿流体的流变性，出现第一牛顿区。

在较中等剪切速率下，表现出假塑性流体的流变性，其表观黏度随剪切速率增加而降低。

在较高剪切速率下，表现出牛顿流体的流变性，出现第二牛顿区。

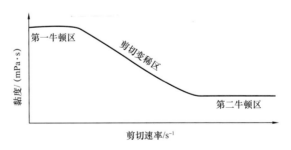

图 3-1-1 聚合物溶液流变性曲线

聚合物溶液的这种流变特征与聚合物分子在溶液中的形态结构有关。在很小剪切速率下，大分子构象分布不改变，流动对结构没有影响，其黏度不变；当剪切速率较大时，在切应力作用下，高分子构象发生变化，长链分子偏离平衡态构象，而沿流动方向取向，使聚合物分子解缠，分子链彼此分离，从而降低了相对运动的阻力，表现为黏度随剪切速率的增大而降低；当剪切速率增大到一定程度后，大分子取向达到极限状态，取向不再随剪切速率变化，表观黏度又为常数，即第二牛顿区。

3）聚合物溶液的黏弹性特征

高分子聚合物溶液（HAPM）在等直径毛细管中的流动一般情况下属于纯黏性流动，仅表现出幂律流体的流动特征。然而当毛细管直径发生剧烈变化时，聚合物分子链会在外力场的作用下发生不规则的拉伸或压缩，从而使聚合物溶液发生弹性拉伸流动，于是除了黏性流引起的剪切黏度外，弹性拉伸流引起的分子弹性也对有效黏度有了贡献。部分水解聚丙烯酰胺溶液（简称 HPAM 溶液）在多孔介质中流动过程中，随着剪切速率的变大，溶液表现出的性质介于理想黏性体和理想弹性体之间，因此，HPAM 溶液又被称为黏弹性流体。

（1）黏弹性流体的物理特点。大部分黏弹性流体都是一些大而长的聚合物分子的水溶液，这些分子在水溶液中可以互相缠绕。当一个分子向前运动时，它可以推动前面的流体（和牛顿流体一样），同时还可以携带侧面和后面的分子向前运动，前面的流体对后面及侧面的流体具有"拉、拽"的作用。聚合物溶液的黏弹性特征产生了许多特殊的流动现象：由于拉动侧面分子而产生的聚合物溶液在旋转轴上的爬杆现象（维森伯格效应）；由于拉动后面分子而产生的无管虹吸效应以及由于第一法向应力差而产生的射流膨大现象（图 3-1-2）。

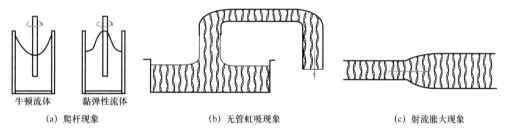

|（a）爬杆现象 | （b）无管虹吸现象 | （c）射流胀大现象 |

图 3-1-2　黏弹性流体的特殊流动现象

与非弹性流体比，黏弹性流体由于分子间的"拉、拽"作用，在孔道中的流速更均匀，它的流线会伸到不在主流线上的孔道边部位置，管壁部位的速度梯度更大，速度剖面更"平坦"，更接近于"活塞式"流动，这种现象称为黏弹性流体的"可变直径活塞"效应。

在半径为 90μm 单管微观模型中分别进行了聚合物溶液和注入水在毛细管中的速度分布测定。实验是用浓度为 1500mg/L 的聚合物溶液和浓度 1000mg/L 的盐水，两种液体中加入密度接近于 1g/cm³、粒径为 2μm 的标准不溶高分子球形微粒，在同一模型上进行的。在平均流速为 4.0×10^{-5}m/s 的条件下，测得的水与聚合物溶液的流动速度剖面，可以看出，聚合物溶液的前缘速度比水低得多，速度剖面更"平坦"，更接近于"活塞式"流动，管壁边界处的速度梯度更大，并可以观察到边界处微小颗粒的快速移动。而对于水，其边界处的微小颗粒则不移动，只有距管壁一定距离处，才可观察到微小颗粒移动的现象（图 3-1-3）。

（2）第一法向应力差。HPAM 溶液在流动中除了发生永久形变外，还有部分的弹性形变。这种弹性效应使得弹性流体剪切流动时的法向应力分量不像牛顿流体那样各方向彼此相等，可以用第一法向应力差来评价流体的弹性效应。

在拉伸流动中，由于流线收缩，大分子流体反抗拉伸、力图恢复本来的蜷曲状态，从而产生一横向力，称为法向力。在流体中任取一体积单元，分析其受力情况来说明法向应力与拉伸流动的关系，在单元的三个面上，分别受力为 F_1、F_2 和 F_3，其应力分别为 τ_1、τ_2 和 τ_3。将每个应力分解为三个分量，其中与单元体面垂直的力分别为 τ_{11}、τ_{22} 和 τ_{33} 称为法向应力，与单元体面平行的力 τ_{12}、τ_{21}、τ_{13}、τ_{31}、τ_{23} 和 τ_{32} 称为切向应力（图 3-1-4）。在仅存在拉伸流动条件下，必须是 $\tau_{12}=\tau_{21}$、$\tau_{13}=\tau_{31}$、$\tau_{23}=\tau_{32}$，并且 $\tau_{11}-\tau_{22} > \tau_{22}-\tau_{33}$，则 $\tau_{11}-\tau_{22}$ 称为第一法向应力差，$\tau_{22}-\tau_{33}$ 称为第二法向应力差。

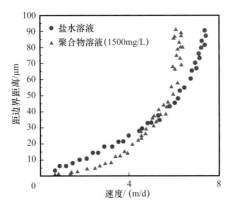

图 3-1-3　毛细管中聚合物溶液与水的速度分布图

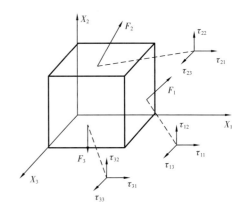

图 3-1-4　拉伸流动受力分析

具有黏弹性的流体第一法向应力差一般为正值，随剪切速率增加而增加；第二法向应力差一般为较小的负值，随剪切速率增加而下降。流体的第一法向应力差越大，流体的黏弹性越大。

（3）聚合物溶液黏弹性的影响因素。聚合物溶液的黏弹性与聚合物分子量、聚合物溶液浓度、配制水矿化度及温度等因素有关。

聚合物的分子量对聚合物溶液的第一法向应力差影响很大（图 3-1-5），在其他条件相同情况下，聚合物的分子量越高，第一法向应力差越大，聚合物溶液的黏弹性越高，并且分子量较低的聚合物溶液，在高剪切速率下，黏弹性也较小（王德民，等，2008）。

在其他条件相同的情况下，聚合物溶液的第一法向应力差随聚合物溶液浓度的增加而升高，表明聚合物溶液的黏弹性随浓度的升高而增强，聚合物浓度较低的溶液，在较高剪切速率下也表现出较小的黏弹性（图 3-1-6）。

配制水质的矿化度及温度对聚合物溶液的黏弹性也具有较大的影响，一般情况下聚合物溶液的黏弹性随着配制水质矿化度及温度的升高而减小。

一般情况下，聚合物溶液的黏度越大，其弹性也越大，驱油效果也越好；对于相同体系黏度的不同聚合物溶液，通常黏弹性较强的聚合物溶液驱油效果较好。

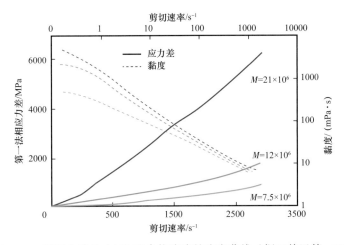

图 3-1-5　不同分子量（ M ）聚合物溶液的流变曲线（据王德民等，2008）

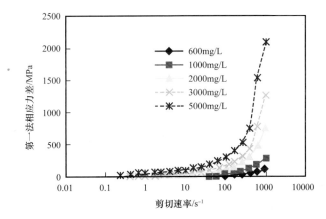

图 3-1-6　不同浓度聚合物溶液黏弹曲线

2. 聚合物黏弹性提高采收率原理

油藏的采收率是波及系数和驱油效率的乘积，波及系数和驱油效率越高，油藏采收率就越高。传统的聚合物驱油理论认为，聚合物驱只是通过增加注入水的黏度，降低水油流度比，扩大注入水在油层中的波及体积，从而提高原油采收率，认为聚合物驱并不能提高微观驱油效率，聚合物驱后的残余油饱和度与水驱之后相同。近年来王德民等（2008）、夏惠芬等（2001，2006，2009）、吴文祥等（2011）、刘洋等（2007）学者通过室内实验及现场开发实际情况，指出聚合物溶液可以通过黏弹性流体对微观剩余油的"拉、拽"作用，降低油藏残余油饱和度，提高驱油效率，从而大幅度提高油藏采收率。

1）改善油水流度比和提高油藏波及系数机理

波及系数（ E_v ）定义为被驱油剂驱扫过的油藏体积（ V_s ）与油藏总体积（ V ）之比。一般情况下，波及系数指体积波及系数，它是平面波及系数（ E_A ）与垂向波及系数（ E_h ）的乘积。

$$E_v = E_A E_h \qquad\qquad （3-1-2）$$

聚合物驱油是原油和聚合物溶液在油层中的两相流动，可以用 Buckley–Leverett 于 1942 年推导的分流方程描述。Dyes 等于 1954 年定义了流度比：

$$M = \frac{\lambda_\mathrm{w}}{\lambda_\mathrm{o}} = \frac{\dfrac{K_\mathrm{w}}{\mu_\mathrm{w}}}{\dfrac{K_\mathrm{o}}{\mu_\mathrm{o}}} = \frac{K_\mathrm{rw}}{K_\mathrm{ro}} \frac{\mu_\mathrm{o}}{\mu_\mathrm{w}} \tag{3-1-3}$$

式中　　M——流度比；

　　　　λ_w——水的流度；

　　　　λ_o——油的流度；

　　　　K_rw——水相相对渗透率；

　　　　K_ro——油相相对渗透率；

　　　　μ_w——水相黏度；

　　　　μ_o——油相黏度。

M 小于 1 时，表明油的流动能力比水强，水驱油的效果好，接近于活塞式驱替；如果 M 大于 1，则水的流动能力比油强，水相容易沿着注采主流线出现指进现象，从而将大部分原油留在油层内。聚合物的加入可以提高驱替相的黏度 μ_w，同时降低驱替相相对渗透率 K_rw，大幅度降低流度比，从而可以大幅度提高平面波及系数。

由于聚合物溶液的黏度大于注入水的黏度，注入井开始注聚合物溶液后，在相同注入量的情况下，启动压力将增加，从而将会使原来不能吸水的低渗透率油层开始吸水，这样便改善了油层的吸水剖面，增加了油层的吸水厚度；同时，根据聚合物溶液流变性的特点，其在多孔介质流动过程中，剪切速率是流速和孔隙几何形态的函数，由于在窄小孔隙中的剪切速率大于在较大孔隙中的剪切速率，因此，在大孔隙中聚合物溶液显示了较高的视黏度。根据油藏工程的概念，在聚合物溶液注入过程中，在相同的达西速度下，首先进入已经被水占据的高渗透条带（大孔隙带）的聚合物溶液表现了较高的黏度，起到了"堵塞"大孔道的作用，迫使聚合物溶液进入较低的渗透率条带（较小的孔道），从而降低了聚合物溶液沿高渗透率油层的窜流，增加了低渗透率油层的吸水能力（杨承志等，2007）。这样就会使原来未被波及的低渗透率油层得到动用，调整了油层的吸水剖面，提高了纵向波及系数。

2）提高微观驱油效率机理

（1）水驱后残余油类型。水驱过后，岩心中的残余油团可以分为 5 种类型：油滴、油柱、油膜、油簇（簇状油）和盲端油。在亲水岩石中只占据一个孔道的油团是油滴；在亲油岩石中只占据一个孔道的油团是油柱；在亲油岩石中只占据孔道少部分通道的是油膜；亲油或亲水岩石中占据多个孔道的油团是簇状油；孔隙盲端中的残余油是盲端油（图 3-1-7）。

（2）黏弹性流体作用在残余油上的微观力。在实际油田开发过程中，大多不能显著提高油田深部的压力梯度，而国际上公认的驱油机制在压力梯度保持恒定时成立，分析

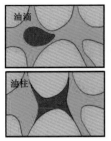
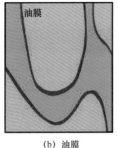
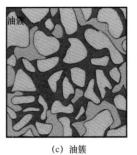
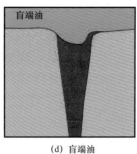

（a）油滴、油柱　　　　（b）油膜　　　　　（c）油簇　　　　　（d）盲端油

图 3-1-7　水驱后不同类型残余油示意图

黏弹性对驱油效率的影响时，驱替压力梯度也应保持恒定。驱替液携带残余油的压力梯度永远等于驱替液的压力梯度，因此若增加驱替液对残余油的携带力，驱替压力梯度也会增加。

化学驱的驱替液段塞比较大，一般会充满大部分油藏，因此驱替液性质（如其黏弹性等）对整个油藏都有类似的影响，不可能局部起作用，所以若油藏深部局部位置的压力梯度增加则其他部位的压力梯度也必然增加，油井和水井之间的总压差也会增加。

现实中很难使油井和水井之间的总压差大幅度的增加，所以在研究驱油机制时，国际上公认的标准是压力梯度要恒定并接近油藏深部的实际压力梯度，但允许由于注入压力的提高而使井眼附近局部压力梯度增加并因此增加局部的驱油效率（但这几乎不影响整个油藏的驱油效率）。

聚合物溶液的弹性改变了聚合物溶液在孔道中的受力状态，增加了变径孔道边角处和盲端中流体的流速，这就有可能使聚合物溶液驱油时的压力增加。聚合物驱的室内实验和现场试验均表明，聚合物驱没有显著地增加压力梯度，定义在油层中存在一个不会提高宏观压力梯度的作用力，即微观力。

图 3-1-8 给出了残余油的变形及剥离过程，可以看出在残余油团的最前部都会有一个突出部位以便产生一个毛细管力平衡后面的驱动力。当油团的突出部位阻挡驱替液的流动时，流速在这些突出部位的改变最大，由于流速的改变（Δv）所产生的微观力的改变（$\Delta F = \Delta v \cdot m/t$）也在这些部位最大。所增加的微观力将作用在这些残余油团的突出部位，使突出部位变形或向前移动并与主残余油团分离，产生个新的、可以向前运移的油滴。由于"可变直径活塞"效应，黏弹性流体流束边缘的流速和质量流量都高，因此黏弹性流体比牛顿流体的流线在这些部位所改变的程度要大，所产生的推动这些突出部位的微观力也大，这有利于残余油的移动并富集。

在二维岩心中，微观液流在不同位置的方向和流速都会改变，但是在岩心中，这些改变的力的总和几乎等于零。微观力（ΔF）的方向与 Δv 相反，大小与 Δv 成正比，因此，ΔF 在不同位置也会与 Δv 相似发生随机变化，岩心中微观力的总和也几乎等于零。微观力大小的改变不会影响宏观压力梯度，压力梯度仍然可保持常数。在宏观力保持不变条件下，不同流体所产生的流线和微观力可以改变。当聚合物驱时，即使压力梯度不变，这些微观力的方向和大小也会发生变化，与水驱时的微观力不同，作用在油团突出部位微观力的变化，会使这些突出部位变形、重新改变油团的形状并运移。

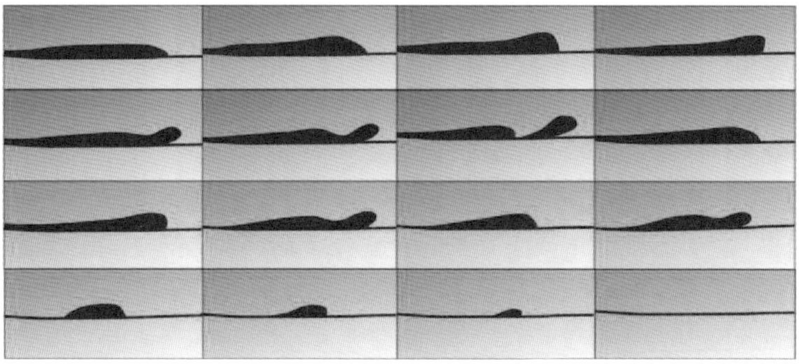

图 3-1-8　残余油的变形及剥离过程（据王德民等，2008）

（3）聚合物溶液黏弹性对各类剩余油的驱替机理。聚合物溶液对"油滴""油柱""油膜"的驱替机理。在油湿和水湿多孔介质中，无论残余油团是"滴状""柱状"还是"膜状"，黏弹性流体化学驱所增加的微观驱动力都将首先"推动"残余油团的"斜坡"和"突出"部位的油。"斜坡"中的一部分油将被推到突出部位，使突出部位变形，变形的突出部位会使以后的驱替液流动方向和速度发生更大的变化，微观驱动力更容易进一步使突出部位变形，使突出部位变得越来越大直至和油团分离，形成一个新的、可以向前移动的、独立的油滴。当这一部位形成了一个新的独立小油滴以后，油团仍然留在原处的残余油会补充前端突出部位原油的减少，这个过程将重复使整个油团向前移动。在这个过程中，油团不是从后面推动向前移动的，而是油团后部的油必须补充前部突出部位原油的减少，以便形成一个具有新突出部位的油团，这个新油团的突出部位应产生一个毛细管力抵消驱动压力的影响。这个过程看起来好像是后端的油是被前端的油"拉动"的，实际上后端的油的移动主要是由于小油滴从油团分离后，油团的毛细管力需要重新调整而产生的，重新调整的毛细管力必须永远与驱动力相平衡，这个过程同时又会使参与油团产生移动。上述过程可以多次重复，直至整个油团变成许多小的、可以移动的油滴；或者油团变得很小，作用在突出部位的微观驱动力不能从油团的后面汇集足够量的油，以形成足够大直径的突出部位（同时也是足够小的毛细管滞留力）来形成另一个独立的油滴，此时宏观力和微观力将和毛细管滞留力相平衡，形成一个新的、比原来小的、不能再移动的残余油团。上述现象的累加效果是使岩心的残余油饱和度下降，驱油效率增加。

聚合物溶液对"油簇"的驱替机理。这类"油簇"残余油团是由很多"油滴"或"油柱"组成的，在其最前端也必然有一个突出部位形成毛细管滞留力抵消驱动力。因油簇跨越的长度大，而驱替压力梯度不变，因此作用在油簇的驱动力比油滴和油柱的驱动力大（驱动力与长度成正比），油簇最前端突出部位的形状变化更趋向于一个油滴。由于"可变直径活塞"效应，黏弹性流体流束边缘的流速和质量流量都高，因此黏弹性流体比牛顿流体的流线在这些部位所改变的程度要大，所产生的推动这些突出部位的微观力也大，这有利于残余油的移动并富集。

聚合物溶液对盲端残余油的驱替机理。盲端边部聚合物溶液与油面平行或其法线方向垂直于流动方向的原油被更多的"拽"出盲端。这种拉、拽的效果可以用聚合物的黏弹性来解释。对于具有黏弹性的溶液，其后续流体对前缘的流体不仅有推动作用，而且前缘的流休又对其边部及后续流体有拉、拽的作用。这种拉、拽作用是由于聚合物长分子链间的相互缠绕及分子链间的相互拉、拽。聚合物溶液对残余油的拉力与分子缠绕程度有关。聚合物分子缠结越严重，它在岩心中的流动阻力就越大，表观黏度也越大，因此聚合物溶液在岩心中的表观黏度反映了它的缠结程度。故表观黏度越大，缠结程度越强，从而产生拉伸，并带动后面和周围的分子运动，从而携带出盲端中的残余油。而小分子、无弹性的水溶液在驱油过程中不会出现聚合物溶液在驱油过程中所表现出的流动现象。

3. 聚合物黏弹性对驱油效率的影响

为了研究聚合物溶液的黏弹性对采收率的影响，进行了相同黏度的甘油、聚合物溶液驱油的对比实验。甘油为牛顿流体，具有较高的黏性，无弹性。聚合物溶液（HPAM）为黏弹性流体，具有较高的黏性和弹性。

几组渗透率相近的人造岩心进行的驱油实验结果表明，直接进行甘油驱时，采收率平均为 57.81%；直接进行聚合物驱时，采收率为 63.95%，聚合物驱比甘油驱多提高 6.14 个百分点。而甘油驱后再进行聚合物驱，还可以多提高 5.32 个百分点，最终采收率平均为 63.13%（表 3-1-1）。

表 3-1-1　人造岩心甘油、聚合物驱油对比实验结果

样品号	渗透率 /mD	孔隙度 /%	驱替方式	采收率 /%
16-6	700	20.7	直接聚合物驱	61.41
16-12	710	21.5	直接甘油驱	55.85
C3	838	23.8	直接聚合物驱	65.48
C1	824	23.9	直接甘油驱 甘油驱后聚合物驱	58.32 63.85
16-4	810	21.6	直接聚合物驱	64.96
16-2	798	21.7	直接甘油驱 甘油驱后聚合物驱	59.27 64.38

用水湿、中性和油湿微观模型，进行的水驱→甘油驱→聚合物驱（甘油与聚合物溶液的黏度相同）的驱油实验结果也有类似结论（图 3-1-9）。由于平面仿真模型，水驱时存在明显的指进现象，水驱后存在着较多的成片残余油和驱替不到的死角，所以，水驱后用黏性甘油驱也能明显提高原油采收率。而甘油驱后，再用具有黏弹性特征的聚合物溶液驱，驱油效率能进一步提高，分别提高 7.0%、6.4% 和 5.9%。表明黏弹性聚合物溶液能够驱出黏性甘油水溶液驱后的部分残余油。但驱替顺序若改为水驱→聚合物驱→甘

油驱,则聚合物驱后的甘油驱,不能进一步提高采收率(图 3-1-10)。微观驱油实验图片对比表明,聚合物驱能比甘油驱驱替更多的簇状残余油(图 3-1-11),而且聚合物驱对甘油驱替不出来的细喉道中的残余油(图 3-1-12),也有一定的驱替效果。

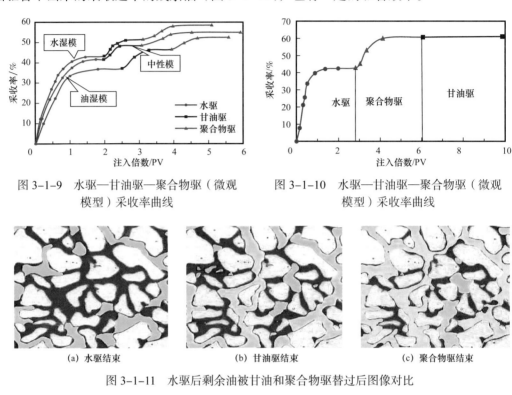

图 3-1-9　水驱—甘油驱—聚合物驱(微观模型)采收率曲线

图 3-1-10　水驱—甘油驱—聚合物驱(微观模型)采收率曲线

图 3-1-11　水驱后剩余油被甘油和聚合物驱替过后图像对比

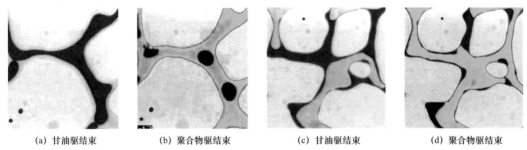

(a) 甘油驱结束　　(b) 聚合物驱结束　　(c) 甘油驱结束　　(d) 聚合物驱结束

图 3-1-12　聚合物驱替甘油驱后细喉道中的残余油

二、新型驱油用抗盐聚合物的研发

聚合物驱油技术是大庆油田持续稳产的主导技术之一。目前,已完成在一类油层的推广应用,开始转向储层物性较差的二类油层。相比一类油层,二类油层的河道砂发育规模和厚度均下降,砂体连续性变差,导致储层有效渗透率偏低,渗透率分布更加离散(邵振波等,2005)。油田常用的高分子量部分水解聚丙烯酰胺(HPAM)在较低渗透率的层位出现注入困难的问题;同时,大庆二类油层采用"清水配制聚合物母液,污水稀释至注入浓度"的溶液配制方式,来实现油田采出污水的循环使用。油田采出污水的高矿化度（TDS 5200mg/L，其中 Ca^{2+} 和 Mg^{2+} 浓度为 50mg/L）、弱碱性（pH 值 7.1～8.3）、复杂组分（铁离子、硫化物、残余聚合物及化学助剂）及多菌落（烃降解菌、NO_3^- 和 SO_4^{2-} 还原菌、腐生菌、铁细菌和发酵菌等），大幅降低 HPAM 溶液的地下黏度，使得聚合物干粉用量增加 40%～65%，严重影响聚合物驱开发的技术、经济效益（丁玉娟等，2015；任佳维等，2016；王雨等，2018）。截至 2019 年底，大庆油田二类油层剩余地质储量 $7.53×10^8t$，研发适合二类油层驱油用的抗盐聚合物产品，已成为大庆老油田持续稳产的关键技术之一。

1. 抗盐聚合物 DS2500 分子结构设计

针对部分水解聚丙烯酰胺 HPAM 在油田污水中黏度低，低渗透油层注入困难等问题，从提升聚合物的黏度保留率和注入性能入手，设计抗盐聚合物 DS2500 的分子结构。在聚丙烯酰胺分子链上引入特定结构的功能单体，是提升聚丙烯酰胺（PAM，polyacrylamide）应用性能的有效办法（李宗阳等，2019；姚峰 2017；Zhang et al.，2017）。其中，在聚丙烯酰胺分子链上引入抗盐单体，可提升聚合物的抗盐能力和老化稳定性；引入具有环状结构的刚性单体，可提升聚合物分子链蜷曲和缠绕运动能垒，提升注入能力。在分子结构与性能关系基础上，通过筛选与研发新型功能单体，完成 DS2500 抗盐聚合物的分子结构设计（图 3-1-13）。

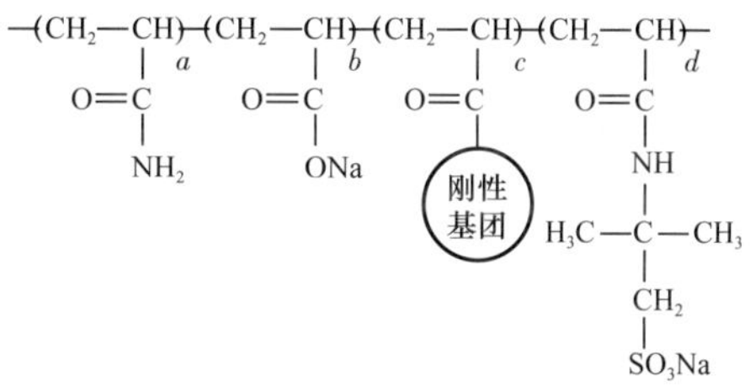

图 3-1-13 抗盐聚合物 DS2500 分子结构图

在 DS2500 抗盐聚合物分子链上，一共有 4 种功能单体。其中，丙烯酰胺构成分子链的主体，可有效控制聚合物的原料成本。丙烯酸钠进一步增加聚合物的水解度，提升聚合物的溶解性能。2- 丙烯酰胺基 -2- 甲基丙磺酸（AMPS）作为常用的耐温抗盐单体，其分子结构中，$-SO_3^-$ 的两个 π 键与三个强负性氧共用一个负电荷，使其对阳离子的进攻不敏感，提升抗盐能力；酰胺基团被临近的双甲基屏蔽，一定程度上可抑制其水解（洪璋传 2003）。自主研发的带有环状结构的刚性单体，能提升聚合物分子链蜷曲和缠绕运动能垒，使得分子链更为伸展，降低分子链缠绕成团的概率，有利于通过储层孔喉（Liu et al.，2013；Ye et al.，2013）。

2. 抗盐聚合物 DS2500 的制备

采用先水溶液共聚、之后 NaOH 水解的方法制备抗盐聚合物 DS2500。分别称取一定质量的尿素、丙烯酰胺（Acrylamide，AM）、2- 丙烯酰胺基 -2- 甲基丙磺酸（AMPS）和自制的刚性单体，加入去离子水中，搅拌至充分溶解后，用 NaOH 调控溶液 pH 值至 7～10，加入一定量的链转移剂异丙醇，并控制水浴温度为 0～20℃，通入高纯氮气除氧约 20min 后得到反应液。向上述反应液中加入一定量的偶氮二异丙基咪唑啉盐酸盐溶液（Va-044），5min 后，再次向反应液中加入一定量的过硫酸钾（$K_2S_2O_8$）、亚硫酸氢钠（$NaHSO_3$）溶液。继续通入高纯氮气直至反应液变得黏稠。将反应体系置于保温容器中，减少反应热向环境的扩散。待聚合反应充分进行，体系温度降至室温后，取出胶块进行切割后，按水解度10%～25%，混入 NaOH 颗粒进行造粒。将小胶粒密封置于90℃烘箱中水解 2h 后，再经烘干、粉碎和筛分，得到抗盐聚合物 DS2500 的颗粒。

3. 抗盐聚合物 DS2500 中试放大

在室内研发的基础上，开展了抗盐聚合物 DS2500 的逐级中试放大研究。在中试放大的过程中，依据产品的性能对产品配方进行了优化。其中，聚合物的分子量是评价聚合物驱油剂的一项重要指标。通常而言，聚合物分子量越高，其溶液的本体黏度越高，有利于改善油水流度比，提高波及效率。抗盐聚合物 DS2500 的分子量受合成参数的影响。在丙烯酰胺（AM）质量分数20%～21%，复合引发体系 $K_2S_2O_8$–$NaHSO_3$、Va–044 占总单体质量分数 0.01% 的条件下，考察了功能单体用量、引发温度以及链转移剂用量对聚合物黏均分子量、表观黏度和过滤因子的影响，确立较优的合成条件。

1）功能单体加量

在固定链转移剂异丙醇占总单体质量分数 0.2% 和引发起始温度 1℃的条件下，功能单体加量对聚合物黏均分子量的影响见表 3–1–2。从实验 1—实验 4 可见，随着抗盐单体 AMPS 加量的增加，聚合物分子量呈现先增大后减小的趋势。这是由于当 AMPS 的含量较少时，共聚物侧链的位阻效应和磺酸基团的静电排斥力使得自由基链终止概率减小，有利于分子量的增加，表观黏度增加；当 AMPS 用量过高时，磺酸基团的水合作用使得大分子自由基和单体扩散困难，增大链终止概率，导致分子量减小，表观黏度降低（宋华等，2013）；从实验2、实验 5—实验 9 可见，刚性单体的加量从 0.1% 增至 0.5%，侧链的位阻效应使得聚合物的分子量小幅增加，而刚性单体加量高于 0.7% 后，聚合物的溶解性开始变差，含量太高甚至会完全不溶。当 AMPS、刚性单体的加量分别为 7.5%～10% 和 0.1%～0.5% 时，聚合物具有较高的分子量和表观黏度。

表 3–1–2　AMPS 和刚性单体加量对聚合物参数的影响

实验编号	AMPS 加量 /%	刚性单体加量 /%	M_η	表观黏度 /（mPa·s）
1	5.0	0.3	2445 万	33.6
2	7.5	0.3	2587 万	36.9
3	10.0	0.3	2502 万	34.1
4	15.0	0.3	2267 万	28.3
5	7.5	0.1	2424 万	33.4
6	7.5	0.5	2513 万	34.1
7	7.5	0.7	2358 万	31.5
8	7.5	1.0	水不溶物增加	
9	7.5	2.0	聚合物只溶胀不溶解	

注：M_η 为黏均分子量。

2）引发温度

固定链转移剂异丙醇占总单体质量分数0.2%，在抗盐单体 AMPS 和刚性单体加量为7.5% 和 0.5% 的条件下，聚合反应的最佳引发温度为 2℃（图 3-1-14）。再提高引发温度，聚合物分子量逐渐下降；同时，降低引发温度至 0℃ 以下，聚合物的分子量大幅降低，低温引发并未实现分子量的增长。较高的引发温度会加速自由基的生成，增大链终止和链转移的概率，导致聚合物的分子量降低。当起始反应温度过低时，氧化还原引发剂 $K_2S_2O_8$-$NaHSO_3$ 生成自由基速率较慢，导

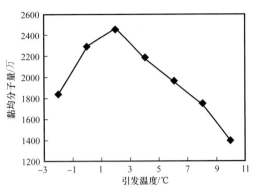

图 3-1-14 引发温度对聚合物黏均分子量的影响

致聚合反应后段温度偏低，偶氮类引发剂 Va-044 未能完全参与反应，从而使得聚合物的分子量偏低。

3）链转移剂加量

在固定引发起始温度 2℃、抗盐单体 AMPS、刚性单体加量为 7.5% 和 0.5% 的条件下，链转移剂异丙醇的用量可有效调节聚合物 A 的分子量和溶解性（秦雪峰，2005）。如表 3-1-3 所示，链转移剂的加入虽然降低了聚合物的分子量与表观黏度，却能有效减少聚合过程中不溶物的产生，提升聚合物的溶解性。在链转移剂异丙醇加量占单体质量比为 0.2% 时，聚合物具有较高分子量的同时，过滤因子也符合 SY/T 5862—2020《驱油用聚合物技术要求》（过滤因子通常要求低于 2）。较低的过滤因子也有利于提升聚合物 A 的注入能力。

表 3-1-3 链转移剂加量对聚合物参数的影响

异丙醇加量 /%	M_η	表观黏度 /（mPa·s）	过滤因子
0.05	只溶胀不溶解	无法测量	无法测量
0.10	只溶胀不溶解	无法测量	无法测量
0.15	2517 万	37.3	2.214
0.20	2458 万	36.9	1.125
0.25	2235 万	33.6	0.985
0.30	1820 万	28.5	0.854

通过上述合成参数的优选，抗盐聚合物 DS2500 的最佳制备条件为：AM、AMPS、刚性单体的质量分数分别为 20%~21%、7.5%~10% 和 0.1%~0.5%，复合引发体系 $K_2S_2O_8$-$NaHSO_3$ 和 Va-044 占单体总质量分数 0.01%，链转移剂异丙醇加量占单体总质量的 0.2%，初始引发温度为 2℃。

4）抗盐聚合物 DS2500 中试放大

在产品配方优化的基础上，开展了 DS2500 抗盐聚合物的吨级中试放大。通过 4 釜共 3.5t 的递进研究，生产出性能合格的 DS2500 抗盐聚合物产品（表 3-1-4）。

表 3-1-4　不同批次 DS2500 吨级中试产品理化性能

聚合物	溶解时间 /h	M_η	模拟污水黏度 /（mPa·s）	水解度 /%	过滤因子	不溶物 /%
DS2500-M1	<1.5	2057 万	30.6	27.15	1.2	0.048
DS2500-M2	<1.5	2135 万	32.7	27.6	1.23	0.050
DS2500-M3	<2	2500 万	36.0	27.3	1.30	0.052
DS2500-M4	<2	2527 万	36.9	27.8	1.34	0.056

在聚合体系中添加链转移剂，以减少在聚合过程中支链的形成，抑制分子链之间的交联。但如果加入量过多，聚合物的分子量会明显降低。基于 DS2500-M1 和 DS2500-M2 吨级产品的溶解性能良好，在 DS2500-M3 吨级产品的配方中，对链转移的加入量做了适当降低，在确保产品溶解性能良好的同时，聚合物的分子量有所提高。在 DS2500-M3 吨级产品分子量明显提高的同时，表观黏度也随之提高，产品完全溶解的时间依旧小于 2h，过滤因子等其他理化性能指标仍然符合石油行业标准。DS2500-M4 重复 DS2500-M3 的产品配方，产品分子量仍达到 2500 万，在 1000mg/L 浓度下的黏度为 36.9mPa·s，过滤因子等理化指标与 DS2500-M3 产品相近，表明该中试配方具有可重复性，制得的 DS2500 抗盐聚合物符合石油行业标准 SY/T 5862—2020。

4. 抗盐聚合物 DS2500 中试产品性能评价

选取 DS2500 抗盐聚合物的中试放大产品与同分子量的 HPAM（部分水解聚丙烯酰胺），开展了抗盐性能、老化稳定性、注入能力和驱油效果等性能对比评价研究。

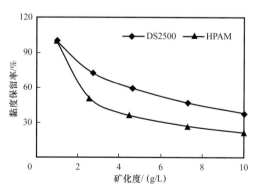

图 3-1-15　聚合物 DS2500 和 HPAM 的抗盐黏度保留率曲线

1）抗盐性能

对比评价了 DS2500 和 HPAM 的抗盐性能。聚合物溶液采用模拟清水配制浓度为 5000mg/L 的母液，后用模拟污水将上述母液稀释成浓度 1000mg/L，矿化度分别为 950mg/L，2410mg/L，4000mg/L，7000mg/L 和 10000mg/L 的溶液。测定稀释后溶液的黏度，并与矿化度 950mg/L 溶液的黏度对比，绘制黏度保留率随矿化度变化的关系曲线（图 3-1-15）。模拟清水为矿化度 950mg/L 的 NaCl 溶液；模拟污水为总矿化度 20000mg/L，Ca^{2+} 和 Mg^{2+} 浓度 50mg/L 的 NaCl 溶液。

由图 3-1-15 可见，两种聚合物的黏度保留率均随着矿化度的增加呈下降趋势。相同矿化度条件下，DS2500 聚合物的黏度保留率要高于 HPAM，这是由于在 DS2500 分子结构中引入了抗盐单体 2- 丙烯酰胺基 -2- 甲基丙磺酸（AMPS），其分子结构中，—SO$_3^-$ 的两个 π 键与三个强负性氧共用一个负电荷，使其对阳离子的进攻不敏感，提升聚合物抗盐能力。

2）耐热稳定性

对比评价了 DS2500 和 HPAM 的老化稳定性。聚合物溶液采用模拟清水配制浓度为 5000mg/L 的母液，后用模拟污水稀释成浓度为 1000mg/L 的溶液。将稀释后的溶液置于厌氧手套箱中，进行 45℃恒温老化。测量不同老化时间下溶液的黏度，并与老化初始黏度对比，绘制黏度保留率随老化时间的关系曲线（图 3-1-16）。模拟清水为矿化度 950mg/L 的 NaCl 溶液；模拟污水为总矿化度 5000mg/L，Ca^{2+} 和 Mg^{2+} 浓度 50mg/L 的 NaCl 溶液。

由图 3-1-16 可见，聚合物 DS2500 和 HPAM 的老化黏度黏度保留率随老化时间呈现先快速下降，后降幅趋缓、保持不变的趋势。相同老化时间下，DS2500 聚合物的老化黏度保留率高于 HPAM。这是由于引入的 2- 丙烯酰胺基 -2- 甲基丙磺酸（AMPS）单体中，酰胺基团被临近的双甲基屏蔽，一定程度上可抑制其水解，提升 DS2500 抗盐聚合物的老化稳定性。

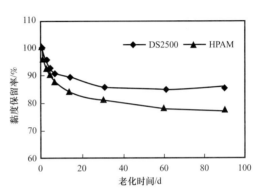

图 3-1-16 聚合物 DS2500 和 HPAM 的老化黏度保留率曲线

3）注入能力

通过测定聚合物溶液在岩心流动实验中的可注入渗透率下限，来衡量 DS2500 和 HPAM 的注入能力。相同浓度条件下，聚合物溶液的可注入渗透率下限越低，其注入能力越好。采用模拟清水（950mg/L 的 NaCl 溶液）配制质量浓度为 5 g/L 的聚合物溶液母液，再用模拟污水（5000mg/L 的 NaCl 溶液，Ca^{2+} 和 Mg^{2+} 总浓度 50mg/L）稀释为 750～2000mg/L 的溶液，开展 45℃恒温人造岩心流动实验。具体步骤如下：将人造岩心置于岩心加持器中，抽真空 2h；以特定速率向抽空后的岩心饱和模拟污水，测定岩心的孔隙体积和有效渗透率；注入模拟污水，记录注入压力平稳时的数值；注入 3.0 PV 的聚合物溶液，记录注入结束时的压力数值，计算阻力系数 F_r；注入 3.0 PV 的模拟污水，记录注入结束时的压力数值，计算残余阻力系数 F_{rr}。注入速率为 0.2 cm^3/min。降低岩心的有效渗透率，重复上述实验步骤，当 F_{rr} 大于 4/5 的 F_r 或者注入压力持续升至 0.5 MPa 时，聚合物溶液到达可注入的渗透率下限（表 3-1-5）。

表 3-1-5 聚合物 DS2500 和 HPAM 的可注入渗透率下限

聚合物质量浓度 / (mg/L)	可注入渗透率下限 /mD	
	聚合物 DS2500	HPAM
750	100.13	151.69
1000	112.54	165.87
1250	120.38	178.93
1500	134.00	190.28
1750	165.55	223.10
2000	222.47	253.04

如表 3-1-5 所示，相同浓度下的流动实验表明，DS2500 的注入渗透率下限低于 HPAM。1000mg/L 的 DS2500 聚合物可注入岩心渗透率下限为 112.54mD，比同浓度的 HPAM 低 53mD。从分子结构来看，DS2500 分子链上引入环状结构的刚性单体，提升聚合物分子链的抗蜷曲性能，使得分子链更为伸展，降低分子链缠绕成团的概率，有利于通过储层孔喉（王德民等，2000）。

4）驱油效果

考察了相同用量条件下 DS2500 和 HPAM 聚合物驱油实验采收率提高值。聚合物溶液采用模拟清水（950mg/L 的 NaCl 溶液）配制 5000mg/L 的母液，后用模拟污水（5000mg/L 的 NaCl 溶液，Ca^{2+} 和 Mg^{2+} 总浓度 50mg/L）稀释至 1200mg/L，聚合物注入量为 0.6PV（表 3-1-6）。通过测定物理模拟驱油实验中聚合物驱油的采收率增幅，来衡量其驱油效率。具体步骤如下：将天然岩心置于岩心加持器中，抽真空 2h；以特定速率向抽空后的岩心饱和模拟污水，测定岩心的孔隙体积和渗透率；以特定速率向岩心饱和模拟原油，模拟原始含油饱和度，并于 45℃下熟化 24h；注入模拟污水，直至产出液含水达到 98%，水驱结束；注入 0.6PV 的聚合物溶液；注入模拟污水进行后续水驱，直至产出液含水再次达到 98%，驱替实验结束，记录并计算驱替过程中各阶段采收率数值（注入速率为 0.2cm³/min）。

表 3-1-6 聚合物 DS2500 和 HPAM 驱油实验提高采收率

聚合物	浓度 / mg/L	水测渗透率 / mD	含油饱和度 / %	水驱采收率 / %	总采收率 / %	聚合物驱提高 / %	平均提高 / %
LH2500	1200	363	70.4	50.2	64.8	14.6	15.0
	1200	372	69.8	50.5	65.8	15.3	
HPAM	1200	471	69.8	48.6	60.0	11.4	10.8
	1200	395	70.8	49.3	59.4	10.1	

驱油实验结果表明，相同用量下，DS2500 聚合物可提高采收率 15%，比 HPAM 要高 4.2 个百分点。由于 DS2500 聚合物的抗盐能力、老化稳定性以及注入能力等性能优于 HPAM，使得 DS2500 能更有效地提高驱替过程中的波及效率和驱油效率，从而大幅度提高采收率。

三、聚合物室内检测及评价技术

聚合物室内检测评价技术是聚合物驱技术中的重要组成部分，为聚合物驱方案设计、数值模拟以及现场跟踪调整等提供重要参数和依据。国外于 20 世纪 50 年代末、60 年代初开展了聚合物驱室内实验研究，中国于 70 年代开展聚合物驱室内实验研究，经过几十年的探索与应用，目前已形成了从宏观到微观、从研究到应用的技术体系，针对不同类型聚合物结构特性和油田实际应用情况，建立了企业、行业等各级标准，能够准确把握聚合物性能特点、有效控制聚合物产品质量、科学合理筛选聚合物品种，为聚合物驱高效开发起到了重要作用。

1. 聚合物室内检测评价流程和主要依据标准

聚合物室内实验评价主要针对油田目的区块储层条件和油水物性确定相关的聚合物产品类型，并在此基础上开展聚合物基本理化性能、增黏性能、抗剪切性能、抗吸附性能、稳定性能、流变及黏弹性能、流动实验和驱油实验的评价（李长庆，2010）。通过对基本理化性能检测，检验聚合物产品质量；通过对增黏性、稳定性等评价，旨在寻求既能较好控制流度，又具有良好的热稳定性能等的聚合物产品；通过流动和驱油实验，进一步验证聚合物在地下的流度控制能力和提高原油采收率的能力，从而筛选出适合该油藏区块的聚合物产品。

1）聚合物室内检测评价流程

聚合物室内评价是针对油田目的区块地质条件、油水物性等客观情况，确定驱油用聚合物产品类型及分子量范围，首先开展基本理化性能检测，如黏均分子量、溶液黏度、水解度、过滤因子等，在产品质量达标的前提下，开展聚合物溶液性能评价，如增黏性、稳定性、抗剪切性等，在溶液性能评价的基础上，确定流动实验和驱油实验等方案参数，如注入溶液浓度、段塞大小等；最后开展岩心实验，评价聚合物溶液的注入能力和驱油性能。聚合物评价流程如图 3-1-17 所示。

2）依据的主要技术标准

由于不同区块储层条件和油水物性的差异，筛选评价与目的层相匹配的聚合物尤为重要，而聚合物产品质量又直接决定聚合物驱开发效果，因此优选聚合物产品和把好聚合物产品质量关，是聚合物驱高效开发的前提和保障（李长庆等，2008）。目前用于驱油用聚合物产品检验和性能评价的标准有石油行业标准、各石油公司企业标准以及各生产商企业标准等，具体检测方法和技术要求可参照执行。

（1）行业标准：SY/T 5862《驱油用聚合物技术要求》（李长庆等，2020）。该标准为石油天然气行业标准，适用范围较宽，按照适合的地层温度和地层水矿化度将聚合物分

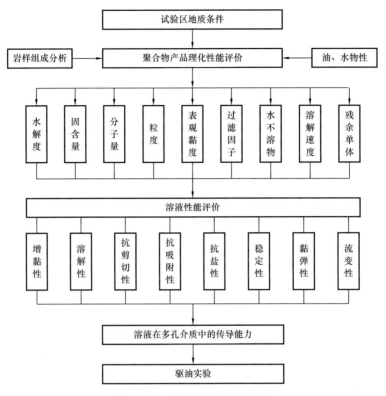

图 3-1-17 聚合物评价流程图

为两大类：一类适用于地层温度≤45℃、地层水矿化度≤6000mg/L 的低温低矿化度油藏；另一类适用于地层温度≤80℃、地层水矿化度≤30000mg/L 的高温高矿化度油藏。

（2）企业标准：Q/SY 17119《驱油用部分水解聚丙烯酰胺技术规范》（孙刚等，2019）。该标准为中国石油天然气集团公司企业标准，按照聚丙烯酰胺的黏均分子量将其从低分子量、中分子量、高分子量到超高分子量分为 11 个级别，并针对每个分子量级别规定了严格的技术要求，建立了相应的检验方法和产品级别判定方法。为现场用聚合物产品质量验收和保障聚合物注入质量起到了重要作用。

2. 聚合物室内检测评价内容

聚合物室内检测评价分为基本理化性能检测和溶液性能评价，基本理化性能检测主要用于聚合物产品的验收与质量控制，溶液性能评价主要用于聚合物产品的优选。

1）基本理化性能检测

对驱油用聚合物样品或工业化产品进行常规基本理化性能分析检测，通过执行驱油用聚合物行业标准和企业标准，来评价聚合物样品或产品质量，以判断其能否满足油田聚合物驱的基本技术要求。

（1）标准盐水：按照一定配方，或对现场用水进行水质全分析，系统检测总矿化度、各离子含量、硬度、pH 值和水型等，依据水质全分析结果，用去离子水和各种无机盐配制与配方要求或与现场水总矿化度、离子含量条件相同的配制用水。

标准盐水按照用水来源、矿化度等不同，一般分为模拟清水和模拟污水两种。模拟清水一般是在实验室内按照地下水源井水的总矿化度和离子组成配制，模拟污水一般是按照采出液经过处理过后污水的总矿化度和离子组成配制而成。

（2）固含量：从聚合物干粉、胶体或乳状液中除去水分等挥发物后固体物质的百分含量。通常干粉聚合物的固含量能达到90%左右，而胶体和乳状液聚合物的固含量一般较低。检测方法如下：

① 接通恒温干燥箱电源，设置烘干温度为120℃±0.5℃，并恒温。

② 将干燥盘放在恒温干燥箱内，烘干2h。

③ 将干燥盘从恒温干燥箱中取出，放入干燥器内冷却30min。

④ 在精密电子天平上称干燥盘质量，准确至0.0001g，视为m_0。

⑤ 在干燥盘上均匀撒入1g左右粉状试样，在精密电子天平上称质量，准确至0.0001g，视为m_1。置于干燥箱内烘干2h。

⑥ 将烘干后的试样移至干燥器内，冷却30min至室温。

⑦ 在精密电子天平上称质量，准确至0.0001g，视为m_2。

⑧ 该实验应取三个平行样同时测定，将三个平行试样测试值修约至小数点后第二位，取其平均值。即为待测试样的固含量S。当粉状试样单个测定值与平均值偏差大于0.5%时，重新取样测定。

⑨ 按式（3-1-4）计算聚丙烯酰胺干粉固含量：

$$S = \frac{m_2 - m_0}{m_1 - m_0} \times 100\%$$

（3-1-4）

式中 S——试样的固含量，%；

m_0——干燥盘质量，g；

m_1——干燥前试样及干燥盘总质量，g；

m_2——干燥后试样及干燥盘总质量，g。

（3）粒度：聚合物中不同颗粒大小的粉末在试样总量中所占的百分比。颗粒含量反应了试样的均匀程度，直接影响聚合物的溶解速度、溶液均一性以及现场施工。检测方法如下：

① 称量孔径大小不同的两个试验筛准确至0.01g，记为m_3和m_4，大孔径标准筛孔径为1.00mm，小孔径标准筛孔径为0.20mm。然后把两筛叠套起来，大孔径筛在上，小孔径筛在下，上筛放置筛盖、下筛套上托盘，组成筛堆。

② 称取100g试样准确至0.01g，记为m_5置于上筛中。

③ 将筛堆固定在筛分仪上，启动筛分仪，调节定时器，振筛20min。

④ 称量载有筛留物试验筛质量准确至0.01g，记为m_6和m_7。

⑤ 仔细清理试验筛，若筛孔严重堵塞难于清理时，用水冲洗干净，并自然干燥。

⑥ 做三个平行试验，分别求取相同规格试验筛中筛留物及筛出物质量分数的平均值，取有效数字三位，即为试样中不同粒度粉末的含量（质量分数）。

⑦ 筛分仪必须安装在稳固的实验台上，实验室湿度要求小于 70%。

⑧ 高于上限和低于下限的试样含量（质量分数）分别按式（3-1-5）和式（3-1-6）计算：

高于上限的试样：

$$W_{\mathrm{H}} = \frac{m_6 - m_3}{m_5} \times 100\% \qquad （3-1-5）$$

低于下限的试样：

$$W_{\mathrm{L}} = \left[1 - \left(\frac{m_6 - m_3}{m_5} + \frac{m_7 - m_4}{m_5} \right) \right] \times 100\% \qquad （3-1-6）$$

式中　W_{H}——粒径大于 1.00mm 的颗粒的含量，%（质量分数）；

　　　W_{L}——粒径小于 0.20mm 的颗粒的含量，%（质量分数）；

　　　m_3——大孔径实验筛质量，g；

　　　m_4——小孔径实验筛质量，g；

　　　m_5——试样质量，g；

　　　m_6——载有筛留物的大孔径实验筛质量，g；

　　　m_7——载有筛留物的小孔径实验筛质量，g。

（4）水解度：表征聚电解质在水溶液中的离解程度的量值。检测方法如下：

① 根据试样的固含量 S，称取（200-1/S）g 的去离子水，准确至 0.01g，于 500mL 烧杯中。

② 准确称取（1/S）g 试样，准确至 0.0001g，调整立式搅拌器的转速至 400r/min±20r/min，使蒸馏水形成旋涡，在 1min 内缓慢而均匀地将试样撒入旋涡壁中，继续搅拌 2h，配制成浓度为 0.5% 的溶液。

③ 取浓度为 0.5% 的溶液 40.00g、去离子水 160.00g 加入 500mL 烧杯中，用立式搅拌器搅拌 15min 直到溶液均匀，配制成浓度为 0.1% 的溶液。

④ 在三个 250mL 的锥形瓶中，分别加入浓度为 0.1% 的溶液 30.00g，再分别加入 100mL 去离子水并摇匀。

⑤ 用两支液滴体积比为 1∶1 的滴管向试样溶液中加入甲基橙和靛蓝二磺酸钠指示剂（甲基橙和靛蓝二磺酸钠指示剂的配制方法按照 GB/T 603 进行）各二滴，搅拌均匀，试样溶液呈黄绿色。

⑥ 用盐酸标准溶液（盐酸标准滴定溶液的配制及标定按照 GB/T 601 进行）滴定试样溶液，直至溶液颜色发生变化为灰绿色且振荡后稳定 30s 不变色，即为滴定终点。记下消耗盐酸标准溶液毫升数。

⑦ 每个试样至少测定三次，将测试值修约至小数点后两位，单个测定值与平均值的最大偏差在 ±0.50 以内，超过最大偏差应重新取样测定。

⑧ 水解度按式（3-1-7）计算：

$$HD = \frac{71\,cV}{m_8 - 23\,cV} \qquad (3-1-7)$$

式中　HD——试样的水解度，%；

　　　c——盐酸标准溶液的浓度，mol/L；

　　　V——滴定试样终点时消耗的盐酸标准溶液的体积，mL；

　　　m_8——0.1% 试样溶液的质量，g；

　　　71——与 1.00mL 盐酸标准溶液（$c_{(HCl)} = 1.000$mol/L）相当的丙烯酰胺链节的质量；

　　　23——丙烯酸钠与丙烯酰胺链节相对质量的差值。

（5）黏均分子量：聚合物中重复单元的计量与聚合度的乘积。检测方法如下：

① 用去离子水配制质量分数为 0.5% 的聚丙烯酰胺母液，准备 5 个 100mL 容量瓶。称取母液 4.00g、6.00g、8.00g 和 10.00g 分别装入 4 个容量瓶中，用移液管在 5 个容量瓶中分别加 50mL 缓冲溶液并摇匀，用去离子水分别加至 100mL 刻度并摇匀。

② 在干燥的乌氏黏度计中装入经 G_0 玻璃砂芯漏斗过滤后的待测溶液，将乌氏黏度计垂直置于 30℃恒温水浴中，最少恒温 10min。

③ 测量待测溶液在黏度计两刻度之间的流动时间，精确至 0.01s，重复测定三次，测定结果相差不超过 1s，取其平均值。所有溶液必须用同一支黏度计和同一个秒表测定。测定应从低浓度至高浓度的顺序测定，每次测定前，黏度计须用待测溶液冲洗 2 次至 3 次。

④ 缓冲溶液的流出时间按②至③的规定重复测定三次，测定结果相差不超过 0.5s。

⑤ 用式（3-1-8）计算 4 种溶液的黏度比：

$$\eta_{sp} = \frac{t_n - t_0}{t_0} \qquad (3-1-8)$$

式中　η_{sp}——增比黏度；

　　　t_0——空白溶液流经时间，s；

　　　t_n——不同浓度试样溶液流经时间（$n = 1$，2，3，4，5），s。

⑥ 计量各溶液的 η_{sp}/c 值，c 为试样溶液质量浓度，即 1mL 试样溶液中聚丙烯酰胺数量（单位：g）。在座标纸上以 η_{sp}/c 为纵坐标、c 为横坐标作图，用四点外推法求曲线上直线部分在纵坐标上的截距，读出特性黏数（IV）。

⑦ 黏均分子量按式（3-1-9）计算：

$$M_\eta = \left(IV / 0.000373 \right)^{1.515} \qquad (3-1-9)$$

式中　M_η——黏均分子量；

　　　IV——特性黏数，dL/g；

　　　0.000373——经验常数；

　　　1.515——经验常数。

（6）溶液黏度：衡量聚合物溶液流动阻力的量值。检测方法如下：

① 称取 199.00g 标准盐水于 400mL 烧杯中，准确称取 1.0000g 试样。调整立式搅拌

器的搅拌速度至 400r/min±20r/min，使标准盐水形成旋涡，在 1min 内缓慢而均匀地把试样撒入旋涡壁中，继续搅拌 2h。

② 称取按步骤①所配溶液 20.00g 于 400mL 烧杯中，加标准盐水至 100.00g，用磁力搅拌器搅匀。

③ 将恒温水浴设定为测试温度。

④ UL 转子与黏度计连接，将约 16mL 待测溶液移入测量筒中，恒温 10min，然后设定转速为 6r/min（7.34s⁻¹），按黏度计操作规程进行溶液黏度测定，每个样品测定三次，测试值保留小数点后一位有效数字，取平均值为测定结果。

（7）过滤因子：衡量聚合物溶液均一性的经验常数。检测方法如下：

① 根据试样的固含量 S，称取（$1/S$）g 待测试样，准确至 0.0001g。

② 称取新制备且经 0.22μm 核孔膜过滤的盐水（200–$1/S$）g 于 500mL 烧杯中，准确至 0.01g。

③ 调整立式搅拌器的速度至 400r/min±20r/min，使水形成旋涡，在 1min 内缓慢而均匀地将试样撒入旋涡壁中，继续搅拌 2h，直到试样完全溶解，溶液浓度为 0.5%。

④ 称 100.00g 上述溶液于 1000mL 烧杯中，加 400.00g 过滤盐水，用立式搅拌器至少搅拌 15min，使浓度为 0.1% 试样溶液充分混合。

⑤ 安装过滤因子测定装置，将 3.0μm 核孔滤膜在浓度 0.1% 试样溶液中浸泡一下，亮面水平朝上装入滤膜夹持器中，并接到过滤因子测试装置上。

⑥ 关闭球阀，将浓度为 0.1% 的试样溶液加入过滤装置中，至少加入 400mL。

⑦ 调解系统压力为 0.2MPa。把 500mL 量筒放在装置下面，迅速打开球阀，同时开动计时器，每流出 100mL 记录一次累计时间，到滤出 300mL 为止。

⑧ 过滤因子（FR）的定义为 300mL 与 200mL 之间的流动时间差与 200mL 与 100mL 的流动时间差之比，按式（3–1–10）计算：

$$FR = \frac{t_3 - t_2}{t_2 - t_1} \qquad (3-1-10)$$

式中 FR——过滤因子；

　　　t_3——聚合物溶液滤出 300mL 的时间，s；

　　　t_2——聚合物溶液滤出 200mL 的时间，s；

　　　t_1——聚合物溶液滤出 100mL 的时间，s。

（8）水不溶物：聚合物中各种杂质及助剂不溶部分的质量分数。检测方法如下：

① 用蒸馏水洗净 25μm 筛网后置于 120℃恒温干燥箱中烘干 2h，移至干燥器中冷却 30min 后，称重准确至 0.0001g 视为 m_9。

② 称取 2.5g（准确至 0.0001g）待测试样为 m_{10}，称取 500mL 去离子水于 1000mL 烧杯中，用立式搅拌器以 400r/min±20r/min 的速度搅拌形成旋涡，在 1min 内，缓慢而均匀地将试样撒于旋涡中使其完全溶解，搅拌 2h。

③ 在压力 0.2MPa 条件下，用已称重的 25μm 筛网过滤试样溶液，再用 500mL 去离

子水冲洗筛网。

④ 将筛网放回干燥箱，在 120℃下烘干 2h，移至干燥器冷却 30min 后，称重准确至 0.0001g 视为 m_{11}。

⑤ 水不溶物按式（3-1-11）计算：

$$I_n = \frac{m_{11} - m_9}{m_{10}} \times 100\% \qquad (3-1-11)$$

式中　I_n——水不溶物含量，%；

　　　m_9——过滤前（滤网＋称量瓶）质量，g；

　　　m_{10}——试样质量，g；

　　　m_{11}——过滤后（滤网＋不溶物＋称量瓶）质量，g。

（9）溶解速度：表征高分子聚丙烯酰胺完全溶解于水溶剂中的快慢程度。检测方法如下：

① 称取 298.50g 的标准盐水于 500mL 烧杯中。

② 称取 1.5g 试样，准确至 0.0001g，调整立式搅拌器的速度至 400r/min±20r/min，使标准盐水形成旋涡，在 1min 内缓慢而均匀地将试样撒入旋涡壁继续搅拌，在搅拌时间达到 2h 和 2h10min 时分别取母液各 20.00g 于 250mL 烧杯中，加 80.00g 的盐水，用磁力搅拌器搅拌 15min。

③ 测定上述两种溶液的黏度，当两溶液的黏度值（η_1 和 η_2）符合式（3-1-12）时，则视为在时间 2h 内完全溶解：

$$\frac{|\eta_2 - \eta_1|}{\eta_2} < 3\% \qquad (3-1-12)$$

式中　η_2——2h 时的溶液黏度，mPa·s；

　　　η_1——2h10min 时的溶液黏度，mPa·s。

2）溶液性能评价

针对国内外不同油藏条件，开展聚合物室内筛选评价研究，通过对聚合物增黏性、热稳定性、抗剪切性、静吸附性等溶液性能的评价，筛选出符合条件的聚合物。为聚合物驱方案设计和矿场应用，提供技术参数和依据。

（1）增黏性。用模拟盐水或现场水配制聚合物母液，再稀释至不同浓度的目的液，测定各目的液的黏度，考察聚合物溶液的增黏性能（图 3-1-18），找出合理的控制流度的浓度点，为室内驱油实验和聚合物驱方案设计提供技术参数。

HPAM 的黏均分子量通常达到 1.2×10^7g/mol 以上，单个分子的根均方旋转半径达到 150nm 以上。其分子的流体力学体积远远大于一般的小分子溶质，加上分子之间存在的内摩擦和物理缠结作用，因此其溶液的流动阻力较大，体系的视黏度即表观黏度相对较高。

聚合物溶液黏度一般随聚合物分子量的增大而增加，随溶液浓度的升高而增加，在水质条件较好的清水体系中的溶液黏度要明显高于污水体系中溶液黏度。对三次采油中应用的聚合物，在保证具有良好注入性能的前提下，通常要求体系黏度越高越好。通过提高 HPAM 的分子量或在分子主链上引入抗盐功能单体，能有效提高聚合物溶液黏度，使聚合物溶液随配制水矿化度的增加，黏度不降，或下降不多，在油藏矿化度条件下仍能达到设计要求，或者直接用污水配制仍能达到清水配制的效果。

（2）热稳定性。用模拟盐水或现场水配制聚合物溶液，在有氧或无氧条件下将聚合物溶液放置于模拟地层温度的恒温箱中，测定不同放置时间的溶液黏度，考察聚合物溶液工作黏度随时间的变化情况（图 3-1-19）。

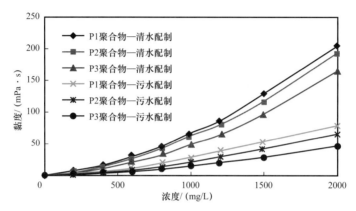

图 3-1-18　聚合物溶液黏浓关系曲线

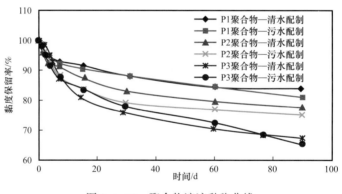

图 3-1-19　聚合物溶液黏稳曲线

通常聚合物溶液随着放置时间的延长，溶液黏度呈下降趋势，由于聚合物在地下长期的驱油过程中其分子形态和大小往往受到诸多非剪切作用如地层细菌、地层温度、污水杂质等的影响，导致分子链发生链转移反应而降解，从而体系黏度下降。但一些抗盐聚合物在放置初期，溶液黏度还有增长的现象，这和该类聚合物自身的分子结构有关。

（3）抗剪切性。用模拟盐水或现场水配制聚合物溶液，用吴茵剪切器等装置模拟聚合物溶液经过泵、阀门以及炮眼等机械剪切作用，评价溶液黏度的损失率（图 3-1-20），以便更好地掌握聚合物溶液的实际地下工作黏度。

聚合物溶液在经过高强度机械剪切后，由于部分分子来不及沿剪切方向进行取向作用，其分子链段通常会发生无规断裂，导致其分子量减小，体系黏度下降。不同的剪切强度往往对应着一定的分子量和分子尺寸极限。聚合物驱要求聚合物溶液要具备一定的抗剪切能力，即溶液黏度不受剪切而大幅度下降，保持在设计要求的工作黏度范围之内。

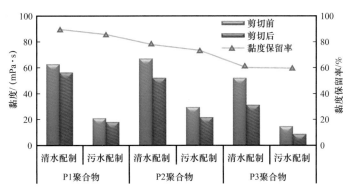

图 3-1-20　抗剪切性能评价

（4）静吸附性。用模拟盐水或现场水配制聚合物溶液，将油砂和聚合物溶液按一定比例混合，在恒温水浴槽中放置振荡，再用离心机分离聚合物溶液，测定聚合物溶液和油砂混合前后溶液浓度或黏度（图 3-1-21），考察聚合物溶液在地层运移过程中吸附量及溶液黏度的损失情况。

从聚合物静吸附曲线看，随着聚合物浓度的升高，聚合物在油砂中的吸附含量增加；当聚合物浓度为 2500mg/L 时，聚合物在净砂中的吸附含量基本达到饱和；聚合物浓度在

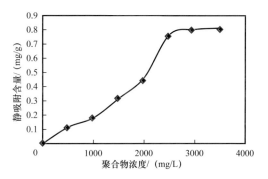

图 3-1-21　聚合物静吸附曲线

2500mg/L 以上，聚合物在净砂中的静吸附含量变化不大。由于聚合物溶液在油砂中的吸附作用，使溶液黏度在吸附后降低。

（5）抗盐性。用模拟盐水或现场水配制聚合物溶液，测定溶液在不矿化度下，溶液黏度的变化情况，考察聚合物溶液在不同水质条件下溶液黏度的保留率和保留值（图 3-1-22）。

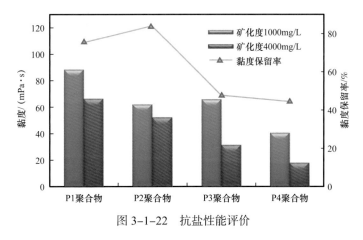

图 3-1-22　抗盐性能评价

通常聚合物溶液随着配制水矿化度和阳离子含量的升高，黏度呈现下降的趋势，二价阳离子的影响比一价阳离子大（刘玉章 等，2006）。抗盐聚合物由于增黏机理和分子结构等不同，溶液黏度在高矿化度盐水中能够保持较好的工作黏度。

（6）抗温性。用模拟盐水或现场水配制聚合物溶液，测定聚合物溶液在不同温度下，溶液黏度的变化情况，考察聚合物溶液在不同温度油藏条件下的工作黏度（图 3-1-23）。

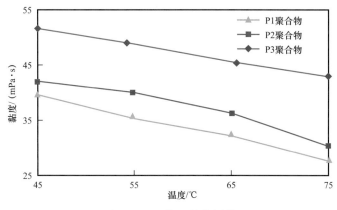

图 3-1-23　抗温性能评价

聚合物溶液随着测试温度的升高，溶液黏度一般呈现下降的趋势，由于温度的升高加快了分子的作用，在热降解的作用下，分子结构受到破坏，导致体系黏度降低。

（7）流变及黏弹性。用模拟盐水或现场水配制聚合物溶液，用流变仪测定各聚合物溶液的流变及黏弹性曲线，考察聚合物溶液黏性和弹性随剪切速率的变化情况（图 3-1-24 和图 3-1-25）。

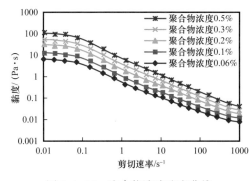

图 3-1-24　聚合物溶液流变曲线

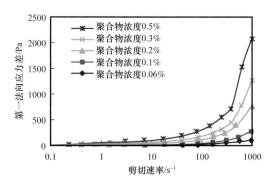

图 3-1-25　聚合物溶液黏弹性曲线

聚丙烯酰胺溶液在剪切流动时遵循非牛顿流体的幂率定律 $\sigma = \kappa \gamma^{n}$（$\sigma$—表观黏度，$Pa \cdot s$；$\kappa$—稠度系数，$Pa \cdot s^{n+1}$；$\gamma$—剪切速率，$s^{-1}$；$n$—流变行为指数）驱油用聚丙烯酰胺通常为假塑性流体，n 值小于 1，即随着剪切速率 γ 的升高体系表观黏度降低，良好的剪切稀释性有利于聚合物溶液进入不同渗透率的油层同时保持较大的分子链长。聚丙烯酰胺溶液在流动过程中表现出的性质介于理想黏性体和理想弹性体之间，因此聚丙烯酰胺溶液又被称为黏弹性流体。聚丙烯酰胺溶液在流动中除了发生永久形变外，还有部分的弹性形变。这种弹性效应使得剪切流动时的法向应力分量不象牛顿流体那样彼此相等，可以用法向应力差来评价弹性效应。第一法向应力差一般为正值，随剪切速率增加而增加，第二法向应力差一般为较小的负值，随剪切速率增加而下降。对于相同浓度相同体系黏度的不同聚合物，通常黏弹性较强的聚合物其岩心驱油实验效果较好。

（8）注入性。为了评价聚合物溶液通过多孔介质中的流动特性，在物理模拟实验中，通常用阻力系数和残余阻力系数等参数反映聚合物溶液的注入性能。阻力系数为水的流度与聚合物溶液的流度之比（沈平平，2006），表示聚合物降低流度的能力，残余阻力系数为聚合物溶液注入前后水流度之比，表示聚合物溶液降低岩心渗透率的能力（吴永超等，2018）。它们反映了聚合物流动过程中的压力或流量变化（杨承志等，2007）。在室内物理模拟实验中，对天然或人造岩心先注入水，待压力平稳后，注入聚合物溶液，待压力平稳后，再进行后续注入水（图3-1-26）。通过计算各阶段稳定后岩心前后压力差和流量，得到阻力系数和残余阻力系数。

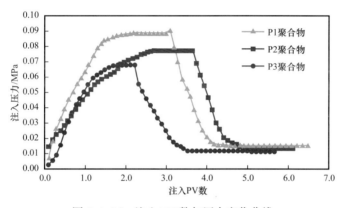

图 3-1-26　注入 PV 数与压力变化曲线

通常聚合物分子量越高、分布越宽，阻力系数和残余阻力系数越高，改善油水流度比能力和改善油层非均质性能力越强。

第二节　聚合物驱方案优化设计技术

一、聚合物驱注入参数优化设计技术

1. 聚合物驱分子尺寸表征方法及其影响因素

1）聚合物分子尺寸表征方法研究

分子回旋半径（R_g）是分子尺寸的早期表征参数。分子回旋半径仅与聚合物分子量有关，与聚合物浓度无关，主要采用微孔滤膜法和数学方法进行评价计算。聚合物分子量、浓度和配制水矿化度是影响聚合物溶液注入能力的主要参数。研究表明，不同分子量、浓度和矿化度条件下，聚合物分子尺寸存在明显差异，致使聚合物溶液注入能力不同。采用仅与分子量相关的分子回旋半径表征方法，不能准确评价不同溶液条件下的聚合物分子尺寸。因此，亟需建立新的表征方法，全面反映体系配方和配制条件对聚合物分子尺寸的影响。

随着动态光散射、X光小角散射等实验技术的发展，证实了聚合物分子量、浓度和矿化度对高分子聚合物分子尺寸均存在显著的影响。动态光散射又称为准弹性光散射，主要原理为：聚合物高分子在溶液中进行布朗运动，入射光通过高分子链时发生散射，散射光产生多普勒位移，通过测定散射光频率与入射光频率之差，得到高分子布朗运动产生的平移扩散系数和旋转扩散系数，扩散系数有浓度依赖和分子量依赖性，从而获得分子尺寸。

研究不同环境下聚合物溶液分子尺寸时，我们引入等效圆球的流体力学体积概念，将高分子线团看作一个直径为 D_h 的等效圆球，即假设高分子链团为微球模型。微球主体是一个结构独立但相对松散的线团，这个线团在布朗运动中还会带走一部分溶剂，微球中含有 n 个高分子链相互缠结在一起，密度比较大，周围是溶剂化双电子层，这个线团及周围水化双电层的尺寸即为高分子水动力学尺寸。微球半径即为高分子的水动力学半径（以下记为 R_h ），采用动态光散射方法，可以研究不同浓度、不同矿化度聚合物溶液中水动力学半径的变化规律（杨香艳，2014）。

2）聚合物分子尺寸影响因素研究

部分聚丙烯酰胺是通过共价键重复连接而成的线性大分子，结构形态以无规线团为主。在不同分子量、浓度和矿化度条件下，分子链有不同形态与构象，可以相对蜷曲，也可以相对伸展，表现出显著的变形能力，分子尺寸也随之变化。

实验仪器采用美国布鲁克海文BI-200SM广角动/静态激光光散射仪，动态测试散射角为90°。实验步骤包括聚合物溶液制备、样品除尘、样品测试、数据处理及分析。聚合物选用大庆炼化公司生产的驱油用部分水解聚丙烯酰胺产品。聚合物分子量选择500万～700万、700万～950万、950万～1200万、1200万～1600万、1600万～1900万、2500万～3000万和3500万等7个级别，聚合物浓度选择150mg/L、400mg/L、750mg/L、1000mg/L、1500mg/L和2000mg/L等6种，配制水矿化度选择950mg/L、2410mg/L、4000mg/L、10000mg/L和20000mg/L等5种。

（1）分子回旋半径与水动力学半径对比实验。实验对比结果表明，固定分子量条件下，随着聚合物浓度和溶液矿化度的增加，水动力学半径增加，但分子回旋半径几乎不变化（图3-2-1）。因此，采用水动力学半径更能准确表征聚合物分子尺寸的大小，能够解释矿场试验过程中聚合物注入浓度增加，注入能力变差、甚至油层堵塞的现象。

（2）分子量对分子尺寸的影响。固定聚合物浓度为150mg/L，配制水选择950mg/L和4000mg/L两种矿化度，改变聚合物分子量，研究不同分子量条件下的水动力学半径变化规律（图3-2-2）。

为研究单一因素即分子量对水动力学半径的影响，实验选取的聚合物浓度（150mg/L）属稀溶液范畴，聚合物分子在溶液中以单个分子链形态存在，消除了浓度对分子尺寸的影响，体现分子量大小对分子尺寸的影响。随着聚丙烯酰胺分子量增加，聚合物水动力学半径增加（图 3-2-2）。从微观上看，聚合物分子量增加引起分子动态扩散系数降低，水动力学半径相应增大。

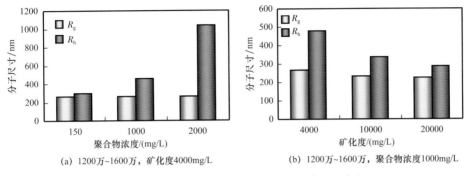

(a) 1200万~1600万，矿化度4000mg/L (b) 1200万~1600万，聚合物浓度1000mg/L

图 3-2-1　不同浓度和矿化度条件下 R_h 与 R_g 对比

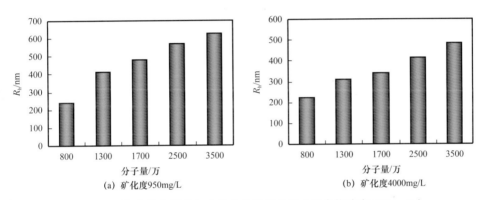

(a) 矿化度950mg/L (b) 矿化度4000mg/L

图 3-2-2　聚合物分子量与水动力学半径关系（聚合物浓度 150mg/L）

（3）浓度对分子尺寸的影响。固定聚合物分子量为 1200 万～1600 万和 2500 万，固定配制水矿化度为 4000mg/L，变化聚合物浓度，研究浓度对水动力学半径的影响规律（图 3-2-3）。

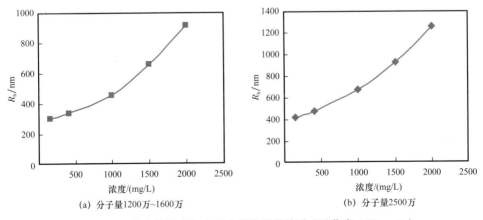

(a) 分子量1200万~1600万 (b) 分子量2500万

图 3-2-3　聚合物浓度与水动力学半径的关系（矿化度 4000mg/L）

随着聚合物溶液浓度的增加，水动力学半径增加（图 3-2-3）。聚合物浓度由 150mg/L

增加到 2000mg/L，聚合物分子在溶液中存在形态由单分子链向多分子链缠结体转变，分子尺寸由单分子链尺寸变为多分子链缠结微球尺寸。随着聚合物浓度继续提高，微球内分子链缠结强度增大，线团及水化双电层体积增加，即聚合物溶液中运动单元的水动力学半径增大。

（4）矿化度对分子尺寸的影响。固定聚合物分子量为 1200 万～1600 万，固定聚合物浓度为 150mg/L 和 400mg/L，变化配制水矿化度，研究矿化度对水动力学半径的影响规律（图 3-2-4）。

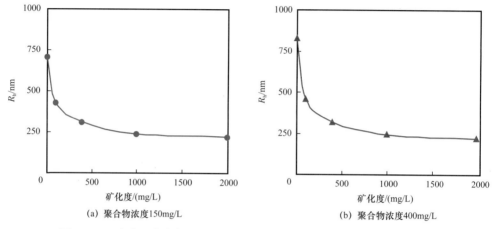

图 3-2-4　溶液矿化度与水动力学半径的关系（分子量 1200 万～1600 万）

实验选择聚合物浓度为 150mg/L，研究得到的是单个高分子链随溶液矿化度的变化规律。水动力学半径随着溶液矿化度的增加而减小，减小到一定程度后趋于平缓（图 3-2-4）。在超纯水中，由于无外加 Na^+，聚合物分子间的静电排斥及水化作用使本来卷曲的聚合物分子链相对伸展，形成比较疏松的无规线团，水动力学半径较大。随着溶液中的 Na^+ 增加，金属 Na^+ 比水具有更强的亲电性，能优先与聚合物分子链上的羧基形成反离子层，逐渐形成聚合物分子链及 Stern 吸附水化层。随着溶液矿化度进一步增加，分子链吸附更多的 Na^+，聚丙烯酰胺分子链段在电解质压缩作用下构象发生变化，由伸展逐渐趋向于卷曲，分子链及 Stern 吸附水化层有效体积缩小，线团紧密，水动力学半径减小，矿化度增加到一定值后，分子链吸附的 Na^+ 达到饱和，电解质压缩卷曲达到极限，聚合物分子链及 Stern 吸附水化层不再变化，即水动力学半径变化趋于平缓。

（5）多因素协同作用。研究了聚合物分子量、浓度及配制水矿化度三因素共同作用条件下，聚合物分子尺寸的变化规律。

固定聚合物分子量，变化聚合物浓度和配制水矿化度，研究浓度和矿化度共同作用条件下分子尺寸的变化规律。随着溶液矿化度的增加，两种浓度体系水动力学半径变化趋势相同（图 3-2-5）。聚合物浓度为 1000mg/L 的体系，水动力学半径降低幅度较大。聚合物浓度为 150mg/L 的体系，水动力学半径降低幅度较小。表明在电解质作用下，聚合物浓度为 1000mg/L 体系相对于聚合物浓度 150mg/L 体系，其多分子链团比例更大，受电解质压缩作用更强，水动力学半径减小幅度更大。

固定配制水矿化度条件下，变化聚合物分子量及聚合物浓度，研究分子量和浓度共同作用下分子尺寸的变化规律。随聚合物分子量的增加，两种浓度聚合物溶液体系水动力学半径变化趋势相同，但增加速度不同（图3-2-6）。单位溶液体积内，高浓度聚合物溶液分子链密度较大，随着聚合物分子量增大，多分子链微球缠绕作用增加幅度大，其水动力学半径增加速度更快。

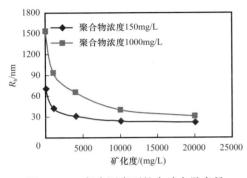

图3-2-5 复合因素下的水动力学半径
（1200万～1600万）

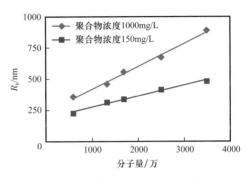

图3-2-6 复合因素下的分子尺寸
（矿化度4000mg/L）

（6）分子尺寸计算公式建立。在科学实验和生产实践中，常从实验数据出发，寻求函数 $y=f(x)$ 的一个近似表达式 $y=\phi(x)$，这个近似表达式通常称为经验公式。

根据实验得到的大量基础数据，拟合了分子尺寸的经验计算公式如下：

$$Y = AX_m^a + \left(kX_m + B\right)\left[e^{b(X_c-C)} - 1\right] + DX_m e^{(cX_k)} \qquad (3-2-1)$$

式中　X_m——聚合物分子量，万；

　　　X_c——聚合物浓度，mg/L；

　　　X_k——矿化度，mg/L；

　　　A，B，C，D，a，b，c，k——常数。

采用数学回归分析法中的相关系数 r 对此公式进行显著性检验。由计算可知，r 的绝对值接近于1，表明此经验公式在数学上是有意义的。通过经验公式计算得到的水动力学半径与实测的水动力学半径误差在10%以内。

2. 聚合物注入参数优化方法

1）聚合物注入参数与油层匹配关系研究

现场经验表明，在不同地区、相近渗透率条件下，由于油层孔隙结构不同，同一聚合物溶液体系的注入能力存在一定差异。因此研究了聚合物分子量、浓度、配制水矿化度与不同地区油层渗透率的匹配关系，建立了不同地区注入参数与渗透率匹配关系图版，为注入参数个性化设计提供了技术支持。

实验选用大庆油田天然岩心，以0.2mL/min的恒定注入速度进行物理模拟流动实验。选择聚合物分子量为700万～950万、950万～1200万、1200万～1600万、2500万～3000万和3500万等5个级别；天然岩心渗透率为50～800mD等16个级别；采用化学纯氯化钠配制实验用水，配制水矿化度为950mg/L和4000mg/L，聚合物溶液配制采用清配清稀、清配污稀和污配污稀等三种方式。采用阻力系数和残余阻力系数两个指标判别是否能够顺利注入。以残余阻力系数≤25、残余阻力系数/阻力系数≤1/5为可注入界限判别标准。

通过天然岩心流动实验，得到了不同分子量、不同浓度聚合物溶液体系可注入的岩心渗透率下限。通过实验数据，建立分子量、浓度与渗透率定量函数关系［式（3-2-1）］。通过建立的函数关系，已知任意两个参数，可以换算得到满足注入条件的参数范围，为不同地区参数设计提供了重要依据。

$$K_{\mathrm{w}} = AX_{\mathrm{m}}B^{(X_{\mathrm{c}})} \qquad (3-2-2)$$

式中　K_{w}——有效渗透率，mD；

　　　X_{m}——聚合物分子量，10^6；

　　　X_{c}——百分比浓度，%；

　　　A——不同地区系数。

为便于实际应用，绘制了不同地区、不同矿化度条件下，注入分子量及浓度与渗透率匹配关系图版，直观形象地给出了注入参数与渗透率的对应关系和参数选择范围（图3-2-7至图3-2-9）。

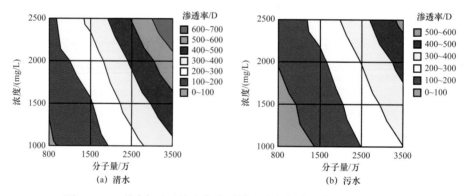

图3-2-7　喇嘛甸地区聚合物分子量、浓度与渗透率匹配关系图版

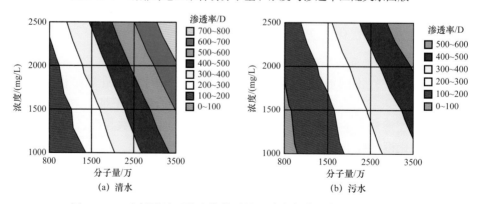

图3-2-8　杏树岗地区聚合物分子量、浓度与渗透率匹配关系图版

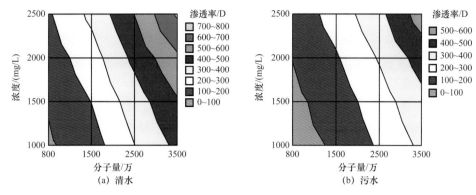

图 3-2-9 萨中地区聚合物分子量、浓度与渗透率匹配关系图版

根据匹配图版，在不同试验区进行了聚合物驱参数优化调整。以杏四区西部为例，区块含油面积 5.98km²，地质储量 922.5×10⁴t，注入井 75 口，采出井 95 口，注采井距为 200m。2005 年开始注聚，注聚主要选择了 3500 万超高分子量聚合物，注入浓度 1200mg/L，用量 640mg/L·PV。

根据聚合物与杏北地区油层匹配关系图版，按渗透率下限覆盖80%以上有效厚度选择注入参数，对典型区块的注聚分子量和浓度进行了下调，调整前有 42 口注入井注参数位于渗透率匹配合理区，2011 年 5 月分子量由 2500 万下调为 1900 万，注入浓度下调到 1500mg/L，新增加匹配合理井 19 口，调整后低渗透层吸水层数和吸水厚度比例明显增加（表 3-2-1），总压差正值范围增加（图 3-2-10），见到了较好效果。

表 3-2-1 杏四区西部动用状况统计表

渗透率分级 / mD	比例 /%					
	调整前			调整后		
	层数	有效厚度	相对吸水	层数	有效厚度	相对吸水
≤200	33.3	27.9	6.4	57.1	67.6	20.0
200～500	100	100	27.7	100	100	23.4
≥500	100	100	65.9	70.1	67.6	56.6

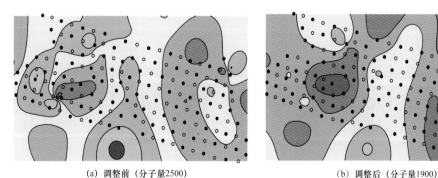

(a) 调整前（分子量2500）　　　(b) 调整后（分子量1900）　　　压差/MPa

图 3-2-10 杏四西地层压力等值图

2）聚合物注入参数优化方法的建立及现场应用

在保证注聚参数与油层匹配的前提下，依据岩心渗透率和注入参数对驱油效果的贡献，建立了兼顾合理匹配和驱油效果的注入参数优化方法，为不同非均质油层注聚参数优化提供了技术支持。

具体优化步骤如下：

（1）依据匹配关系图版确定各渗透率油层可注入的分子量和浓度范围；

（2）对均质油层首先选择分子量上限，然后以分子量确定相应的匹配浓度；

（3）对于非均质多油层，首先将其划分为若干相对单一的均质油层，计算所匹配的每种分子量和相应浓度下的分层新增可采储量，根据总新增可采储量最大化确定合理参数；

（4）根据聚合物驱技术经济指标，确定合理聚合物用量。

$$\max_{i,j} R_{ij} = \sum_{k=1}^{n} R_k\left(M_i, C_j\right) \qquad （3-2-3）$$

式中 R_{ij}——总新增可采储量，t；

R_k——分层新增可采储量，t；

M_i——聚合物分子量，万；

C_j——聚合物浓度，mg/L。

应用该注入参数优化方法，选择南二区东部1号站注采相对完善的4个井组，进行了注入参数优选试算。该站属于聚合物驱提效示范区，开采萨Ⅱ1-3和萨Ⅱ7-12单元，注采井距175m，38口注入井，50口采出井，平均有效厚度9.3m，平均有效渗透率0.311D。2009年5月实施聚合物驱，聚合物分子量1200万，注入浓度1000mg/L，聚合物溶液采用清配清稀方式。

分别计算了5组不同注入参数下的单井单层采出程度（图3-2-11），聚合物分子量分别为1200万、1600万、1900万和2500万，注入浓度为800～1200mg/L。通过综合优选，确定最佳注入参数为聚合物分子量1800万、注入浓度900mg/L。

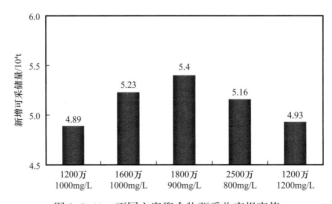

图3-2-11 不同方案聚合物驱采收率提高值

二、化学驱数值模拟技术

1. 化学驱基本数学模型

模型假设油藏等温弥散过程满足 Fick 定律；理想混合；流体渗流满足 Darcy 定律；聚合物、表面活性剂、碱以及各种离子存在于水相中（陈国等，2013）。

1）油气水三相连续性方程

油、气、水三相连续性方程为：

$$-\mathrm{div}\left(\frac{1}{B_\mathrm{o}}\boldsymbol{v}_\mathrm{o}\right)=\frac{\partial}{\partial t}\left(\frac{1}{B_\mathrm{o}}\phi S_\mathrm{o}\right)+q_\mathrm{o} \tag{3-2-4}$$

$$-\mathrm{div}\left(\frac{1}{B_\mathrm{w}}\boldsymbol{v}_\mathrm{w}\right)=\frac{\partial}{\partial t}\left(\frac{1}{B_\mathrm{w}}\phi S_\mathrm{w}\right)+q_\mathrm{w} \tag{3-2-5}$$

$$-\mathrm{div}\left(\frac{R_\mathrm{s}}{B_\mathrm{o}}\boldsymbol{v}_\mathrm{o}+\frac{1}{B_\mathrm{g}}\boldsymbol{v}_\mathrm{g}\right)=\frac{\partial}{\partial t}\left[\phi\left(\frac{R_\mathrm{s}}{B_\mathrm{o}}S_\mathrm{o}+\frac{S_\mathrm{g}}{B_\mathrm{g}}\right)\right]+q_\mathrm{fg}+q_\mathrm{o}R_\mathrm{s} \tag{3-2-6}$$

式中 l 相流速 $\boldsymbol{v}_l$ 利用 Darcy 定律，表示为：

$$\boldsymbol{v}_l=\frac{KK_{\mathrm{r}l}}{\mu_l}\left(\mathrm{grad}\,p_l-\rho_l g\cdot\mathrm{grad}\,Z\right)\qquad(l=\mathrm{w,o,g}) \tag{3-2-7}$$

$$p_\mathrm{o}-p_\mathrm{w}=p_\mathrm{cow} \tag{3-2-8}$$

$$p_\mathrm{g}-p_\mathrm{o}=p_\mathrm{cog} \tag{3-2-9}$$

式中 B_o，B_w，B_B——油相、水相、气相的体积系数，$\mathrm{m^3/m^3}$；

$\boldsymbol{v}_\mathrm{o}$，$\boldsymbol{v}_\mathrm{w}$，$\boldsymbol{v}_\mathrm{B}$，$\boldsymbol{v}_l$——油相、水相、气和液相的流速，$\mathrm{m^3/d}$；

ϕ——油藏孔隙度；

p_o，p_w，p_g，p_l——油相、水相、气相、液相压力，kPa；

S_o，S_w，S_g——油相、水相、气相的饱和度；

K——绝对渗透率，D；

$K_{\mathrm{r}l}$——l 相的相对渗透率；

μ_l——l 相的黏度，$\mathrm{Pa\cdot s}$；

ρ_l——l 相的密度，$\mathrm{kg/m^3}$；

R_s——溶解气油比，$\mathrm{m^3/m^3}$；

q_o，q_w，q_fg——油相、水相、自由气相的源汇项，$\mathrm{m^3/d}$；

p_cow，p_cog——油水相间毛细管力和油气相间毛细管力，kPa；

Z——距离，m。

2）化学组分物质守恒方程

化学组分包括聚合物、表面活性剂、碱、阴离子和阳离子，全部存在于水相中，化

学物质组分 i 的物质守恒方程为

$$\frac{\partial}{\partial t}\left(\phi \rho_i \tilde{w}_i\right) + \mathrm{div}\left[\rho_i\left(w_{iw}\boldsymbol{v}_w - \tilde{\boldsymbol{D}}_{iw}\right)\right] = R_i \qquad (3\text{-}2\text{-}10)$$

式中　$\tilde{w}_i$——化学物质组分 i 的总质量分数；

　　　w_{iw}——水相中第 i 种化学物质组分的质量分数；

　　　ρ_i——化学物质组分 i 的密度，$\mathrm{kg/m}^3$；

　　　R_i——化学物质组分 i 的源汇项，kg。

弥散流量 $\tilde{\boldsymbol{D}}_{iw}$ 具有 Fick 形式，为：

$$\tilde{\boldsymbol{D}}_{iw} = \phi S_w \begin{pmatrix} F_{xx,iw} & F_{xy,iw} & F_{xz,iw} \\ F_{yx,iw} & F_{yy,iw} & F_{yz,iw} \\ F_{zx,iw} & F_{zy,iw} & F_{zz,iw} \end{pmatrix} \cdot \begin{pmatrix} \dfrac{\partial w_{iw}}{\partial x} \\ \dfrac{\partial w_{iw}}{\partial y} \\ \dfrac{\partial w_{iw}}{\partial z} \end{pmatrix} \qquad (3\text{-}2\text{-}11)$$

包含分子扩散（D_{kl}）的弥散张量 $\boldsymbol{F}_{iw}$ 表达式为：

$$F_{mn,iw} = \frac{D_{iw}}{\tau}\delta_{mn} + \frac{\alpha_{Tw}}{\phi S_w}|\boldsymbol{v}_w|\delta_{mn} + \frac{(\alpha_{Lw}-\alpha_{Tw})}{\phi S_w}\frac{v_{wm}v_{wn}}{|\boldsymbol{v}_w|} \qquad (3\text{-}2\text{-}12)$$

式中　$\tilde{\boldsymbol{D}}_{iw}$——水相的弥散流量；

　　　$\boldsymbol{F}_{iw}$——水相的弥散张量；

　　　$F_{mn,iw}$——水相空间方向弥散张量；

　　　α_{Lw}，α_{Tw}——水相的纵向和横向弥散系数；

　　　τ——迂曲度；

　　　v_{wm}，v_{wn}——水相空间方向流量，$\mathrm{m}^3/(\mathrm{d}\cdot\mathrm{m}^2)$；

　　　δ_{mn}——Kronecher Delta 函数。

2. 化学驱油机理数学模型

1）聚合物黏性驱油机理数学模型

（1）聚合物溶液的黏度。在参考剪切速率下聚合物溶液的黏度 μ_p^0 是聚合物浓度和含盐量的函数，表示为：

$$\mu_p^0 = \mu_w\left[1 + \left(A_{p1}C_p + A_{p2}C_p^2 + A_{p3}C_p^3\right)C_{SEP}^{S_p}\right] \qquad (3\text{-}2\text{-}13)$$

式中　μ_p^0——参考剪切速率下聚合物溶液的黏度，$\mathrm{mPa}\cdot\mathrm{s}$；

　　　μ_w——水的黏度，$\mathrm{mPa}\cdot\mathrm{s}$；

　　　C_p——溶液中聚合物的质量分数，%；

　　　A_{p1}，A_{p2}，A_{p3}——实验资料确定的常数；

C_{SEP}——有效含盐质量分数，% ；

S_p——实验确定的参数。

（2）聚合物溶液流变特征。一般说来高分子聚合物溶液都具有某种流变特征（杨胜来等，2004），即认为其黏度依赖于剪切速率，利用 Meter 方程表达这种依赖关系，聚合物溶液的黏度 μ_p 与剪切速率的函数关系为：

$$\mu_p = \mu_w + \frac{\mu_p^0 - \mu_w}{1 + \left(\gamma / \gamma_{ref}\right)^{p_\alpha - 1}}$$ （3-2-14）

式中 μ_w——水的黏度，mPa·s ；

γ_{ref}——参考剪切速率，s^{-1} ；

p_α——经验系数；

μ_p——聚合物溶液在多孔介质中流动的视黏度，mPa·s ；

γ——多孔介质中流体的等效剪切速率，s^{-1}。

（3）渗透率下降系数。聚合物溶液在多孔介质中渗流时，由于聚合物在岩石表面的吸附必引起流度下降和流动阻力增加（葛家理，2003）。利用渗透率下降系数 R_k 描述这一现象：

$$R_k = 1 + \frac{\left(R_{KMAX} - 1\right) b_{rk} C_p}{1 + b_{rk} C_p}$$ （3-2-15）

R_{KMAX} 表达式为：

$$R_{KMAX} = \left\{ 1 - \left[c_{rk} \tilde{\mu}^{\frac{1}{3}} \middle/ \left(\frac{\sqrt{K_x K_y}}{\phi} \right)^{\frac{1}{2}} \right] \right\}^{-4}$$ （3-2-16）

其中

$$\tilde{\mu} = \lim_{C_p \to 0} \frac{\mu_o - \mu_w}{C_p} = A_{p1} C_{SEP}^{S_p}$$

式中 $\tilde{\mu}$——聚合物溶液本征黏度；

b_{rk}，c_{rk}——输入参数。

（4）不可及孔隙体积。实验发现，流经孔隙介质时聚合物溶液中的示踪剂流动得快，这可解释为聚合物能够流经的孔隙体积小，这是由于聚合物的高分子结构决定的。聚合物不能进入的这部分孔隙体积称为不可及孔隙体积。在模型中表示为：

$$IPV = \frac{\phi - \phi_p}{\phi}$$ （3-2-17）

式中 IPV——聚合物溶液的不可及孔隙体积分数；

ϕ——盐水测的孔隙度；

ϕ_p——聚合物溶液测的孔隙度。

（5）聚合物吸附。利用 Langmuir 模型模拟聚合物的吸附：

$$\hat{C}_p = \frac{aC_p}{1+bC_p} \qquad (3-2-18)$$

式中　$\hat{C}_p$——聚合物的吸附浓度，%（质量分数）；

　　　a，b——常数。

2）聚合物弹性驱油机理数学模型

（1）残余油饱和度。聚合物溶液的弹性大小与聚合物的分子量和浓度有关，分子量和浓度越大，弹性越大（王德民等，2002）。利用第一法向应力差表征聚合物溶液的弹性大小，第一法向应力差 N_{p1} 是聚合物浓度 C_p 和分子量 M_r 的函数：

$$N_{p1} = C_{n1}\left(M_r\right)\cdot C_p + C_{n2}\left(M_r\right)\cdot C_p^2 \qquad (3-2-19)$$

式中第一法向应力差 N_{p1} 与聚合物浓度和分子量的关系由实验室测定给出，$C_{n1}\left(M_r\right)$ 和 $C_{n2}\left(M_r\right)$ 是与聚合物分子量 M_r 有关的参数。

聚合物驱残余油饱和度 S_{or} 是第一法向应力差 N_{p1} 和毛细管数 N_c 的函数（陈国等，2006）：

$$S_{or} = S_{or}^h + \frac{S_{or}^w - S_{or}^h}{1+T_1 N_{p1}+T_2 N_{co}} \qquad (3-2-20)$$

式中　S_{or}^h——高弹性和高毛管数理想情况下聚合物驱后残余油饱和度的极限值；

　　　S_{or}^w——水驱后的残余油饱和度；

　　　T_1，T_2——由实验资料确定的参数。

（2）相对渗透率曲线。残余油饱和度的变化必然引起油相相对渗透率曲线发生改变，变化后的油相相对渗透率 K_{ro} 是残余油饱和度的函数：

$$K_{ro} = K_{ro}\left(S_{or}\right) \qquad (3-2-21)$$

3）多种分子量聚合物混合驱油机理数学模型

油藏中有多种分子量聚合物溶液同时存在时，每种聚合物在油藏中的物质输运过程满足各自独立的物质传输方程，包括对流扩散过程、吸附和不可及孔隙体积。驱油机理表现为多种分子量聚合物溶液加和总浓度驱油过程。

（1）多种分子量聚合物溶液混合总浓度。多种分子量聚合物溶液混合后的总浓度 C_{pt} 是每一种分子量聚合物溶液浓度 C_{pi} 的加和：

$$C_{pt} = \sum_{i=1}^{n} C_{pi} \qquad (3-2-22)$$

（2）多种分子量聚合物溶液混合驱油机理模型。将多种分子量聚合物溶液混合后的总浓度代入单一分子量聚合物驱油机理数学模型，可以得到多种分子量聚合物溶液混合驱油机理数学模型。其中每个驱油机理模型所需的参数表示为每种分子量聚合物溶液相应参数的浓度加权平均的形式：

$$\alpha = \frac{\sum\limits_{i=1}^{n} C_{\mathrm{p}i}\alpha_i}{\sum\limits_{i=1}^{n} C_{\mathrm{p}i}} \qquad (3-2-23)$$

式中 α——多种分子量聚合物溶液混合后驱油机理数学模型状态方程中的常数；

α_i——单一分子量聚合物溶液单独驱油时驱油机理数学模型中的常数。

4）表面活性剂和碱驱油机理基本数学模型

由于经济效益因素限制，化学复合驱油通常采用非相态稀体系三元复合驱，其驱油机理主要是表面活性剂、碱、油和水之间的化学复合协同效应。

（1）界面张力。表面活性剂、碱、油和水之间的化学复合协同效应通过界面张力活性函数描述：

$$\sigma_{\mathrm{ow}} = \sigma_{\mathrm{ow}}\left(C_{\mathrm{s}}, C_{\mathrm{a}}\right) \qquad (3-2-24)$$

式中 σ_{ow}——油水相间的界面张力，下标 o 表示油相，下标 w 表示水相；

C_{s}——表面活性剂浓度，%（质量分数）；

C_{a}——碱浓度，%（质量分数）。

界面张力活性函数由实测获得。

（2）毛细管数。毛细管数是黏性力与毛细管力比值的一个无量纲变量。毛细管数的定义如下：

$$N_{cl} = \frac{\left|\boldsymbol{K}\cdot\mathrm{grad}\ \varPhi_{l'}\right|}{\sigma_{ll'}} \qquad (l=\mathrm{w},\mathrm{o}) \qquad (3-2-25)$$

式中 l 和 l'——代表被驱替相和驱替相；

$\boldsymbol{K}$——渗透率张量；

$\varPhi_{l'}$——驱替相的势函数；

$\sigma_{ll'}$——被驱替相和驱替相之间的界面张力，mN/m。

（3）相残余饱和度。毛细管数与相残余饱和度之间的关系数学描述为：

$$S_{lr} = S_{lr}^{\mathrm{H}} + \frac{S_{lr}^{\mathrm{L}} - S_{lr}^{\mathrm{H}}}{1 + T_{1l}N_{cl}} \qquad (l=\mathrm{w},\mathrm{o}) \qquad (3-2-26)$$

式中 T_{1l}——常数；

S_{lr}^{L}，S_{lr}^{H}——水驱低毛细管数和理想极限高毛细管数下 l 相的残余饱和度。

（4）相对渗透率曲线。相残余饱和度的变化会引起相对渗透率曲线发生改变，其数学模型如下：

$$K_{ro} = K_{ro}^{w} + (K_{ro}^{h} - K_{ro}^{w})\left(\frac{S_{or}^{w} - S_{or}}{S_{or}^{w} - S_{or}^{h}}\right) \qquad (3-2-27)$$

$$K_{rw} = K_{rw}^{w} + (K_{rw}^{h} - K_{rw}^{w})\left(\frac{S_{wr}^{w} - S_{wr}}{S_{wr}^{w} - S_{wr}^{h}}\right) \qquad (3-2-28)$$

式中　K_{ro}，K_{rw}——三元复合驱过程中油相和水相的相对渗透率；

　　　K_{ro}^{w}，K_{rw}^{w}——水驱低毛细管数条件下油相和水相的相对渗透率；

　　　K_{ro}^{h}，K_{rw}^{h}——极限高毛细管数和聚合物弹性条件下油相和水相的相对渗透率。

5）表面活性剂和碱竞争吸附

（1）碱的损耗。研究表明，氢氧化钠、碳酸钠和碳酸氢钠三种碱在大庆油砂上的损耗量会随着碱平衡浓度的增加而增加，但当碱平衡浓度增加到一定值后，碱损耗量基本逐渐趋缓。由此数学模型描述为：

$$\hat{C}_{A} = \frac{a_1 C_A}{1 + b_1 C_A} \qquad (3-2-29)$$

式中　$\hat{C}_{A}$——碱的损耗浓度，%（质量分数）；

　　　C_{A}——碱的平衡浓度，%（质量分数）；

　　　a_1，b_1——由实验确定的常数。

（2）表面活性剂的损耗。研究表明，不同碱浓度情况下表面活性剂在油砂上的吸附量会随着碱浓度的增加而下降。同时，碱浓度越高，表面活性剂吸附量达到平衡时的浓度越低。

根据实验结果，表面活性剂与碱的竞争吸附数学模型描述为：

$$\hat{C}_{S} = \frac{a_2 C_S}{1 + b_2 C_S} \cdot e^{-\lambda \hat{C}_A} \qquad (3-2-30)$$

式中　$\hat{C}_{S}$——表面活性剂吸附浓度，%（质量分数）；

　　　$\hat{C}_{A}$——碱的损耗浓度，%（质量分数）；

　　　C_{S}——表面活性剂的平衡浓度，%（质量分数）；

　　　a_2，b_2，λ——由实验确定的常数。

6）储层润湿性改变驱油机理数学模型

实验室测定表明，储层岩石由亲油转向亲水后储层润湿性将发生改变。由此建立了储层润湿性影响驱油机理数学模型，能够描述表活剂吸附、碱化学反应和长期水冲刷对储层润湿性的影响：

$$S_{lr} = S_{lr}^{h} + \frac{S_{lr}^{w} - S_{lr}^{h}}{1 + \left\{T_l^0\left[1 + \alpha\frac{a_1 C_S}{1 + b_1 C_S} + \beta\frac{a_2 C_A}{1 + b_2 C_A} + \lambda\left(\frac{t}{t_0}\right)^{\theta}\right]^{n_l}\right\} \cdot N_{cl}} \qquad (3-2-31)$$

式中 C_S——表面活性剂浓度，%（质量分数）；

C_A——碱浓度，%（质量分数）；

S_{lr}——l 相残余饱和度；

t_0——参考时间；

t——化学剂作用时间；

a_1，b_1，a_2，b_2，θ，n_l，α，β，λ——由实验数据确定的参数。

7）碱结垢及溶蚀驱油机理数学模型

三元复合体系注入液（尤其是强碱）进入地层后，由于发生离子交换储层流体中富集成垢离子进而产生化学沉淀，造成地层伤害，导致渗透能力降低，注采能力下降。

由此建立了碱与矿物溶蚀反应引起结垢沉淀对储层渗透率影响数学模型，能够描述溶蚀反应和离子交换动力速度以及油层压力对化学驱油作用的影响：

$$K = K_0 \cdot \frac{F(p)}{1 + \left(V_{Ca}\dfrac{dC_{Ca}}{dt} + G_{Si}\dfrac{dC_{Si}}{dt} + H_{Al}\dfrac{dC_{Al}}{dt} \right) \cdot \gamma} \tag{3-2-32}$$

式中 $F(p)$——压力对碱结垢影响关系；

V_{Ca}，G_{Si}，H_{Al}，γ——常数；

$\dfrac{dC_{Ca}}{dt}$，$\dfrac{dC_{Si}}{dt}$，$\dfrac{dC_{Al}}{dt}$——碱溶蚀化学作用引起的钙离子、硅离子和铝离子动力学反应速度。

8）化学剂色谱分离驱油机理数学模型

三元复合体系注入油层后，由于表面活性剂、聚合物和碱在地层中运移存在化学剂色谱分离现象，从而导致聚合物分子运移比碱快，在聚合物浓度前缘碱尚未波及，聚合物分子链重新伸展黏度增加的现象。

由此建立了化学剂色谱分离对聚合物黏度影响驱油机理数学模型，能描述三元复合驱过程由于色谱分离，聚合物浓度前缘碱浓度降低，聚合物分子链重新伸展而引起黏度增加的现象。

$$\mu_p^0 = \mu_w \left[1 + \left(A_{p1}w_{pw} + A_{p2}w_{pw}^2 + A_{p3}w_{pw}^3 \right) w_{SEP}^{S_p} \cdot e^{-\alpha C_A} \right] \tag{3-2-33}$$

式中 μ_p^0——零剪切速率下水相黏度；

A_{p1}，A_{p2}，A_{p3}——由实验资料确定的常数；

w_{pw}——聚合物浓度，%（质量分数）；

w_{SEP}——有效含盐量，mol/L；

C_A——碱浓度，%（质量分数）；

α——常数。

9）多元表面活性剂驱油机理数学模型

当油层中不同部位注入不同类型表面活性剂后，在不同部位的边界处不同类型的表面活性剂会出现混合现象，对单独类型表面活性剂界面张力产生影响。因此，在计算混合表面活性剂界面张力时，需要考虑协同效应和对抗效应。

$$\sigma_{\mathrm{ow}} = \beta \cdot \begin{cases} \min\left(\sigma_{\mathrm{ow},1}, \sigma_{\mathrm{ow},2}, \sigma_{\mathrm{ow},3}\right) & \text{协同效应} \\ \max\left(\sigma_{\mathrm{ow},1}, \sigma_{\mathrm{ow},2}, \sigma_{\mathrm{ow},3}\right) & \text{对抗效应} \end{cases} \quad (3\text{-}2\text{-}34)$$

式中 σ_{ow}——不同类型表面活性剂混合后的油水界面张力；

$\sigma_{\mathrm{ow},1}$，$\sigma_{\mathrm{ow},2}$，$\sigma_{\mathrm{ow},3}$——单独强碱、弱碱和无碱表面活性剂体系油水界面张力；

β——常数。

3. 化学驱数学模型求解技术

1）数学模型求解模式

从建立的化学驱数学模型整体看，基本数学模型包括油、气、水三相的物质运移方程和描述化学物质组分运移的对流扩散方程，这些方程是一个非线性耦合系统。运用解耦顺序求解模式，首先，求解油、气、水三相物质运移方程，得到压力、油气水三相饱和度和流场；其次，利用该流场解化学物质组分运移对流扩散方程得到新的化学物质组分浓度场；然后，更新化学驱油机理物化作用参数，转入下一个时间步。

2）直角网格下化学物质组分运移对流扩散方程求解方法

化学组分运移的对流扩散方程采用算子分裂技术求解，同时利用油藏渗流有势场的特点，实现了隐式差分显式求解。

直角坐标系下，将化学物质组分运移方程算子分裂为如下的对流方程［式（3-2-35）］和扩散方程［式（3-2-36）］：

$$r\frac{\partial}{\partial t}\left(\phi\rho_k\lambda_k C_{k,\mathrm{w}}\right) + \mathrm{div}\left(\rho_k C_{k,\mathrm{w}} u_{\mathrm{w}}\right) = R_k \quad (3\text{-}2\text{-}35)$$

$$(1-r)\frac{\partial}{\partial t}\left(\phi\rho_k\lambda_k C_{k,\mathrm{w}}\right) - \mathrm{div}\left(\rho_k \tilde{D}_{k,\mathrm{w}}\right) = 0 \quad (3\text{-}2\text{-}36)$$

式中 ϕ——孔隙度；

ρ_k——第 k 种物质组分的密度，$\mathrm{g/cm^3}$；

λ_k——第 k 种物质组分的流度；

$C_{k,\mathrm{w}}$——水相中第 k 种物质组分的浓度，%（质量分数）；

u_{w}——水相流量，$\mathrm{m^3/d}$；

R_k——源汇项，$\mathrm{m^3/d}$；

r——算子分裂系数。

隐式交替求解对流方程［式（3-2-35）］和扩散方程［式（3-2-36）］得到化学物质传质方程的解。对流方程［式（3-2-35）］沿流动方向求解，以显格式计算量获得隐格式解。扩散方程［式（3-2-35）］在直角网格采用交替方向方法求解。

3）角点网格下化学物质组分运移对流扩散方程求解方法

（1）网格块间传导率计算。考虑到角点网格的非正交性，同一方向网格块间传导率计算采用如下公式：

$$T_{ij} = \frac{C_{DARCY} \times TMLT_{xi}}{\dfrac{A_i^{right}}{A_{ij}T_{xi}^{right}} + \dfrac{A_j^{left}}{A_{ij}T_{xj}^{left}}} \qquad （3-2-37）$$

式中　T_{ij}——x 方向 i 和 j 网格块间传导率，cm/$[（mPa \cdot s）\cdot d \cdot kPa]$；

C_{DARCY}——达西常数；

$TMLT_{xi}$——x 方向 i 网格块的传导率乘子；

A_{ij}——i 和 j 两个网格块相互重叠部分的面积；

A_i^{right}，A_i^{left}——i 网格块右面的面积和 j 网格块左面的面积；

T_{xi}^{right}，T_{xj}^{left}——网格块 i 的 x 方向右侧传导率和网格块 j 的 x 方向左侧传导率。

（2）化学物质组分运移对流扩散数学模型求解方法。角点网格坐标下，计算出传导率后，化学物质组分运移用对流扩散方程描述，采用算子分裂技术，将对流扩散方程分裂为对流方程和扩散方程，隐式交替求解对流方程和扩散方程，得到化学物质组分运移方程的解。对于对流方程，采用完全上游隐式差分格式按照流场流动方向求解。对于扩散方程，采用不完全 LU 预条件共轭梯度法求解。

第三节　聚合物驱动态变化规律与跟踪调整技术

聚合物驱全过程可划分为 7 个开发阶段，跟踪调整则贯穿整个聚合物驱开发过程。针对聚合物驱阶段性的开发特点，通过深化动态变化规律认识，应用相适应的跟踪调整技术，可以实现改善开发效果的目标，为快速、精准评价开发效果和及时跟踪调整奠定基础。本节在化学驱开发规律认识、化学驱效果及时评价基础上，通过建立化学驱不同开发阶段的注入参数调整、注采井压裂、注入井分层、深度调剖等技术规范，使措施挖潜更有针对性。

一、聚合物驱阶段划分及开采特征

1. 开发阶段划分

在聚合物驱开发过程中，聚合物驱油生产表现出明显的阶段性，在实际生产管理中，可以根据聚合物驱分析需要，参照驱替介质的不同及综合含水的变化特征，把聚合物驱全过程划分为 7 个开发阶段。

空白水驱阶段：此开发阶段采取注水开发，一般注入压力比较低，为 6～10MPa；综合含水比较高，达到 90% 以上，个别区块甚至达到 98% 以上。此开发阶段持续时间长短不一，可短至几个月或半年，个别区块持续时间接近 2 年甚至更长。

注聚未见效阶段：此开发阶段起始点为区块投注聚时间点，持续到综合含水出现下降趋势，持续时间一般较短。区块投注聚后，综合含水一般不会马上下降，会在短时间内保持平稳，甚至小幅度上升，此时采油井未见到聚合物驱效果，区块处于注聚未见效阶段。

含水下降阶段：此开发阶段一般持续时间相对较长，从综合含水出现下降趋势开始，至含水下降速度明显变缓时结束，综合含水始终处于下降的状态，区块处于含水下降阶段。在此开发阶段，不同井区在见效时间和各动态参数变化方面表现出的差异很大，但总体上按照聚合物驱规律，注入压力快速上升、视吸水指数快速下降、产液量缓慢下降、综合含水持续下降、日产油量持续上升，采聚浓度持续上升。

低含水稳定阶段：对于不同的开发区块，此开发阶段的持续时间一般差异很大，短至半年，长至1年以上甚至更长。在综合含水下降开始明显变缓以后，在较长时间内稳定在较低的水平并出现含水最低点，之后含水开始回升。在此过程中，综合含水变化曲线呈中间平两端略翘的形态，注入压力保持平稳，视吸水指数缓慢下降，产液量缓慢下降，综合含水稳定在较低水平，日产油量保持在较高水平，采聚浓度继续上升。

含水上升前期：此开发阶段持续时间较长，一般持续半年到1年左右。从综合含水曲线形态明显上翘开始，综合含水先以较快速度上升，然后上升速度明显变缓；日产油量持续下降。

含水上升后期：此开发阶段持续时间较长，一般持续半年到1年左右。在此开发阶段，综合含水上升速度变缓，日产油下降速度变缓，含水上升到较高水平，经济效益变差。

后续水驱阶段：此阶段驱替介质由聚合物溶液改为水，从区块全部停注聚开始，到区块综合含水上升到98%结束，一般持续时间很长，是聚合物驱开发阶段中持续时间最长的一个，可长达3~5年，甚至更长。

2. 聚合物驱开采特征

1）注入井动态变化特征

（1）注入压力变化特征。注入压力一般指注入井的井口压力，注入压力的变化是注入能力变化的最重要最直接的体现。注入压力在区块的整个聚合物驱开发过程中是不断变化的，先后经历低水平稳定、快速上升、高水平稳定、逐步下降和低水平稳定的变化过程，且不同开发阶段的注入压力水平差异很大（图3-3-1）。

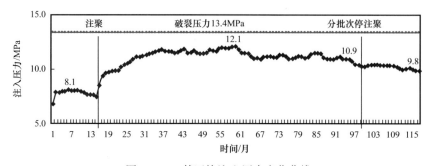

图3-3-1　某区块注入压力变化曲线

空白水驱阶段：主要由于驱替介质为黏度较低的水，相对其他开发阶段，注入井的注入能力较强，注入压力较低，一般注入压力仅为6～10MPa，注入压力上升空间较大，有的区块可达到4MPa以上。

含水下降阶段：驱替介质由水改为黏度更高的聚合物溶液，由于聚合物在油层孔隙中的吸附捕集，注入井近井地带渗透率快速下降，导致注入压力快速上升，一般较注聚前上升2～5MPa。

低含水稳定及含水回升阶段：随着注聚时间的延长，聚合物用量的逐渐增加，油层的吸附捕集逐步达到平衡，注入压力不再上升，逐渐趋于稳定并在较长时间内保持在较高水平，注入压力上升空间缩小到1～2MPa。

后续水驱阶段：由于注入介质由聚合物溶液改为黏度更低的水，注入压力会经历短期快速下降、缓慢下降、基本稳定的变化过程。最终，注入压力一般稳定在较空白水驱高1～3MPa的水平。

（2）视吸水指数变化特征。视吸水指数指单井日注入量与井口注入压力之比，是注聚井注入能力的最直接体现。其表达式为：

$$I'_\mathrm{w} = \frac{q_\mathrm{iw}}{p_\mathrm{iwh}} \qquad\qquad (3\text{-}3\text{-}1)$$

式中　I'_w——视吸水指数，$\mathrm{m^3/(MPa \cdot d)}$；

　　　q_iw——单井日注水量，$\mathrm{m^3/d}$；

　　　p_iwh——井口注入压力，MPa。

在聚合物驱的开发全过程，依据注入量的变化规律和注入压力的变化规律，从以上关系表达式可以得出，随着开发时间的延长，视吸水指数规律性变化，总体上呈现持续下降或保持平稳的变化趋势（图3-3-2）。

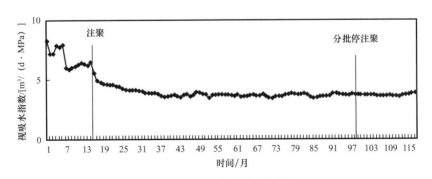

图3-3-2　视吸水指数变化曲线

注聚后，先快速后缓慢下降，然后保持在较低水平稳定到停注聚前，在后续水驱阶段先小幅度下降，然后保持平稳。

注聚阶段：随着聚合物用量的增加，注入压力快速大幅度上升，然后长期保持较高水平，注入速度缓慢下降或保持平稳。所以，随着聚合物用量的增加，视吸水指数先快速后缓慢下降，然后长时间保持在某一较低水平。

后续水驱阶段：区块实施停注聚后的短时间内，与含水回升后期对比，视吸水指数会有小幅度下降。然后，随着开发时间的延长，视吸水指数一般稳定在某一较低水平。

（3）吸液剖面的变化。聚合物驱油过程中，注入井吸液剖面会发生有规律性变化，实质上，这种规律性变化反映了聚合物溶液扩大波及体积、提高采收率的作用。注入井的吸液剖面反映出注入井在一定的注入压力下，每个层段或单层的绝对吸液量、相对吸液量和吸液厚度，剖面的变化直接反映了目的层在录取剖面资料时的动用状况，进而影响剩余油的分布状况，是聚合物驱动态分析的一项重要资料，可以指导调剖、分注等措施的选井选层（张秀云等，2008）。

空白水驱阶段：由于油藏的非均质性，存在层间及层内渗透率差异，在驱替过程中，注入水优先通过高渗透层或部位，中低渗透层或部位吸液量少，或者不吸液，此时，吸液剖面表现为吸液层单一且吸液厚度薄，而且吸液层的吸液强度相对较大。

注聚阶段：注入井投注聚合物后，吸液剖面的变化相对复杂，但有一定的规律性。聚合物溶液优先进入高渗透层或部位，由于聚合物在油层中的吸附捕集作用，吸液油层的渗透率会快速下降，注入压力快速上升；当达到中低渗透层启动压力时，聚合物溶液开始进入中低渗透层（或部位），吸液层数及吸液厚度增加，中低渗透层（或部位）相对吸入量增加，此时聚合物溶液起到了调整剖面的作用，吸液剖面得到改善，这一改善过程一般发生在含水下降期和含水稳定期。但是，这种剖面的改善并不能长时间持续，随着中低渗透层或部位聚合物溶液的不断进入，其渗流阻力增大导致其吸水量逐渐下降，甚至不吸液，聚合物溶液从中低渗透层（或部位）退回到原来的高渗透层（或部位），波及体积缩小，吸液剖面发生返转，这一反转过程一般发生在含水回升期。

后续水驱阶段：由于驱替介质由聚合溶液改成黏度较低的水，注入压力下降，在驱替过程中，注入水优先通过高渗透层（或部位），中低渗透层（或部位）的吸液量降低或者不吸液，吸液剖面又一次表现为吸液层单一且吸液厚度薄，而且吸液层的吸液强度相对较大。

聚合物驱开发过程中，目的油层经过注水—注聚—注水开发的过程后，各小层的渗流能力会发生不断变化，同时，层间渗流能力差异不断变化，油层的吸液厚度和各小层的相对吸液量呈现规律性变化，各个渗透率级别油层的累积动用厚度比例都会有不同程度地提高，一般情况下，渗透率级别越低，提高幅度越大。通常，阶段吸液厚度比例在持续上升到低含水稳定期的最高点后逐步下降，累积动用厚度比例在低含水稳定期达到最高点，一般能达到90%以上（表3-3-1）。

表3-3-1 聚合物驱吸液剖面变化情况表　　　　　　　　　　单位：%

开发阶段	<300mD		300~500mD		500~800mD		>800mD		合计
	吸入厚度比例	相对吸入量	吸入厚度比例	相对吸入量	吸入厚度比例	相对吸入量	吸入厚度比例	相对吸入量	吸入厚度比例
空白水驱	41.1	12.4	50.5	13.5	62.5	10.9	75.1	63.2	55.9
含水下降	53.5	25.9	63.7	25.8	69.9	21.2	77.0	27.1	64.2
低值期	61.8	28.7	67.1	26.9	77.8	22.3	80.4	22.1	70.0

开发阶段	<300mD		300~500mD		500~800mD		>800mD		合计
	吸入厚度比例	相对吸入量	吸入厚度比例	相对吸入量	吸入厚度比例	相对吸入量	吸入厚度比例	相对吸入量	吸入厚度比例
含水上升	56.7	31.2	64.2	25.1	76.2	21.3	78.3	22.4	67.1
后续水驱	41.6	14.3	55.6	15.8	73.2	16.7	75.8	53.2	57.5
累积	90.3	28.5	92.5	26.6	95.6	21.6	96.8	23.3	93.2

2）采油井动态变化特征

（1）影响产液能力变化的主要影响因素。采油井产液能力的变化主要表现在产液指数的变化，产液指数指单位采油压差下采油井的日产液量，其计算公式为：

$$J_{\mathrm{L}} = \frac{Q_{\mathrm{L}}}{p - p_{\mathrm{wf}}} \qquad (3\text{-}3\text{-}2)$$

式中 J_{L}——产液指数，t/MPa；

   Q_{L}——日产液量，t；

   p——静压，MPa；

   p_{wf}——流压，MPa。

（2）产液能力的变化特征。在工业化生产实践中，一般产液指数的变化趋势与日产液量的变化趋势是一致的，日产液量的变化是产液能力变化的直接表现。为了日常区块动态分析方便，通常分析日产液的变化来分析产液能力的变化。

在空白水驱阶段，油层的驱替介质为低黏度的水，渗流阻力较小，供液能力较强，产液能力较强，日产液量较高；区块投注聚后，由于驱替介质由水改为黏度较高的聚合物溶液，驱替介质的流度降低、渗流阻力增大、油层的压力传导能力变差，供液能力快速下降，导致采油井流压下降、产液能力降低、日产液量快速下降；区块进入低含水稳定期后，此时驱油效果达到最佳，产液能力下降变缓，日产液量保持稳定或缓慢下降，在整个注聚阶段，产液量降幅一般在 20% 以内；区块停注聚后，由于控制了区块注入速度，产液量缓慢下降（图 3-3-3）。

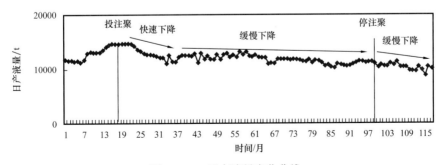

图 3-3-3 日产液量变化曲线

（3）产油能力和含水的变化特征。注聚前，一般开发区块的综合含水在90%以上，近年来，个别区块注聚前综合含水高达98%以上；注聚后，综合含水最大下降幅度一般在10个百分点左右，剩余油富集的区块可以达到20个百分点甚至更好。在注聚过程中，通过优化方案调整及实施各种增产增注措施，保证良好的注采状况，可以把产液量下降幅度控制在20%以内。由于聚合物驱油具有这种初含水高、含水降幅大的特点，当把产液量下降幅度控制在相对较小的合理范围内时，综合含水的下降幅度对产油量的增加起决定性作用，所以，在工业化生产中，一般通过尽最大努力提高含水降幅、延长低含水稳定期来实现最大幅度提高采收率的目标。

工业化生产中，聚合物驱含水的变化具有明显的阶段性。注聚前，综合含水一般处于较高水平；投注聚后，随着聚合物用量的增加，先后经历缓慢下降或不下降、明显下降、稳定、快速上升和缓慢上升5个阶段；然后又一次进入高含水阶段，区块转入后续水驱开发（图3-3-4）。

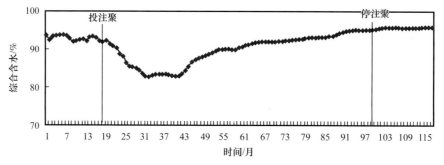

图3-3-4　综合含水变化曲线

由产液量、产油量和含水的逻辑关系可以看出，在产液量降幅不大的情况下，日产油量的变化趋势与综合含水的变化趋势相反。注聚前，日产油量处在较低水平；投注聚后，随着聚合物用量的增加，先后经历缓慢上升、快速上升、稳定、快速下降和缓慢下降5个阶段；然后区块转入后续水驱开发，日产油量下降到较低水平，甚至低于注聚前日产油量（图3-3-5）。

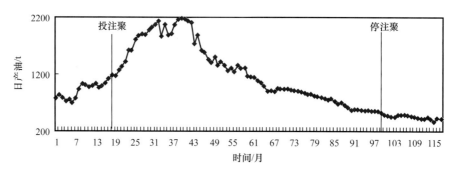

图3-3-5　日产油量变化曲线

（4）产液剖面的变化。产液剖面是指通过生产测井取得的一种油层动用材料，反映了纵向上的产液、产油和产水在每个层的分布。在开展聚合物动态分析时，应用产液剖面可以帮助动态分析人员了解各层的日产液量、含水和日产油量，识别高、低含水层，从而指导采油井挖潜措施及连通注入井的方案调整，有效控制低效和无效循环、挖掘剩余油潜力。

在日常工业化生产中，受产液剖面的现场录取条件的制约，录取产液剖面资料比较少，在分析油层的动用状况时，动态分析人员一般以分析注入井吸液剖面为主，采油井的产液剖面为辅。采油井的产液剖面在现场主要是应用在采油井措施效果分析方面，比如，当采油井实施某个高含水层封堵时，可以在封堵前后分别录取产液剖面，通过措施前后的剖面对比，来判断需要封堵的目的层是否封堵成功，分析剩余的各油层的产液量及含水如何变化。

（5）地层压力的变化。地层压力是指地层孔隙内流体所承受的压力，在油层开采以前的地层压力称为原始地层压力，原始地层压力与某个开发时期的地层压力的差，叫总压差。

在开展聚合物驱开发区块的动态分析时，一般认为地层压力保持在原始地层压力附近较好。在聚合物驱全过程，区块总压差应保持在 $-0.5\sim+0.5$MPa 范围内，同时，地层压力的平面分布应保持均衡。

开发区块处于空白水驱阶段时，地层压力通常处于较低水平，经常出现总压差小于 -0.5MPa 的情况，此时，需要开展注采速度调整工作，逐步恢复地层压力；区块投注聚后，地层压力水平应该恢复原始地层压力附近，并尽量保持在原始地层压力以上，区块总压差尽量保持在 $0\sim+0.5$ 范围内；在含水回升后期以后，一般地层压力会有小幅度的下降，总压差应保持在 $-0.5\sim0$ 范围内。在工业化生产中，在区块开发的每一个开发阶段，都有可能由于某种原因导致区块注采不平衡，经常出现地层压力水平偏低或者分布不均衡的现象，影响开发效果。如发生此类状况，应该及时进行稳步调整，平稳地把地层压力调整到合理水平，并且平面分布均衡。

（6）采聚浓度的变化。采聚浓度为生产井采出的单位体积溶液中含有聚合物药剂的质量，其单位为 mg/L。当注聚前一段时间内采取清水注入时，地层中没有聚合物，在这种情况下，当采油井采出液化验出存在聚合物时，称之为见聚时间。当注聚前采取含聚污水注入时，注聚前的地层中已经含有聚合物，采油井采出液化验可以得到采聚浓度值，在这种情况下，采聚浓度值从注聚开始短时间内保持较低水平，然后出现明显上升，当采聚浓度出现明显升高时，称之为见聚时间。

聚合物驱开发区块在投注聚后，从含水下降期采油井见聚开始，到开发全过程结束，采聚浓度呈现规律性变化。区块采油井见聚后，采聚浓度短期内保持在较低水平或缓慢上升，随着采油井的逐步见效，区块进入低含水稳定期，采聚浓度上升速度加快，进入含水回升期后，上升速度减缓，在达到某一最高值后出现一个相对平稳期，区块转入后续水驱阶段后，采聚浓度开始缓慢下降（图 3-3-6）。

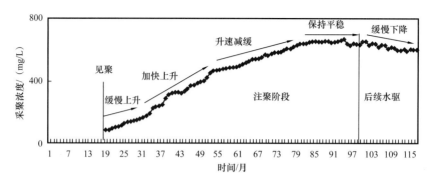

图 3-3-6　聚合物驱采聚浓度变化曲线

二、聚合物驱阶段提高采收率预测方法

随着聚合物驱油技术的不断成熟，聚合物驱开发指标预测技术也随之发展起来。聚合物驱开发指标预测结果既可以指导油藏动态分析与开发调整，又是评价油田开发效果与经济效益的主要依据。而现有的各类聚合物驱开发指标预测方法主要侧重于已开发聚合物驱区块含水回升阶段及后续水驱阶段的开发指标预测，在聚合物驱的其他开发阶段涉及较少。为此，根据 A 油田聚合物驱工业化区块的实际生产数据，综合应用驱替特征曲线和经验回归方法，建立了聚合物驱阶段提高采收率预测模型，该模型可用于聚合物驱的含水稳定阶段与含水回升阶段的开发指标预测（王渝明等，2019）。其通过预测不同聚合物用量条件下的提高采收率值，进而计算出年度产量指标，从而为开发规划方案的编制提供依据。

1. 提高采收率预测模型的建立

乙型水驱规律曲线的基本表达式为：

$$\lg L_p = A + B N_p \tag{3-3-3}$$

式中　L_p——累计产液量，$10^4 m^3$；

　　　A——截距；

　　　B——斜率；

　　　N_p——累计产油量，$10^4 m^3$。

设油层的孔隙体积为 V_p（$10^4 m^3$），聚合物驱阶段累计注入溶液量为 W_p（$10^4 m^3$），则 W_p 与 V_p 的比值 m 定义为注入油层的孔隙体积倍数，当油田注采平衡时，则累计注入溶液量与累计产液量体积相等，即：

$$L_p = m V_p \tag{3-3-4}$$

将式（3-3-4）代入式（3-3-3）中可得：

$$\lg m V_p = A + B N_p \tag{3-3-5}$$

将 $N_p = RN$ 代入式（3-3-5）中得：

$$\lg mV_p = A + BRN \tag{3-3-6}$$

式中 R ——聚合物驱阶段采出程度，%；

N ——地质储量，$10^4\mathrm{m}^3$。

又由提高采收率的值为 $\Delta E_R = R - E_R$，那么式（3-3-6）可变为：

$$\lg mV_p = A + BN(\Delta E_R + E_R) \tag{3-3-7}$$

整理可得：

$$\lg m = A + BNE_R + \lg\frac{1}{V_p} + BN\Delta E_R \tag{3-3-8}$$

式中 ΔE_R ——提高采收率，%；

E_R ——水驱最终采收率，%。

根据聚合物用量（P_y）等于聚合物溶液注入油层的孔隙体积倍数（m）与聚合物质量浓度（C_p）的乘积，即 $P_y = mC_p$，可得：

$$\lg P_y = A + BNE_R + \lg\frac{C_p}{V_p} + BN\Delta E_R \tag{3-3-9}$$

令 $A_1 = A + BNE_R + \lg\dfrac{C_p}{V_p}$，$B_1 = BN$，则：

$$\lg P_y = A_1 + B_1\Delta E_R \tag{3-3-10}$$

式中 P_y ——聚合物用量，mg/L·PV。

从式（3-3-10）可以看出，聚合物用量 P_y 和提高采收率的值 ΔE_R 在半对数坐标中成直线关系，因此通过回归分析方法，就可以建立聚合物驱阶段提高采收率的预测模型。

2. 模型的分析

将 A 油田已投入开发的聚合物驱区块的生产数据进行整理和分析，可以绘制出聚合物用量与提高采收率关系曲线，其结果显示各区块的曲线都具有 S 形特征。且若将聚合物用量取对数，各区块和井组的聚合物用量与提高采收率关系曲线（图 3-3-7）在半对数坐标系下，一般都会出现一条近似的直线段。

通过分析聚合物驱油过程中动态变化认为，该直线段的物理意义是在注采平衡条件下近似的聚合物单相稳态渗流阶段，在这一阶段，聚合物溶液在油层中的压力、速度等仅是坐标的函数。因此，聚合物驱过程中，注采系统调

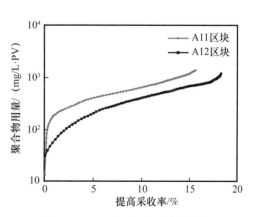

图 3-3-7 2 个区块聚合物用量与
提高采收率关系曲线

整、注入参数调整等措施，都会对这种近似的单相稳态渗流状态产生影响，使聚合物用量与提高采收率关系曲线出现弯曲，直到达到新的稳定状态。

1）直线段出现时间

为了确定直线段出现和结束的时间，通过统计21个聚合物驱区块出现直线段时的聚合物用量与所处的开发阶段（表3-3-2和表3-3-3），发现这些区块在进入含水稳定阶段前后开始出现直线段。其中15个一类油层区块均在含水下降阶段出现直线段，6个二类油层区块中有3个在含水稳定阶段出现直线段，但距判定是否进入含水稳定阶段的关键点（含水率最低点）的聚合物用量差距较小，为19～42mg/L·PV。因此，可以看出该预测方法可从含水稳定阶段开始使用。

表 3-3-2　一类油层聚合物驱区块开发情况

区块名称	出现直线段时				含水率最低点		
	聚合物用量 / mg/L·PV	提高采收率 / %	含水率 / %	开发阶段	聚合物用量 / mg/L·PV	提高采收率 / %	含水率 / %
A1 区块	223	1.88	82.03	含水下降	247	2.46	79.81
A2 区块	145	1.80	76.08	含水下降	186	3.03	73.93
A3 区块	172	2.39	82.45	含水下降	260	4.42	77.92
A4 区块	213	1.96	82.78	含水下降	242	2.42	81.40
A5 区块	304	2.00	65.97	含水下降	379	3.38	61.31
A6 区块	182	2.10	73.50	含水下降	247	4.79	68.07
A7 区块	172	2.03	81.34	含水下降	211	3.28	77.00
A8 区块	105	1.28	70.72	含水下降	126	2.43	63.68
A9 区块	167	1.82	70.76	含水下降	176	2.13	69.13
A10 区块	196	0.95	84.85	含水下降	207	1.23	82.46
A11 区块	223	1.63	82.16	含水下降	282	2.77	77.59
A12 区块	182	1.87	86.27	含水下降	238	3.24	83.89
A13 区块	225	1.74	85.68	含水下降	225	1.74	85.68
A14 区块	288	2.62	84.83	含水下降	303	2.96	84.25
A15 区块	198	2.24	78.77	含水下降	291	5.36	68.08
平均值	200	1.89	80.18		241	3.04	76.83

表 3-3-3 二类油层聚合物驱区块开发情况

区块名称	出现直线段时				含水率最低点		
	聚合物用量 / mg/L·PV	提高采收率 / %	含水率 / %	开发阶段	聚合物用量 / mg/L·PV	提高采收率 / %	含水率 / %
B1 西块二类	225	2.20	80.99	含水下降	225	2.20	80.99
A1 区块上返	265	2.48	79.33	含水稳定	228	1.85	79.32
A6 区块东部	254	1.68	86.26	含水稳定	235	1.38	85.50
A9 区块二类	194	2.73	81.16	含水稳定	152	1.83	81.40
A13 区块一区	322	2.52	86.00	含水下降	322	2.52	86.00
A12 区块一区	376	1.74	87.53	含水下降	590	4.42	81.63
平均值	273	2.23	83.64		292	2.37	82.68

2）直线段结束时间

在聚合物驱开发过程中，随着聚合物用量不断增加，区块经历含水下降阶段、含水稳定阶段，进入含水回升阶段，日产油量逐步降低，阶段采出程度增幅明显降低，经济效益下降。因此，区块内的注入井开始分批由注入聚合物溶液转为注水，直至区块全部转入后续水驱。由于转入后续水驱的过程中，聚合物用量增幅明显减小，而相应的提高采收率值增幅不会出现明显变化，因此，在半对数坐标系下的聚合物用量与提高采收率将会出现上翘现象。

由于目前数值模拟方法还存在一些问题，计算结果与实际存在较大偏差，因此依据聚合物驱工业化区块的开发实践，初步认为由于目前已开发的聚合物驱工业化推广区块，在聚合物用量大于 1600mg/L·PV 以后，提高采收率值增加幅度明显减小，出现了曲线上翘现象，因此将 1600mg/L·PV 作为直线段结束时间。

3. 预测模型的应用

选择 6 个聚合物驱区块开展聚合物驱阶段提高采收率预测。首先，根据各区块在聚合物用量 500mg/L·PV 之前的数据进行线性回归，建立预测公式，之后在给定不同聚合物用量条件下预测对应的提高采收率值，并与实际值进行对比（表 3-3-4）。通过对比实际数据与预测数据可以看出，一类油层区块提高采收率预测指标的绝对误差为 0.03%～0.34%，平均绝对误差为 0.14%，相对误差为 0.34%～4.44%，平均相对误差为 1.33%；二类油层区块提高采收率预测指标的绝对误差为 0.01%～0.40%，平均绝对误差为 0.09%，相对误差为 0.13%～4.91%，平均相对误差为 1.21%。

在此基础上，对 A 油田其他聚合物用量大于 500mg/L·PV 的 33 个一类和二类油层聚合物驱区块进行预测，结果显示其绝对误差为 0.01%～0.58%，相对误差为 0.09%～6.24%。通过实际应用结果可以看出，该方法的预测结果较为精确，计算精度能够满足开发规划编制和年度配产的需求。

表3-3-4　一类油层和二类油层聚合物驱区块提高采收率预测结果与实际值对比

区块	线性回归结果			不同聚合物用量条件下提高采收率 /%						
	截距	斜率	相关系数	分类	600 mg/L·PV	700 mg/L·PV	800 mg/L·PV	900 mg/L·PV	1000 mg/L·PV	1100 mg/L·PV
A5 区块（一类）	2.3551	0.0618	0.9975	预测	6.85	7.93	8.87	9.69	10.44	11.11
				实际	6.89	8.05	8.90	9.60	10.35	10.80
B2 区块西部（一类）	2.1321	0.0469	0.9970	预测	13.78	15.20	16.44	17.53	—	—
				实际	13.64	14.93	16.13	17.47	—	—
B3 西部（一类）	2.2061	0.0715	0.9994	预测	8.00	8.94	9.75	10.46	11.10	11.68
				实际	7.66	8.82	9.63	10.39	11.04	11.58
B1 区块（二类）	2.2849	0.0664	0.9980	预测	7.43	8.44	9.31	10.08	10.77	11.39
				实际	7.42	8.48	9.37	10.14	10.73	11.32
B3 区块西块（二类）	2.1637	0.0663	0.9983	预测	9.28	10.02	11.10	—	—	—
				实际	9.24	10.08	10.96	—	—	—
A13 区块一区（二类）	2.3082	0.0894	0.9976	预测	5.26	6.01	6.65	7.23	7.74	8.20
				实际	5.19	5.95	6.62	7.40	8.14	8.45

三、跟踪调整主要措施及选井选层技术规范

1. 主要措施优选

1）注入井分注措施优选

在聚合物驱开发过程中，由于层间渗透率级差的存在，导致不同油层吸液能力存在较大差异，如果采取笼统注聚方式，聚合物溶液会从高渗透层突进，中低渗透层不能得到充分动用，不利于扩大波及体积，影响注入井吸入剖面的改善，从而影响开发效果，在工业化生产中，一般采用注入井分层技术来缓解层间矛盾，解决上述问题（廖广志等，2004）。

分层注聚指在注入井下封隔器，把性质差异较大的油层分隔开，分层配注，使得高渗透油层注入量得到控制，中低渗透层注入量得到加强，使各类油层都能够得到充分动用的一种工艺。

（1）分注时机的确定。为了确定分注时机，开展了数值模拟研究，绘制了在渗透率级差分别为3.0、5.0和7.0情况下，采收率与分层注聚时聚合物用量的关系曲线

（图3-3-8）。从三条曲线的变化可以得出看出，分层注聚越早，采收率越高，渗透率级差越小，采收率越高，在聚合物用量达到200mg/L·PV以前，采收率值与分层注聚的早与晚关系不大，渗透率级差的大小对采收率的影响也不大；但是，当聚合物用量200mg/L·PV以后，随着分注时间的推迟，对采收率的影响逐步加大，而且，渗透率级差越大，影响越大。因此，确定聚合物驱分注时机为聚合物用量200mg/L·PV以前，此时，区块一般处于含水下降阶段。

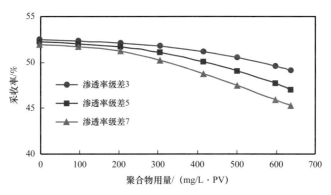

图3-3-8　分层注聚效果数模曲线

（2）选井选层及配注原则。结合现场聚合物驱分层工艺、配注工艺及地质因素，充分考虑单井的动态变化特征，确定分层注聚选井选层原则及注聚阶段的配注原则（表3-3-5）。

在聚合物驱油现场，受现场的许多条件制约，并不是所有满足分层注聚选井选层原则的注入井都需要分层，并不是可以分层的注入井都应该在含水下降期分层，如，某注入井，在区块处于含水下降阶段时，在连通采油井全部正常生产且井组注采均衡的情况下，注入压力已经上升到较高水平，距离破裂压力仅有不足0.5MPa，为了避免分层后出现注入困难现象，此时，该注入井不应该采取分层措施。

表3-3-5　注入井分层选井选层及配注原则

选井选层原则	配注原则
①层间渗透率级差大于3； ②隔层厚度≥1m且分布较稳定； ③层间吸水量相差70%以上； ④层段间适用同一种聚合物； ⑤层段厚度：1.0m以上	①注聚初期，按照层段强度分层配注； ②含水下降期或低含水期，差层增注，好层不控注； ③含水上升期，差层增注，好层控注

随着聚合物驱开发对象的逐步变差，层间矛盾突出问题逐步凸显，需要大规模推广应用日益成熟的分层注聚技术，提高开发区块分注规模来解决这一问题。

2）采油井压裂措施优选

采油井压裂作为一项有效的增产措施在聚合物驱工业化生产中广泛应用。在注聚过程中，针对部分采油井聚合物驱受效后产液能力大幅度下降，剩余相对油富集的中低渗透油层动用程度低等情况，对部分采油井采取压裂措施，改善渗流条件，合理恢复产液量，能够提高单井产量，进一步改善聚合物驱效果。

（1）压裂时机的确定。为优选采油井压裂时机与压裂对象，建立1个四注一采的地质模型，设计4种压裂方案进行了计算，井区地质储量 25.23×10^4t，孔隙体积 40.36×10^4m³，采出井初含水为93.5%（表3-3-6）。

方案1：含水下降期分别压裂好油层与差油层。

方案2：含水稳定期分别压裂好油层与差油层。

方案3：含水回升初期分别压裂好油层与差油层。

方案4：含水下降期压裂好油层，在含水回升初期压裂差油层。

表3-3-6 数值模拟计算结果统计表

方案编号	压裂层位	累计增油量 /10^4t	压裂增油量 /10^4t	提高采收率 /%
基础方案	不压裂	3.152	—	
方案1	主力油层	3.395	0.243	0.96
	薄差油层	3.235	0.083	0.33
方案2	主力油层	3.390	0.238	0.94
	薄差油层	3.250	0.098	0.39
方案3	主力油层	3.175	0.023	0.09
	薄差油层	3.295	0.143	0.56
方案4	主力+薄差油层	3.485	0.333	1.32

数值模拟计算结果表明，在采油井处于含水下降期或含水低值期时，对相对厚油层压裂效果较好，在含水回升期对薄差油层压裂效果较好。

（2）选井选层原则。工艺要求：压裂层段具有0.5m以上厚度的隔层，确保封隔器能够分卡；压裂井的套管无变形、破裂和穿孔；固井质量好，管外无窜槽。

地质原则：由于各开发阶段采油井压裂的目的有差异，含水下降阶段为了促进聚合物驱见效，低含水稳定阶段为了提高见效程度，含水回升阶段为了挖掘薄差层剩余油，所以，各开发阶段采油井压裂的选井选层地质原则不同（表3-3-7）。

在聚合物驱油现场，在水驱空白、含水上升后期、后续水驱阶段，一般不实施采油井压裂，在含水下降阶段和含水稳定阶段实施采油井压裂增油效果较好且有效期较长。为了保证井区注采相对均衡，控制注入溶液推进速度，防止井区出现综合含水突升及产量突降的现象，无论是在时间上还是在平面分布上，压裂采油井都不应该过于集中。

表 3-3-7　各阶段压裂选井选层标准

阶段	选井原则	选层原则	压裂方式
下降期	① 日产液降幅≥20%，产液量较低； ② 含水降幅低于区块平均水平； ③ 沉没度≤300m	① 厚度≤2.0m； ② 层数比例≥80%； ③砂岩厚度 6.0m	① 普通压裂； ② 细分压裂； ③ 多裂缝； ④ 宽短缝压裂
低值期	① 产液指数低于区块平均值 20%； ② 含水≤85%； ③ 沉没度≤300m； ④ 井组注采比≥1.2； ⑤ 单位厚度累积增油低于全区平均水平	① 厚度≤1.5m； ② 层数比例≥80%； ③ 砂岩厚度 4.0m	① 普通压裂； ② 普通＋选压； ③ 宽短缝压裂
回升期	① 薄差层动用差，吸液比例≤20%； ② 产液量较低； ③ 含水回升，采聚浓度高于全区 30%； ④ 单位厚度累积增油低于全区平均水平	① 厚度≤1.0m； ② 层数比例≥80%； ③ 砂岩厚度 3.0m	① 普通＋多裂缝； ② 压裂＋堵水； ③ 薄隔层压裂

2. 注入井深度调剖现场应用

聚合物驱深度调剖可以调整注聚井的吸液剖面，提高注入压力，扩大波及体积，从而改善开发效果。作为一项有效的调整措施在聚合物驱工业化生产中广泛应用，一般在空白水驱阶段实施规模较大，且平面分布上相对集中，在注聚阶段实施规模相对较小，且平面分布上相对零散，一般在后续水驱阶段不实施深度调剖，从调剖效果上看，空白水驱阶段效果最好，含水回升阶段调剖效果相对较差。

1）空白水驱阶段深度调剖

（1）实施深度调剖的意义。空白水驱阶段实施深度调剖在开始实施时间上有严格要求，一般与区块投注聚同时进行，或者较区块投注聚时间略早，在调剖井调剖结束前全区块实施注聚，这样就尽量避免了注水对调剖的影响，保证了深度调剖的效果。空白水驱阶段对非均质性比较严重的油层进行深度调剖，可以有效堵塞聚合物驱目的层的高渗透部位，确保注入压力稳步上升，更有效地改善注入井吸液剖面，扩大波及体积，提高聚合物的有效利用率，保证调剖井区的聚合物驱见效时间提前，具有更大的含水降幅，最终达到增油控液的目的。

（2）调剖井动态变化。当分析空白水驱阶段深度调剖井的动态变化时，所分析的各个动态参数不但要与调剖前水平对比，还要和非调剖井的变化趋势对比。

调剖井在空白水驱阶段的注入压力明显低于非调剖井，在区块投注聚后，在一段时期内，这两类井的注入压力都会上升，但上升速度和上升幅度有明显差异，一般调剖井注入压力上升速度较快，上升幅度较大，随着注聚时间的延长，调剖井的注入压力与非调剖井的差距会逐渐缩小，甚至有时会超过非调剖井注入压力，经过一段时间注聚后，调剖井与非调剖井的注入压力都会上升到一个合理的压力水平（图 3-3-9）。

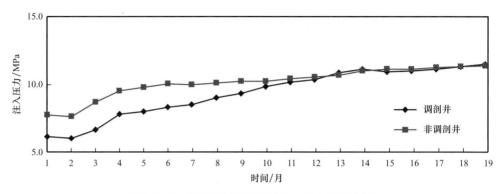

图 3-3-9　调剖井与非调剖井注入压力对比曲线

区块投注聚后，调剖井和非调剖井的视吸水指数都会下降，但下降速度和下降幅度有明显差异，一般调剖井视吸水指数下降速度较快，下降幅度较大，随着注聚时间的延长，调剖井与非调剖井的视吸水指数差距逐渐缩小，经过一段时间注聚后，调剖井与非调剖井的视吸水指数都会下降到一个合理的压力水平（图 3-3-10）。

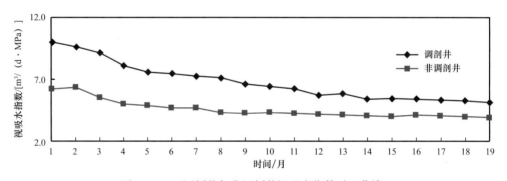

图 3-3-10　调剖井与非调剖井视吸水指数对比曲线

通过实施深度调剖，使注聚井调剖层段的渗透率大幅度下降，同时，调剖层段的吸液量也大幅度下降，从而达到调整吸液剖面的目的。与非调剖井对比，一般调剖井吸液剖面的改善更加明显，高渗透层吸液厚度和相对吸液量下降幅度更大，甚至不吸液，同时，中低渗透层吸液厚度和相对吸液量上升更明显。

（3）调剖井组效果分析。一般在空白水驱阶段开展深度调剖，相对于非调剖井区，在含水下降阶段，产液量大幅度下降且下降速度较快，同时含水大幅度下降且下降速度较快（图 3-3-11）。也就是说，空白水驱阶段深度调剖，可以使见效时间提前，且增油降水效果明显，增油倍数大，相对于其他开发阶段开展深度调剖，对提高最终采收率贡献最大。

2）注聚过程中深度调剖

（1）实施深度调剖的意义。注聚阶段实施深度调剖，可以有效堵塞聚合物驱目的层的高渗透部位，促使注入压力稳步上升到合理水平，有效地调整注入井吸液剖面，进一步扩大波及体积，提高聚合物的有效利用率，促进含水较快速度下降，或者延长低含水稳定期，或者控制含水回升速度，最终达到增油控液或稳油控液的目的。

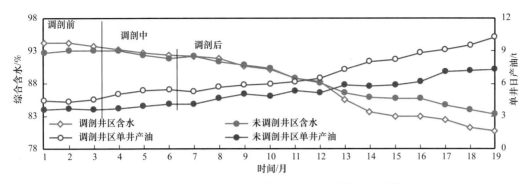

图 3-3-11　调剖井与非调剖井主要采出参数对比曲线

（2）调剖井动态变化。在注聚过程中实施深度调剖，可以使注入压力在较短时间内，从较低水平进一步上升到合理的压力值，而同期的非调剖井的注入压力缓慢上升或者不升。

以处于含水上升阶段的某区块为例，通过实施深度调剖，调剖井注入压力由 10.5MPa 上升到 11.3MPa，上升了 0.8MPa，而同期非调剖井注入压力没有明显上升（图 3-3-12）。

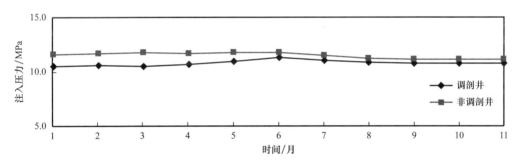

图 3-3-12　调剖井与非调剖井注入压力对比曲线

调剖井的视吸水指数由 $6.6m^3/（MPa \cdot d）$ 下降到 $5.0m^3/（MPa \cdot d）$，下降了 $1.6m^3/（MPa \cdot d）$，而同期非调剖井没有明显变化（图 3-3-13）。

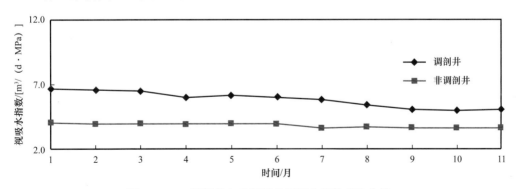

图 3-3-13　调剖井与非调剖井视吸水指数对比曲线

（3）调剖井效果分析。以含水上升阶段深度调剖为例。一般在含水上升阶段开展深度调剖，能够有效控制高含水层的产液量，与非调剖井区对比，调剖井区的产液量会出现相对大幅度下降，综合含水上升速度明显较低，甚至在短期内可以实现含水不升，与调剖前对比，一般日产油量会出现小幅度上升或者不升，也就是说，含水上升阶段深度调剖，可以控制低效无效产液，控制含水上升速度，但增油效果不明显（图3-3-14），相对于空白水驱阶段开展深度调剖，对提高最终采收率贡献不大。

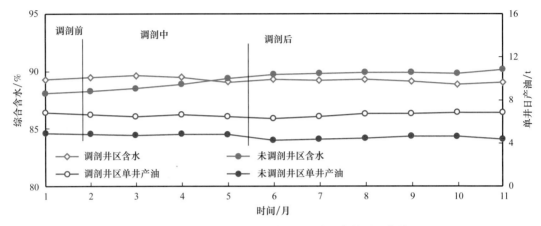

图3-3-14 调剖井与非调剖井主要采出参数对比曲线

第四节 聚合物驱配套工艺技术

一、聚合物驱分层注入工艺技术

大庆油田油层多、非均质性严重，在聚合物驱过程中，如果采用笼统注入方式，聚合物溶液主要进入高渗透层，这些层见聚快，油层吸液能力高；而中低渗透率油层，受层间矛盾的影响，动用程度较低，影响了聚合物驱开发效果，这些因素要求大庆油田聚合物驱必须采用分层开采（刘兴君等，2009）。

随着聚合物驱油技术的工业化推广应用，聚合物驱分注工艺技术发展迅速，技术水平不断提高，较好地改善了聚合物驱效果。"十二五"以来，结合大庆油田的实际特点，先后经历发展了分质分压注入技术及全过程一体化分注技术两代工艺技术，目前聚合物驱全过程一体化分注技术作为大庆油田主要在用分注工艺技术进行规模化推广应用。

1. 聚合物驱全过程一体化分注技术

大庆油田主力油层聚合物驱结束后，聚合物驱驱替对象已转向渗透率更低、层间差异更大的二类油层。从实际注入情况看，二类油层注聚普遍注入压力较高，分析其原因是由于层间渗透率差异过大，导致对中、高分子量聚合物适应性变差，注入溶液主要流向性质好、连通好的油层，而薄差油层由于渗透率低，随着吸附捕集作用增加，阻力系数增大，渗流能力大幅度下降，动用程度低，影响了聚合物驱效果。前期所研发的聚合物驱分质分压注入技术大庆油田应用了 350 口井，取得了较好的效果（李建云，2010），但随着聚合物驱规模不断扩大，分注井数不断增加，原有的聚合物驱分质分压注入技术暴露出投捞负荷较大、投捞成功率较低的问题，并且不能满足空白水驱、水驱高效测调及后续水驱的分注需要，为此开展了聚合物驱全过程一体化分注技术的研究（柴方源等，2013）。

聚合物驱全过程一体化分注技术通过优化设计，在确保满足现场节流压差和黏损率的条件下，配注工具外径尺寸与水驱注入井工具相同，投捞负荷降低 50%，一次投捞成功率达到 95% 以上；形成了完善配套的新型多功能分注工艺，与水驱高效测调完全兼容，可满足空白水驱、聚合物驱及后续水驱全过程分注。

聚合物驱全过程一体化分注技术管柱如图 3-4-1 所示，主要由封隔器、全过程偏心配注器、分子量调节器、压力调节器等工具组成。

全过程偏心配注器如图 3-4-2 所示，主要由上接头、连接套、扶正体、导向体、主体、下接头组成。主体中心通道内径为 46mm，作为井下工具和仪器测试通道使用，

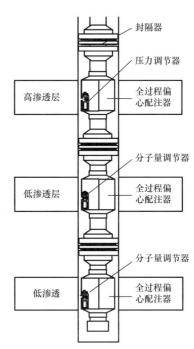

图 3-4-1　聚合物驱全过程一体化分注技术管柱

偏孔直径为 20mm，位于主体中心通道侧面，用于放置分子量调节器或压力调节器。分层级数不受限制，可对任意级直接投捞。

图 3-4-2　全过程偏心配注器

分子量调节器如图 3-4-3 所示，置于全过程偏心配注器内，通过投捞更换不同规格的分子量调节器，实现对注入层段聚合物分子量进行控制调整。

图 3-4-3　分子量调节器

压力调节器如图 3-4-4 所示，置于全过程偏心配注器内，通过投捞更换不同规格的压力调节器来改变降压槽数量，实现对注入层段压力进行控制调整。

当流量 70m³/d 时，分子量调节器最大调节范围为 50%，压力调节器节流压差 2.0MPa、黏度损失 8%。

图 3-4-4 压力调节器

目前现场应用 6000 多口井，试验区块中低渗透层动用程度平均提高 5.6 个百分点，与原分质分压工艺相比投捞负荷降低 50%，并与水驱高效测调技术完全兼容，工艺管柱可同时满足空白水驱、聚合物驱及后续水驱需要，降低生产成本，提高测试调配效率。

2. 配套测试工艺技术

在配套测试技术方面，聚合物驱分质分压注入技术主要为常规测试技术，而聚合物驱全过程一体化分注技术由于管柱结构也为偏心结构，所以配套测试技术也以常规测试技术为主（孙智，2003），并且以全过程一体化分注工艺管柱为基础，发展了高效测调技术，在常规测试的基础上进一步提高了测调效率。

1）常规测试技术

电磁流量计是一种新型的适用于聚合物溶液的分层流量测试仪器，通过测量感应电动势的大小，可以确定流经传感器的流量。电磁流量计不受注入流体黏度和密度的影响，测试时采用非集流方式，电磁流量计技术指标见表 3-4-1。

表 3-4-1 电磁流量计技术指标

测量范围 /（m³/d）	仪器测量误差 /%	外径 /mm	耐压 /MPa
4～300	2.5	42	40

投捞器是更换井下不同类型调节器的仪器，实现单层注入流量和分子量的改变，投捞器如图 3-4-5 所示，结构参数见表 3-4-2。

图 3-4-5 投捞器示意图

表 3-4-2 投捞器结构参数

总长 /mm	钢体外径 /mm	投捞爪张开外径 /mm	导向爪张开外径 /mm
1370	44	76～79	52～55

常规流量测试工作原理：将测试仪器和扶正器相连，用钢丝将仪器下入井内，从下到上依次在各级配注器上方位置停留测试，停测位置在两级调节器之间，尽可能选择离封隔器或调节器远一些的位置，以减小由于聚合物溶液流速、流态变化对测试结果的

影响。然后上提仪器逐层测试，待全井测试完毕后，将仪器取出，依次递减算出各层的流量。

常规流量调配工作原理：根据利用流量计测得的各层流量与配注方案流量值进行比较，若差值超过最大误差，则按配注方案中的要求，利用投捞器更换井下偏心配注器内的调节器规格，待注入压力稳定后，进行分层流量测试。

2）电动直读测调技术

由于常规测试技术采用的是"试凑"方法，需反复更换调节器规格，测调时间长，为此研发了电动直读测调技术，聚合物驱电动直读测调技术工艺原理如图3-4-6所示，首先下入分注管柱，根据方案的要求在相应层段下入不同类型的可调调节器，测调时通过电缆携带电动直读测调仪下入到目的层与井下可调调节器对接，通过调整调节器的槽数或喷嘴规格来控制单层的注入量或分子量，直到满足配注方案的要求，可实现连续可调、定量控制及实时监测，提高了分层测试的效率。

电动直读测调工艺主要包括地面控制系统、电动直读测调仪、可调调节器、电缆绞车系统四大部分，地面控制系统由电脑和供电系统组成，整个系统具有过流保护、供电转换、电缆电压补偿、信号处理、数据采集及数据通信等功能。应用时，地面控制部分会发出通信信号，来完成流量、温度和压力的采集，并实时显示和控制井下测调仪器的工作状况，可实现数据录取、数据存储、报表输出、参数控制调整等。

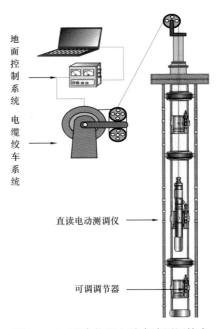

图3-4-6　聚合物驱电动直读测调技术工艺原理图

电动直读测调仪主要由机械臂、控制部分、测量部分、导向机构等组成（图3-4-7），通过接收地面发送指令，完成调节臂的收放、与可调调节器对接，同时完成流量测试调整和温度、压力的测量及状态检测，并具有数据信号的调制解调和传输功能。电动直读测调仪流量计测试方式为外磁式单流量计测试，可避免聚合物堵塞，降低测量误差，输出扭矩达到12N·m，以此来缓解聚合物溶液由于黏度高导致调节阻力增大的问题。

图3-4-7　电动直读测调仪

可调调节器是电动直读测调工艺技术的执行部分，负责分层注入量和分子量的调节，由可调分压调节器与可调分质调节器两种结构工具组成。

（1）可调分压调节器。对需要调节分层注入量的层段内下入可调分压调节器，节流部分采用流线型降压槽结构，可在限制注入量的同时尽可能减少聚合物溶液的黏度损失，调节时流线型降压槽结构节流元件有效工作长度与限流能力成正比，从而实现单层注入量控制，该工具可以实现一种规格完成从低压力损失到高压力损失的无级调节，满足不同注入量的需要。

（2）可调分质调节器。对需要调节分层分子量的层段内下入可调分质调节器，通过调节喷嘴个数来控制工具对聚合物溶液的剪切能力，从而实现分子质量的连续可调，最大程度提高低渗透油层有效动用程度。

在流量 50m³/d 下，节流压差 1.6MPa，黏损率最大为 6.2%；可调分质调节器分子量调节范围为 10%～50%。

聚合物驱电动直读测调技术共计现场应用 4565 井次（其中第一采油厂北一二排西部二类油层聚合物驱上返示范区 63 井次，第六采油厂北北块一区二类油层聚合物驱下返示范区 318 井次，其他地区 4184 井次），最长工作时间 21 个月，统计试验区块井测调情况，3～5 层段平均单井测试时间由原常规测试 5.2 天缩至 2.5 天，测试效率大幅度提高。

二、聚合物驱配注系统黏损治理技术

大庆油田聚合物驱配注系统可划分为配制站、母液管线、注入站和单井注入管线四大节点，为考察各节点设备对聚合物溶液黏度的影响，对聚合物驱配注系统分别进行了多次现场普查和交叉检查。从全油田公司统计来看，配制站、母液管线黏损分别为 3.2% 和 3.3%，注入站内黏损按注入流程不同，分别为单泵单井流程 7.1%，一泵多井流程 11.2%。单井管线黏损平均 8.7%。其中黏损超标节点主要为流量调节器、静态混合器和单井管线等，需要重点解决。

1. 聚合物配注系统黏损规律

1）母液管线对聚合物溶液黏损的影响

统计不同材质母液管线对聚合物溶液黏损的影响（表 3-4-3），钢骨架塑料复合管材质的母液管线，在运行过程中材质性能稳定，内壁光滑，不产生锈迹，对母液黏度影响较小，黏损一般为 3%～5%；玻璃钢材质管线黏损平均为 3%～4%，碳钢管线平均黏损为 4%～5%，相同条件下，玻璃钢材质管线黏损略低于碳钢管线，两种材质管线黏损随着管线长度的增加并没有明显的变化，随着使用年限的增加，黏损略有增大。

2）单泵单井工艺对聚合物溶液黏损的影响

聚合物溶液由母液管线进入注入站后，通过注入泵升压后与污水混合注入地下，注入泵是聚合物母液由低压环境转为高压环境的重要节点。

单泵单井工艺及一泵多井工艺主要采用三柱塞泵，通过对三柱塞注入泵进行取样，黏损为 1%～4%，平均为 2.6%（表 3-4-4）。

表 3-4-3 聚合物母液管线黏损情况

管线材质	长度 / m	x≤1 年		1 年<x≤2 年		2 年<x≤3 年		3 年<x≤4 年		4 年<x	
		管线数量 / 条	黏损 / %	管线数量 / 条	黏损 / %	管线数量 / 条	黏损 / %	管线数量 / 条	黏损 / %	管线数量 / 条	黏损 / %
玻璃钢	≤1000	1	3.53			2	3.88				
	1000～2000	1	3.51	2	3.88	3	4.11			1	4.57
	2000～3000	3	3.67	3	4.12					3	4.22
平均			3.57		4		3.95				4.40
20# 碳钢	≤1000									2	4.98
	1000～2000									1	4.96
	2000～3000							3	4.39		
平均									4.39		4.97

表 3-4-4 注入站注入泵黏损调查数据

站名称	储罐入口黏度 / mPa·s	汇管黏度 / mPa·s	黏损 / %
1# 注入站	44.7	43.2	3.36
	44.7	43.0	3.80
	44.7	43.5	2.68
2# 注入站	44.4	43.4	2.25
	44.4	43.0	3.15
	44.4	43.1	2.93
3# 注入站	44.5	43.9	1.35
	44.5	44.0	1.12
	44.5	43.4	2.47
平均	44.53	43.39	2.60

3）一泵多井工艺对聚合物溶液黏损的影响

一泵多井工艺由一台注入泵为多口井提供母液，为实现精确配比，与单泵单井工艺相比增加了母液流量调节器。在运行过程中，母液流量调节器黏损一直较高。

为调查母液流量调节器黏损，将该井母液流量设定在 1m³/h，排除了流量变化对试验的干扰，通过人为调节母液调节器前后压差，进行不同压差下母液调节器对黏损的影响试验。试验结果表明，流量调节器压差超过 3MPa 后，压差每增大 1MPa，调节器的黏损增大 2.5%（表 3-4-5）。分析其主要原因是各单井之间泵、油压差的差别较大，为 0.5~5MPa，使得流量调节器的开度相差较大，压差大的，其调节器的开度很小，调节器的调节机构便对聚合物母液进行了剪切降黏；同时，单井母液注入量少，流量调节器执行机构开度小，开、关频繁，控制难度大，对母液剪切较大，造成黏损较大。

表 3-4-5　不同压差条件下母液调节器黏损数据统计表

编号	井号	流量调节器压差 /MPa	开度	浓度 /mg/L	清水稀释到 1200mg/L 后黏度 /（mPa·s）	与最小压差时的黏损 /%
1	母液槽			5123.6	78.9	
2	X13-D5-37	2.1	1.5	4946.2	76.0	3.7
3	X13-D5-37	3.3	1.1	4967.8	73.8	6.5
4	X13-D5-37	4.7	1	5205.4	70.9	10.1
5	X13-D5-37	5.8	0.5	5189.2	69.0	12.5

在研究过程中发现，母液调节器在使用过程中会出现凹槽、阀杆磨损、表面光滑度下降等现象，在高压、高速状态下母液黏损增大 3%~5%，因此，母液流量调节器本身光滑性是影响黏损的另一主要因素。分析由于焊渣或机械杂质导致的母液流量调节器阀杆的划痕，造成较大黏损。

4）静态混合器对聚合物溶液黏损的影响

静态混合器是聚合物驱工艺中加速聚合物与水混合的固定部件，有多种型号，目前油田常用的有 K 型和 H 型等。受本身结构限制，聚合物在流经静态混合器与水混合时，会因机械剪切造成降解；静态混合器使用一段时间后，管线内的各种杂质、母液中的黏团等会堆积在静态混合器上，使细菌大量繁殖，对聚合物溶液产生微生物降解（图 3-4-8）。从调查结果看，静态混合器产生的平均黏损为 3%~6%，最高可达 11.9%，初期为机械降解，后期为机械降解与微生物降解综合作用。

5）单井注入管线对聚合物溶液黏损的影响

从调查数据来看，第四采油厂和第五采油厂单井管线黏损较大，平均黏损为 18.7% 和 14.6%，第六采油厂单井管线黏损较低，为 8.1%。为搞清单井管线黏损大原因，对 9 口注入井开展了清配污稀及清配清稀两种方式的黏损调查。调查结果表明，清配清稀体系管线黏损为 4.8%，清配污稀体系管线黏损为 18.9%，比清配清稀体系黏损高 14.1%，相同井号清配清稀体系黏度明显小于清配污稀体系，说明污水体系是造成注入管线黏损的主要原因，单井管线黏损主要来源于生化降解。

(a) 内部结构　　　　　　　　　　　　　　　(b) 结垢

图 3-4-8　静态混合器内部结构及结垢示意图

2. 降低黏损方法研究

针对流量调节器、静态混合器和单井管线等黏损较大的问题，通过优化设备结构、制订管线冲洗机制等方式降低系统黏损。

1）改进流量调节器内部结构，降低流量调节器黏损率

针对一泵多井注入工艺流量调节器黏损较高的问题，通过三方面对现用流量调节器内部结构进行了改进：一是增加流量调节器有效工作长度，由原 800mm 增加到 1000mm，二是增大入口环形空间减小母液流体的冲击；三是适当减小效果不明显出口长度等技术措施。

现场试验结果表明（表 3-4-6），在瞬时流量和压差不大条件下，运行效果与改进前效果相近，而在瞬时流量 1.2m³/h 和压差 2.2MPa 左右时，改进后的流量调节器与该进前相比可降低黏损近 1 个百分点。

表 3-4-6　新型流量调节器试验数据统计表

序号	井号	瞬时流量 / m³/h	压差 / MPa	流量调节器前 母液黏度 / mPa·s	流量调节器 后母液黏度 / mPa·s	黏损率 / %	备注
1	杏 2-2-SE915	1.2	2.20	51.70	49.55	4.34	改进后
2	杏 2-D1-SE917	1.24	1.90	51.96	49.27	5.45	改进前
3	杏 2-D1-E921	0.75	2.10	52.40	50.46	3.70	改进后
4	杏 2-11-E918	0.68	2.00	51.45	49.13	4.51	改进前
5	杏 2-1-E917	0.58	1.32	51.50	49.70	3.50	改进后
6	杏 2-D1-SE917	0.6	1.40	49.23	47.31	3.90	改进前

注：将样品稀释到浓度 1000mg/L 后，测试黏度。

2）研制组合式静态混合器，进一步降低黏损

（1）组合式静态混合器的结构设计。两种或多种物质之间的混合过程通常依靠扩散、对流、剪切及拉伸等作用来完成。对于高分子聚合物聚丙烯酰胺溶液而言，由于大分子移动的黏滞性，分子扩散作用在聚合物混合中的效应完全可以忽略不计。湍流固然可以加大聚合物凝絮体的对流分布作用，但由于高分子聚合物水溶液的黏度通常较大，流动往往处于层流状态。

聚合物溶液混合作用主要依靠拉伸剪切变形完成，要达到良好的混合效果的重要途径是让所有流体重复地经过高、低拉伸应力区域，拉伸后的组分界面面积变化与受到的拉应力周期性变化，从而实现无序混合。那么要实现三元复合驱替液的混合，拉伸剪切变形特性是要设计的静态混合器的一个重要特征。

组合式静态混合器由两部分组成。第一单元完成各股不同性质流体拉伸剪切混合作用（简称 K 型静态混合器）；第二单元对于经过 SK 段初步混合的流体进一步达到充分的混合（简称 X 型静态混合器）。

K 型静态混合器又称单螺旋形静态混合器，螺旋板对流场的剪切作用较小，有利于保持聚合物溶液的黏性，而且压降也较低。表 3-4-7 为 K 型静态混合器的结构与几何参数，该段静态混合器每一混合单元由扭转一定角度的螺旋板组成，在安装混合单元时，相邻的螺旋板交错 90°排列，如图 3-4-9 所示。

表 3-4-7　K 型静态混合器结构几何参数

参数	参数值
管径 D/mm	50～150
螺旋角 β/（°）	180

X 型静态混合器的混合单元由金属栅条构成，其结构示意图如图 3-4-10 所示。X 型静态混合器内径为 50mm，元件长径比为 1∶1，安装时，两相邻元件同样互相交错 90°放置。

图 3-4-9　K 型静混器结构示意图

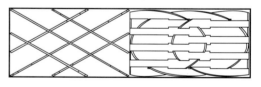

图 3-4-10　X 型静混器结构示意图

（2）组合式静态混合器流体计算。

① 压力场分析。图 3-4-11 为 K 型静态混合器轴截面的静压分布，从图中可以看出，由于螺旋板的导流作用，流体整体呈螺旋状流动，不会形成流动死区，压力变化比较平缓，流动阻力主要表现为单元构件的阻挡以及流动的摩擦阻力损失，因此造成的压力损失很小。

图 3-4-12 为 X 型静态混合器轴截面上的压力分布图。由图可知，由于 X 型静态混合器栅板段结构较复杂，流体流经 X 型静态混合器过程当中，混合元件对流体流动有明显的阻扰作用，使流体产生切割和分散，产生二次流，从而造成较大压降。但如图 3-4-12 所见，压力降不是很大，且下降幅度均匀，无不良区域。

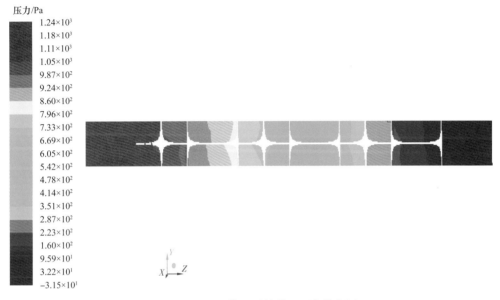

图 3-4-11　K 型静混器轴截面压力分布图

图 3-4-12　X 型静混器内压力分布示意图

② 速度场分析。从图 3-4-13 中可以看出，K 型静态混合器的混合单元不断促使流体进行着旋转运动，使聚合物与水的混合效果不断加强。

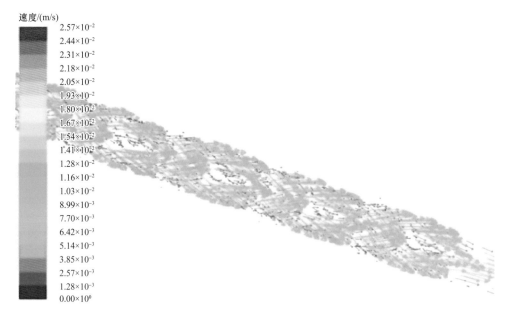

图 3-4-13　溶液在 K 型静态混合器内的速度矢量图

从图 3-4-14 中可以看出，流体的流动状态受混合单元的影响较大，聚合物溶液存在较强的径向自旋流动。由于混合单元本身就是旋转而成，因此随着混合单元旋转位置的改变，聚合物溶液与水的流动方向也在发生变化。此时，聚合物溶液与水沿着逆时针的方向进行径向流动，由于相邻两混合单元的扭转方向相反，因此，聚合物溶液流经下一混合单元时其径向流动方向就会反转为顺时针，通过这种不断地反复翻转，达到强化混合的作用。

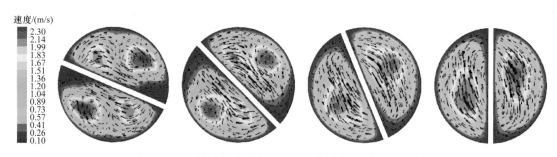

图 3-4-14　聚合物溶液在 K 型静态混合器内的速度分布

从图 3-4-15 中可以看出，X 型静态混合器的栅板状混合单元不断将流体进行分割，这种分割作用促使聚合物与水的混合效果不断加强。

图 3-4-15　聚合物溶液在 X 型静态混合器内的速度矢量图

从图 3-4-16 中可以看出，聚合物溶液与水在混合器中受到栅板状混合单元的作用而被不断分割、扭转；在轴截面上，流体受到剧烈地扰动，被分成若干部分，从而混合效果得到加强。

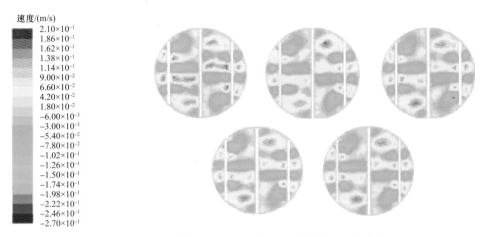

图 3-4-16　聚合物溶液在 K 型静态混合器内的速度分布

③ 浓度场分析。衡量静态混合器功效的最重要指标就是混合器的混合效果。图 3-4-17 和图 3-4-18 分别为聚合物溶液流经 K 型与 X 型静态混合器时，混合器轴截面的浓度分布。可以看出，流体在连续流经混合元件后，浓度差逐渐减小，在混合器出口处可以将两股流体混合均匀。

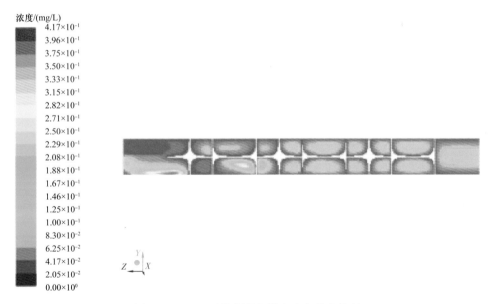

图 3-4-17　K 型静态混合器内浓度分布情况

图 3-4-19 也提供了模拟数据与实验值的对比情况，从图中可以看出，实验结果与数值模拟得到的结果保持较高的相似性，偏差很小，可以证明数值模拟在定量和定性上都具有较好的准确性。

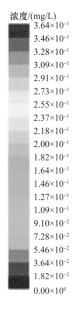

图 3-4-18　X 型静态混合器内浓度分布情况

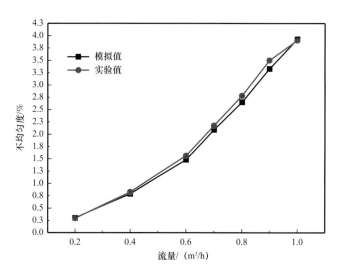

图 3-4-19　实验值与模拟值对比情况

（3）与常用的两种类型静态混合器室内对比实验。为了进一步验证这种新型组合型静态混合器的性能，本研究将该新型组合型静态混合器与油田常用的两种静态混合器进行了对比，对比结果见表 3-4-8。

表 3-4-8　组合型静态混合器与油田常用静态混合器性能对比

静态混合器类型	K 型	X 型	KX 组合
混合单元数	20	20	10K+10X
混合器长度 /mm	1000	1000	1000

静态混合器类型	K 型	X 型	KX 组合
聚合物浓度 / (mg/L)	5000	5000	5000
聚合物分子量 / 万	2500	2500	2500
流量 / (m³/h)	1.6	1.6	1.6
压降 /kPa	4.5	9.2	5.85
混合不均匀度 /%	5.85	4.3	3.03

在三种静态混合器具有相同混合单元数及长度的情况下，当通入浓度及流量相同的同种聚合物溶液时，K 型静态混合器两端的压降最小，新型组合型静态混合器的压降次之，X 型静态混合器的压降最大，能耗最高。虽然组合型静态混合器的压降略大于 K 型静态混合器，但仍远低于工业要求的压降最大值。对比三种静态混合器的混合性能，可以发现，新型组合型静态混合器具有最小的混合不均匀度，X 型静态混合器次之，K 型静态混合器的混合不均匀度最高。因此，组合型静态混合器既有较好的混合效果，同时压降相对 X 型静态混合器又较低。

（4）现场试验。在第四采油厂杏北三元 2-3 注入站（后续注聚）开展新型 KX 组合式静态混合器与站内应用的 X 型静态混合器开展对比试验，试验结果如图 3-4-20 和图 3-4-21 所示。

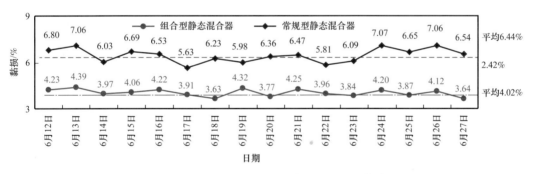

图 3-4-20 两种类型静态混合器黏损对比曲线

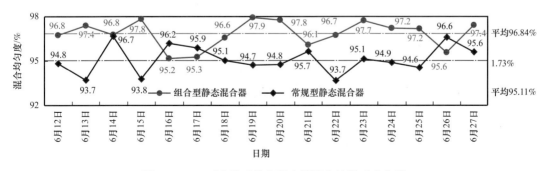

图 3-4-21 两种类型静态混合器混合效果对比曲线

试验结果可以看出，流量范围在 2.89～3.88m³/h 条件下，组合式静态混合器平均黏损与 X 型静态混合器相比黏损降低了 2.42 个百分点，混合均匀度提高 1.73 个百分点。

3. 定期冲洗单井管线，降低黏损率

单井管线黏损产生的主要原因是管线内的细菌及还原性物质，因此，冲洗管线是降低单井管线黏损的重要手段。目前，单井管线冲洗主要有高温清水冲洗、高压污水冲洗和空穴射流冲洗三种方式。

在采用高温清水冲洗管线时，为确保冲洗效果，首先对站内流程进行改造，实现外接水泥车用 60℃清水进行冲洗。在冲洗方式上，分别设计了加助洗剂恒压冲洗、变压冲洗和恒压冲洗三种。从冲洗效果来看，清水加助洗剂冲洗效果最好，清水变压冲洗效果次之（表 3-4-9）。

表 3-4-9　冲洗前后管线黏损对比表

序号	井号	冲洗管线前井口			冲洗管线后井口			黏损差值 / %	备注
		浓度 / mg/L	黏度 / mPa·s	黏损 / %	浓度 / mg/L	黏度 / mPa·s	黏损 / %		
1	X13-D5-37	1688.94	114.1	18.32	1693.3	146.1	0	-18.32	清水加助洗剂恒压冲洗
2	X13-44-P37	1639.14	126.9	11.2	1681.5	138.7	2.94	-8.26	清水变压冲洗
3	X13-6-P33	1503.3	99.2	28.99	1575.7	126.9	9.16	-19.83	清水恒压冲洗

从恒压和变压冲洗管线效果来看，变压冲洗管线由于来水压力不断变化，比恒压冲洗能够冲洗出更多的杂质（图 3-4-22 至图 3-4-24）。

在实际生产中，清水冲洗需要水泥车从作业大队拉运清水，工作量大，冲洗速度慢，不能满足大规模冲洗管线要求。因此，通过应用现有的洗井流程，采用稀释污水，通过前期逐渐升压、放大排量的方法冲洗管线，冲洗后黏损降低 4%。将冲洗出的浑浊污水稀释聚合物母液，会发现聚合物黏度明显降低，说明冲洗管线可有效降低黏损（表 3-4-10）。

图 3-4-22　加助洗剂恒压冲洗管线出水

图 3-4-23　恒压冲洗管线出水

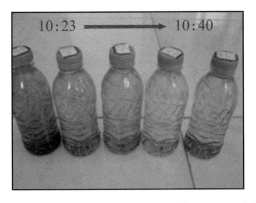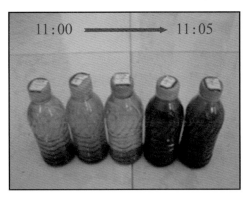

图 3-4-24 变压冲洗管线出水

表 3-4-10 管线冲洗中不同颜色水稀释聚合物溶液黏度变化

井号	取样序号	颜色	黏度 / mPa·s	含聚浓度 / mg/L
X13-66-P34	14	清	90.7	
	13	中	85.3	
	4	黑	82.1	161.4
X13-7-PB334	2	黑	55.5	
	3	中	67.3	723.19
	10	清	89.5	
杏十二区水			55.5	

注：采用配制站 4900mg/L 母液，用冲洗水稀释到 1200mg/L，采用 60℃清水（软化水）冲洗。

为保证管线冲洗效果，同时能够大规模冲洗，可以采用空穴射流方式进行管线冲洗。空穴射流是由注入站内静混后将小球投入管线，加压推动小球至井口，利用小球产生的高压水流对管线内壁附着物的作用，达到降低黏损的目的。从第三采油厂空穴射流效果来看，可降低注入管线黏损 8 个百分点，管线黏损可控制在 10% 以内（表 3-4-11）。

表 3-4-11 不同长度注入管线空穴射流效果统计表

序号	长度 / m	调查 井数 / 口	清洗前			清洗后			黏损降 低值 / %
			静混黏度 / mPa·s	井口黏度 / mPa·s	管线黏损 / %	静混黏度 / mPa·s	井口黏度 / mPa·s	管线黏损 / %	
1	<500	68	45.91	38.86	15.37	44.51	40.86	8.2	7.17
2	500～1000	108	42.44	35.32	16.78	41.88	38.29	8.56	8.22
3	>1000	19	43.3	35.56	17.87	41.78	38.16	8.65	9.22

从空穴射流效果保持时间来看，管线冲洗有效期为 6 个月，其中前三个月为效果稳定期，后三个月为效果衰减期。为确保管线黏损始终控制在合理范围内，采用空穴射流冲洗管线后，可每季度采用普通高压污水冲洗一次，以确保管线冲洗效果。同时，应每月录取一次单井管线黏损数据，并与上次数据对比，如黏损上升平缓，可按以上制度执行，如果黏损突升，可临时采取空穴射流冲洗或者高温清水加助洗剂冲洗，并配合高压污水冲洗。

第五节　聚合物驱提质提效现场试验及工业化推广

随着聚合物驱工业化推广，开发对象、技术经济效果变差，由一类油层转向二类油层，如何做到"对象变差、效果不变"，由清配清稀转向清配污稀聚合物用量大，如何"降低成本、有效开发"，提质提效面临新的挑战。为此，开展了新型抗盐聚合物驱现场试验和聚合物驱提效率现场试验研究，形成了聚合物驱工业化推广提质提效配套技术，起到了引领示范作用，有力地保证了聚合物驱工业化推广区块开发效果。

一、新型抗盐聚合物驱矿场试验效果评价

1. 试验区基本概况

为验证抗盐聚合物驱油效果，在污水矿化度较高的杏六区中部（3#站），优选了 LH 抗盐聚合物开展现场试验。杏六区中部 3# 注入站位于大庆杏树岗油田杏四—杏六行列纯油区，含油面积 1.5km²，孔隙体积 $314.5 \times 10^4 m^3$，地质储量 $157.7 \times 10^4 t$，目前平均单井射开砂岩、有效厚度分别为 9.2m 和 7.4m，平均有效渗透率 454mD。采用注采井距 141m 的五点法面积井网，总井数 70 口，其中注入井 33 口，采出井 37 口。试验区于 2012 年 12 月开始空白水驱，2014 年 1 月开始注入 LH2500 抗盐聚合物溶液，采用清配污稀，普通聚合物驱对比区块（1# 和 2# 站）采用清配清稀。试验区方案设计及执行情况具体见表 3-5-1。

表 3-5-1　试验区方案设计及执行情况表

阶段	方案设计			实际注入			
	浓度 / mg/L	注入 PV 数	聚合物用量 / mg/L·PV	起止时间	浓度 / mg/L	注入 PV 数	聚合物用量 / mg/L·PV
段塞一	1500	0.05	66	2014.1—2014.5	2134	0.061	121
段塞二	1300	0.7	919	2014.6—2018.10	1461	0.973	1608
合计	1400	0.75	985	2014.1—2018.10	1580	1.070	1729

2.区块应用效果

（1）LH抗盐聚合物提高采收率幅度大。

截至注聚结束，试验区累计注入1.070PV，聚合物用量1729mg/L·PV，综合含水94.93%，提高采收率17.01个百分点，预计最终可提高采收率达19个百分点以上，如图3-5-1所示。

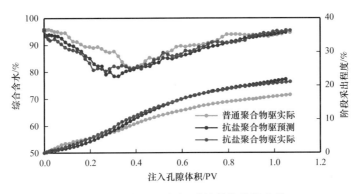

图3-5-1　杏六区中部3#站数值模拟曲线

（2）地层能量有效恢复，注入压力稳步上升。

试验区采用清配污稀配制工艺，与采用清配清稀注入方式、地质条件相近的杏六区中部1#和2#站普通聚合物驱区块对比，注入黏度水平相对较低，但LH2500抗盐聚合物注入地层后具有较高的黏度保留率高，所以注聚过程中注入压力升幅相当。在相同注入孔隙体积（PV）条件下，杏六区中部3#站地层压力和注入压力升幅明显高于普通聚合物驱对比区块，分别高出0.4MPa和具体压力变化情况对比如表3-5-2所示。

表3-5-2　抗盐聚合物驱与普通聚合物驱注入压力变化情况对比表

区块	有效厚度/m	渗透率/mD	井距/m	破裂压力/MPa	原始地层压力/MPa	地层压力/MPa			注入压力/MPa		
						注聚初期	0.909PV	差值	注聚初期	0.909PV	升幅
杏六区中部1#和2#站	9.8	0.437	141	13.3	10.8	8.5	10.2	1.7	6.0	11.3	5.3
杏六区中部3#站	7.4	0.454	141	13.2	10.9	8.7	10.8	2.1	5.4	11.7	6.3

（3）中低渗透层改善效果好，剖面反转时间较晚。

LH2500抗盐聚合物分子线性度高，受地层孔隙剪切后表现出较强的变稀能力强，可注入油层渗透率下限较普通聚合物低，相同注聚浓度条件下注入参数与中低渗透层匹配更好。3#试验区整体油层动用达到80.7%，高于对比区1#和2#站6.2个百分点；试验区中低渗透层动用好于普通聚合物驱，其中低于300mD油层动用程度高于普通聚合物驱

15.0 个百分点，如图 3-5-2 所示。试验区剖面反转井数比例相对较低，含水回升初期试验区剖面反转井数比例低于非试验区 10.2 个百分点，如图 3-5-3 所示。

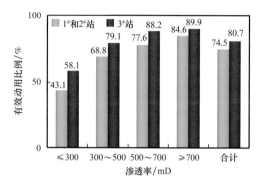

图 3-5-2　抗盐驱与普通聚合物驱油层动用对比

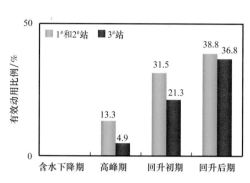

图 3-5-3　不同注聚阶段剖面反转比例

（4）注采能力强，注采指数降幅较小。

抗盐聚合物驱较普通聚合物驱注采能力强，在注入相同 PV 数条件下，吸水指数与产液指数降幅分别低 10.9% 和 7.1%，具体见表 3-5-3。分析原因认为，LH2500 抗盐聚合物分子合成过程中严格采用均聚反应、减少支化产物，同时采用后水解技术，分子保持了较好线性结构，聚合物体系在多孔介质中传输运移能力增强，即使进入注聚后期油层仍未发生堵塞，确保了注聚全过程保持稳定的注采能力。

表 3-5-3　3# 站试验区与 1# 和 2# 站油层注采能力对比表

区块名称	有效厚度 / m	吸水指数			产液指数		
		水驱末 / m³/（d·m·MPa）	0.909PV/ m³/（d·m·MPa）	降幅 / %	水驱末 / t/（d·m·MPa）	0.909PV/ t/（d·m·MPa）	降幅 / %
杏六区中部 1# 和 2# 站	9.8	0.717	0.479	−33.2	1.234	0.840	−31.9
杏六区中部 3# 站	7.4	0.794	0.704	−22.3	1.245	0.936	−24.8

（5）采出井含水降幅大、低值期持续时间长。

抗盐聚合物体系采用清配污稀，注入溶液黏度较小，注入压力上升幅度中等，但它与岩心孔隙适应性较好，可以进入岩心深部，有效封堵高渗透层的，同时能够促使后续聚合物溶液进入中低渗透层，最大限度扩大波及体积。试验区目前注入 0.909PV，综合含水 93.46%，目前仍保持平稳回升态势，如图 3-5-4 所示。试验区中心井最大含水降幅 19.8%，高于普通聚驱 5.4 个百分点以上，含水低值期长达 18 个月，明显长于普通聚合物驱，注聚后期含水回升速度明显缓于普通聚合物驱。

（6）采出井先见效后见聚，存聚率较高。

由于抗盐聚合物注入性较强，注聚初期沿油层高渗部分缓慢推达油层深部，采出井含水逐步下降。注入体系受地层的吸附捕集及地层水的稀释影响，初期聚合物前缘浓度较低。但当中低渗透层逐步动用，当聚合物体系快速突破后，产出液中聚合物浓度逐步上升，随着含水进入低值期，采聚浓度达到最高值，如图 3-5-5 所示。当高渗透油层产生的流动阻力最大，低渗油层开始启用，注入体系在油层中波及的体积范围较大，所以抗盐聚合物驱较普通聚合物驱存聚率高，如图 3-5-6 所示。

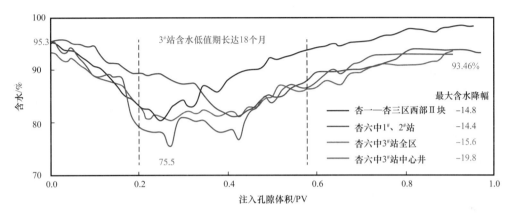

图 3-5-4 抗盐试验区含水变化曲线

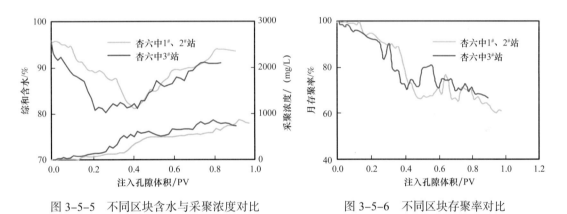

图 3-5-5 不同区块含水与采聚浓度对比　　　　图 3-5-6 不同区块存聚率对比

3. 应用前景

一类油层抗盐聚合区驱油技术经过 6 年时间的攻关，试验取得了明显的增油降水效果，为大庆油田污水条件下高效聚合物驱开发开辟了一条提高采收率的新途径，具有良好的应用前景。杏北开发区目前可以推广区块 11 个，总地质储量 3686.14×10^4t，预计新增可采储量 589.78×10^4t。

二、聚合物驱提质提效示范区实践与认识

1. 北一区断西东块二类油层聚合物驱示范区

1) 示范区基本概况

北一区断西东块二类油层聚合物驱区域于 2011 年定为国家重大专项示范区。示范区设计总井数 600 口，在原 250m 聚合物驱井网基础上进行井间、排间补钻新井，构成

均匀的 125m×125m 五点法面积井网，主要开采萨Ⅱ10—萨Ⅲ10油层。区块管理面积 10.1km²，有效孔隙体积 3180.51×10⁴m³，地质储量 1518.38×10⁴t。其中油井 314 口、水井 286 口。全区共有 5 座注入站，采用三种平面分质注聚方式：高分站、高分中分站及中分站，其中断西 2# 站和 5# 站为 1600 万中分站，4# 站为 2500 万高分站，1# 站和 3# 站为高分和中分站。新井于 2008 年 8 月投产开始，2009 年 12 月底全部完成，进入空白水驱阶段。2010 年 7 月注聚。方案设计平均注入速度 0.23PV/a，平均注入浓度 1480mg/L。截至 2015 年 12 月，该区块已累计注入聚合物溶液 3220.62×10⁴m³，占地下孔隙体积的 1.01 倍，注入速度 0.21PV/a，月注采比 1.07，注聚阶段采出程度 18.4%，提高采收率 13.3 个百分点。

2）示范区的主要做法

（1）应用油藏精细描述技术，建立了二类油层剩余油描述方法。一是应用储层沉积微相技术，识别出窄小河道砂体连续分布，进一步认识了水淹通道和剩余油分布，找到了二类油层新的调整方向；二是建立了二类油层井组地质量化分类标准，二类油层非均质性强，井间、层间差异大，通过优选 7 项关键指标，满足最小尺度匹配层、最大限度满足井、最优方法设计站需求，将示范区量化为 4 类井组，见表 3-5-4；三是应用井震结合技术，进一步提高构造认识，识别断层边部及两条断层中间部位是剩余油主要挖潜对象；四是应用数值跟踪模拟技术，确定不同含水阶段剩余油挖控对象，通过对示范区进行数值模拟研究认为 S32、S33b、S35+6 和 S38 含水低、采出程度低是剩余油的主要挖潜单元，S211、S33a、S37 和 S310a 为主要控水单元。

表 3-5-4　示范区四类井组分类标准

井组类别	有效厚度 / m	河道砂层数比例 / %	河道砂厚度比例 / %	河道砂连通厚度比例 / %	河道砂多向连通厚度比例 / %	$K \geq 0.3D$ 的厚度比例 / %	小于 1m 有效厚度比例 / %
一类	≥8	≥20	≥60	≥50	≥20	≥70	<20
二类	≥6	≥10	≥30	≥20	≥10	≥40	
三类	≥4	≥10	≥10	≥10			
四类	≥4	0	0	0	0		≥60

（2）确定了二类油层最小尺度个性化方案设计方法。

① 建立了以井组量化分类为核心的注入参数个性设计标准。基于室内实验参数匹配关系结果，针对油层发育特征，建立井组多因素量化分类标准。依据井组渗透率下限，设计分子量及浓度，实现注入参数与井组储层匹配最大化，如图 3-5-7 所示。

聚合物分子量设计原则：匹配渗透率的化学驱控制程度大于 75%；匹配渗透率的有效厚度比例大于 90%；按分类标准细化量化井组分类。

聚合物浓度设计原则：匹配渗透率的有效厚度比例大于 80%；单井浓度按注入井和井组渗透率最小值，依据浓黏曲线定量单井聚合物浓度。

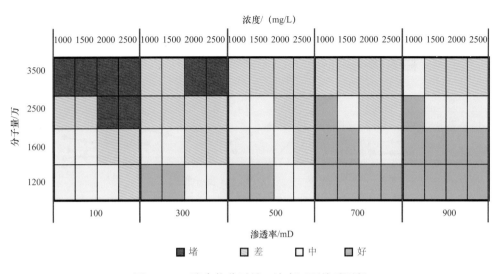

图 3-5-7　聚合物分子量—浓度匹配关系图版

② 实现了平面分质注入。采用井组分类个性化设计，设计了三座注入站通过双管供液，实现单井聚合物分子量及浓度的即时可调，最大限度满足个性需求，示范区不同类井组注入参数匹配程度达到 91.6%，动用程度达到 81.2%，较注聚初期提高 16.9%，见表 3-5-5。

表 3-5-5　示范区动用程度统计表

渗透率分级 / mD	注聚初期吸水层数 比例 /%	吸水有效厚度 比例 /%	目前吸水层数 比例 /%	吸水有效厚度 比例 /%
$K<100$	15.7	21.9	42.6	51.4
$100 \leqslant K<300$	34.5	38.7	62	62.1
$300 \leqslant K<500$	64.4	67.4	69.5	73.2
$500 \leqslant K<700$	78.1	79.9	88.4	92.1
$K \geqslant 700$	75	81.2	87	93.1
合计	51.6	64.3	61.1	81.2

（3）建立了二类油层不同注聚阶段跟踪调整技术。

① 建立了含水回升阶段分子量交替注入方法。在分子量、浓度个性化设计基础上，含水回升期进行了分子量交替注入，实现各类油层有效动用，通过三个周期交替注入，91 口油井出现了二次见效特征，平均单井含水下降 3.2%，如图 3-5-8 所示。

② 完善了二类油层压、分、调、堵跟踪调整方法。结合示范区油水井措施改造效果，建立了油水井压、分、调、堵跟踪调整方法及调整时机，具体调整方法见表 3-5-6。对示范区 1995 井次油水井进行压、分、调、堵等措施改造，取得了非常好的开发效果。

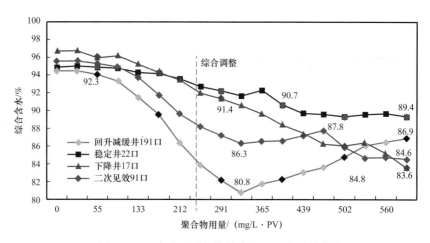

图 3-5-8　含水回升初期综合调整二次受效曲线

表 3-5-6　油水井压、堵、分、调、换方法及时机

井别	措施项目	选井方法	选层方法	措施方法	措施时机
注入井	压裂	压力高、注入困难、薄注厚采	油层层数多，单层厚度薄的中低渗透层	多裂缝、普压	下降期、稳定期、回升期
	解堵	压力高、油层厚、连通好、完不成配注	笼统井全井解堵，分层井分层解堵	表面活性剂解堵	下降期、稳定期、回升期
	极限分层	层间差异大、井组 2 个方向以上含水回升快	层段间渗透率级差>1.5；隔层厚度≥1m	分层	回升期
	调剖	压力空间在 1.0MPa 以上；河道砂一类连通厚度比例大于 60%	层段相对吸水比例大于 30%	缓膨颗粒调剖	回升期
采出井	压裂	厚注薄采井，产液<30t、沉没度<200m、见效差、井组注采比>1.2，采液强度<区块平均水平，平均单井采液强度<2.2t/（m·d）	有效厚度<2m，渗透率<0.5D，薄互层，厚层顶底部，有两个以上连通方向	多裂缝、普压、水力喷射、小隔层、选压、胶筒压	下降期、稳定期、回升期
	压堵结合	液>50t、油<3t，含水>96%、采聚合物浓度>800mg/L	有效厚度<2m，渗透率<0.5D，薄互层，接替压裂层三个以上，层间渗透率级差 3 以上	多裂缝、普压、机堵、长胶筒堵	回升期
	堵水	液>80t、油<3t，含水>96%、采聚合物浓度>800mg/L	连通厚度 3m 以上，有三个方向，有三个以上接替层，层间渗透率级差 3 以上	机堵、压电开关封堵	回升后期
	换型换泵	沉没度>500m，注采比>1.2，参数已达最大			下降期、稳定期、回升期
	调参	沉没度>400m			下降期、稳定期、回升期

（4）建立了二类油层注聚合物后期周期停层不停井技术。周期停层不停井选井选层原则：分层注入井；连通油井两个方向以上、河道砂一类连通厚度比例40%以上注入井；连通油井两个方向以上含水在95%以上；注入井压力空间在0.8MPa以上；河道砂一类连通有效厚度在2.0m以上的层段作为停注层段。

停层周期：根据压力空间变化确定，压力空间小于0.3MPa，停层改为控注层注入，待压力空间在0.8MPa以上，进行第二周期停层阶段。

断西东共分两批周期停层86口井，前后对比配注不变，实注下降149m³，周期停层前后对比，含水下降1%以上井有56口井，平均单井下降2.6%。

（5）制订了二类油层停聚合物初期稳压控水技术。停聚合物初期稳压注水方法：隔层在1m以上停聚合物前全部极限分层；停聚合物后有压力空间的井全部上提水量；采用边停聚合物边测调的方法，即停一口测一口；对于三个方向以上为河道砂一类连通的高渗透层注入强度控制在2.5m³/m以下。

停聚合物后跟踪提压注水方法：每月分析，凡是压力下降0.5MPa以上的井重新测试调整，摸索不同类型井的检配周期，保证注水合格率；连通油井沉没度低于200m时应及时上调水量；连续3个月沉没度持续低于100m的井及时下调参数，保持地层压力稳定。

封堵高渗透层，挖掘中低渗透层潜力方法：对产液在70t、含水97%、渗透率600mD、有效厚度4m以上的一段高渗透层实施机堵；对日产液在70t、含水97%、渗透率600mD、有效厚度4m以上的两段以上高渗透层实施压电开关封堵；对月含水上升1%以上三个方向连通油井含水97%以上、河道砂均为一类连通的水井停注高渗透层。

高含水井周期间抽：对含水98%以上、日产油1t以下井实施周期间抽，间抽周期为一个半月。

从单井看，2015年3月全部水井停聚合物后，含水下降0.5%以上井有106口，占全区的35.9%，平均单井含水下降1.0%，停聚合物8个月含水上升井只占全区27.0%。

3）示范区取得的效果

通过个性化方案设计，及时跟踪调整，有效延长了低含水稳定期，达12个月，控制了含水回升速度，最大增油倍数达1.8倍，提高了驱油效率，建立了一整套二类油层小井距从方案设计到过程中精细调整挖潜技术体系；示范区超额完成指标任务，聚合物驱提高采收率13.3个百分点，预计最终提高采收率可达14.8个百分点，如图3-5-9所示。

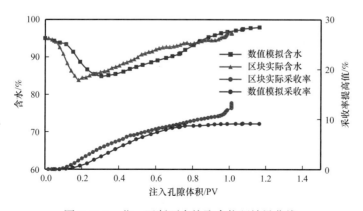

图3-5-9　北一区断西东块聚合物驱效果曲线

2. 喇嘛甸油田南中东一区二类油层聚合物驱示范区

1）示范区基本概况

南中东一区萨Ⅲ 4-10 油层含油面积 6.44km²，平均有效厚度 8.1m，地质储量 765.1×10⁴t，孔隙体积 1438.2×10⁴m³。采用 150m 五点法面积井网，总井数 320 口，其中，注入井 144 口，采油井 176 口。区块于 2009 年 5 月开始投产，2010 年 7 月转注聚合物，截至 2015 年 12 月，区块累计注入干粉 19553t，注入聚合物溶液 1290.8×10⁴m³，注入孔隙体积 0.894PV，聚合物用量 1224mg/L·PV，累计产油 130.2×10⁴t，阶段采出程度 17.02%，累计增油 109.7×10⁴t，阶段提高采收率 14.34 个百分点。

2）示范区主要做法

（1）形成了注聚合物体系优化设计方法，实现注聚合物参数与油层最佳匹配。由于萨Ⅲ 4-10 油层非均质性严重，合理匹配注聚合物体系难度较大，导致聚合物匹配性变差，驱替效率下降。为此，加大了注入体系与油层匹配关系研究，进一步优化聚合物体系匹配方法，提高聚合物体系与油层的匹配性。

为搞清不同聚合物体系与油层的匹配关系，加大了不同压力梯度条件下聚合物体系在油层中的恒压渗流实验的研究力度，完善了聚合物体系与油层的匹配关系模板。

从实验结果看，清水体系在接近二类油层现场统计的压力梯度（0.1MPa/m）水平条件下，渗透率为 0.15D 的油层，最高能够注入 950 万分子量，注入浓度为 1500mg/L 聚合物体系；渗透率为 0.27D 的油层，能够注入 950 万分子量，最高注入浓度为 2000mg/L 聚合物体系；渗透率为 0.35D 的油层，能够注入 2500 万分子量，注入浓度为 1500mg/L 聚合物体系；渗透率为 0.49D 的油层，能够注入 1900 万分子量，最高注入浓度为 2200mg/L 聚合物体系；渗透率为于 0.68D 的油层，能够注入 2500 万分子量，注入浓度为 2000mg/L 聚合物体系；渗透率为 1.24D 的油层，能够注入 1900 万分子量，注入浓度为 2500mg/L 聚合物体系；渗透率大于 1.80D 的油层，能够注入 2500 万分子量，注入浓度为 2500mg/L 聚合物体系，如图 3-5-10 所示。相同条件下，污水体系油层注入能力好于清水体系，如图 3-5-11 所示。

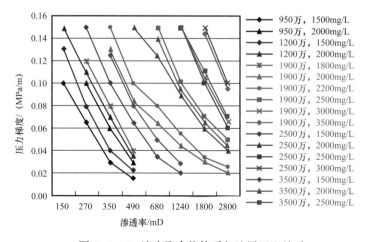

图 3-5-10　清水聚合物体系与油层匹配关系

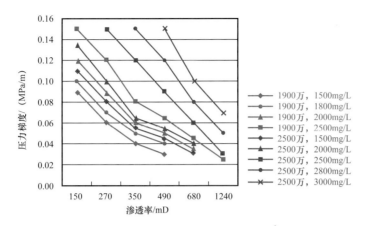

图 3-5-11 污水聚合物体系与油层匹配关系

为实现注聚合物体系参数与油层的最佳匹配，综合考虑井组内油水井渗透率分布、连通状况及连通层厚度等，引入井组综合渗流能力 K 概念，进一步优化注聚合物体系参数。井组综合渗流能力 K 的计算公式：

$$K = \frac{\sum\limits_{j=1}^{m} f_j \bigg/ 1\bigg/\left[\left(3\sum\limits_{i=1}^{n}K_{oij}h_{oij}\bigg/n\right) + h_{wij}\sum\limits_{i=1}^{n}K_{oij}h_{oij}\bigg/\sum\limits_{i=1}^{n}h_{oij}\right] + 1\bigg/\left(3K_{oij}h_{oij} + h_{wij}\sum\limits_{i=1}^{n}h_{oij}\bigg/n\right)}{\sum\limits_{j=1}^{m}\left(\sum\limits_{i=1}^{n}h_{oij}\bigg/n + h_{wij}\right)f_j}$$

$$(3-5-1)$$

式中 　K——井组综合渗流能力，D；

　　　K_{wij}——井组内注入井第 j 层与第 i 口连通井连通层渗透率，D；

　　　h_{wij}——井组内注入井第 j 层与第 i 口井连通厚度，m；

　　　K_{oij}——井组内第 i 口油井第 j 层渗透率，D；

　　　h_{oij}——井组内第 i 口油井第 j 层与注入井连通厚度，m；

　　　f_j——第 j 层连通方向数比例，%；

　　　n——注入井第 i 层连通方向数；

　　　m——注入井不同渗透率层段层数。

根据注聚合物体系参数与油层匹配关系模板及井组综合渗流能力计算结果，个性设计单井组注聚合物参数。区块设计了 800～2500mg/L 等 8 种注入浓度。注聚合物参数个性化设计后，确保井组间均衡注入，实现平面均匀推进，使油层动用程度达到 80% 以上。

（2）形成了注入方式优化方法，实现不同渗透率层段的有效驱替。对纵向渗透率差异大的油层，单一段塞不能保证注聚体系与全部层段匹配，结合韵律特征，优化注入方式，实现注聚体系与不同渗透率层段匹配，提高动用程度。

对单一韵律油层，采取梯次注入方式。先注高浓度段塞调堵高渗透层，再逐步下调注入浓度驱替中低渗透层的剩余油；对多段多韵律沉积、隔层发育稳定的井，先注高浓度段塞，再结合分层措施优化注入方式，提高低渗透层的动用状况；对多段多韵律、隔层发育不稳定的井，采取高低浓度交替注入方式。

通过上述优化方法，共实施注入浓度调整256井次，实施后，吸水厚度比例达到88.3%，比调整前提高了7.0个百分点。

（3）形成了聚合物驱跟踪调整技术方法，保证最及时有效的跟踪调整。将聚合物驱过程化为三个主要阶段，根据不同阶段开发规律，制订了有针对性的调整对策。注聚初期阶段的主要特点是高渗透层前缘推进较快，主要调整对策是深度调剖注高浓前置段塞；见效阶段的主要特点是油墙形成并推进采出端，油相相对渗透率增加，渗流阻力增大，出现注、采困难，主要调整对策是注采参数调整、采油井压裂提液、注入井措施增注；含水回升阶段的主要特点是高渗透层聚合物逐步突破，含水饱和度增加，低渗透层含油饱和度增加，渗流阻力增大，主要调整对策是分层注聚、压裂中低渗透层、封堵高渗透层。为确保及时有效跟踪调整，优选最佳措施时机，建立了跟踪调整技术规范。

① 建立了聚前调剖技术标准，有效促进扩大波及体积。针对二类油层层内矛盾突出，底部无效循环严重，顶部动用差的问题，采取深度调剖措施。根据砂体发育、压力及吸水剖面资料，制订选井选层界限。选择注聚前注入压力低于破裂压力5.0MPa以上，存在单层有效厚度大于4.0m，有效厚度比例小于25%但吸水比例大于45%的高渗透高水淹层段的井实施调剖；根据调剖方向及厚度，完善了用量确定方法。

按照选井选层标准，区块共优选50口井实施聚合物前调剖，调剖后吸水厚度比例达到88.1%，比调剖前提高了17.8个百分点，调剖井周围油井含水最低点达到76.3%，比非调剖井区含水多下降5.4个百分点。

② 建立了分层注聚合物技术标准，有效提高油层动用程度。受油层纵向非均质影响，笼统注聚合物高低渗透层吸水差异较大，影响开发效果。适时分层注聚合物，提高动用状况。根据数值模拟及吸水剖面变化规律，优化分层时机。对层间渗透率级差小于2.5的井，可在剖面发生反转后再进行分层注聚，而对层间渗透率级差大于2.5的井，则应在注聚合物初期就采取分层注聚措施；根据层段吸水均匀系数及油层发育状况，确定分层界限。吸水均匀系数大于0.3时，需采取分层注聚合物措施，同时，要保证层段间隔夹层发育稳定，层段有效厚度大于1.0m。根据层段采出程度及孔隙体积，个性设计层段注入量。一是对层间吸水不均匀的注入井，利用层间稳定的夹层实施分层，提高油层的动用状况；二是对既有层间矛盾又有层内矛盾的注入井，采取层间分层和长胶筒层内细分相结合的措施。

根据上述做法，区块实施分层注聚合物85口，实施后吸水厚度比例达到88.3%，提高了13.7个百分点。受效油井综合含水最低点达到79.0%，下降幅度达到15.8个百分点，多下降3.1个百分点。

③ 完善了平面调整技术方法，提高聚合物有效注入。针对平面非均质严重、井组间注水差异大、聚合物推进不均匀的状况，根据聚合物驱各阶段动态变化特点，加强平面调整，促使聚合物溶液向动用较差部位转移，提高聚合物的有效注入。

一是在注聚初期和含水下降期，以确保均衡推进为主。对注入孔隙倍数高、注入压力高的方向控注；对注入孔隙体积倍数低、注入压力低的方向增注，确保聚合物的均衡推进。

二是在低含水稳定期，以确保均衡受效为主。对见效差的井区，适当增加高含油饱和度方向的注入量，控制低含油饱和度方向注入量；对产液量下降幅度大的井区，上调高含油饱和度方向的注入量，提高增油效果。

三是在含水上升期，以控制含水上升速度为主。对含水高于全区平均含水、采出液浓度较高的井组，对主要来聚方向进行控注；对含水低于全区平均含水的井组，在含油饱和度较高方向增注，控制含水上升速度。

区块实施注水方案调整 472 井次，通过平面优化调整，增加有效注入 $87.6 \times 10^4 m^3$，控制无效低效注入 $93.1 \times 10^4 m^3$。

④ 建立油井压裂技术标准，充分提升聚合物驱增油效果。由于聚合物溶液增大了渗流阻力，导致低渗透部位渗流能力变差、产液量下降，为使不同渗透率油层得到有效动用，需及时采取压裂措施。为了保证压裂效果，根据油井的动态变化特点及已实施压裂井的效果，完善了聚合物驱不同阶段压裂井选井选层标准，进行初选压裂井，见表 3-5-7。

表 3-5-7　二类油层聚合物驱采油井压裂选井选层标准

注聚阶段	含水下降期	低含水稳定期	含水回升期
压裂目的	减缓液量下降	提高增油效果； 延长低含水稳定期	挖潜薄差层剩余油
压裂选井原则	（1）产液量下降幅度大于 40%； （2）含水下降 5 个百分点以上； （3）地层压力高于原始地层压力	（1）产液量下降幅度大于 30%； （2）含水下降 10 个百分点以上； （3）地层压力高于原始地层压力	（1）纵向渗透率级差大于 3 （2）采出程度低于区块平均水平 5 个百分点
压裂选层原则	（1）中渗透层； （2）高中水淹比例＜40%； （3）连通厚度比例≥50%	（1）中、低渗透层； （2）连通厚度比例≥50%	（1）低渗透油层； （2）单层有效厚度≤2.0m； （3）低未水淹厚度比例≥60%

根据已实施压裂井效果分析，确定影响油井压裂效果的主要参数：压前产液量下降幅度、压裂前含水下降幅度、压裂前总压差、压裂层段低未水淹厚度比例、压裂层有效厚度比例、连通方向比例等。根据影响压裂的主要参数，通过多元回归建立了压裂效果预测方程，根据预测方程优选压裂井：

$$\Delta Q_o = 1026.8X_1 + 3064.8X_2 + 1517.6X_3 + 4098.4X_4 + 351.6X_5 + 226.5X_6 - 2284.8$$

$$（3-5-2）$$

式中　X_1——压前产液量下降幅度，%；

　　　X_2——压前含水下降幅度，%；

　　　X_3——压前总压差，MPa；

　　　X_4——压裂层段低未水淹厚度比例，%；

X_5——压裂层有效厚度比例，% ；

X_6——连通方向比例，%。

根据压裂选井选层标准和压裂效果预测方程，优选压裂井，保证压裂效果。区块共实施油井压裂措施 95 口井，平均单井日增液 30t，日增油 7.5t，含水下降 5.64 个百分点，累计增油 $8.65×10^4$t。

⑤ 建立油井流压调控技术标准，合理调整产液结构。聚合物驱过程渗流阻力呈非线性变化，不同阶段压力差异较大，影响聚合物溶液在油层中推进及见效程度。为此，根据聚合物驱过程的渗流特征，研究确定不同阶段的合理流压。建立非均质油层理论模型，引入产液结构表征系数，根据变化特征确定流压。根据不同阶段产液结构系数的变化特点，明确了流压调控机理。注聚初期：聚合物主要进入高渗透层，产液结构表征系数较小，应减小生产压差，扩大波及体积；注聚见效期：低渗透层得到有效动用，产液结构表征系数增大，应放大生产压差，提高见效程度；含水回升期：高渗透层聚合物突破，产液结构表征系数减小，应减缓高渗透层突进，控制含水回升。数值模拟表明，在聚合物驱不同阶段合理调控油井流压比稳定流压生产多提高采收率 1.18 个百分点。根据理论研究，结合生产实际，初步确定聚合物驱不同阶段合理流压界限，注聚初期合理流压为 4.0～7.0MPa，注聚见效期合理流压为 2.0～4.0MPa ；含水回升期合理流压大于 4.0MPa。按照合理流压界限，区块共实施优化油井流压 220 井次，初期日增油 195t，含水下降 1.1 个百分点。

3）示范区取得的效果

通过 5 年的探索与实践，不断优化注聚合物体系参数，强化及时有效的跟踪调整，区块取得的较好的开发效果。

一是油层动用程度进一步提高，比水驱提高 15 个百分点左右；统计 117 口井吸水剖面资料，吸水厚度比例达到 87.1%，比注聚合物前增加 15.9 个百分点。从不同厚度自然层吸水状况看，各厚度级别自然层动用状况均增加。有效厚度小于 1.0m 的层吸水厚度比例达到 70.5%，比水驱提高了 21.4 个百分点，其他厚度级别油层吸水厚度比例均达到 84% 以上。

二是区块含水下降幅度大，取得较好增油效果；区块注聚 5 个月开始见效，含水最低点达到 80.18%，比见效前含水下降 13.9 个百分点，低含水期持续 18 个月，最高产油达到见效前的 3.4 倍。截至 2015 年 12 月，区块有见效井 162 口，见效井比例达到 92.0%，区块累计增油 $109.7×10^4$t，阶段提高采收率 14.34 个百分点。目前区块萨Ⅲ 4–10 油层含水 95.18%，低于数值模拟预测 2.67 个百分点，按照目前含水预测，区块最终提高采收率达到 15.23 个百分点，比方案预测高 2.11 个百分点，如图 3–5–12 所示。

三是区块开发效益得到提升；区块低含水期吨聚增油 64.3t，截至 2015 年 12 月吨聚增油达到 57.0t，累计注入干粉 19553t，节约干粉 3217t，节约比例 14.1%，聚合物驱效益保持较高水平。

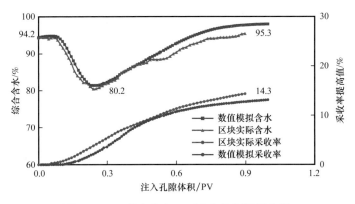

图 3-5-12 喇南中东一区聚合物驱效果曲线

3. 聚合物驱工业化推广应用

1995 年开始一类油层聚合物驱工业化推广应用，截至 2020 年底，已投入一类油层区块 69 个，动用地质储量 $7.53 \times 10^8 t$，注入井 6468 口，采出井 7597 口，累计产油 $1.58 \times 10^8 t$，累计增油 $0.97 \times 10^8 t$（表 3-5-8）。

表 3-5-8 一类油层三次采油基本情况

分类	数量 / 个	面积 / km²	注入井 / 口	采出井 / 口	累计产油 / $10^8 t$	累计增油 / $10^8 t$
空白水驱	7	27.2	500	556	0	0
注聚区块	12	46.7	1239	1379	0.08	0.06
后续水驱	50	415.9	4729	5662	1.50	0.91
小计	69	489.8	6468	7597	1.58	0.97

2003 年开始二类油层聚合物驱工业化推广应用，截至 2020 年底，已投入二类油层区块 43 个，二类油层聚合物驱三次采油动用地质储量 $3.89 \times 10^8 t$，注入井 7148 口，采出井 7923 口，累计产油 $0.68 \times 10^8 t$，累计增油 $0.46 \times 10^8 t$（表 3-5-9）。

表 3-5-9 二类油层三次采油基本情况

分类	数量 / 个	面积 / km²	储量 / $10^8 t$	注入井 / 口	采出井 / 口	累计产油 / $10^8 t$	累计增油 / $10^8 t$
空白水驱	3	14.7	0.18	354	356	0	0
注聚区块	18	142.3	1.54	2969	3325	0.17	0.12
后续水驱	22	166.6	2.17	3825	4242	0.51	0.34
小计	43	323.5	3.89	7148	7923	0.68	0.46

1995 年开始聚合物驱工业化推广应用，2002 年产量达到 1000×10⁴t 以上，到 2015 年连续稳产 14 年。截至 2020 年底，累计产油 2.26×10⁸t，累计增油 1.43×10⁸t（图 3-5-13）。聚合物驱技术已成为大庆油田持续稳产的关键技术。

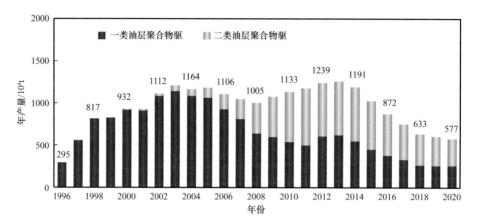

图 3-5-13 大庆油田聚合物驱历年产油量构成

第四章 三元复合驱降本增效配套技术

大庆油田从1991年起经过20多年攻关，创新了三元复合驱油理论，自主研发出表面活性剂工业产品，先后在不同地区开展了5个先导性矿场试验、6个工业性矿场试验，均比水驱提高采收率18个百分点以上。2014年开始规模化应用，受多因素影响，区块、单井间开发效果存在差异，为了满足在复合驱技术不断扩大的应用规模情况下，保证开发效果，通过深化复合驱开发效果认识，建立分类开发效果标准曲线及跟踪评价方法，明确复合驱动态变化规律及各阶段合理的调控指标，确定跟踪调整对策，制订注入井分层、调剖、注采井压裂、解堵和注采参数调整等措施的调整时机和技术界限，固化调整设计模板，复合驱技术逐步标准化、规范化，已结束的工业化区块提高采收率达到20个百分点以上，到2020年连续5年产油量突破$400×10^4$t。可以为其他高含水开发阶段的老油田挖潜和陆相砂岩油田的高效开发提供技术借鉴和支持。

第一节 复合驱表面活性剂与原油匹配关系理论

设计合成了不同结构的烷基苯磺酸盐表面活性剂，明确了烷基苯磺酸盐表面活性剂结构与界面张力性能关系。在此基础上，设计了具有不同当量、不同当量分布的烷基苯磺酸盐表面活性剂，经过大量实验和理论分析，研究并提出了低酸值原油条件下表面活性剂与原油的匹配关系理论，为表面活性剂的设计提供了理论基础。

一、烷基苯磺酸盐结构与界面张力的关系

以脂肪酰氯和卤代烷等为烷基原料，以苯、甲苯、（邻、间、对）二甲苯、乙苯和异丙苯等为芳烃原料，经烷基化后，制备出高纯度的不同结构烷基苯，再经磺化、中和，合成了结构单一、分子量确定的烷基苯磺酸盐系列同分异构体（程杰成等，2004），研究了烷基苯磺酸盐表面活性剂结构与界面张力关系。

十二烷基二甲基苯磺酸钠异构体的界面张力测定结果表明：芳基位置越靠近烷基链中部，界面张力降低幅度越大，表面活性剂降低界面张力的效能越高（图4-1-1）。

通过不同结构烷基苯磺酸盐（图4-1-2）与界面张力关系研究，结果表明：苯环上取代基数量多，界面排列分子数减少，形成超低界面张力的碱浓度低，碱浓度范围宽（表4-1-1）。

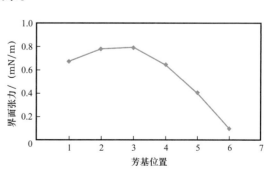

图4-1-1 芳基位置与界面张力的关系

表 4-1-1　不同结构烷基苯磺酸盐界面张力性能

类型	结构 A	结构 B	结构 C
取代基碳数	0	1	2
超低界面张力碱浓度最低值 /%	无	0.8	0.3
超低界面张力碱浓度跨度 /%	无	0.3	0.5

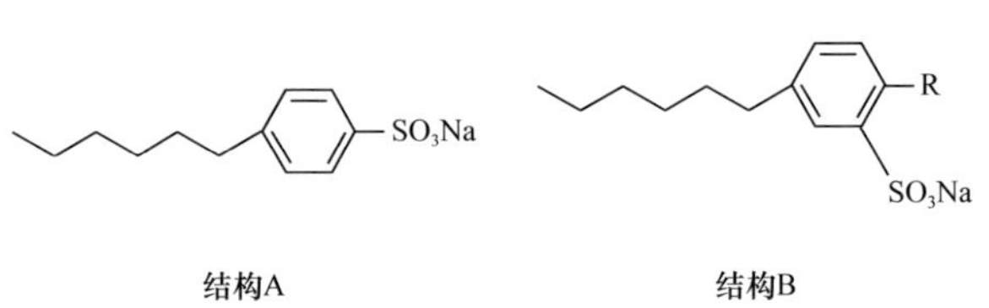

图 4-1-2　不同结构烷基苯磺酸盐示意图

二、烷基苯磺酸盐当量对界面张力的影响

基于分子设计，精细合成出了平均当量分别为 390，404，418，432 和 446 的 5 组烷基苯磺酸盐体系，每组平均当量的磺酸盐体系均由 5 种结构明确的烷基苯磺酸盐组成。5 组烷基苯磺酸盐体系的组成分布分别设计为递增分布、递减分布、均匀分布、正态分布和反正态分布 5 种。图 4-1-3 给出的是平均当量为 390 表面活性剂体系的 5 种组成分布设计。

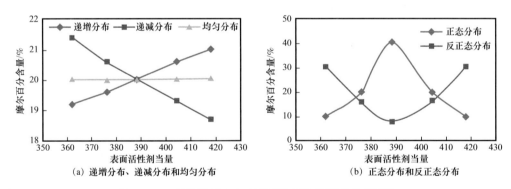

（a）递增分布、递减分布和均匀分布　　　（b）正态分布和反正态分布

图 4-1-3　平均当量 390 表面活性剂体系组成分布设计

研究表明，当平均当量大于 404 时，磺酸盐体系的临界胶束浓度（cmc）随着平均当量的增加而减小，在平均当量为 432 时 cmc 值最低，平均当量为 446 时 cmc 值有所回升；磺酸盐体系平均当量相同时，递增分布和反正态分布体系 cmc 值最低，高当量的磺酸盐组分对降低临界胶束浓度的贡献大（图 4-1-4）。

不同平均当量的反正态分布体系随着磺酸盐浓度的增加，界面张力变化趋势都是先下降而后增加，即存在一个界面张力最低值（图 4-1-5）。但不同平均当量体系达到最低值所需要的磺酸盐浓度不同，磺酸盐浓度为 2.5×10^{-3} mol/L 时，随着体系平均当量的增大，界面张力值逐渐降低，平均当量为 432 时，界面张力值最低达到 8.06×10^{-4} mN/m；当平均当量为 446 时，界面张力值增大，这是由于磺酸盐平均当量增大，其水溶性变差，使得一些高当量磺酸盐分子进入油相，使得界面活性变差。

图 4-1-6 是平均当量为 390 的磺酸盐体系与正构烷烃的界面张力。可以看出反正态分布和递增分布体系与正构烷烃的界面张力最低，递减分布和正态分布体系与正构烷烃的界面张力相对较高，其他 4 种平均当量磺酸盐分布体系也表现出相似的规律。这是由于高当量的磺酸盐组分对降低界面张力的贡献更大。

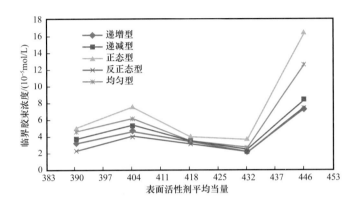

图 4-1-4　烷基苯磺酸盐临界胶束浓度与当量关系曲线

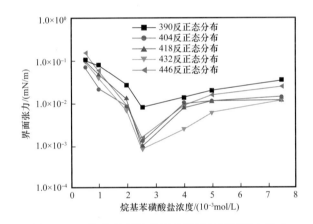

图 4-1-5　烷基苯磺酸盐平均当量对界面张力影响

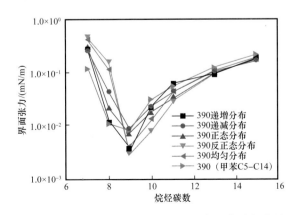

图 4-1-6　烷基苯磺酸盐（平均当量 390）与正构烷烃的界面张力

三、表面活性剂与原油匹配关系

在原油组成研究的基础上，根据表面活性剂亲水亲油平衡理论，对于单组分的烃类，当与之对应的单组分表面活性剂在油水界面亲油亲水达到平衡时，可形成超低界面张力，表面活性剂当量与油相分子量存在最佳对应关系。同理，对于多种烃类混合物组成的油相，依据同系表面活性剂的亲水亲油平衡值的加和性以及同系烷烃作用的协同效应，可以推导出表面活性剂当量分布与油相分子量分布形态相似、表面活性剂的平均当量与油相的平均分子量相匹配时，表面活性剂与油相间可形成超低界面张力。

基于上述原理，通过不同当量表面活性剂与不同平均分子量原油界面张力实验，结合原油中不同组分对界面张力关系，进一步确定了非极性组分与极性组分的校正系数，建立了表面活性剂当量与低酸值原油的匹配关系［式（4-1-1）］，建立低酸值原油三元复合驱油理论。

$$N_{\mathrm{a}} = \frac{\sum (X_{\mathrm{S}i} S_i)}{a\sum (X_{\mathrm{of}i} O_{\mathrm{f}i}) + b\sum (X_{\mathrm{oj}i} O_{\mathrm{j}i})} \quad (4\text{-}1\text{-}1)$$

式中　　N_{a}——匹配系数；

　　　　S_i——表面活性剂组分 i 的当量；

　　　　$X_{\mathrm{S}i}$——表面活性剂组分 i 在表面活性剂体系中的百分含量；

　　　　$O_{\mathrm{f}i}$——原油中非极性 i 组分分子量；

　　　　$X_{\mathrm{of}i}$——原油中非极性 i 组分百分含量；

　　　　a——原油中非极性组分贡献系数；

　　　　$O_{\mathrm{j}i}$——原油中极性 i 组分分子量；

　　　　$X_{\mathrm{oj}i}$——原油中极性 i 组分百分含量；

　　　　b——原油中极性组分贡献系数。

当原油平均分子量为419，表面活性剂的平均当量为419时，表面活性剂的平均当量与原油的平均分子量具有较好的匹配关系，两者可形成较宽的超低界面张力范围（图4-1-7）。在表面活性剂与原油匹配关系理论的指导下，针对长垣油田不同地区原油，通过选择合适当量及当量分布的表面活性剂，可以实现表面活性剂配方个性化设计。

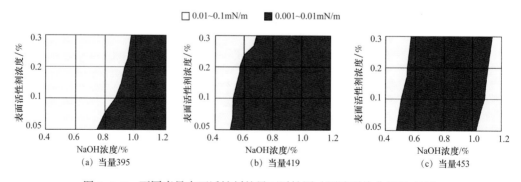

图4-1-7　不同当量表面活性剂的界面活性图（原油平均分子量419）

第二节　复合驱用烷基苯磺酸盐表面活性剂

驱油用表面活性剂是复合驱技术推广应用的关键技术之一。复合驱用表面活性剂往往受到原料来源、合成工艺及界面性能等多因素的制约，致使其研发难度较大。近几年因为石油工业的需求，驱油用表面活性剂研究逐步深入，在表面活性剂分子结构设计、合成等方面取得了长足的进步，成功研制出驱油用烷基苯磺酸盐、石油磺酸盐、甜菜碱等表面活性剂及一些新型表面活性剂，为复合驱技术的发展奠定了基础。

一、烷基苯磺酸盐结构及合成

前期，以重烷基苯为原料研制出了三元复合驱用烷基苯磺酸盐表面活性剂并完成了工业放大。"十二五"期间，通过攻关，实现了烷基苯磺酸盐表面活性剂的规模化工业生产，通过组分调控，进一步改善了烷基苯磺酸盐产品性能。

1.烷基苯原料

工业上使用的烷基苯有两种：一种是支链烷基苯，另一种是直链烷基苯。支链烷基苯由于生物降解性差，已很少生产。自20世纪70年代后期以来，直链烷基苯的生产主要采用美国UOP公司的PACOL烷烃脱氢—HF烷基化工艺。原油经过常减压精馏得到的煤油（或柴油），经精制得到正构烷烃并脱氢获得单烯烃，再与苯进行烷基化而得到烷基苯。在正构烷烃脱氢与烷基化反应的同时也发生一些副反应，如深度脱氢、异构化、芳构化、聚合、断链歧化等反应，从而产生一系列副产物，这些副产物由于沸点较高在精馏过程中最终从烷基苯中分离出来，在塔底即得到副产品——重烷基苯（刘良群等，2015；郭万奎等，2006）。在烷基苯生产过程中，制取烷基苯的方法、烷基化反应条件的不同，产物中的异构体分布会存在差异。同时，受温度等反应条件的影响，通常会伴随着脱氢、环化、异构化、裂解等许多副反应的发生，从而导致重烷基苯具有组分繁多、结构复杂以及不同组分间性能差别较大的特点。

三元复合驱用烷基苯磺酸盐的原料主要来自烷基苯厂的十二烷基苯精馏副产物——重烷基苯。以抚顺0号重烷基苯为例，通过分析明确了重烷基苯的性能和各组分结构及含量（表4-2-1）。

表4-2-1　抚顺0号重烷基苯的性能指标

项目	指标
相对密度（15.6℃）	0.865
分子量	327.7
黏度（38℃，以秒计算通用黏度）/s	136.6
闪点/℃	185

续表

项目	指标
赛氏色泽	<16
单烷基苯含量 /%	18.3
二苯基烷含量 /%	5.7
二烷基苯含量 /%	56
重二烷基苯含量 /%	20.0

单烷基苯、二烷基苯和多烷基苯是重烷基苯产品中的主要组分，占总量的 3/4 左右，在一定条件下均可与三氧化硫发生磺化反应，在苯环上引入一个磺酸基，经过中和后得到性能优良，有较好当量分布且性能稳定的烷基苯磺酸盐产品。

二苯烷和多苯烷由于其自身的结构特点，使得它们易与三氧化硫反应，磺化反应产物分子中带有两个或多个磺酸基，致使中和后所得产品当量过低，对烷基苯磺酸盐的表面及界面性能有不良影响。

在重烷基苯原料中，虽然茚满和萘满含量较少，但由于烷基的诱导效应与共轭作用，其比烷基苯更容易磺化，生成的磺酸盐颜色较深。茚萘满属杂环化合物，在磺化过程中易发生氧化反应，生成不同程度的醚键，在碱性条件下发生慢速水解，从而对产品的稳定性有较大的影响。

极性物泥脚不但不易磺化，同时在酸性和碱性条件下存在较多的化学不稳定因素，如果该类物质混入磺化产品中，会在较大程度上影响产品的界面及稳定性能。

根据烷基苯原料不同组分的特性，通过减压精馏去除重烷基苯中不理想组分及杂质，提高重烷基苯原料质量。以抚顺 0 号重烷基苯为例，通过减压精馏，收取 70%～80% 的馏分。通过对减压精馏处理前后的重烷基苯各组分的分析比较，精馏处理后重烷基苯的平均分子量由原来的 308.78 降为 300.42。这表明通过精馏处理，除去了重烷基苯中沸点较高且不利于表面活性剂产品性能的组分；精馏处理后原料的分子量比精馏处理前更趋近于正态分布，而且更接近于原油的分子量分布。因此，精馏处理后的烷基苯为原料研制出的表面活性剂，不但平均当量可更好地与原油的平均分子量相匹配，而且具有更好的化学稳定性，为驱油用烷基苯磺酸盐类表面活性剂的研制打下了较好原料基础。

2. 烷基苯磺酸盐合成

烷基苯磺化为亲电取代反应。烷基苯上取代基较大时，受空间位阻效应的影响，取代反应主要发生在对位，基本不在邻位上发生取代反应。三氧化硫磺化的放热量为 170kJ/mol，烷基苯采用三氧化硫磺化是一个放热量大、反应速度极快的反应。如控制不慎，就会造成局部过热，副反应增加，产品质量下降。因此，采用三氧化硫磺化时，应严格控制三氧化硫的浓度以及物料比，强化反应物料的传质传热过程，将反应温度控制在一个合适数值。

在磺化反应过程中，由于烷基苯原料质量和性质的不同、磺化剂的不同，以及工艺、设备的不同还会伴随发生一些副反应：（1）生成砜。当反应温度较高、酸烃物质的量之比过大、SO_3气体浓度过高时，均易发生生成砜的副反应。砜是黑色、有焦味的物质，对磺酸的色泽影响较大，而且不与碱反应，使最终产物的不皂化物含量增加，影响产品界面活性。（2）生成磺酸酐。当SO_3过量太多，反应温度过高时，易反应生成磺酸酐。磺酸酐生成以后，通过加入工艺水，可以使其分解，然后中和，得到烷基苯磺酸盐。若中和以后的单体中含有酸酐，则易发生返酸现象，使不皂化物增加，影响产品界面活性。（3）生成多磺酸。在磺化剂用量过大、反应时间过长或温度过高时，也会发生部分多磺化。多磺酸盐的水溶性较好，但表面活性较差。（4）氧化反应。苯环（尤其是多烷基苯）容易被氧化，当反应温度过高时，更容易被氧化。通常得到黑色醌型化合物。烷基链较苯环更易氧化并常伴有氢转移、链断裂、放出质子及环化等副反应生成羧酸等，尤其是有叔碳原子的烷烃链，会产生焦油状的黑色硫酸酯，影响产品界面活性。以上副反应较多，但如果提高烷基苯质量，控制适当的反应条件，可使副反应控制在较低的水平。

鉴于烷基苯原料中组分复杂，在烷基苯磺化工艺参数优化过程中，仅以酸值和活性物含量为主要指标控制原料磺化转化率，导致多组分原料整体转化率低，为此，建立匹配度概念：

$$M = \sum_{i=1}^{m} \frac{a_i}{b_i} X_i$$

式中　　M——烷基苯磺酸盐产品与原料间匹配度；

　　　　a_i/b_i——i组分转化率；

　　　　x_i——i组分在原料中的摩尔分数。

通过匹配度控制每一组分转化量，实现多组分均衡磺化，结合活性物含量，通过多种工艺优化磺化工艺参数，最佳匹配度提高至95%以上，进一步提高驱油用烷基苯磺酸盐表面活性剂产品性能。

通过烷基苯磺酸盐表面活性剂原料性能控制、产品定量分析方法、磺化工艺、中和复配一体化等配套技术研究，实现了烷基苯磺酸盐表面活性剂规模化工业生产。

二、烷基苯磺酸盐生产工艺及设备

磺酸盐工业生产中采用的磺化剂主要为发烟硫酸和气体三氧化硫。采用的磺化剂不同，所用的工艺及设备亦不相同。但采用发烟硫酸作为磺化剂，反应过程中生成硫酸，该反应是可逆反应。为了提高转化率，需要加入过量的发烟硫酸，产生大量需要处理的废酸。与发烟硫酸相比，采用气体三氧化硫磺化具有不产生废酸、产品中无机盐含量低等优点，目前工业磺化主要采用气体三氧化硫磺化工艺，工业生产设备主要为釜式磺化反应器和膜式磺化反应器。

1. 釜式磺化工艺及设备

早期，磺酸盐磺化合成一般采用釜式磺化，采用三氧化硫还常需加入稀释剂，三氧化硫稀释气体从反应釜中设置的多孔盘管中喷出，与富含芳烃的有机物料进行磺化反应。采用磺化器种类不同，其工艺过程也存在差异。下面着重介绍 Ballestra 连续搅拌罐组式釜式磺化设备。

意大利巴莱斯特（Ballestra）公司于 20 世纪 50 年代末首先研制成功罐组式釜式磺化技术，并于 60 年代初将成套装置销售到世界各地，单套生产能力从 50～6000kg/h（以 100% 活性物计）有 10 多种规格，在目前磺化生产中仍占有一定的比例。

罐组式釜式磺化反应器是一组依次串联排列的搅拌釜，该反应器结构较简单，是典型的釜式搅拌反应器，每个反应器内均装有导流筒和高速涡轮式搅拌桨以分散气体和混合、循环反应器中的有机液相。由于内循环好，系统内各点温度均一，无高温区，因此酸雾生成量也较少。根据磺化反应的特点，应及时排除反应热，故需冷却装置，在该反应器内，冷却则通过反应器内的冷却盘管和反应器外的冷却夹套进行。考虑磺酸的腐蚀性，反应器一般用含钼不锈钢制成。罐组式釜式磺化工艺由多个反应器串联排列而成，生产上为减少控制环节，便于操作，反应器个数不宜太多，一般以 3～5 个为宜，其大小和个数由生产能力确定。对于大生产能力的装置来说，最好采用小尺寸反应器而增加反应器个数的方法进行设计。反应器之间有一定的位差，以阶梯形式排列，反应按溢流置换的原理连续进行。

原料通过定量泵进入第一反应器的底部，依次溢流至最后一个反应器，另有少量原料引入最后一个反应器，以便调节反应终点。SO_3/空气按一定比例从各个反应器底部的分布器平稳地通入。一般情况下，第一个反应器中 SO_3 通入量最多，而后面反应器中通入量较少，这样，使大部分反应在介质黏度较低的第一反应器中进行，有利于总的传热传质效率，反应热由反应器的夹套和盘管中的冷却水带走。反应器中出来的磺化产物一般需经老化器补充磺化。尾气由各反应器汇总到尾气分离器进行初步分离后，由尾气风机送入尾气处理系统进一步处理。尾气中含有空气、未转化的 SO_2 及残余的 SO_3。由于罐组式反应器气体流速小，故酸雾极少，不需设高压静电除雾器。

在 Ballestra 公司连续搅拌罐组式反应器系统中，SO_3/空气加入量在各反应器中是依次递减的，转化率主要由前面几个反应器来实现。然而，加入反应器的气体量必须受到限制以免涡轮搅拌器产生液泛力度，否则会发生反应气体对有机液体的雾沫夹带。罐组式反应装置适宜于用较高 SO_3 气浓度（6%～7% 体积分数）进行生产。

罐组式磺化反应器容量大，操作弹性大，开停车容易，可省去 SO_3 吸收塔，反应过程中不产生大量酸雾，因而净化尾气设备简单；系统阻力小，操作压力不超过 $4.9×10^4Pa$，可用罗茨鼓风机，耗电少；SO_3 气体浓度比膜式磺化高，可以减少空气干燥装置的负荷；反应器组中如一组发生故障，可以在系统中隔离开来进行检修而不影响生产，故比较灵活；整套装置投资费用较低。但该釜式磺化系统有较多的搅拌装置，反应物料停留时间长，物料返混现象严重，副反应机会多，反应器内有死角，易造成局部过磺化、结焦，因而产品质量稳定性差，产品色泽较差且含盐量较高。

2. 膜式磺化工艺及设备

自 20 世纪 60 年代中期后，随着降膜式磺化反应器的研制成功和工业应用，使 SO₃/空气连续磺化工艺得到迅速发展和普遍应用。工业化生产装置主要有两类：一类为双膜降膜式反应器，另一类（朱友益等，2002）为多管降膜式反应器。

双膜降膜式反应器由两个同心不同径的反应管组成，在内管的外壁和外管的内壁形成两个有机物料的液膜，SO₃ 在两个液膜之间高速通过，SO₃ 向界面的扩散速度快，同时气体流速高使有机液膜变薄，有利于重烷基苯的磺化；但是，由于双膜结构，一旦局部发生结焦将影响液膜的均匀分布，使结焦迅速加剧，阻力降增加，停车清洗频繁，比多管式磺化操作周期短，给生产带来一定的麻烦。因此，双膜降膜式反应器如果能通过调整磺化器的结构和操作参数，适当降低双膜部分的反应程度，同时通过加强循环速度增加物料的混合程度来增加全混室的反应程度，才既能够保证磺化的效果又能够阻止双膜部分的结焦速度。

磺化反应主要是在一个垂直放置的界面为圆形的细长反应管进行。有机物料通过头部的分布器在管壁上形成均匀的液膜。降膜式磺化反应器的上端为有机物料的均布器。有机物料经过计量泵计量，通过均布器沿磺化器的内壁呈膜式流下；SO₃/干燥空气混合气体从位于磺化器中心的喷嘴喷出，使有机物料与 SO₃ 在磺化器的内壁上发生膜式磺化反应。在磺化器的内壁与 SO₃ 喷嘴之间引入保护风，使 SO₃ 气体只能缓慢向管壁扩散进行反应。这使磺化反应区域向下延伸，避免了在喷嘴处反应过分剧烈，消除了温度高峰，抑制了过磺化或其他的副反应，从而实现了等温反应。同时，膜式磺化反应器的设计增强了气液接触的效果，使反应充分进行。反应器的外部为夹套结构，冷却水分为两段进入夹套，以除去磺化反应放出的大量反应热。总之，膜式磺化反应器可使有机物料分布均匀，热量传导顺畅，有效实现了瞬时和连续操作，得到良好的反应效果。同时，SO₃/空气与有机物料并流流动，SO₃ 径向扩散至有机物料表面发生磺化反应。反应器头部无 SO₃/空气均布装置。当气体以一定速度通过一个长度固定的管子时，会产生一定的压降。当烷基苯磺化转化率高时，液膜的黏度增加，液膜厚度增加，气体流动的空间减小，压力降增大。反应器中有一个共同的进料室和一个共同的出料室，因此每根管子的总压降是恒定的。转化率高的反应管内液膜黏度高、液膜厚、阻力大、压降大；转化率低的反应管内液膜黏度低、液膜薄、阻力小、压降小。在总压降相同的条件下，前者的 SO₃/空气流量减少，后者的流量增加。这种"自我补偿"作用可使每根反应管中的有机物料达到相同的转化率。由于自身结构，多管降膜式反应器可以维持系统的压力平衡，可防止过磺化，延缓反应器的结焦，即使有一根管子因结焦，对其他管的液膜厚度和气体流速稍有影响，但不会影响反应器的正常工作，结焦不会迅速在反应器内蔓延。在保证中和值的前提条件下，通过工艺条件的优化，可控制磺化中的副反应程度，避免结焦。通过及时清洗反应器，还可进一步延长操作周期。

大庆油田化工有限公司已建成生产能力 $6×10^4$t/a 的多管降膜式反应装置用于烷基苯磺酸盐工业生产（陈卫民，2010），截至 2016 年底累计生产驱油用烷基苯磺酸盐表面活性剂 $32×10^4$t。

采用膜式磺化反应器进行磺化合成石油磺酸盐，由于原料（富芳烃原油或原油馏分）黏度较大，一般需要在原油中加入稀释剂使反应物和反应产物保持均匀的分散状态，并使 SO_3、原料油和添加剂的混合物、热交换表面和反应器壁之间在反应条件下实现均匀的热交换和温度控制，减少不期望的氧化、焦化和多磺化等反应，降低磺化产物中副产物的量，但溶剂后续处理难度较大。大庆炼化公司通过对膜式磺化反应器的结构及工艺进行优化（曹凤英等，2015），建成了用于石油磺酸盐生产的国产化的多管膜式磺化反应器，采用两套磺化反应器交替生产，年产石油磺酸盐产量达到 $12.5×10^4t$。

三、烷基苯磺酸盐性能改善

1. 烷基苯磺酸盐表面活性剂性能评价

1）界面张力性能

图 4-2-1 为烷基苯磺酸盐表面活性剂产品的界面活性图。结果表明，该产品均有较宽的超低界面张力区域；在低碱、低活性剂浓度范围内，也表现出较好的界面张力性能。

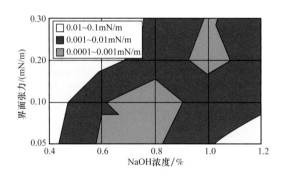

图 4-2-1　强碱烷基苯磺酸盐界面活性图

2）复合体系稳定性

随着对表面活性剂研究的不断深入，对活性剂体系界面张力稳定性的认识也越来越清晰。研究认为，在强碱条件下，活性剂体系的化学稳定性决定着该体系的界面张力稳定性。为此，在烷基苯磺酸盐的研制过程中从原料的处理、磺化工艺参数确定以及复配等每个环节都尽量消除化学不稳定因素，从而使该产品具备了较好的界面张力稳定性（刘良群等，2015）。

图 4-2-2 为45℃恒温条件下三元体系稳定性的评价结果。结果表明，在98天的考查时间内，该产品的三元体系保持了较好的界面张力稳定性，三元体系保持了较好的黏度指标，三个月后仍能保持在30mPa·s以上。

3）乳化性能

将体积比为1∶1的四厂脱水油与表面活性剂产品的二元和三元体系放入具塞比色管中，剧烈振荡后，置于45℃恒温箱中，每天观察上相、中相和下相体积及状态。从单一表面活性剂乳化实验（图 4-2-3）可以看出，该表面活性剂产品与 ORS-41 乳化能力相同，即下相和上相体积没有明显变化，中间为灰白色薄膜。

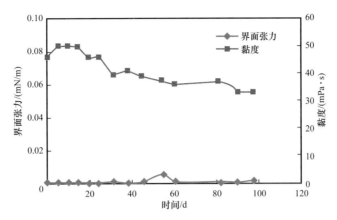

图 4-2-2　复合体系界面张力稳定性评价

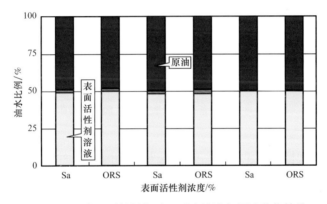

图 4-2-3　表面活性剂与碱二元水溶液与原油乳化结果

　　两种表面活性剂的三元体系上相和下相体积没有变化，中间仍为灰白色薄膜（图 4-2-4），说明两种表面活性剂的三元体系乳化能力相同，同属不稳定的乳化液。

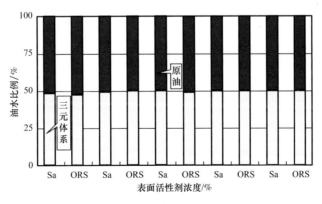

图 4-2-4　三元复合体系与原油乳化结果

三元复合体系组成：

1 号，Sa（0.3%）+ NaOH（1.2%）+ HPAM（1200mg/L）。

2 号，Sa（0.2%）+ NaOH（1.0%）+ HPAM（1200mg/L）。

3 号，Sa（0.1%）+ NaOH（1.0%）+ HPAM（1200mg/ L）。

4 号，Sa（0.05%）+ NaOH（1.0%）+ HPAM（1200mg/ L）。

5 号，Sa（0.025%）+ NaOH（1.0%）+ HPAM（1200mg/ L）。

4）吸附性能

在 60～100 目净油砂上测定了该表面活性剂产品的吸附量，并与 ORS-41 进行了对比。实验结果表明，两者吸附量基本相同（图 4-2-5）。

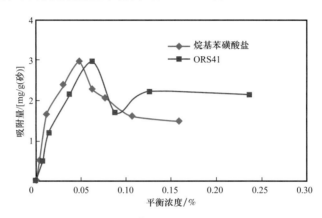

图 4-2-5　烷基苯磺酸盐表面活性剂油砂吸附量

5）驱油性能

采用天然岩心物理模拟驱油实验，考查烷基苯磺酸盐表面活性剂三元体系驱油性能。实验结果见表 4-2-2。结果表明，选择合适的体系段塞及注入方式，烷基苯磺酸盐表面活性剂三元体系可比水驱提高采收率 18 个百分点以上。

表 4-2-2　烷基苯磺酸盐三元复合体系天然岩心驱油实验结果

序号	气测渗透率 /mD	含油饱和度 /%	水驱采收率 /%	化学驱采收率 /%	总采收率 /%
1	898	73.0	46.8	20.3	67.1
2	843	71.7	44.2	21.6	65.8
3	827	72.6	48.3	18.7	67.0
4	791	69.9	41.3	20.1	61.4

注：注入方式为 0.3PV 三元主段塞（表面活性剂浓度 S =0.3%，碱浓度 A =1.2%，黏度 η =40mPa·s）+0.2PV 聚合物段塞（η =40mPa·s）。

2. 烷基苯磺酸盐表面活性剂性能改善

在前期烷基苯磺酸盐结构与性能关系研究的基础上，以 α- 烯烃为原料经烷基化、磺化、中和后得到了组成结构明确且界面性能优越的烷基苯磺酸盐表面活性剂产品，与强碱烷基苯磺酸盐表面活性剂工业产品复配，在改善强碱烷基苯磺酸盐表面活性剂产品界面性能的同时，还可以实现强碱烷基苯磺酸盐表面活性剂工业产品的弱碱化。

性能改善后的烷基苯磺酸盐表面活性剂界面张力性能评价结果如图 4-2-6 和图 4-2-7 所示。评价结果表明，改善后的烷基苯磺酸盐表面活性剂产品在表面活性剂浓度 0.05%～0.3%，碱浓度 0.3%～1.2% 范围内可与原油形成超低界面张力，具有较宽的超低界面张力范围。

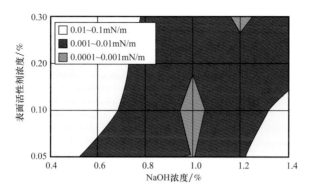

图 4-2-6　强碱烷基苯磺酸盐表面活性剂性能改善后界面活性图

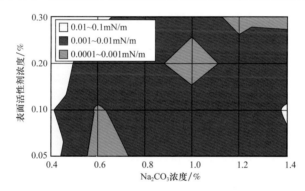

图 4-2-7　弱碱烷基苯磺酸盐表面活性剂界面活性图

性能改善后的烷基苯磺酸盐表面活性剂多次吸附实验结果如图 4-2-8 所示。实验结果表明，性能改善后的烷基苯磺酸盐表面活性剂产品经过油砂 7 次吸附后，仍可与原油形成超低界面张力，产品的抗色谱分离性能得到明显改善。

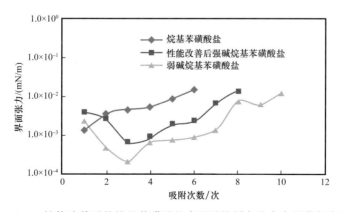

图 4-2-8　性能改善后的烷基苯磺酸盐表面活性剂产品多次吸附实验结果

贝雷岩心驱油实验结果见表4-2-3。实验表明，性能改善后的烷基苯磺酸盐表面活性剂产品具有较高的驱油效率，强碱烷基苯磺酸盐表面活性剂产品平均可比水驱提高采收率30.77个百分点，弱碱烷基苯磺酸盐表面活性剂产品平均可比水驱提高采收率29.24个百分点。

表4-2-3　烷基苯磺酸盐表面活性剂性能改善后贝雷岩心驱油实验结果

名称	气测渗透率 / mD	含油饱和度 / %	水驱采收率 / %	化学驱采收率 / %	总采收率 / %	化学驱平均采收率 / %
性能改善后的强碱活性剂产品	396	66.67	38.45	30.95	69.40	30.77
	330	67.84	36.52	31.46	67.98	
	348	68.50	37.87	29.90	67.77	
弱碱烷基苯磺酸盐	309	70.03	35.87	26.63	62.50	29.24
	316	70.00	38.44	30.56	69.00	
	317	70.85	36.53	30.53	67.06	

注：注入方式为0.3PV三元主段塞（表面活性剂浓度 $S=0.3\%$，碱浓度 $A=1.2\%$，黏度 $\eta=40\text{mPa}\cdot\text{s}$）+0.2PV聚合物段塞（$\eta=40\text{mPa}\cdot\text{s}$）。

第三节　三元复合驱体系性能评价方法

三元复合体系涉及碱、表面活性剂和聚合物等多种组分，作用机理复杂、影响因素众多。为了提高矿场试验的成功率，降低矿场实验工业推广的风险性，必须针对复合体系提出一套切实可行的、符合油田特征的性能评价方法。针对原有复合体系评价方法存在的部分指标尚未实现定量化等问题开展研究，完善和改进了复合体系界面张力、乳化、相态、稳定性和吸附性能等评价方法。

一、复合体系界面张力评价方法研究

原有复合体系界面张力评价方法主要是测量油水体系平衡界面张力值，即检测2h，平衡界面张力值 $IFT_{equ}<9.99\times10^{-3}\text{mN/m}$ 体系界面张力性能合格。通过研究复合体系平衡界面张力、动态界面张力与驱油效率关系，进一步优化复合体系界面张力评价方法。

1. 复合体系平衡界面张力与驱油效率关系

筛选了4种与原油配伍性不同的烷基苯磺酸盐表面活性剂，4种体系界面张力值非常稳定，基本不随时间变化。4种体系界面张力平衡值数量级不同，分别约为 $IFT_{equ}=1.0\times10^{-1}\text{mN/m}$，$IFT_{equ}=1.0\times10^{-2}\text{mN/m}$，$IFT_{equ}=1.0\times10^{-3}\text{mN/m}$ 和 $IFT_{equ}=1.0\times10^{-4}$ mN/m。4种体系界面张力随时间变化曲线如图4-3-1所示。

表4-3-1为4种体系界面张力特征和物理模拟实验基本参数及驱油效率结果表。平

衡界面张力数量级为 10^{-1}mN/m、10^{-2}mN/m、10^{-3}mN/m 和 10^{-4} mN/m 的 4 种体系，化学驱驱油效率比水驱驱油效率提高值分别为 14.62 个百分点、20.68 个百分点、22.44 个百分点和 24.45 个百分点；随着平衡界面张力数量级越低，驱油效率比水驱驱油效率提高值越高，但是随着平衡界面张力值的进一步降低，驱油效率增幅越小。

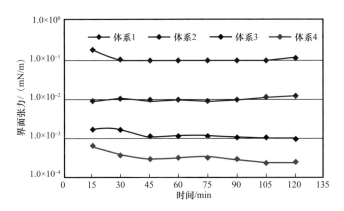

图 4-3-1　界面张力随时间变化特征曲线

表 4-3-1　不同数量级界面张力体系驱油效果实验结果表

体系编号	界面张力平衡值 / mN/m	水驱采收率 / %	化学驱驱油效率均值 / %	化学驱驱油效率增幅 / %
体系 1	1.03×10^{-1}	47.23	14.62	
体系 2	1.0×10^{-2}	46.39	20.68	6.06
体系 3	9.63×10^{-4}	46.72	24.45	3.77
体系 4	2.43×10^{-4}	46.65	26.27	1.82

2. 复合体系动态界面张力评价方法与驱油效率关系

复合体系油水界面张力值的普遍特征即为下降、降至最低值、回弹上升三个过程。油水界面张力随时间变化特征曲线近似呈 V 形，如图 4-3-2 所示。

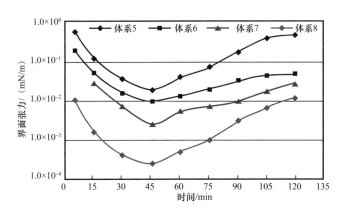

图 4-3-2　复合体系界面张力值随时间变化特征曲线

筛选4种体系进行界面张力驱油效率相关性研究，4种体系界面张力特征如图4-3-2所示。图中可见4种体系界面张力最低值具有不同数量级，分别为10^{-2}mN/m、10^{-3} mN/m和10^{-4} mN/m。复合体系动态界面张力特征近似，界面张力最低值到达时间均为45min。

4种体系对应的界面张力最低值特征和物理模拟实验基本参数及驱油效果见表4-3-2。

表4-3-2 界面张力最低值具有不同数量级体系驱油效果

体系编号	界面张力最低值 / mN/m	界面张力平衡值 / mN/m	水驱驱油效率均值 / %	化学驱驱油效率均值 / %
体系5	3.74×10^{-2}	4.11×10^{-1}	46.91	18.24
体系6	1.01×10^{-3}	4.70×10^{-2}	47.19	21.17
体系7	2.58×10^{-3}	2.87×10^{-2}	46.65	22.85
体系8	2.69×10^{-4}	1.21×10^{-2}	46.54	25.27

物理模拟实验数据表明，油水界面张力瞬时值随时间先降至超低又回弹至10^{-2}mN/m数量级体系（体系6界面张力最低值为4.70×10^{-2}mN/m，界面张力平衡值为1.01×10^{-2}mN/m，化学驱驱油效率均值为21.17%）也可取得较好驱油效果（$E > 20\%$）。

三元复合体系动态界面张力最低值越低，界面张力下降速度越快，超低界面张力作用时间越长，化学驱提高驱油效率越高。以上三个因素（界面张力最低值、界面张力下降速度及超低界面张力作用时间）通常相关联。

表面活性剂复合体系与原油配伍性越好，油水体系界面张力最低值越低、界面张力下降速度越快、超低界面张力作用时间越长，反之亦然。动态体系三因素具有一致性，三因素与驱油效率均具有相关性。

3. 复合体系界面张力评价方法优化

结合动态界面张力三因素（界面张力最低值、超低值作用时间、最低值到达时间）对驱油效率的影响程度及复合体系界面张力随时间变化特征曲线实际意义，确立了评价复合体系界面张力的综合指标：超低界面张力作用指数（S）。

$$S = \Delta IFT^{-1} \times \Delta t = \left(IFT^{-1}_{\text{最低}} - IFT^{-1}_{\text{基准}} \right) \Delta t \qquad (4-3-1)$$

式中　IFT——界面张力，mN/m；

　　　Δt——超低界面张力作用时间差值，s；

　　　$IFT_{\text{最低}}$——界面张力最低值，mN/m；

　　　$IFT_{\text{基准}}$——界面张力的基准值，mN/m。

注：超低界面张力以1.0×10^{-2}mN/m作为基准。

如图4-3-3所示，超低界面张力作用指数（S）在界面张力值随时间变化特征曲线中的意义为超低界面张力作用的范围，综合体现了动态界面张力三因素：界面张力最低值、超低界面张力作用时间及界面张力最低值出现的时机。超低界面张力作用指数的物理意义为复合体系界面张力特征曲线超低部分的面积，所以 $S>0$，即仅研究界面张力具有超低过程的复合体系。

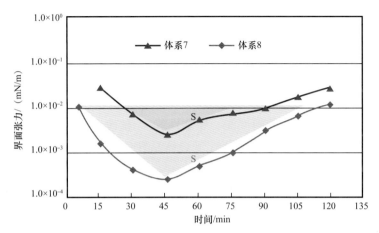

图 4-3-3　复合体系界面张力值随时间变化特征曲线

超低界面张力作用指数与驱油效率具有相关性，通过超低界面张力作用指数的数值化及相对应驱油效率的研究，得到了界面张力与驱油效率拟合曲线（图 4-3-4）。

拟合超低界面张力作用指数与驱油效率数据组，得到了拟合算式：

$$E=0.9772\ln S+13.241 \tag{4-3-2}$$

式（4-3-2）的相关系数 $R=0.9732$。可见，化学驱驱油效率与超低界面张力作用指数的对数呈线性关系。以化学驱驱油效率为指标，S 值越大，驱油效率越高。驱油效率与以化学驱驱油效率提高 20% 为标准，得到 $S>1000$ 体系合格。

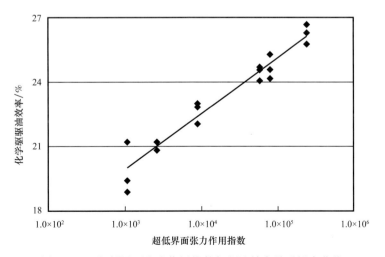

图 4-3-4　超低界面张力作用指数与驱油效率关系拟合曲线

二、复合体系乳化和相态评价方法研究

乳状液是多相分散体系，液体以液珠形式分散在与之不相溶的液体中。以小液珠存在的那一相为分散相（内相），另一相为分散介质或连续相（外相）。液珠与介质间存在很大相界面，体系的界面能很大，为热力学不稳定体系。乳状液形成的基本条件是油水互不相溶、有乳化剂存在及一定能量的混合强度。三元复合体系与原油的乳化能力对提高原油采收率程度至关重要。

1. 乳化能力与驱油效率相关性研究

在确定剂的类型、浓度和驱替方式等实验条件不变的情况下，排除其他影响驱油效率因素（如界面张力性能、抗吸附性能、稳定性等）。仅改变活性剂结构，实现复合体系乳化能力不同，开展物理模拟实验，研究复合体系乳化能力与驱油效率相关性，进行复合体系乳化性能评价。

依据实验方案配制三元复合体系乳状液，测定5种体系的水相含油率和油相含水率指标，开展物理模拟实验测定不同乳化程度体系驱油效率，实验结果见表4-3-3。

表4-3-3 复合体系乳化程度指标及相应驱油效率表

体系编号	水相含油率 /%	油相含水率 /%	化学驱驱油效率均值 /%
体系 1	0.0714	11.16	19.65
体系 2	0.156	14.5	21.35
体系 3	0.1843	20	23.3
体系 4	0.3256	27.11	25.51
体系 5	0.4224	35.06	27.85

根据实验数据可以看出，复合体系水相含油率、油相含水率与相应化学驱驱油效率关系为：乳化能力越强，油相含水率与水相含油率越高，驱油效率越高，驱油效率增幅越大，反之关系也成立。

体系1至体系5乳化能力逐渐增强，驱油效率也逐渐增大。但由于复合体系自身具备一定的乳化能力以体系1为基准，研究乳化程度不断加强，驱油效率增幅关系。体系乳化能力增幅与驱油效率增幅关系见表4-3-4。

表4-3-4 复合体系乳化程度指标增幅及相应驱油效率增幅表

体系编号	水相含油率 /%	油相含水率 /%	化学驱驱油效率增幅均值 /%
体系 1	—	—	—
体系 2	3.34	0.0846	1.70
体系 3	8.84	0.1129	3.65
体系 4	15.95	0.2542	5.86
体系 5	23.90	0.3510	8.20

驱油效率增幅随水相含油率增幅趋势增加，驱油效率增幅与水相含油率增幅关系近似呈幂指数关系上升。

2. 乳化能力与驱油效率关系定量研究

总结归纳复合体系驱油效率增幅、水相含油率增幅及油相含水率增幅数据组，根据增幅规律设计算式形式：

$$\Delta E = a\Delta X^{m}+ b\Delta Y^{n} \tag{4-3-3}$$

式中　ΔE——化学驱驱油效率增幅；

ΔX——乳状液水相含油率；

ΔY——乳状液油相含水率；

a，b——系数；

m，n——幂。

通过多元回归方法拟合实验数据，确立了算式的系数及幂。确立复合体系乳状液乳化能力（水相含油率增幅 ΔX 及油相含水率增幅 ΔY）与驱油效率增幅（ΔE）算式为：

$$\Delta E=1.09\Delta X^{0.69} +0.252\Delta Y^{1.0} \tag{4-3-4}$$

精度 $R=99.9\%$。

驱油效率增幅计算值与实验值对比见表 4-3-5。式（4-3-4）可变形得到：

$$\Delta E = 1.09\Delta X^{0.69} +0.252\Delta Y^{1.0} = \Delta E_{O/W} +\Delta E_{W/O} \tag{4-3-5}$$

$$\Delta E = \Delta E_{O/W} +\Delta E_{W/O} \tag{4-3-6}$$

表 4-3-5　驱油效率增幅拟合值与实验值对比表

实验编号	水相含油率增幅 /%	油相含水率增幅 /%	驱油效率增幅计算值 /%	驱油效率增幅实验值 /%
实验 2	0.0846	3.40	1.6834	1.70
实验 3	0.1129	8.84	3.2364	3.65
实验 4	0.2542	15.95	5.7854	5.85
实验 5	0.3510	23.90	8.2292	8.20

由于 ΔX 和 ΔY 均为比值，所以：$0\leq\Delta X\leq 1$，$0\leq\Delta Y\leq 1$，另外，由于 $m<n$，系数 $a>b$，根据幂函数的性质，可以看出相同变化程度时，$\Delta E_{O/W}>\Delta E_{W/O}$。如图 4-3-5 所示，相同横坐标时，$\Delta E_{O/W}>\Delta E_{W/O}$，说明水相含油率对驱油效率增幅贡献大。

定义了乳化对驱油效率的贡献程度，为乳化能力对驱油效率增幅所占总驱油效率的百分数。

$$\Delta E = 1.09\Delta X^{0.69} +0.252\Delta Y^{1.0} \tag{4-3-7}$$

$$贡献程度_{乳化} =\Delta E / （\Delta E+ E）\times 100\% \tag{4-3-8}$$

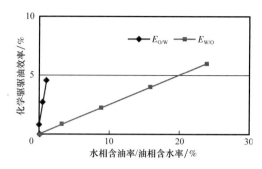

图 4-3-5　油相含水率驱油效率增幅与水相含油率驱油效率增幅图

筛选的 5 种体系乳化程度由低到高，按照 French 等提出的判断复合驱油体系配方筛选标准表，所选体系乳化等级为较典型的 5 级乳化。

表 4-3-6 中 5 种体系乳化能力分别为弱、较弱、中、较强、强，划分为 5 级，对驱油效率的贡献程度由低到高。乳化能力弱及较弱体系对驱油效率贡献程度小于 10%，乳化能力较强及强体系对驱油效率贡献程度大于 20%，乳化程度中级体系对驱油效率贡献程度介于 10%～20%。

表 4-3-6　复合驱油体系乳状液筛选配方

乳化等级	评价标准
1	乳化能力差
2	黑色乳状液
3	棕色乳状液；搅动后变为黑色
4	棕色乳状液
5	棕色乳状液；含有大于 90% 的原油

确立以乳化对驱油效率贡献程度为指标考察复合体系乳化性能。乳化能力越强，乳化对驱油效率贡献程度越大，但乳化程度过于剧烈不利于采出及后续水处理过程。选取乳化能力中等以上体系贡献程度值为下限基准，选取乳化能力最强体系贡献程度值为上限基准。即乳化对驱油效率贡献程度介于 20%～30%，体系乳化性能合格。

三、复合体系稳定性评价方法研究

三元复合体系稳定性对于三元复合驱具有重要的意义。复合体系稳定性包含两指标：复合体系界面张力稳定性、复合体系黏度稳定性。

以往复合体系黏度稳定性评价标准为：跟踪检测 90 天内复合体系黏度，黏度保留率 $R > 70\%$ 体系合格。未见跟踪检测时间及黏度保留率两指标确立的理论依据。

1. 复合体系稳定性跟踪评价时间的确立

采用数值模拟方法，模拟极小段塞注入、地层中运移至采出全过程，数值模拟实验条件见表 4-3-7，极小段塞地层运移时间为 3 个月。

表 4-3-7　复合体稳定性评价方法研究数值模拟实验条件

注入方式	水驱 0.4PV；ASP 驱 0.3PV；后续水驱至含水 98% 结束
注入速度 /（PV/a）	0.2（井距 125m）
模型	平面均质，纵向非均质，变异系数：0.72
表面活性剂类型	烷基苯磺酸盐（浓度 0.3%）
碱	NaOH（浓度 1.2%）
聚合物	2500 万聚丙烯酰胺（浓度 0.2%）
实验用油	大庆油田采油四厂联合站脱水原油

2. 室内配制复合体系黏度保留率数据统计

以数理统计方法研究复合体系黏度保留率（R）指标，统计了近年来室内配制体系及矿场送检体系，共计 100 样次。体系聚合物包括日本 Mo4000、法国 3630 及中国石油大庆炼化公司生产的不同厂家（国内外）、不同种类、不同批次的产品，样本具有一定的准确性、全面性。

90 天时多数体系黏度保留率接近 70%，总体均值接近指标。统计结果表明：黏度保留率 $R>90\%$ 或 $R<40\%$ 体系，出现频率最低均为 1%；黏度保留率为 60%～70% 体系，出现频率最高，为 39%。体系黏度保留率多集中出现在 60%～80%（图 4-3-6）。

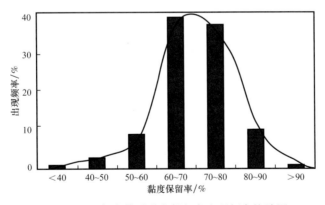

图 4-3-6　复合体系黏度保留率出现频率统计图

由图 4-3-6 可见，黏度保留率频率曲线近似呈钟形，两头低，中间高，左右对称。曲线具有集中性，曲线的高峰位于中央，即均数所在的位置。曲线以均数为中心，分别向左右两侧逐渐均匀下降。黏度保留率出现频率曲线近似为正态分布。

通过正态分布表，得到了黏度保留率曲线的均数值：

$$X \sim N（\mu，\sigma_2）$$

根据已知条件：

$$P\{X>90\%\}=1\%=0.01$$

$$P\{X\leqslant90\%\}=1\%=0.99$$

$$P\{X\leqslant90\%\}=P\{(X-\mu)/\sigma\leqslant(90-\mu)/\sigma\}=\Phi(90-\mu)/\sigma$$

查标准正态分布表：

$$(90-\mu)/\sigma=2.327 \qquad\qquad (4-3-9)$$

另外 $$P\{X<40\%\}=1\%=0.01$$

$$P\{X<40\%\}=P\{(X-\mu)/\sigma\leqslant(\mu-40)/\sigma\}=\Phi(40-\mu)/\sigma$$

$$\Phi(40-\mu)/\sigma=0.01$$

$$\Phi(\mu-40)/\sigma=0.99$$

查标准正态分布表：

$$(\mu-40)/\sigma=2.327 \qquad\qquad (4-3-10)$$

联立式（4-3-9）和式（4-3-10），解出：

$$\mu=69.57\%$$

$$\sigma=8.47\%$$

所以：

$$X\sim N(69.57\%,\ 8.47\%^2)$$

由于正态分布曲线具有以下四点性质：

（1）当 $x<\mu$ 时，分布曲线上升；当 $x>\mu$ 时，分布曲线下降。当曲线向左右两边无限延伸时，以 x 轴为渐近线。

（2）正态曲线关于直线 $x=\mu$ 对称。

（3）σ 越大，正态曲线越扁平；σ 越小，正态曲线越尖陡。

（4）曲线服从 3σ 原则。

其中，3σ 原则：

$$P(\mu-\sigma<X\leqslant\mu+\sigma)=68.3\%$$

$$P(\mu-2\sigma<X\leqslant\mu+2\sigma)=95.4\%$$

$$P(\mu-3\sigma<X\leqslant\mu+3\sigma)=99.7\%$$

3σ 原则是检验数据分布是否服从正态性的重要手段。对复合体系黏度稳定性数据根据 3σ 原则进行了检验，数据正态性见表 4-3-8。

表 4-3-8 可见，复合体系黏度稳定性数据符合 3σ 原则。这样，抽样检测的这批样品黏度稳定性保留率均数即为 69.57%，将正态分布均数值作为依据，确立黏度稳定性保留率约为 70% 体系合格。

表 4-3-8　数据正态性检验

置信区间	曲线下实际面积积分值 /%	曲线下标准面积积分值 /%
$\mu \pm \sigma$（61.1%，78.0%）	＞76.0	＞68.3
$\mu \pm 2\sigma$（52.6%，86.5%）	＞95.0	＞95.0
$\mu \pm 3\sigma$（44.2%，95.0%）	＞99.0	＞99.0

因此，建立复合体系稳定性检测方法如下：

实验条件，厌氧、密封，45℃静置储存，跟踪评价时间 90 天。

90 天内黏度保留率 $R > 70\%$；90 天内超低界面张力作用指数 $S > 1000$。

四、复合体系吸附性能评价方法研究

复合驱油过程中化学剂的吸附损耗是影响驱油过程成败的重要性能。复合体系驱油效果的好坏，不仅与体系自身驱油技术指标有关，而且另一重要影响因素即为体系在地层孔隙、油砂、岩心表面吸附损失。吸附损失大小直接影响其驱油效率和驱油成本。如果化学剂在油层岩石上吸附过快，吸附量过大，导致精心筛选的驱油体系由于浓度降低、组分损失过快而失败。

实际驱油过程中，化学剂的吸附情况非常复杂。基本规律为分子量越大组分抗吸附能力越差。本节介绍了复合体系多次吸附后基本性质及驱油效率损失情况，建立了复合体系吸附性能评价指标。

1. 多次吸附后复合体系性能变化情况

通过滴定方法检测了多次吸附后二元体系和三元体系化学剂的含量，见表 4-3-9。

表 4-3-9　多次吸附后复合体系表面活性剂和碱浓度变化情况

吸附次数	三元体系		二元体系	
	表面活性剂浓度 /%	碱浓度 /%	表面活性剂浓度 /%	碱浓度 /%
0	0.2788	1.1	0.2788	1.18
1	0.201	1.02	0.1581	1.03
2	0.17	1	0.1122	0.97
3	0.1428	1	0.0986	0.99
4	0.1156	0.93	0.068	0.89
5	0.0646	0.92	0.0476	0.76
6	0.0408	0.78	0.0357	0.65
7	0.0255	0.71	0.0255	0.56

二元体系和三元体系多次吸附后化学剂相对浓度。三元体系化学剂抗吸附能力强于二元体系，碱的吸附损失小于表面活性剂。由于三元体系含有聚合物，参与了竞争吸附，

起到了牺牲剂作用，故三元体系抗吸附能力优于二元体系。吸附实验采用三元体系作为目的液。

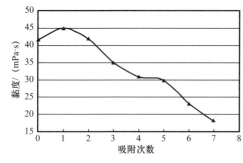

图 4-3-7　复合体系黏度随吸附次数变化情况

由于吸附后体系活性剂组分发生变化，按照吸附后滴定浓度配制三元体系界面张力值与吸附后相差较大，相同浓度下，吸附后体系界面张力性能变差。

检测了多次吸附体系黏度变化情况，如图 4-3-7 所示。由于聚合物水解特性，黏度值在吸附 1 次（即 1 天）后，有较小程度回弹。复合体系黏度随吸附变化的总体规律是随吸附次数增多，黏度性能变差。

2. 多次吸附后复合体系物理模拟实验

多次吸附后复合体系相对应驱油效率及多次吸附后驱油效率变化程度（比原液体系驱油效率）数据见表 4-3-10。

表 4-3-10　多次吸附后体系对应驱油效率及驱油效率降幅表

吸附次数	驱油效率（吸附后）/ %	驱油效率变化程度（多次比零次）/%
0	24.9	100.00
1	24.7	99.20
2	25.2	101.20
3	23.5	94.38
4	20.4	81.93
5	17.7	71.08
6	16.1	64.66
7	14.1	56.63

由表 4-3-10 可见，吸附次数越大体系化学驱驱油效率越低，体系性能变差，即随着吸附次数增加，体系抗吸附能力变差。吸附 2 次后驱油效率下降趋势明显。

吸附 2 次前，体系驱油效率变化程度较小，驱油效率变化程度随吸附次数变化趋势近似平台。驱油效率随吸附次数变化程度较小（平台）表明体系抗吸附性能较强。吸附 2 次后，驱油效率变化程度随吸附次数呈线性下降趋势时，驱油效率损失较大，体系抗吸附性能较差。

体系驱油效率随吸附次数变化规律分为两个阶段：平台阶段和线性下降阶段。表 4-3-11 为多次吸附驱油效率比前次驱油效率变化程度数据。

由表 4-3-11 可见，复合体系多次吸附后驱油效率逐渐变差，吸附 2 次后趋势明显。吸附 2 次内，驱油效率变化程度约为 2.02%。

表 4-3-11　多次吸附后体系对应驱油效率及驱油效率降幅表

吸附次数	驱油效率（吸附后）/%	驱油效率变化程度（后次比前次）/%
0	24.9	—
1	24.7	0.803
2	25.2	2.02
3	23.5	6.75
4	20.4	13.19
5	17.7	13.24
6	16.1	9.04
7	14.1	12.42

3. 复合体系吸附方法优化

以往大量矿场（大庆油田采油一厂至采油六厂）岩心取样、粉碎、送检、化验表明：80～120 目油砂与大庆油田实际地层粒径大小及平均粒径分布最为近似。

驱油效率随吸附次数变化程度较小（平台阶段）表明体系抗吸附性能较强。平台阶段对应实验吸附次数为 2 次。

吸附 2 次过后，检测界面张力最低值、超低界面张力作用时间，计算体系超低界面张力范围指数（S），及吸附过后复合体系乳化性能指标：水相含油率增幅（ΔX）、油相含水率增幅（ΔY），代入算式：

$$E = 0.9772\ln S + 13.241 \tag{4-3-11}$$

$$\Delta E = 1.09\Delta X^{0.69} + 0.252\Delta Y^{1.0} \tag{4-3-12}$$

无须进行物理模拟实验，仅将界面张力性能贡献驱油效率（$E_{界面张力}$）及乳化能力贡献的驱油效率增幅（$\Delta E_{乳化张力}$）代入式（4-3-12），计算得到吸附前后的驱油效率（$E_{吸附}$）：

$$E_{吸附} = E_{界面张力} + \Delta E_{乳化张力} \tag{4-3-13}$$

吸附前后驱油效率代入式（4-3-13），某体系如果吸附 2 次内驱油效率损失程度（$\Delta E_{吸附}$）基本不变，体系吸附性能合格。

$$\Delta E_{吸附} = E_{吸附前} - E_{吸附后} / E_{吸附前} \tag{4-3-14}$$

第四节　三元复合驱驱油方案优化设计技术

三元复合驱油技术在大庆油田的现场试验和推广应用取得了较好的开发效果，但区块间提高采收率差别较大，造成这一差别的影响因素较多。在深入研究影响提高采收率效果因素的基础上，通过对注入方式及注入参数优化，最大幅度地降低不利影响，充分发挥三元复合驱提高驱油效率和扩大波及体积的效能，以取得最大幅度的提高采收率效果。

三元复合驱现场应用结果表明，注入方式及注入参数对三元复合驱开发效果至关重要。大庆油田通过室内研究和现场应用，逐渐形成了"前置聚合物段塞＋三元主段塞＋三元副段塞＋后续聚合物保护段塞"的四段塞注入方式，指导编制现场试验注入方案，取得了较好效果。在此基础上进一步优化，建立了段塞大小的个性化设计方法，并根据现场动态特征进行调整，为实现注入方案个性化设计、保证复合驱提高采收率效果奠定了基础。

一、段塞注入方式优化

采用"前置聚合物段塞＋三元主段塞＋三元副段塞＋后续聚合物保护段塞"的段塞组合方式，细致优化各段塞的化学剂浓度及注入体积，能在降低化学剂成本的同时提高三元复合驱开发效果。

1. 前置聚合物段塞

前置聚合物段塞作用：一是起到调剖作用，降低油层非均质性的影响，扩大波及体积；二是减少三元主段塞中的化学剂损耗，提高三元体系前缘的驱油效果。

数值模拟研究表明，随着前置聚合物段塞注入体积增大，提高采收率值也相应增加，当前置段塞增加到 0.04PV 以后，采收率的增幅减缓；大于 0.06PV 以后，提高采收率效果不明显。因此，确定前置聚合物段塞大小的合理范围为 0.04PV～0.06PV。

2. 三元主段塞

三元主段塞是有效控制流度、降低油水界面张力，形成乳化的主体，对提高驱油效率的影响极大。三元主段塞的大小和化学剂浓度是复合驱注入方案设计的重点内容。

数值模拟优化结果表明，随着碱浓度增加，化学驱提高采收率幅度增大。碱浓度（质量分数）为 1.2% 时，化学驱提高采收率达到最大值，碱浓度继续增大，化学驱提高采收率值呈下降趋势。综合考虑技术、经济效果，建议三元主段塞中的碱浓度为 1.2%（图 4-4-1）。固定碱浓度，改变表面活性剂浓度，表面活性剂浓度（质量分数）在达到 0.3% 之前，采收率的升幅较大，达到 0.3% 以后，提高采收率趋于平缓，因此，确定三元主段塞中的表面活性剂浓度为 0.3%（图 4-4-2）。

物理模拟驱油实验和数值模拟计算结果表明，随着三元主段塞增大，复合驱提高采收率的幅度增大。在 0.3PV 以前，采收率增幅明显，大于 0.3PV 以后，增幅逐渐减缓。增大三元主段塞的注入量将使化学剂的成本增加，因此结合技术经济效果，确定三元主段塞大小的合理范围为 0.3PV～0.35PV。

3. 三元副段塞

三元副段塞中，随着碱浓度增加，复合驱提高采收率幅度增大；碱浓度在 1.0% 时提高采收率最大；碱浓度继续增大，提高采收率值下降。随着表面活性剂浓度增加，复合驱提高采收率幅度增大；表面活性剂浓度大于 0.1% 以后，采收率增幅不明显。因此，确定三元副段塞的表面活性剂浓度为 0.1%。

物理模拟驱油实验和数值模拟优化结果表明，随着三元副段塞注入体积增大，提高采收率效果明显。三元副段塞注入量大于 0.15PV 之后，提高采收率效果幅度逐渐减小（图 4-4-3 和图 4-4-4）。因此，设计三元副段塞的大小范围为 0.15PV～0.2PV。

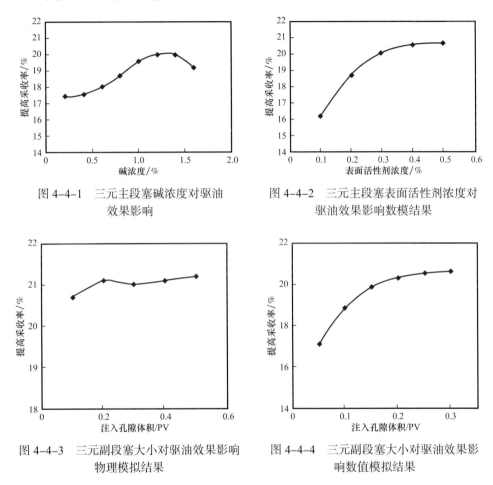

图 4-4-1　三元主段塞碱浓度对驱油
效果影响

图 4-4-2　三元主段塞表面活性剂浓度对
驱油效果影响数模结果

图 4-4-3　三元副段塞大小对驱油效果影响
物理模拟结果

图 4-4-4　三元副段塞大小对驱油效
响数值模拟结果

4. 后续聚合物段塞

后续聚合物段塞可以有效防止后续注入水引起突破，起到保护的作用。数值模拟计算结果表明，随着后续聚合物段塞注入体积增大，复合驱提高采收率幅度增大，在 0.2PV 前，采收率提高值升幅较大，继续增加段塞，采收率升幅变小。因此确定后置聚合物段塞大小为 0.2PV。

二、段塞大小个性化设计

随着三元复合驱应用规模的不断扩大，不同区块的油层性质差异明显，三元段塞大小需要进行精细优化，使三元复合驱达到最佳技术经济效果。采用数模结合经济计算等方法，开展了三元复合驱各段塞大小个性化设计研究。

1. 层间非均质条件下三元段塞大小优化

数值模拟条件为：井距125m，4注9采，三层非均质油层，平均渗透率450mD。根据数值模拟计算结果，单纯从提高采收率效果来看，仍是三元段塞注入量越大越好；但如果以经济效益为限制，则存在不同的最佳注入量。以级差2时的情况为例，在注入三元主段塞0.4PV时转为三元副段塞，提高采收率变化幅度较小，但单位化学剂所产的油量开始降低，即投入高、产出低，经济上不合理，所以应该及时在0.4PV时转注三元副段塞，减少化学剂用量，提高经济效益。

与ⅡA类油层相比，ⅡB类油层渗透率低，平面控制程度相对变差，导致相同注入体积条件下，提高采收率效果低于ⅡA类油层，经济效益变差，因此应适当减小段塞注入量。

2. 层内非均质条件下段塞大小

采用数值模拟计算结合经济效益分析方法，进一步细致优化ⅡA类油层典型层内非均质条件下三元主段塞和三元副段塞的大小范围。

ⅡA类层内级差为2的条件下，在所设计的油层特征条件下，三元主段塞的合理大小为0.34PV，三元副段塞为0.18PV，可使经济效果达到最佳（图4-4-5和图4-4-6）。

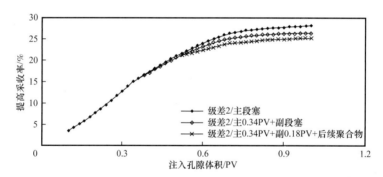

图4-4-5　ⅡA类油层层内级差为2时三元段塞大小数值模拟计算结果

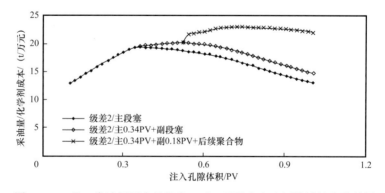

图4-4-6　ⅡA类油层层内级差为2时三元段塞大小经济计算优化结果

3. 三元主段塞转注三元副段塞时机的设计方法

现场试验结果表明，三元复合驱试验区含水变化受多种因素影响，包括储层非均质性、控制程度、初始含水和注入体系性能等。为了更充分地实现注入方案的个性化设计，针对试验区的含水动态变化特征和累计产投比，建立了三元段塞转注时机设计方法。

转注原则：三元主段塞应注到含水最低点以后，且含水回升速度越慢，转注副段塞时机越晚，当产投比（只考虑化学剂成本）达到最高时，适时转注副段塞。

针对北一断东区实际含水和累计产投比计算合理转注时机。从计算结果可以看出，按照建立的三元主段塞转注副段塞时机设计方法，北一断东区块应注入主段塞 0.336PV，可相对节约化学剂费用 2172.42 万元。

通过以上研究，初步形成三元复合驱注入方案的个性化设计方法，可为保证三元复合驱技术经济效果提供有力支持。

第五节　三元复合驱动态变化规律与跟踪调整技术

三元复合驱注入和驱替是伴有物化作用的多组分、多相态复杂体系流动和渗流过程，理论和工程技术更为复杂。从三元复合驱矿场试验来看，三元复合驱在开采过程中扩大波及体积与提高驱油效率的作用显著，但是由于油藏条件、方案设计和跟踪管理的不同，各区块与单井间含水率、压力、注采能力和采出化学剂浓度等动态变化特征存在一定的差异，同时也对开发效果产生了一定的影响。实践表明，综合措施调整是改善复合驱注采能力、提高动用程度和促进含水率下降的有效手段。可以保证复合驱动态趋势保持在合理的范围，但措施调整的类型、时机、选井选层的原则和界限直接影响措施调整的效果。因此，对于三元复合驱动态开采规律的深入研究（程杰成等，2004），制订合理综合措施调整方法，建立合理评价方法，是保证三元复合驱开发效果的关键。

一、三元复合驱阶段划分与动态变化特征

根据三元复合驱特有的段塞组合及注入过程中动态表现的明显阶段性，李洁等（2015）将三元复合驱全过程划分为 5 个阶段：前置聚合物段塞阶段（简称前聚）、三元复合体系主段塞（简称三元主段塞）前期、三元复合体系主段塞后期、三元复合体系副段塞（简称三元副段塞）阶段、保护段塞＋后续水驱阶段（图 4-5-1）。

1. 前置聚合物段塞阶段

注入聚合物溶液后，聚合物分子在油层中的滞留使阻力系数增大，注入压力快速上升，注采能力和产液量快速下降。前置段塞结束时压力上升 3MPa 左右，视吸水指数下降 40% 左右，产液指数下降 20%～40%，产液量下降 20%～30%。此阶段为注入剖面调整阶段，剖面动用程度都有明显提高。

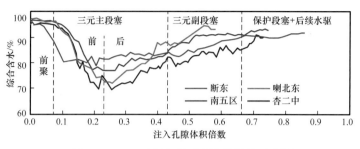

图 4-5-1　三元复合驱开采阶段划分示意图

2. 三元复合体系主段塞前期

三元复合体系主段塞前期注入剖面继续调整，"油墙"逐步形成并达到采出端。动态特征上表现为：注入压力缓慢上升，直至达到压力上限后稳定，视吸水指数缓慢下降；采油井大面积受效，含水率快速下降，直至最低点，产液指数下降速度较前置聚合物段塞变缓，含水率降至最低点时采油井出现乳化。

3. 三元复合体系主段塞后期

该阶段的动态特征主要表现为：注入压力、视吸水指数基本稳定，产液指数缓慢下降至稳定，注采困难井增多；含水率开始回升；化学剂开始突破，直至接近高峰；由于 OH^- 与 HCO_3^- 反应，HCO_3^- 浓度下降，CO_3^{2-} 浓度上升，并与 Ca^{2+} 和 Mg^{2+} 反应生产沉淀，采出端开始结垢。随着 pH 值升高，CO_3^{2-} 浓度不断上升，与 Ca^{2+} 和 Mg^{2+} 反应，并不断消耗 Ca^{2+} 和 Mg^{2+}，使之浓度降低。同时硅离子浓度逐渐升高，生成硅垢与碳酸盐垢混合垢。采油井自含水率进入低值期后开始出现乳化，乳化程度与水驱剩余油多少有关。在此期间随含水率升高，乳化类型由 W/O 型向 O/W 型转变，含水率高于 80% 后不出现乳化。

4. 三元复合体系副段塞阶段

三元复合体系副段塞阶段注入压力在高值稳定，视吸水指数和产液指数在低值稳定，含水率继续回升；化学剂全面突破，在高值保持稳定；硅离子浓度上升，pH 值上升，采出端结垢严重。

5. 保护段塞 + 后续水驱阶段

保护段塞 + 后续水驱阶段含水率缓慢回升；采聚浓度在高值稳定后降低，采表、采碱浓度降低；结垢减轻，因结垢作业井数降低，检泵周期明显增加。

二、三元复合驱跟踪调整技术与技术界限

三元复合驱开采过程具有一定的阶段性，相同阶段具有相似的动态特点。根据三元复合驱矿场动态反应情况，结合三元复合驱方案设计，分析不同阶段面临的问题，制订针对性的调整措施和方法，是保证三元复合驱取得好的开发效果的关键（钟连彬，2015）。

1. 三元复合驱分阶段跟踪调整模式

针对不同阶段的动态特点和存在问题，制订相应的调整措施，建立了全过程跟踪调整模式。针对前置聚合物段塞阶段注入压力不均衡，剖面动用差异大的问题，以"调整压力平衡、调整注采平衡"为原则，实施调剖、分注、优化注入参数等措施；针对三元复合驱体系主段塞前期部分井注采能力下降幅度过大、见效不同步的问题，以及三元复合驱体系主段塞后期部分井注采困难、化学剂开始突破的问题，以"提高动用程度、提高注采能力"为目标，实施分注、注入参数调整、注入井压裂、采油井压裂等措施；针对三元复合驱体系副段塞注入阶段和后续聚合物保护段塞阶段含水回升、化学剂低效循环、注采能力低等问题，以"控制无效循环、控制含水回升"为原则，注入井实施方案调整、解堵、压裂，采油井实施堵水、压裂、压堵结合等措施（表4-5-1）。跟踪调整措施的实施保持了全过程较高的注采能力和较长的低含水稳定期，保证了示范区的开发效果（么世椿等，2013）。

表4-5-1　三元复合驱分阶段存在问题及调整措施表

阶段	存在主要问题	调整措施
前置聚合物段塞阶段	（1）油层渗透率级差大； （2）存在高渗透带； （3）注入压力不均衡； （4）油层动用差异大	（1）个性化匹配聚合物分子量； （2）个性化设计注入参数； （3）深度调剖； （4）分层注入
三元复合驱体系主段塞前期	（1）注采能力大幅度下降； （2）出现注采困难井； （3）受效不均衡	（1）注入井压裂、解堵； （2）注入参数调整； （3）分层注入
三元复合驱体系主段塞后期	（1）部分井注采困难； （2）部分井含水回升； （3）部分井化学剂突破	（1）注入井压裂、采油井压裂； （2）注入参数调整； （3）深度调剖
三元复合驱体系副段塞阶段	（1）含水回升井增多； （2）化学剂低效循环； （3）注采能力低	（1）注入参数调整； （2）交替注入； （3）采出井堵水、选择性压裂
聚合物保护段塞+后续水驱阶段	（1）注入压力高； （2）高含水井多	（1）注入参数调整、注入井解堵； （2）采油井高含水治理

2. 三元复合驱合理措施时机数值模拟研究

1）调剖时机

建立不同非均质程度的三层非均质模型，渗透率变异系数（V_k）分别为0.5，0.65和0.8，水驱至含水94%时开始化学驱，模拟不同非均质条件下，调剖时机对开发效果的影响。结果表明，调剖越早效果越好，在注入0.1倍孔隙体积以内调剖对开采效果影响最大，提高采收率可比不调剖增加3个百分点左右。

2）分层注入时机

无论是水驱、聚合物驱还是三元复合驱，分层注入都可有效提高油层动用程度，改善开发效果。渗透率级差越大，分层注入对开采效果的影响也越大。不论多大级差，都是分注越早效果越好，级差越大越应及早分层注入。渗透率级差为 3 时，在三元复合体系主段塞结束前分层注入，对效果影响不大；渗透率级差为 5 时，在受效高峰以前分层注入，对效果影响不大；渗透率级差达到 15 时，需要在三元复合体系主段塞注入以前即前置聚合物段塞期间分层注入。

3）压裂时机

压裂在三元复合驱过程中起着至关重要的作用，三元复合体系主段塞前期和后期及副段塞注入阶段均不同程度地采取了压裂措施。注入井压裂增注，采油井压裂提液增产。根据数值模拟结果，注入井压裂的最有利时机是在受效高峰时的低含水率时期（注入孔隙体积倍数 0.3 倍左右）及以前压裂效果最佳。

采油井压裂应该选择在受效高峰时的低含水率时期以及其后进行压裂效果最好。数值模拟结果同样证明，含水率进入低值期后时压裂效果较好，在化学体系注入 0.3 倍孔隙体积左右时，压裂对提高采收率的影响最大。

3. 各项措施实施效果

工业性三元复合驱试验区在开采过程中，根据各个开发阶段的动态特点，及时实施了相应的跟踪调整。在前置聚合物段塞阶段，根据纵向和平面矛盾突出，井间压力不均衡的特点，进行高浓度调剖和分层注入调整。在三元复合体系主段塞注入前期，含水率大幅度下降，同时注采能力也下降幅度大，出现部分注采困难井，井间注入压力和见效差异较大，进行注入井压裂、解堵，采油井压裂提液和注采参数调整。三元复合体系主段塞注入后期，出现剖面返转，部分井含水率回升，开始化学剂突破，进行分层注入、深度调剖和采出井压裂调整。副段塞阶段，含水率回升井增多，化学剂低效无效循环，注采能力低，进行采出井封堵、选择性压裂、堵压结合、注入参数调整等措施。及时的跟踪调整延长了低含水稳定期，有效地改善了试验区的开发效果（赵长久等，2006；于水，2016）。

（1）规模分注，油层吸入厚度比例进一步提高。

针对射孔井段长、开采层数多、层间渗透率级差大的注入井，依据数值模拟确定的不同韵律性油层分层注入的技术界限，另外，数值模拟结果表明，注入井分层越早，开发效果越好，级差越大影响越大。按照注剂初期将性质相近的油层进行组合，纵向上对应成段，平面上集中成片，实施规模分注的方式，按照注剂初期萨Ⅱ和萨Ⅲ油层单卡的一级两段分注方式，注剂后结合油层动态变化特征进一步实施细分的思路，以"85557"为目标，通过加大注入井分层注入、细分调整及重组措施力度，使区块最终分注率达到 80% 以上，层段内小层数控制到 5 个以内，层段有效厚度小于 5.0 m，渗透率级差小于 5，将中低渗透层吸入厚度比例提高到 70% 以上。

（2）适时调剖，注剂利用率进一步提高。

针对油层非均质性强、突进严重、方案调整难以控制低效无效循环的注入井，在三元驱全过程适时进行深度调剖。二类油层三元驱已累计实施深度调剖146口，明确了不同开发阶段调剖目的。空白水驱调剖，调堵高水淹高渗透层、改善剖面；注剂中期调剖，控制化学剂突破、抑制剖面反转；化学驱后期调剖，调堵大孔道、减缓含水回升速度。

总结并完善了三元驱深度调剖的选井原则。注剂初期调剖：一是以正韵律油层为主，底部水淹程度高，高水淹厚度比例50%以上；二是井组油层连通性好，河道砂一类连通率大于60%；三是启动压力和注入压力均低于区块水平10%；四是视吸水指数高于区块水平10%；五是吸入剖面不均匀，强吸入层段相对吸入量50%以上；六是产液强度高于区块水平10%；七是井组综合含水高于区块2个百分点或井组内差异5个百分点以上。选井原则：一是单层厚度大于3m；二是单层渗透率高于区块20%；三是单层高水淹厚度比例55%以上；四是河道砂连通方向2个以上；五是强吸入层段相对吸入量50%以上；六是强吸入层段吸入强度是区块1.5倍以上；七是含水饱和度大于55%；同时，个性化设计调剖体系，单井调剖剂用量，注入压力界限。不同注剂阶段深度调剖均取得了较好的效果。

（3）加大提液，剩余油进一步挖掘。

量化压裂效果敏感参数，建立采油井压裂技术界限，按照"优化时机、优化井层、优化方式"的原则，加大油井压裂提液，提高区块开发效果。根据化学驱渗流规律优化压裂时机，注剂初期，由于高渗透层阻力仍相对较小，复合驱驱溶液主要沿着高渗透层推进，此时实施压裂，会破坏整体段塞的形成，不利采油井受效；随着聚合物在高渗透层的吸附滞留，当高渗透层阻力变化率大于低渗透层时，复合驱溶液更多地进入低透渗层，剖面得到明显改善，开始见到注剂效果。当区块进入含水下降期，可适当对部分平面相变大、产液降幅大井实施压裂，以促进采油井受效。随着油墙的形成，区块进入低含水稳定期，产液降幅达到最大，此时可通过大规模压裂提液，释放地层能量，提高注剂效果；当低渗透层阻力大于高渗透层时，复合驱溶液开始更多地流向高渗透层，剖面开始返转，采油井含水开始回升，此时为了控制含水回升速度，会控制高渗透层的注入量，提高低渗透层的注入强度。因此可以对应压裂薄差层，进一步挖掘剩余油潜力。

（4）及时方案跟踪调整，促进均衡见效。

按照"前置段塞形成整体段塞，主段塞前期均匀推进，主段塞后期阶段控制突破"的思路，坚持"周跟踪、月调整"，根据不同阶段注入井压力变化及采油井见效情况，结合油层发育特点、化学驱控制程度和剩余油分布状况，对注入浓度和强度，进行最小尺度个性化设计。注剂以来，共实施方案调整619井次，有力地保证了三元驱开发效果。空白水驱将地层压力保持在原始地层压力附近，注入压力6.4MPa，为注聚预留了5.7MPa的压力空间；注剂后区块注入压力上升4.8MPa，主段塞后期注入压力稳定在11.0MPa左右，副段塞阶段区块注入压力10.9MPa，较注剂前上升4.5MPa，区块92.1%井的注入压力集中在10MPa以上；区块见效井数比例达到100%，副段塞阶段提高采收率分别为18.83个百分点，提高采收率较数值模拟高3.53个百分点。

三、三元复合驱开发效果评价方法

油田开发效果评价贯穿着油田整个开发历程，开展三元复合驱开发效果评价方法研究的目的在于确定一套完整而科学的油田三元复合驱开发效果评价指标体系和评价方法，以便及时有效地对油田三元复合驱开发效果和挖潜措施效果做出客观、科学的综合性评价，在此基础上提出进一步的挖潜措施，达到高效合理开发油田的目的（付雪松等，2013）。

1. 三元复合驱技术效果评价方法

1）数值模拟方法

油藏数值模拟方法的主要原理是运用偏微分方程组描述油藏开采状态，通过计算机数值求解得到开发指标变化。这种方法不仅机理明确，而且是最方便、最节约运行成本的一种方法，既可通过模拟不同地质状态来评价开发效果，也可根据油田开发实际中的问题设计模拟状态，然后评价开发效果。

2）特征点预测法

根据油藏实际地质和开发状况，明确影响指标变化动态和静态因素，实现动态和静态因素对指标变化影响特征评价，建立起基于注采平衡、矿场产液量变化统计规律以及阻力系数与渗透率、黏度比关系的产液量预测模型，还有基于6个含水变化关键点图版、贝塞尔函数差值的含水预测模型，最终实现开发效果的预测和评价。将理论（标准）曲线与实际的生产曲线进行对比，根据两者之间偏离情况来进行评价。

2. 三元复合驱经济效益评价方法

目前国际石油公司还没有推广三元复合驱技术，相应的经济评价研究也少见。在进行三元复合驱项目经济评价时，采用的是通用的评价方式。国内的复合驱项目经济评价方法为规范的现金流量动态经济评价方法。评价方法包括有无对比法和增量评价法两种方法。但是在经济评价实施阶段，多数评价没有区分阶段产出和增量产出，没有对化学驱进行过全过程的经济效益论证。而且三元复合驱以其技术效果、油层条件、管理规范等多方面的不确定性，导致仅采用常规经济评价方法无法准确评价复合驱项目的经济效益。

为了实现合理开发，获得最佳的经济效益，还有待于对三元复合驱潜力区块进行优选，对比水驱、聚合物驱和三元复合驱开发效益的差别，确定水驱转注化学驱的经济开发时机，完善三种驱替方式的经济评价模式。

通过分析已投产三元复合驱区块经济评价参数变化规律，确定经济评价参数的变化特点和影响因素，建立三元复合驱经济评价参数及预测方法；其次根据三元复合驱区块的经济效益状况和变化特点，建立三元复合驱经济效益评价方法及模型。

通过研究分析，建立了两种三元复合驱操作成本预测方法：一是应用统计分析方法，以开发指标为相关因素建立多因素分阶段操作成本预测方法。该方法在初选基础上采用统计分析法进行关联度排序，综合分析去除低相关指标和复相关指标，形成分阶段操作成本预测公式，该方法用于把握全过程不同阶段的成本趋势和研究规律特点。二是依托常规预测方法，以成本项目为因素建立类比修正三元复合驱操作成本预测方法。常规方法采用全厂平均成本定额（成本费用单耗），得出的预测成本与实际相差大，但变化规律接近，主要原因是区块主要成本定额高于全厂平均，该方法应用最小距离法确定出各成本定额的修正系数，建立类比修正预测方法，适用于有成本定额参考的新投注化学剂区块全过程成本预测（方艳君等，2016）。

第六节　三元复合驱采油工艺技术

三元复合驱驱油过程中，采出系统有严重结垢和卡泵现象。为解决油井因垢无法长期连续生产的难题，经多年攻关，形成了以结垢预测、物理防垢、化学防垢、化学清垢为核心的4项配套技术。"十三五"通过示范工程攻关，完善应用复合驱防垢举升配套技术，三元复合驱机采井检泵周期进一步延长，强碱三元复合驱平均检泵周期458天，弱碱平均检泵周期552天，分别延长了67天和104天。本章将重点介绍三元复合驱结垢机理、矿场结垢规律、油井结垢预测方法、清防垢技术及工艺、物理防垢举升工艺、机采井管理制度。

一、三元复合驱油井结垢预测技术

矿场中油井结垢现象可通过井下作业措施直接观察到，但对未作业时是否结垢、结垢部位如何尚无可靠的实验数据作为分析、判断的依据；另外，油田结垢的规律研究是油田防垢中很重要的一个环节。如果能准确分析结垢规律，就能有针对性地采取防治措施，避免或减少结垢对生产造成的危害。

1. 三元复合驱油井结垢规律研究

通过化学和物理分析方法了解注采系统垢质组成及垢质变化规律，得出三元复合驱矿场结垢规律特征。

1）三元复合驱油井垢质成分分析

（1）分析方法及仪器。

① 有机含量测定。采用溶剂法，即使用有机溶剂浸泡矿场垢样，称量浸泡前后垢样的重量，计算有机物的质量含量。

② 垢的微观状态表征。三元复合驱结垢样品除去原油等有机物后，对样品的微观状态进行表征，主要分析方法如下：

a. 扫描电子显微镜（SEM）形貌分析，确定样品的主要存在形态；

b. 微区 AES 元素能谱分析，确定结垢样品中元素分布；

c. 表面光电子能谱分析（XPS），确定样品元素种类和主要存在形态，大致判断各种离子的相对含量；

d. X 射线晶体粉末衍射分析（XRD），确定结垢样品中各化合物的存在形态。

③ 垢的化学组成和成分含量 。使用电感耦合等离子体发射光谱分析（ICP），确定结垢样品中各元素离子的准确含量，通过综合分析最终确定三元复合驱结垢样品的化学组

成和成分含量。

（2）分析结果及讨论。

① 垢的形成以 $CaCO_3$ 和 SiO_2 沉淀为主。完成 70 个垢样分析数据中仅一个样品的 $CaCO_3$ 和 SiO_2 的总含量小于 50%，为 45.13%；其他样品的 $CaCO_3$ 和 SiO_2 的含量均大于 60%，其中 $CaCO_3$ 和 SiO_2 含量大于 80% 占到总样品数量的 88.34%。

② 以碳酸钙沉淀为主样品特征分析。

a. 以碳酸钙沉淀为主样品的表征特征：样品表观状态呈贝壳状，分层，上面沾有砂砾，呈青灰白色；将样品研成粉末，进行扫描电子显微镜（SEM）形貌分析，可以清楚地看出层状的 $CaCO_3$ 结构（图 4-6-1 和图 4-6-2）。

b. 微观特征：微区元素分析数据显示（表 4-6-1），样品中含有大量的 C 元素和 O 元素，表明样品中应该含有大量的碳酸盐成分；另外元素 Ca 的含量也较大，所以初步推测沉淀或者说垢的主要成分是 $CaCO_3$。

图 4-6-1　碳酸钙样品原始状态数码照片　　图 4-6-2　碳酸钙样品 SEM 形貌分析图

表 4-6-1　SEM 微区元素分析结果

元素	质量分数/%	原子百分比/%	线性能量（K-Ratio）	原子序数修正 $F(z)$	吸收修正 $F(A)$	荧光修正 $F(F)$
C	14.44	26.53	0.0555	1.0597	0.3622	1.0009
O	34.70	47.87	0.0494	1.0418	0.1367	1.0001
Na	0.55	0.53	0.0017	0.9748	0.3127	1.0009
Mg	1.30	1.18	0.0058	0.9992	0.4430	1.0015
Al	3.45	0.41	0.0277	0.7573	1.0617	1.0009
Si	1.03	0.26	0.0078	0.8142	0.9178	1.0087
Ca	40.69	22.40	0.3889	0.9713	0.9810	1.0031
Ba	2.94	0.47	0.0212	0.7446	0.9663	1.0014
Fe	0.90	0.36	0.0076	0.8845	0.9591	1.0034
总计	100.00	100.00				

③ 以二氧化硅沉淀为主样品特征分析。

a. 以二氧化硅沉淀为主样品的表征特征：样品类似于硬化后的水泥，成片状；研细后进行 SEM 形貌分析，样品为球形堆积的 SiO_2 沉淀，结构致密（图 4-6-3 和图 4-6-4）。

b. 微观特征：样品 SEM 微区元素分析结果见表 4-6-2。

图 4-6-3　二氧化硅样品原始状态数码照片　　图 4-6-4　二氧化硅样品 SEM 形貌分析图

表 4-6-2　样品 SEM 微区元素分析结果

元素	质量分数 /%	原子百分比 /%	线性能量（K-Ratio）	原子序数修正 $F(z)$	吸收修正 $F(A)$	荧光修正 $F(F)$
O	41.41	55.68	0.1314	1.0267	0.3090	1.0006
Na	0.69	0.64	0.0029	0.9609	0.4367	1.0069
Si	56.10	42.98	0.4668	0.9839	0.8456	1.0000
Fe	1.80	0.69	0.0156	0.8678	0.9959	1.0000
总计	100.00	100.00				

2）三元复合驱油井结垢特征

（1）结垢阶段特征。三元复合驱在不同的驱替阶段，垢的外观、成分以及成垢机理有很大的变化，大致可以分为三个阶段：

第一阶段为结垢初期，以碳酸盐垢为主，其含量占 50% 以上；硅酸盐垢约 20%，结垢特点表现为结垢速度快、结垢量大。

第二阶段为结垢中期，碳酸盐垢含量减少，硅酸盐垢增加，结垢速度稳定。

第三阶段为结垢后期，硅酸盐垢含量达 70% 以上，结垢速度减缓（表 4-6-3）。

表 4-6-3　三元复合驱油井不同阶段垢样主要成分分析数据

结垢阶段	结垢特点	有机物 /%	垢样成分含量 /%				
			$CaCO_3$	MgO	Al_2O_3	Fe_2O_3	SiO_2
初期	速度快、结垢量大	15.90	55.30	0.84	0.25	0.51	20.09
中期	结垢速度稳定	10.57	16.93	0.27	0.15	2.96	66.96
后期	结垢速度稳定	9.90	14.90	0.62	0.14	1.10	70.80

（2）中心井区与边井结垢特征。以南五三元复合驱区块为例，中心井第一次见垢时间是 2007 年 9 月，至 2008 年结垢井数达到 15 口，占中心井总数 75.0%；边井 2008 年 6 月见垢，结垢井数 3 口，占边井总井数 15.8%（表 4-6-4）。中心井区结垢严重、见垢时间早；边井结垢晚、处于结垢初期阶段时间要长于中心井。

表 4-6-4　南五区结垢特征数据

项目		2007.9—2007.12	2008.1—2008.9		2008.9—2009.7		2009.10—2011.8	
		中心井	中心井	边井	中心井	边井	中心井	边井
井数 / 口		3	15	3	16	14	18	15
比例 /%		15.0	75.0	15.8	80.0	73.7	90.0	78.9
垢成分 /%	硅酸盐	18.91	65.28	12.24	68.20	26.58	70.80	41.30
	碳酸盐	56.06	17.33	73.28	25.40	53.42	14.90	37.08
结垢阶段		初期	中期	初期	中期	初期	后期	中期
结垢特点		速度快数量多	速度稳定	速度快数量多	速度稳定	速度快数量多	速度减缓	速度稳定

（3）不同区块结垢特征。北一断东从初期到后期始终以碳酸盐垢为主，碳酸盐垢含量高于硅酸盐垢；喇嘛甸北东块、南六区和杏 1-2 区东部 II 块结垢初期以碳酸盐垢含量高，结垢中期碳酸盐垢含量减少，硅酸盐垢增加（图 4-6-5）。

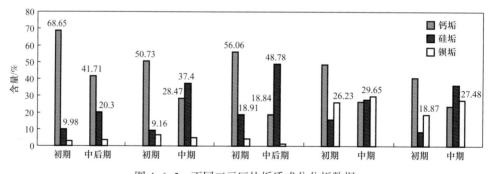

图 4-6-5　不同三元区块垢质成分分析数据

（4）结垢严重井与普通结垢井结垢样品的特征。采用 XRD 和 SEM 及同步辐射等方法对现场垢样进行表征，并分别研究结垢严重井和普通结垢井中垢样主要化学成分、微观晶体结构和微观形貌的特征差别。

以南 5 区结垢严重井 N4-40-P33 和普通结垢井 N4-31-P32，喇东区结垢严重井 L9-PS2610 和普通结垢井 L9-PS2603 为例，分析结垢严重井与普通结垢井的垢质成分及结构差异：结垢严重井垢样以钙垢为主，混合垢形貌单一，团聚现象较为严重，且多为菜花状团聚形态。普通结垢井中钙硅混合垢样形貌及大小不一，其中有纤维状碳酸钙、片状、椭球形等多种形态；另外一部分以硅垢居多无特定的形貌。

从 XRD 的结果得知，结垢严重井的化学成分及晶体结构以方解石碳酸钙为主，有时也含有畸变方解石、球霞石和文石结构碳酸钙，无定型二氧化硅为辅；普通结垢井中钙硅混合垢样中存在畸变方解石碳酸钙和少量球霞石碳酸钙以及硅石，还有一部分是以无定型二氧化硅为主。

采用同步辐射 X 射线技术进行探索分析普通结垢井与结垢严重井垢质成分、晶体结构形态等方面的差异。通过表征得知，结垢严重井中大量存在方解石碳酸钙，普通结垢井存在畸变方解石碳酸钙以及无定型碳酸钙，经过计算各种碳酸钙的晶胞参数，结果发现：结垢严重井的方解石结构致密（密度 2.7230g/cm³），硬度高，与扫描电镜中聚集严重形貌一一致；普通结垢井的方解石开始增大发散，方解石的结构开始畸变且酥松（密度 2.6774g/cm³），硬度低，球霞石及水合碳酸钙的密度与硬度更低，且形貌多变，与扫描电镜观察到的纤维状、片状、椭球形等多种形态一致，无定型二氧化硅包裹无定型碳酸钙，结构非常疏松（密度 1.46g/cm³），无硬度，呈现疏松块状外貌，与扫描电镜结果一致。

综上所述，结垢严重井垢样中大部分含有硬质方解石（立方状），普通结垢井垢样中大部分为无定形碳酸钙、松散质晶格畸变方解石（成片层状、棒状、花生状、星状）、球霞石（球形）或水合碳酸钙，同时，垢样中均含有无定形二氧化硅。硬质方解石莫氏硬度为 3～3.5 级，大于晶格畸变后松散质方解石（2.7～3.0），大于球霞石和水合碳酸钙（2.0～2.5），远大于具有高可溶性、各向同性和可塑性无定形碳酸钙的硬度，因此，垢样中有硬质方解石存在的体系中容易出现卡泵现象。

3）采出液中成垢离子变化规律

由三元区块采出液水质分析发现，随着三元采出液中 pH 值升高，离子变化特征呈现为 Ca^{2+} 和 Mg^{2+} 浓度先上升后下降，进入结垢中期 Ca^{2+} 和 Mg^{2+} 浓度明显减少，甚至为零；而硅离子浓度不断增加，进入后期硅离子浓度达到 500mg/L 以上；HCO_3^- 浓度明显减少或为零，CO_3^{2-} 浓度增加（图 4-6-6）。

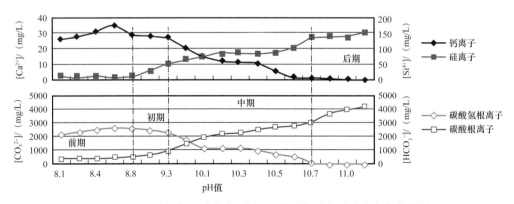

图 4-6-6　三元复合驱采出液不同 pH 值下各项离子浓度变化曲线图

4）采出液成垢离子变化与结垢成分含量关系特征

采出液离子浓度变化与垢质成分含量变化特征具有一致性：在结垢初始阶段，硅离子浓度在 30mg/L 以上，钙离子浓度下降至 10mg/L 以下，垢质中碳酸盐垢含量占 55% 左右、硅酸盐垢20%；进入结垢中期，硅离子浓度达到100mg/L以上，钙离子浓度降为零，垢质中碳酸盐垢含量降低到17%左右、硅酸盐垢上升到65%以上（图4-6-7）。

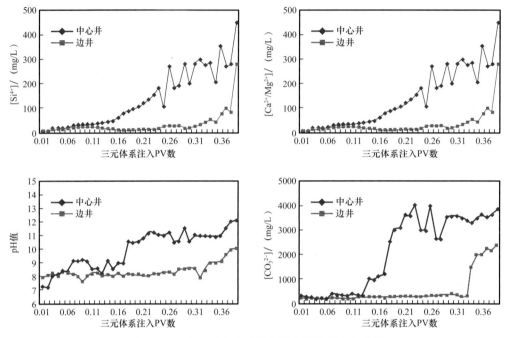

图4-6-7 中心井和边井采出液离子浓度变化曲线

2.强碱三元复合驱油井结垢预测技术

基于油井结垢规律，对采出液离子和实验数据拟合分析，在结垢预测图版基础上建立了强弱碱结垢沉积模型及预测方法。

1）结垢井预测图版

（1）制订结垢判断标准。利用统计学对强碱三元复合驱结垢井现场采出液离子数据进行拟合分析，包括各离子浓度［Ca^{2+}］、［Mg^{2+}］、［Si^{4+}］、［CO_3^{2-}］和［HCO_3^-］及pH值等，并对比未见垢井情况，结合现场垢质成分分析，制订了不同结垢阶段判断标准（表4-6-5）。

表4-6-5 结垢判定标准

结垢阶段	判断标准
结垢前期	［Ca^{2+}/Mg^{2+}］>50mg/L，8.0<pH值≤8.5，［CO_3^{2-}］<500mg/L；［Si^{4+}］<20mg/L
结垢初期	20mg/L<［Ca^{2+}/Mg^{2+}］≤50mg/L，8.5<pH值<9.5，［CO_3^{2-}］>500mg/L；［Si^{4+}］≥20mg/L
结垢中期	0mg/L<［Ca^{2+}/Mg^{2+}］≤20mg/L，9.5≤pH值<11.0，［CO_3^{2-}］>1000mg/L；［Si^{4+}］>100mg/L
结垢后期	0mg/L<Ca^{2+}/Mg^{2+}≤20mg/L，pH值≥11.0或处于下降阶段

（2）建立不同试验区块油井结垢判别图版。依据南五区 16 口结垢井采出液离子变化特征，确定了化学防垢时机。满足采出液 pH 值≥9.0、[Si^{4+}]＞30mg/L 或 [$Ca^{2+}+Mg^{2+}$]＜50mg/L（浓度下降阶段）、[CO_3^{2-}]＞500mg/L 条件之一时，就可判定油井结垢，如图 4-6-8 和图 4-6-9 所示。

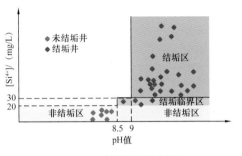

图 4-6-8　结垢判别图版 I

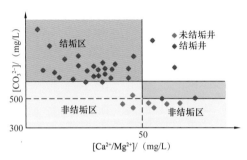

图 4-6-9　结垢判别图版 II

采用图版 I 和图版 II 对南五区 39 口油井进行了结垢判别，其中有 4 口井不符合，符合率分别为 90%。针对北 1 断东垢质以碳酸盐垢为主，油井结垢的判定标准为：[Ca^{2+}]＜30mg/L（浓度下降阶段）、[CO_3^{2-}]＞900mg/L。如图 4-6-10 所示。

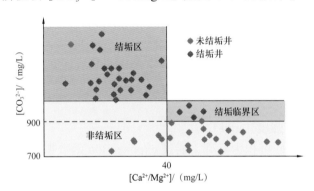

图 4-6-10　北 1 断东碳酸盐垢结垢判断图版

由北 1 断东碳酸盐垢结垢判断图版判断 63 口采出井结垢情况，对检泵作业井现场验证 33 口井，验证结垢判断符合 32 口井（见垢井 21 口均符合，未见垢井符合 11 口、不符合 1 口），符合率 97.0%。

2）结垢严重井预测图版

通过 6 个区块 596 口井生产数据和离子浓度数据分析，确定出结垢严重井"四项"关键特征参数，建立了结垢严重井预判图版。

结垢严重井满足以下四个条件：（1）结垢严重井的见聚浓度高，浓度≥400mg/L；（2）结垢严重井的碳酸根离子浓度上升速度快，浓度≥ 900mg/L，并持续上升至 3000mg/L；（3）结垢严重井的 pH 值持续保持高水平，9≤pH 值＜ 11；（4）结垢严重井的含水下降幅度大，含水降幅≥9.6% 。

依据结垢严重井特征，建立了四参数结垢严重井判别图版，对 4 个区块 434 口采出井进行判断，平均预判符合率达 75.7%，见表 4-6-6。

表 4-6-6　不同区块结垢严重井判别图版符合率表

区块	总井数 / 口	结垢严重井数 / 口		图版符合率 /%
		预判井	实际井	
南五区	39	10	13	76.9
喇北东	62	19	23	82.6
杏六区	215	67	79	84.8
北一断西西	118	29	20	55
总数	434	—	135	75.7

3）结垢井预测模型

强碱三元复合驱油井定量结垢预测方法是以 Oddo-Tomson 饱和指数法为基础，结合强碱三元复合驱区块的温度、压力、pH 值和离子强度，通过以往区块油井判别图版结垢界限及现场实际结垢情况，对饱和指数进行修正得到碳酸钙沉积预测模型：

$$I_s = \lg\left(\left[Ca^{2+}\right]\left[HCO_3^-\right]\right) + pH - 11.46 - 2.52 \times 10^{-2}T + 4.86 \times 10^{-5}T^2 + 8.58 \times 10^{-3}p + 1.81I^{1/2} - 0.56I$$

（4-6-1）

式中　I_s——饱和指数；

　　　T——温度，℃；

　　　p——压力，MPa；

　　　I——溶液总离子强度，mol/L。

以硅钼黄法测低聚硅沉积为基础，通过 exponention 函数拟合，得出采出液中理论饱和低聚硅浓度与 pH 值和离子强度的函数关系：

$$f(pH, I) = 0.00001 + 0.001741e^{1.086pH} + 144.8e^{-92.02I}$$

（4-6-2）

式中　e——常数。

现场应用时将温度、压力、采出液 pH 值、成垢离子浓度及总离子强度分别代入上述公式中，即可计算出饱和指数值，通过与以往各区块结垢井相应数据统计得出的饱和指数值进行对比，即可确定油井的结垢情况。由于该定量预测模型中加入了温度和压力等地层条件数据，同时在计算饱和指数时除了原有的成垢离子浓度外，还加入了总离子强度等影响因素，因此，该定量结垢预测模型适用于新区块现场油井结垢预测，平均预测符合率达 90% 左右，解决了以往的结垢判别图版对现有区块预测滞后及新区块预测符合率低的问题。

以大庆油田采油四厂杏三—杏四东部 Ⅱ 块强碱三元复合驱区块为例，该区块共有机采井 170 口，该区块 2016 年 10 月开始注入三元复合驱体系，应用该模型预测结垢井为 105 口，其中 97 口井现场作业过程中发现井下杆管等设备结垢，预测符合率达到 92.3%。

3. 弱碱三元复合驱油井结垢预测技术

1）弱碱采出井结垢判断标准

利用统计学对强碱三元复合驱结垢井现场采出液离子数据进行拟合分析，包括各离子浓度［Ca^{2+}］、［Mg^{2+}］、［Si^{4+}］、［CO_3^{2-}］和［HCO_3^-］及 pH 值等，并对比未见垢井情况，结合现场垢质成分，制订了不同结垢阶段判断方法及清防垢措施标准，如图 4-6-11 所示。

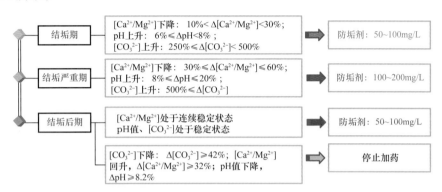

图 4-6-11　弱碱北二西矿场结垢判别图版

2）弱碱采出井结垢预测模型

根据室内模拟采出液检测数据计算出不同条件下碳酸钙的溶度积，然后对不同条件下计算出的溶度积进行拟合，既可以得到单因素碳酸钙溶度积的拟合函数。由于弱碱三元复合驱结垢过程受温度、pH 值和离子含量等多因素共同影响，因此将单因素碳酸钙溶度积拟合函数叠加得到碳酸钙溶度积的多项式拟合函数，进一步根据饱和指数与溶度积之间的关系得出饱和指数方程，最后结合现场弱碱三元复合驱实时采出液组成及变化规律，根据结垢影响因素的敏感性对饱和指数方程进行修订，建立弱碱三元复合驱结垢预测公式。

根据弱碱三元复合驱结垢的影响因素，结合各因素对结垢的敏感性，得出弱碱三元复合驱结垢预测公式为：

$$I'_s = 1/6\left[\left(\lg 61/20\left[Ca^{2+}\right]\left[HCO_3^-\right]+3/5\left[CO_3^{2-}\right]\right)-5\lg\left(-1.0382\times10^{-8}pH+\right.\right.$$
$$3.13188\times10^{-11}T^2-5.6359\times10^{-9}T-1.069\times10^{-6}I'^{1/2}+3.561\times10^{-7}I'+3.68\times10^{-11}p+$$
$$\left.\left.1.35135\times10^{-6}\right)\right]$$

（4-6-3）

其中 I' 的表达式如下：

$$I' = 1/2\left(\left[Ca^{2+}\right]\times20+\left[HCO_3^-\right]305/100+12/5\left[CO_3^{2-}\right]+\left[Cl^-\right]+\right.$$
$$\left.\left[SO_4^{2-}\right]\times4+\left[Si^{4+}\right]\times16+\left[Mg^{2+}\right]\times4+\left[K^+/Na^+\right]\right)$$

（4-6-4）

应用弱碱结垢沉积预测模型对弱碱区块北一二排东的 47 口井进行结垢预测，作业验证结垢井数符合率达到 82.5%；对西区二类 123 口井进行预测，作业验证结垢井数符

合率达到 83.7% ；对北二东西的 28 口井进行预测，作业验证结垢井数符合率达到 84.8%
（表 4-6-7）。

表 4-6-7　弱碱三元复合驱结垢预测应用统计表

区块	预测结垢井数 / 口	作业验证结垢井数 / 口	结垢井预测符合率 /%
北一二排东	47	57	82.5
西区二类	123	147	83.7
北二东西	28	33	84.8

二、三元复合驱化学防垢工艺技术

三元复合驱油井结垢严重。化学防垢是油田最为常用的抑制和减缓结垢的一项工艺技术。为了防止结垢，需连续或间歇地向油井中投加防垢剂。国外在 20 世纪 30 年代开始研究防垢剂，并应用于油田生产中，我国 70 年代初开始陆续开展这方面研究及应用工作。目前已形成了品种齐全、质量稳定、效果良好的系列防垢剂。但多数防垢剂仅适用于 pH 值 6～10 的水质，而对于 pH 值大于 12 的水质防垢效果大大降低。因此，针对三元复合驱采出液 pH 值高、硅离子含量高等苛刻条件造成常规防垢剂难以有效防垢的情况，而相应地开展了适合三元复合驱油井特点的防垢剂研究。

1. 钙、硅垢防垢剂配方

1）碳酸盐垢防垢剂研究

（1）碳酸盐垢防垢剂筛选。通过调研和检索，对目前国内外性能较好的 20 余种水处理剂进行了筛选。通过测定每种防垢剂在三元体系下的钙镁防垢率，确定 T-601 和 T-602 防垢剂在三元体系下钙镁防垢性能较好，防垢率分别为 85.9% 和 81.9%。

（2）防垢剂浓度对防钙垢效果影响。防垢剂的浓度是影响防垢效果的一个重要的因素。通常情况下防垢剂都存在一个最佳使用浓度，这种效应称为"溶限效应"。数据显示防垢率随着浓度的增加而增加，在浓度为 50mg/L 左右防垢率达到 80% 以上，此后随着防垢剂浓度的增加防垢率增幅较小。

（3）防垢机理分析。T-602 防垢剂属有机多元膦酸类化合物，其对碳酸钙垢防垢机理为在水溶液中它能够解离成 H^+ 和酸根负离子，离解后的负离子以及分子中的氮原子可以和许多金属离子生成稳定的多元络合物：溶液中一个有机多元膦酸分子可以和两个或多个金属离子螯合，形成很稳定的立体结构的双环或多环螯合物，抑制溶液中 Ca^{2+} 和 Mg^{2+} 生成碳酸盐垢等沉淀，即所谓的络合增溶作用。

2）硅垢防垢剂研究

（1）硅垢的分类和形成。水中硅的种类有活性硅、胶体硅和微粒硅三种。溶解硅在水中的实际存在形式不为人所知，人们常以 SiO_2 的质量浓度来计量水中溶解硅的含量。硅酸盐垢通常以硅酸钙和硅酸镁等难溶盐形式存在，常简称为硅垢。硅垢的最终形成取决于 pH 值、温度及其他离子的存在类型等多种因素。在碱性环境中，钙镁离子首先与氢氧根离子结合，生成氢氧化镁、氢氧化钙，氢氧化镁和氢氧化钙与硅酸根离子进一步结合，生成硅垢。除硅酸镁和硅酸钙垢外，硅垢的另一种存在形式是以聚合态或无定型态的形式存在，此时硅常称为硅酸、单体硅、单体、溶解硅和水合 SiO_2，统称其为悬浮硅或胶体硅，其通式可表示为 $xSiO_2 \cdot yH_2O$。在中性环境下，硅酸以分子形式存在，当 pH 值上升为 8.5 时，10% 的硅酸可能发生离子化，pH 值上升到 10 时，50% 的硅酸会离子化。硅酸的离子化在一定程度上可能会抑制硅酸发生自聚合反应，但是如果硅酸的离子化反应已经发生，溶液中羟基的存在会促使硅酸发生自聚合反应。过量的硅通常以无定形的二氧化硅析出，析出的二氧化硅并不下沉，而以胶体粒子悬浮于水中。当水的 pH 值和压力降低时，硅在水中的溶解度降低，容易形成二氧化硅胶体和硅酸盐垢。二氧化硅的溶解度随溶液中含盐量的增加而降低。

（2）硅防垢剂 SY-KD 的合成。阻止 SiO_2 垢形成需要从两个方面进行考虑：一方面在还没有形成 SiO_2 小颗粒时对它进行抑制，从而防止垢的形成；另一方面，在 SiO_2 小颗粒形成以后，通过阻垢剂对小颗粒的吸附作用，可以阻止小颗粒的进一步聚集，阻止小颗粒的进一步长大，从而达到阻垢。因为 SiO_2 垢是无定形态的，所以控制第一步比较困难，已有文献报道，聚阴离子阻垢剂对于原硅酸的聚合没有任何抑制作用，因此依据硅垢形成机理，设计合成了新型阻垢剂 SY-KD。

在接有机械搅拌和冷凝回流装置的四口烧瓶中加入 MBS（甲基丙烯酸甲酯、丁二烯、苯乙烯三元共聚物）若干，引发剂次亚磷酸钠若干克，去离子水 10g，通氮条件下升温至 70℃左右时，开始同时缓慢滴加一定量质量分数为 10% 过硫酸钾溶液 3.2470g 和丙烯酸若干克，滴加过程中温度维持在 70～80℃。滴加速度过快会导致反应过于激烈，温度迅速上升加速反应，最终导致暴聚。0.5h 左右时滴加完毕，实验所用的过硫酸铵、丙烯酸和次亚磷酸钠在使用前已经精制处理。待反应了 5h 以后溶液呈现橘黄色，具有一定的黏度，停止反应，室温下冷却，白色针状的 SY-KD 沉淀出来，在乙醚中沉淀 3 遍，在真空干燥箱中干燥处理，放置备用。

（3）硅垢防垢剂阻垢机理。在三元复合驱过程中，液体中 Ca^{2+} 和 Mg^{2+} 浓度很高，SY-KD 防垢剂分子中含有两种聚阴离子，一种是聚羧酸，另一种是聚苯磺酸，两者对钙都有一定的螯合能力，通过 Ca^{2+} 和 Mg^{2+} 做桥，SY-KD 防垢剂对 SiO_2 小颗粒进行吸附，生成的螯合物溶于水，从而阻止小颗粒的相互结合，起到了分散的作用。另外一种情况是，SY-KD 防垢剂含有—OH，SiO_2 小颗粒表面也含有大量的—OH，这样在 SY-KD 防垢剂和 SiO_2 小颗粒之间就会形成氢键，对 SiO_2 小颗粒的吸附作用增强，对 SiO_2 垢的形成起到分散作用。

3）形成了钙、硅垢系列防垢剂配方

三元复合驱油井垢的主要成分是碳酸盐垢和硅酸盐垢，在不同时期垢的成分和含量变化较大。以 SY-KD 硅防垢剂为主，对不同作用的防垢剂进行优化，形成了系列防垢剂配方（表 4-6-8）。实验数据表明，防垢剂对碳酸盐垢防垢率达到 95% 以上，对硅酸盐垢阻垢率达到 80% 以上。

表 4-6-8　系列防垢剂配方性能数据

序号	结垢阶段	防垢剂组成	使用浓度/mg/L	防垢率/%		使用范围
				碳酸盐垢	硅酸盐垢	
1	初期	CYF-2	30	95.3	—	$[Ca^{2+}/Mg^{2+}]\geq50mg/L$（上升阶段），$[Si^{4+}]<10mg/L$
			50	97.9	—	$10mg/L\leq[Ca^{2+}/Mg^{2+}]<50mg/L$（下降阶段），$[Si^{4+}]<10mg/L$
2	中期	SY-KD/CYF-2	50/50	97.9	80.5	$10mg/L<[Si^{4+}]<50mg/L$，$30mg/L\leq[Ca^{2+}/Mg^{2+}]<50mg/L$
			100/30	95.3	81.7	$50mg/L\leq[Si^{4+}]<100mg/L$，$10mg/L\leq[Ca^{2+}/Mg^{2+}]<30mg/L$
			150/30	95.3	83.1	$100mg/L\leq[Si^{4+}]<500mg/L$，$[Ca^{2+}/Mg^{2+}]<10mg/L$
3	后期	SY-KD/CYF-2	200/30	95.3	85.0	$[Si^{4+}]\geq500mg/L$，$[Ca^{2+}/Mg^{2+}]\approx0mg/L$

2. 防垢剂矿场应用效果

按照"实现厂院联合、加快技术转让、保证油田持续稳产"的总体发展要求，通过与局内企业新世纪精细化工有限公司签订技术服务合同，实现清防垢专有技术产品转让及工业化生产，目前现场已累计推广应用 7159t。

3. 矿场防垢加药工艺

防垢剂现场加药工艺是使用地面加药装置，将防垢剂从油井油套管环形空间加入，使其在采出液中形成有效浓度，达到防垢目的。研究形成了 3 种加药工艺，可满足不同井况下油井全天候稳定加药需求，井液中可形成连续有效的防垢剂浓度。

1）井口点滴加药工艺

（1）单柱塞井口加药。使用地面加药装置，将防垢剂直接泵入油井油套管环空。研制的智能井口加药装置是一种新型自动加药装置，该装置采用变频调节和冲程调节控制计量泵排量，采取定时与定量加药，药剂排量可达到 40L/h；最高工作压力 6.0MPa，加药量误差＜1.0%，加药周期＞15d；加药管路采用三层保温：里层缠有加热带，中部套有保温层，外层有保温橡胶管，使药剂恒温输送，保证冬季正常加药，图 4-6-12 是其原理示意图。

装置性能特点见表 4-6-9，具有以下几方面优势：

表 4-6-9　智能井口加药装置性能参数

最大工作压力/MPa	排量调节范围/L/h	加药精度/%	储药箱容量/L	加药周期/d	功率/W	有效工作寿命/a
6.0	40	＜1.0	500	＞15	370	5

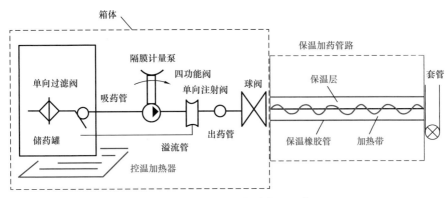

图 4-6-12　智能井口加药装置示意图

① 节能、省电。智能井口加药装置泵工作日用电量为 $0.51kW×0.5h＝0.255kW·h$；② 控制排量范围宽、准确度高：智能井口加药装置加药排量计算公式：泵固定排量 × 频次（时间、次数），其中泵固定排量为 40L/h，时间 t，次数 n 分别可调；③ 泵运转时间少，工作寿命长：智能井口加药装置工作时间 0.5h/d；④ 可以满足大庆油田冬季正常加药需要：智能井口加药装置在冬季运行状况较好，均能正常加药。在冬季零下 20°C 条件下实测箱内温度在 10°C 以上（表 4-6-10）。

表 4-6-10　智能井口加药装置冬季箱内实测温度数据　　　　单位：℃

户外	−5	−10	−15	−20	−25
箱内	20～21	20～21	20～21	19～20	16～18

（2）双柱塞井口加药。针对现有装置加药周期短、工作量大、恶劣天气加药困难，项目组研制了新型双柱塞防垢加药装置。装置设计安装了不等量双柱塞泵，其大小两个泵头分别作用于井口掺水与储药罐，实现了药剂的实时混合，同时加大了储药罐 650～1000L，从而延长井口防垢加药装置加药周期 10 天至 2 个月以上。示意图如图 4-6-13 所示。

总体技术特点如下：① 设计了不等量的双柱塞泵，能够实现井口部分掺水（热水）与防垢药剂的不同比例实时混合、注入；② 不等量的掺水泵与药剂泵设计有流量调节系统，能够实现掺水与防垢药剂的流量微调；③ 设计了变频控制器，用于不等量双柱塞计量泵电机的变频调节，改变电机的速率，从而达到不等量双柱塞计量泵的大流量调节；④ 将储药罐容积由 650L 增大至 1000L；注入口密封，下部设有过滤装置、排垢口、注液入泵口、废液排出口；⑤ 设计了 Y 型水过滤器，其清洗方便、纳污量大，能有效防止井口掺水不溶物超标，堵塞管线，影响装置运行。

（3）清防垢一体化工艺。现有的井口防垢加药装置只有防垢剂注入系统，且注入速度较慢，无法满足结垢井清垢的需要，因此，开展了三元复合驱油井清防垢一体化工艺研究。

在原有井口点滴加药工艺基础上，增设了油井生产电流监控系统和清垢剂注入系统，

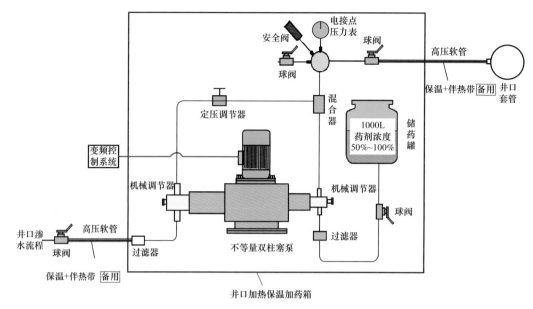

图 4-6-13　新型双柱塞加药装置结构示意图

通过自编软件监测机采井清垢电流阈值、智能调控清防注入流程，实现在线及时清垢、实时防垢的双重功能。

清防垢一体化加药装置主要分为清垢剂储箱、防垢剂储箱、不等量计量泵、加药管路、控温加热器、双层保温机箱、电器控制箱及电流监测系统等部分。

清防垢一体化加药工艺具有以下优势：一是根据电流变化自动调节防垢剂加药浓度；二是根据电流波动情况自动确定清垢剂加药时机；三是在线自动加药，不受天气及管理因素影响，及时清垢，提高清垢时率；四是少量投加清垢剂对地面电脱水设备无影响，无须排液，满足环保要求；五是取消常规清垢车组及专业队伍，节约清垢费用 1.28 万元/井次。

实施过程中的关键和难点是通过编制软件监测机采井清垢电流阈值、智能调控清防注入流程，实现在线及时清垢、实时防垢的双重功能。

根据油井生产电流监控系统记录到的电流变化数据，结合油井采出液成垢离子变化数据，建立二者之间的对应关系，最终实现利用编制软件通过油井电流变化情况，可自动进行防垢剂加注频次或单次加注时间的调节，实现实时防垢。

通过对记录到的电流峰值变化情况的识别，并结合油井现场生产过程中不同步或卡泵时的电流高值，建立二者之间的对应关系，判断油井合理的清垢时机，并自动启动清垢系统，实现及时清垢。

2）计量间集中加药工艺

计量间集中加药工艺工作原理为通过安装在计量间外的加药装置将防垢剂注入掺水管线，利用掺水将防垢剂携带至井口，由井口的传感器检测掺水导电电流变化，控制加药电动阀开启，将防垢剂注入油套环空。该工艺优势在于管理难度较小，加药时率高，在偏远地区、井场条件差等三元区块具有较高适应性。

三、三元复合驱化学清垢工艺技术

化学清垢技术是利用可溶垢质的化学物质使设备表面上致密的沉积垢变得疏松脱落甚至完全溶解，从而达到清除沉积垢的目的，该方法可以较快地恢复油藏的生产能力。不同化学剂对于不同组分垢的溶解能力是有差异的，因此，选用恰当的化学清垢剂，是化学清垢剂清垢效果和速度的关键。

1. 碳酸盐垢清垢剂

清除碳酸盐垢和氢氧化物垢以无机酸和有机酸为主剂的清垢剂体系。由于碳酸盐垢在酸中溶解性好，易清除，室内对以碳酸盐垢为主的垢样溶解率可以达到 95% 以上（图 4-6-14）。

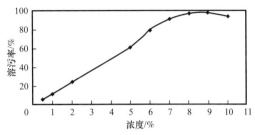

图 4-6-14　无机酸对碳酸盐垢溶垢率曲线

碳酸盐垢和氢氧化物垢清除反应式

$$CaCO_3 \downarrow +2HCl == H_2O + CO_2 \uparrow + CaCl_2$$

$$Ca(OH)_2 \downarrow +2HCl == 2H_2O + CaCl_2$$

2. 硅酸盐垢清垢剂

氢氟酸与二氧化硅的反应可以用软硬酸碱（Hard-Soft-Acid-Base，HSAB）理论进行解释。1958 年，S. 阿尔兰德、J. 查特和 N.R. 戴维斯根据某些配位原子易与 Ag^+、Hg^{2+} 和 Pt^{2+} 配位；另一些则易与 Al^{3+} 和 Ti^{4+} 配位，将金属离子分为两类：a 类金属离子包括碱金属离子以及碱土金属离子 Ti^{4+}、Fe^{3+}、Cr^{3+} 和 H^+；b 类金属离子包括 Cu^{2+}、Ag^+、Hg^{2+} 和 Pt^{2+}。1963 年，R.G. 皮尔逊在 Lewis 酸碱电子对理论基础上进一步提出了软硬酸碱理论，在软硬酸碱理论中，酸、碱被分别归为硬粒子、软粒子两种（表 4-6-11）。硬粒子是指那些具有较高电荷密度、较小半径的粒子（离子、原子、分子），即电荷密度与粒子半径的比值较大；软粒子是指那些具有较低电荷密度和较大半径的粒子。硬粒子的极化性较低，但极性较大；软粒子的极化性较高，但极性较小。

表 4-6-11　软粒子、硬粒子及交界酸碱分类表

硬酸	H^+、Li^+、Na^+、K^+、(Rb^+)、Be^{2+}、Mg^{2+}、Ca^{2+}、Sr^{2+}、Mn^{2+}、Al^{3+}、Cr^{3+}、Fe^{3+}、Co^{3+}、Sc^{3+}、La^{3+}、As^{3+}、Ga^{3+}、Si^{4+}、Ti^{4+}、Zr^{4+}、Hf^{4+}、U^{4+}、Sn^{4+}、Ce^{4+}、BF_3、$Al(CH_3)_3$、Al_2Cl_6、SO_3、CO_2
交界酸	Fe^{2+}、Co^{2+}、Ni^{2+}、Cu^{2+}、Zn^{2+}、Pb^{2+}、Sn^{2+}、Sb^{2+}、Bi^{3+}、$B(CH_3)_3$、SO_2、NO^+、$C_6H_5^+$、R_3C^+
软酸	Pd^{2+}、Cd^{2+}、Pt^{2+}、Hg^{2+}、Cu^+、Ag^+、Tl^+、Hg_2^{2+}、CH_3、Hg^+、Au^+、$GaCl_3$、GaI_3、RO^+、RS^+、PSe^+、金属、CH_2、Br_2、I_2
硬碱	H_2O、OH^-、F^-、ClO_4^-、NO_3^-、CH_3COO^-、CO_3^{2-}、ROH、RO^-、R_2O、NH_3、RNH_2、N_2H_4
交界碱	$C_6H_5NH_2$、C_5H_5N、N^{3-}、Br^-、NO_2^-、SO_3^{2-}、Cl^-
软碱	H^-、R_2S、RSH、RS^-、I^-、SCN^-、R_3P、CN^-、R^-、CO

另外，氢氟酸电离产生的 H^+ 也可以与垢样中的不溶性无机碳酸盐反应促使其溶解。也就是说，氢氟酸对于垢样中的两种主要成分不溶性无机碳酸盐和无定型二氧化硅都具有很好的溶解作用。因此，氢氟酸可以较好地溶解三元复合驱采出井中形成的垢样。在氢氟酸溶解二氧化硅的过程中，虽然 F^- 与 Si^{4+} 的结合起到了决定性作用，但是 H^+ 的存在也是必不可少的因素。实验结果表明，单纯的氟盐在中性或碱性条件下对于二氧化硅几乎没有溶解作用。此外，由于垢样中还含有较多的不溶性无机碳酸盐，一定量的 H^+ 的存在将会使其溶解。因此，氢氟酸或者在酸性条件下的氟盐才能够对三元复合驱机采井形成的沉积垢有较为理想的溶解和清除效果。

清垢化学反应方程式如下：

硅酸垢清除反应式

$$SiO_2 + 2H_2O \Longrightarrow H_4SiO_4 \downarrow$$

$$H_4SiO_4 \downarrow + 6HF \Longrightarrow H_2SiF_6 + 4H_2O$$

硅酸盐垢清除反应式

$$CaSiO_3 \downarrow + 6HF \Longrightarrow CaSiF_6 \downarrow + 3H_2O$$

$$CaSiF_6 \downarrow + (NH_4)_2 EDTA \Longrightarrow Ca\,EDTA + (NH_4)_2 SiF_6$$

$$MgSiO_3 \downarrow + HF \Longrightarrow MgSiF_6 \downarrow + 3H_2O$$

$$MgSiF_6 \downarrow + (NH_4)_2 EDTA \Longrightarrow Mg\,EDTA + (NH_4)_2 SiF_6$$

实验表明，硅垢随氢氟酸浓度增加，溶解率增加，针对三元复合驱油井中以硅垢为主的垢物，在其他组分浓度不变条件下，垢溶解率随清垢剂中氢氟酸浓度增加而增加，氢氟酸浓度在 10% 时，垢的溶解率最大，为 84.3%。

针对大庆油田三元复合驱不同结垢阶段垢质成分，给出了不同类型清垢剂（表4-6-12）。

表 4-6-12　不同清垢剂对油井中垢的溶解率

结垢阶段	垢质组成 /%		清垢剂类型	溶垢率 /%
	钙垢	硅垢		
初期	68.24	12.97	CYF–Ⅰ	95.3
中期	23.87	55.42	CYF–Ⅱ	87.1
后期	10.21	67.96	CYF–Ⅱ（加强型）	84.3

3. 中性清垢剂

1）对酸洗清垢对地面生产系统影响作用机制的认识

通过对酸洗前后采出液与地面掺水的过渡层组分及微观结构等参数变化规律研究，揭示了酸洗过程中 H^+ 与井内硫酸还原菌及 Fe 生成 FeS，导致颗粒乳液稳定造成油水分离困难，同时 FeS 在电脱水器电磁感应的作用下向电极板聚集，导致电流急剧上升，跨电场，如图 4-6-15 和图 4-6-16 所示。

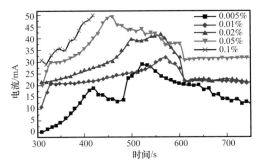

图 4-6-15 不同浓度 FeS 对原油乳状液电流影响

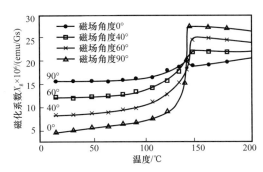

图 4-6-16 FeS 磁性随温度的变化曲线

2）中性清垢剂配方体系研究

创新提出中性清垢的理念，合成了有机磷酸酯晶体结构诱导剂，通过改变复合垢中碳酸钙晶型碳—氧、钙—氧键长和键角，由致密的方解石转变为疏松的文石，使复合垢剥离、分散，清垢过程无 H^+ 参与，消除了清垢过程中伴生有 FeS 带来的一系列问题。全措施成本大幅度降低，可作为三元螺杆泵井清垢技术进行推广应用；配方体系呈中性，腐蚀速率 0.66g/（$m^2 \cdot h$），室内溶垢率平均 86%，反应时间 7h，时率影响小，抽油机、螺杆泵全泵型覆盖。

4. 三元复合驱机采井清垢工艺

通过分析结垢对机采井生产运行参数的影响、结垢后电流的上升情况及采取清垢措施后电流的下降情况，确定了抽油机井和螺杆泵井的清垢时机。

1）抽油机井清垢时机判别标准

抽油机井清垢判别，出现下述情况之一，应及时采取清垢：

（1）上电流上升 8～10A 或上载荷上升 20%，交变载荷上升 30%，示功图出现载荷增大；

（2）光杆滞后、出现不同步现象；

（3）由于测静压等原因，关井时间≥4.0h，并判别为结垢的抽油机井；

（4）对发生卡泵，卡泵时间小于 8.0h 抽油机井，采取清垢解卡。

螺杆泵井清垢时机判别标准：

电流上升，并出现光杆转速与地下转子转速不同步的曲线或电流瞬间波动大，波动范围在 3A 以上，应及时采取清垢措施。

2）清垢工艺操作规程

清垢施工首先将清垢剂从环空内泵入井筒，然后静止浸泡后再返出，为保证酸洗对联合站电脱水、破乳不产生影响，对清垢工艺进行优化、完善：① 降低清垢剂用量为 6m^3；② 酸洗后，井筒内清垢剂由罐车外接到指定回收地点；③ 增加酸洗后替挤液量和工序，由原来清水替挤改为先用清水再用碱性替挤液，并监测井口 pH 值（要求 pH 值＞6）；

④合理安排酸洗井数及时间，对同一计量间油井，日酸洗井数控制在 2 口井以内。

3）清垢注意事项

为保证清垢施工效果，还需要做到以下几点：

一是选药剂。通过室内浸泡实验和现场除垢试验，优选清垢剂配方。

二是清死油。强化清垢前洗井，清除死油死蜡，确保清垢剂与垢质接触；同时补充地层压力，防止清垢剂进入地层。

三是替杂质。注入清垢剂前先注入清水，将洗井液替净，防止清垢剂与洗井液中杂质反应，消耗清垢剂浓度。

四是控速度。清垢剂返排时，先慢速注入，防止清垢剂压进地层；后大排量注入，将溶解下来的片状垢质携带出来。

5. 现场应用情况

2017—2020 年开展三元复合驱机采井清垢现场试验 1853 井次，清垢有效率 90%，措施后累计增油 48310t。

四、三元复合驱物理防垢举升工艺技术

大庆油田强碱三元复合驱驱油技术作为油田重要的提高采收率措施，其应用规模正逐年扩大。现场试验过程中暴露出举升系统严重结垢的问题，导致机采井检泵周期大幅降低，区块开发成本升高。其中，抽油机井检泵原因主要为卡泵，为延长复合驱机采井检泵周期，需开展三元复合驱物理防垢举升工艺研究。

1. 防垢抽油泵技术

1）长柱塞短泵筒抽油泵

（1）泵的结构。长柱塞短泵筒抽油泵如图 4-6-17 为所示。主要包括油管变径接箍、泵筒上加长管、泵筒接箍、泵筒、柱塞总成、泵筒下加长管、油管接箍、固定阀罩、固定阀球、固定阀座和固定阀座接头。

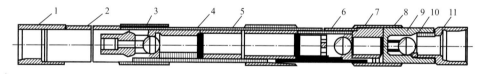

图 4-6-17　长柱塞短泵筒抽油泵示意图

1—油管变径接箍；2—泵筒上加长管；3—泵筒接箍；4—泵筒；5—柱塞总成；6—泵筒下加长管；
7—油管接箍；8—固定阀罩；9—固定阀球；10—固定阀座；11—固定阀座接头

（2）泵的工作原理。利用特种合金防垢材料，在柱塞与泵筒表面均采用高硬度、光洁度好且抗磨蚀性能高的合金材质进行防垢处理；同时采用长柱塞短泵筒式防垢结构设计，保证柱塞始终处于泵筒外，柱塞在泵筒两端的刮削和油液扰动下，不易在泵筒沉积结垢，延缓结垢防止卡泵的发生。

（3）泵的特点。① 柱塞与泵筒表面均采用高硬度、光洁度好且抗磨蚀性能高的合金

材质进行改性防垢处理，且涂层与基体的结合力为冶金结合，结合力更强，通过提高摩擦副表面的硬度及耐腐蚀性能，保持表面较高光洁度实现防垢；对垢的适应性增强，可延缓塞及泵筒表面结垢。与电镀铬层相比，具有更好的防垢性能。② 采用长柱塞短泵筒结构，柱塞始终处于泵筒外，柱塞在泵筒两端的刮削和油液扰动下，不易在泵筒沉积结垢。③ 取消防砂槽，改用等直径光柱塞，减少防砂槽内结垢的沉积概率。④ 通过采用自动调节刮垢环设计，减轻泵筒的垢沉积，防止卡泵。

（4）现场应用情况。截至 2020 年，长柱塞短泵筒抽油泵技术已在三元复合驱推广应用，现场共应用 3842 口井，平均检泵周期达到 589 天，取得了较好的应用效果，目前已在复合驱成熟应用。

2）敞口式防垢抽油泵

（1）泵的结构。敞口式防垢抽油泵的结构如图 4-6-18 所示，它由接箍、短节、泵筒接箍、泵筒、出油接头、合金柱塞、游动阀罩、游动阀球、游动阀座、游动阀堵头、固定阀罩、固定阀球、固定阀座和固定阀堵头组成，它适用于水驱、聚合物驱及三元复合驱采出井举升。具有最大限度防止卡泵现象尤其是停机卡泵现象的发生，延长检泵周期的优点。

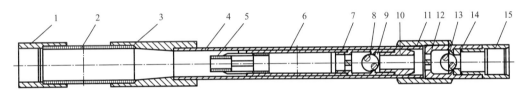

图 4-6-18　多功能防垢卡抽油泵示意图

1，11—接箍；2—短节；3—泵筒接箍；4—泵筒；5—出油接头；6—合金柱塞；7—游动阀罩；8—游动阀球；
9—游动阀座；10—游动阀堵头；12—固定阀罩；13—固定阀球；14—固定阀座；15—固定阀堵头

（2）泵的工作原理。抽油机的驴头到达上死点时，柱塞体脱离下泵筒，垢与砂则通过放大空间下降，防止落垢卡在柱塞和泵筒间隙。柱塞上部有刮垢结构，可有效刮除泵筒内表面存垢，下冲程时射流清除柱塞和泵筒表面垢。

（3）泵的技术特点。①柱塞取消沉砂槽，减小柱塞表面结垢；②柱塞上下两端均有刮垢刀片，在运行过程中进行刮垢；③上死点时柱塞与泵筒分离，进入泵筒中的垢可被液流带走，彻底避免了停机卡泵；④柱塞上端设计成刮垢结构，游动阀由 2 个减为 1 个，柱塞中空部分成为容垢空间，大幅降低了运行卡泵概率；⑤泵筒上端变径敞口设计，使柱塞平稳进入泵筒；⑥通道畅通，提高了酸洗效果。

（4）现场应用情况。敞口式防垢抽油泵具有良好的防落垢、防停机卡泵的功能。截至 2020 年，三元复合驱油井敞口式防垢抽油泵共应用 126 口井，与长柱塞短泵筒相比，运行卡泵概率降低 19 个百分点，解卡成功率提高 61.5 个百分点，其中结垢严重井平均检泵周期达 320 天。

3）软密封抽油泵

（1）软密封防垢泵工作原理。以常规抽油泵柱塞结构为基础，在柱塞表面布置多个圆形凹槽，将密封环放置于凹槽内部，密封环与泵筒单边间隙为 0.5mm。柱塞在上冲程运动过程中，游动阀关闭，固定阀开启，柱塞上部液体作用于第一级密封环，在液体压力作用下密封环膨胀变形，与泵筒完全贴合，液体流经第一级密封环开口，作用于第二级密封环，实现第二级密封环膨胀变形，依此类推，最终实现上冲程柱塞与泵筒的密封。下冲程游动阀打开，固定阀关闭，柱塞上下压力平衡，密封环收缩回最初形态，增大柱塞与泵筒的间隙。示意图如图 4-6-19 所示。

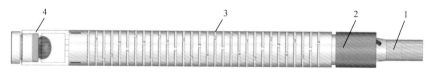

图 4-6-19　软密封抽油泵柱塞结构示意图
1—出油接头；2—柱塞本体；3—密封环；4—游动阀总成

（2）技术优势。① 实现非金属软密封，密封环具有收缩特性，柱塞与泵筒单边间隙达 0.5mm，不易卡泵；② 上冲程密封环膨胀，与泵筒完全贴合，提高泵效；③ 下冲程密封环收缩，增大柱塞与泵筒的间隙，减缓杆管偏磨程度，进一步延长检泵周期；④ 可实现不动管柱作业，只需将柱塞提出地面，更换密封环后下入井内。

（3）软柱塞结构优化设计。为验证柱塞结构设计能否实现液体流经各个密封环后压力均匀下降，应用 Fluent 流体软件，对柱塞流体域进行压力、湍动能、速度模拟。进行模拟时，考虑到 PA 环不同的开口距离可能对流经 PA 环的流体产生不同的作用力，故在模拟过程中，选取多种 PA 环开口距离作为模拟对象，且在 PA 环开口分布上也进行一定程度的考虑：同向开口，异向开口，以探索不同开口规律的影响。开口距离暂定：3mm，4mm，5mm 和 6mm，开口方向以相差 45° 为主，同时进行 180° 及无序研究。图 4-6-20 为流场模拟后压力、速度、湍动能云图，从中可以看出在不同开口状态下压力均呈现出较为均匀的递减分布，从流体经过第 1 级 PA 环开始，各组的流体压力逐渐降低且降低幅度相对平稳，说明密封环能够对间隙内的流体起到较好的逐级密封作用，使间隙内流体压力逐渐降低，直至柱塞完成举升运动。两级密封环的开口方向相差 180° 时，密封环间的流体具有较为均匀的速度分布，当密封环开口较近时，两级密封环间的流体速度的波动梯度较大，说明相差较大的开口方向，有利于密封环内流体的均匀分布，利于密封环向筒壁扩张，有利于提高密封环的密封功能。通过对柱塞流体域流场的模拟，为液力密封抽油泵的结构设计奠定了理论基础。

图 4-6-20　流场模拟后压力、速度、湍动能云图

（4）现场应用情况。截至 2020 年 12 月，在采油二厂和采油三厂弱碱区块共开展现场试验 12 口井，试验井均处于副段塞，结垢量较小，措施后平均液面 697m，平均泵效提高 5.2 个百分点，其中 B2-352-E63 井最长免修期已达 515 天，超过该井措施前平均检泵周期（75 天），目前仍无漏失现象，泵效保持在 68.6%，初步验证了软密封抽油泵具有较好防垢卡特性。

2. 三元复合驱机采井在线监测装置研制

现场试验表明，单一采用物理防垢措施并不能完全满足现场举升要求，采取物理与化学相结合的综合防垢措施效果最佳。目前采用的化学措施主要是对机采井进行清垢处理，但由于目前尚未掌握机采井结垢期负载变化规律，化学清垢往往错过了最佳措施时期，致使措施效果受到限制。为了保证化学清垢措施及时性，提高化学清垢措施效果，开展了三元复合驱机采井在线监测装置研制工作。

1）结构组成及工作原理

在线监测装置测试系统主要由电参数测试模块、载荷测试模块及数据收集（RTU）及发送处理模块（DTU)4 部分组成。电参数测试模块测试机采设备功率、电流及电压参数，载荷测试模块测试机采井载荷参数，测得数据由 RTU 进行搜集处理，利用 GPRS 网络由 DTU 传输至服务器，随后利用专用软件对数据进行分析处理，最终通过 Web 发布，用户可对测试数据进行分析处理、在线浏览、报表制作、保存、打印等操作。

2）主要功能及特点

（1）GPRS 无线传输监测功能：可以远程监测记录机采井的功图、冲程、冲次、载荷、电流、电压、功率、扭矩、频率、转速等数据；（2）实时监控，操作人员可随时了解油井工况；（3）实现机采井特征运行参数同步采集；（4）无须网络投资和维护，运行成本低。

螺杆泵在线监测系统功能介绍：（1）实现采集数据查询功能；（2）实现特征参数对比功能；（3）实现有功功率图形查询功能；（4）实现扭矩图形查询功能；（5）实现同一时间段的扭矩、转速、电流、有功功率图形查询功能。

抽油机在线监测系统功能介绍：（1）能够在线显示示功图、电压、电流、功率、冲程、冲次等参数；（2）通过专业的分析软件对采集的数据进行分析，判断工况和提供科学的井况分析依据；（3）针对油田行业专门设计的矢量控制变频系统；（4）具有过载、过压、漏电、缺相保护功能；（5）适用于标准电动机和高滑差电动机；（6）GPRS 网络与该设备进行数据传输和远程在线监测；（7）具有工频和变频、手动和自动等多种工作模式的选择；（8）具有软启动器功能，启动电流平稳，避免了大的启动电流对电网系统的冲击；（9）实现 0～150kN 载荷范围内的抽油机井示功图采集功能。

3）现场应用情况

强碱三元复合驱区块共开展在线监测装置现场试验 33 口井，通过前期机采井在线监测现场试验，监测到 22 井次卡泵，预判符合率为 90.9%，明确了负载变化规律，建立了强碱三元机采井故障模型，为确定清垢时机提供了依据。

五、三元复合驱机采井管理制度

目前三元复合驱机采井管理办法主要延续水驱、聚合物驱机采井管理方法，由于三元复合驱机采井井况复杂，水驱和聚合物驱机采井管理方法并不能完全满足三元复合驱机采井管理要求，常常因为人为操作不当、生产参数监测频率低、措施不及时等原因影响机采井检泵周期。为提高三元机采井管理水平，减少人为因素对机采井检泵周期的影响，针对不同三元复合驱区块结垢特点、不同举升方式及机采井不同的见垢阶段，编写了包括三元复合驱螺杆泵及常规游梁抽油机井洗井制度、化学清防垢制度、启停机操作制度、数据录取及监测制度等在内的三元机采井管理制度，并对三元复合驱螺杆泵及常规游梁抽油机井进行了分类，明确了油井检泵周期的计算方法，如图4-6-21所示。

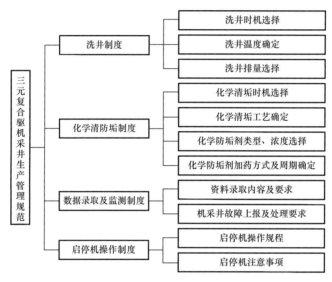

图4-6-21 三元复合驱机采井生产管理规范

1. 三元复合驱机采井资料录取管理

1）资料录取内容

主要包括采出液中化学剂浓度、采出液中成垢离子浓度等常规检测项目、机采井负载特征参数、机采井生产参数等资料。

2）资料录取要求

为了准确分析三元复合驱采出井的工作状况，班报表除按规定内容填写外，要对每口油井当天的所有工作记录进行明确标注，如：测试、测压、施工内容、设备维修、仪器、仪表校对、洗井、取样、加药、清蜡等；此外，由于开关井对结垢的影响较大，必须明确标注开关井时间及原因。

2. 措施井资料录取管理

机采井检换泵时要详细标明检换泵原因，抽油机井要提供当前机型、冲程、冲次、井下抽油泵型号、泵径等参数，螺杆泵井要提供当前电控箱、驱动装置型号、转速、生产电流曲线资料，井下泵型号、抽油杆及扶正器类型要标注清楚。同时，要有化学防垢措施工艺及井下特殊工艺试验的详细说明，在检换泵施工过程中做好结垢单井档案资料录取。

建立单井检换泵施工过程结垢跟踪档案，并根据实际需求，对检泵机采井不同部位的垢样成分进行化验分析，同时结合机采井生产资料，为掌握机采井结垢阶段和采取防垢措施提供参考依据。

及时准确录取机采井措施资料，如压裂、酸化、补孔、侧钻、检泵、换泵等措施效果及静态数据。

3. 机采井日常管理

1）三元复合驱机采井的分类

为科学高效管理三元机采井，根据三元复合驱机采井录取生产资料并结合实际检泵见垢状况，将三元复合驱机采井分为未见垢井（Ⅰ类井）和见垢井（Ⅱ类井）两类。

2）汇报制度

岗位工人要及时检查机采井运行的各项参数，采油队技术员负责每天对生产数据进行分析对比，如发现异常变化，应查明原因，并及时采取有效措施。

3）启机与停机要求

（1）抽油机井启、停机按照 SY/T 5700 常规游梁抽油机井操作规程规定执行。（2）螺杆泵井启、停机按照 Q/SY DQ0632 螺杆泵生产井操作规程规定执行。（3）特殊要求：① 机采井结垢期间，不允许随意停机，意外停机时（如停电、零部件损坏、过载保护等）首先落实停机原因和停机时间，然后执行汇报制度；② 人为停机时（如维护保养、测静压等）首先预计停机时间，之前应做好相关工具和设备的准备工作，尽量缩短维护过程中的停机时间，同时执行汇报制度；③ 结垢期机采井人为停机前要进行洗井（反洗），冲洗出泵筒和油管中采出液及其不溶性垢，使井筒中充满清水；④ 抽油机井停机时驴头必须停在下死点，减少卡泵概率；⑤ 螺杆泵井故障停机后会造成再次启动扭矩增大，启动后应低转速运转一段时间，再逐步调整到要求转数。（4）机采井停机后的处理按以下制度执行。① Ⅰ类机采井停机后可直接启动；② Ⅱ类抽油机井意外停机小于 2h，可直接启机，超过 2h 应先进行酸洗，然后再启机；③ Ⅱ类抽油机井人为停机小于 2h，停机前先进行洗井（反洗）后再停机，措施完成后直接启机，超过 2h 应先进行酸洗后再停机，措施完成后直接启机；④ Ⅱ类螺杆泵井意外停机，应先验证防反转系统可靠性，然后启机，超过 2h 应先进行酸洗，然后再启机；⑤ Ⅱ类螺杆泵井人为停机前先进行洗井（反洗），然后再停机，措施完成后直接启机。

4）洗井要求

机采井热洗方法采用反循环洗井法，采用以高压蒸汽热洗为主、掺水洗井为辅的热洗方式，出口返出液温度不低于 60℃。

抽油机井热洗按照 SY/T 5587.5《常规修井作业规程 第5部分：井下作业井筒准备》中"4.4 洗井作业程序与质量控制"条款执行。其中Ⅱ类抽油机井热洗井时先用常温水替出井筒内液体，再使用热水洗井，热洗完成后再用清水进行驱替，避免洗井过程中采出液中悬浮垢的沉积而卡泵。螺杆泵井热洗时采用边转边洗的方法（不将转子提出泵筒），过程中可适当提高螺杆泵转速，保证洗井排量。

Ⅱ类机采井应尽量减少热洗井次，各区块可根据机采井生产参数及负载特征参数的变化制定不同结垢阶段机采井的热洗周期。

5）三元复合驱机采井化学清防垢管理要求

（1）三元复合驱机采井结垢阶段判定。不同三元区块，机采井不同结垢时期垢的成分及含量变化具有较大的差异性，因此应根据三元机采井采出液中离子分析等数据在不同结垢阶段的变化情况及作业井现场跟踪情况，制定机采井结垢阶段判定模板，为准确判定机采井结垢阶段，提高清防垢措施效果提供依据。

（2）化学清垢实施管理要求。①化学清垢时机的确定。各区块应根据实际情况，制订清垢时机的具体指标。抽油机井主要根据示功图、电流、有功功率变化情况以及出现光杆滞后、不同步现象，确定实施清垢措施时机，此外当发生卡泵现象时，可根据现场实际情况决定清垢措施时机；螺杆泵井主要根据扭矩、电流、有功功率变化情况确定实施清垢措施时机。②化学清垢剂配方确定。针对不同结垢时期，依据不同垢质应采用不同类型的清垢剂，不同垢用不同的除垢剂。另外，由于常规镀铬涂层在无机强酸体系下产生脱落，对螺杆泵井酸洗配方应选择有机酸清垢剂体系。③化学清垢措施要求：a. 合理安排化学清垢措施井数及时间，对同一计量间油井，日化学清垢措施井数控制在 2 口井以内；b. 化学清垢措施前后要录取好相关资料，如功图、液面、产量、电流、油压、套压等，并做好对比分析；c. 化学清垢措施后做好质量跟踪工作，如发现异常情况，及时进行分析、落实、处理；d. 化学清垢措施时，先用常温清水替出井筒内液体，然后再进行酸洗，避免洗井过程中采出液中悬浮垢的沉积，同时减少酸液与碱液的中和作用，酸洗后再用保证酸洗效果；e. 化学清垢措施井返排化学清垢剂要求排入罐车，集中处理。

（3）化学防垢剂的选用。各区块根据不同结垢时期、成垢离子浓度变化情况，选用不同配方防垢剂的剂量及应用浓度，制订出化学防垢剂应用模板。

三元复合驱机采井井口加药方式主要有智能数控井口液体加药、无动力井口液体加药两种方式，各区块根据实际需要选用合适的化学防垢剂加药方式。

措施期间应定期监测机采井产液、采出液离子浓度及垢质分析等数据，及时调整防垢剂配方浓度和药剂量；对作业加药井，应在开井生产前进行加药，并可适当加大药剂浓度及加药量；定期对加药装置进行巡检、维护，每次加药时应全面检查装置运行的各项参数，发现异常情况及时上报。

6）施工现场监督管理要求

（1）质量监督员须全程监督，翔实描述该井的井下状况，重点关注结垢情况，包括结垢部位，厚度，外观颜色以及图片等；（2）监督员须对重点工序进行监督，对见垢井进行描述并留存垢样及照片，同时及时通知相关单位监督人员到现场，对见垢井进行现场监督；（3）施工单位须严格按设计施工，有特殊情况要及时向监督人员汇报，并在施工总结中翔实描述该井的见垢情况，及特殊工具的规范、厂家、使用情况等。

4. 三元复合驱机采井检泵周期计算方法

单井检泵周期：油井最近两次检泵作业之间的实际生产天数（SY/T 6126《抽油机和电动潜油泵油井生产指标统计方法》）。

判定标准：

（1）是否换泵，与是否动管柱没有关系；

（2）动管柱但未换泵，如加深和上提泵挂深度，检泵周期应连续统计；

（3）动管柱换泵，如改变泵型，应按检泵周期统计。

5. 规范化管理

为实现规范化管理，制订了机采井防垢举升专用标准 7 项、规范 3 项（表 4-6-13）。

表 4-6-13　三元复合驱防垢举升工艺规范及标准列表

序号	类别	标准或规范名称
1	标准	《提捞抽油机采油系统安装、运行及维护操作规范》
2		《三元复合驱油井碳酸盐垢防垢剂性能检测方法》
3		《三元复合驱采油工程编写规范》
4		《三元复合驱油井硅酸盐垢防垢剂性能评价方法》
5		《三元复合驱油井清垢剂性能检测方法》
6		《三元复合驱机采井现场生产管理规范》
7		《敞口式防垢卡抽油泵》
8	规范	《三元复合驱机采井井口动力加药维护管理规定》
9		《三元复合驱机采井清垢解卡施工的管理规定》
10		《抽油泵产品和生产管理操作规范》

第七节　三元复合驱地面工艺技术

继持续稳产 5000×10^4t 27 年创造了世界同类油田开发史上的奇迹后，大庆油田进行了系列开发战略调整，不同层系的储量由水驱不断转移到化学驱，通过技术接替进一步开创了油气当量 4000×10^4t 持续稳产新局面。

三元复合驱地面工艺技术通过系统攻关，从室内研究到矿场试验再到工业示范开发扎实推进，形成了适合不同三次采油方法的现场试验和工业化推广应用的地面工艺配套技术。在配注工艺方面，形成了满足驱油试验的目的液配注工艺流程、满足工业化初期单独建站的"低压三元高压二元"配注工艺流程，以及适应大面积推广的"集中配制、分散注入"配注工艺流程。在采出液处理方面，研发了填料可再生的游离水脱除器、新型组合电极电脱水器、高阻抗交直流叠加高压供电装置、变频脉冲脱水供电装置等，定型了二段脱水工艺，实现了三元复合驱采出液的有效脱水。在采出水处理方面，研制了基于螯合机理的水质稳定剂，与二段沉降二级过滤处理工艺联合应用，实现了含油污水的有效处理。

至"十三五"收官，2020年底，大庆油田三元复合驱投入工业化区块27个，建成三元复合驱注入井3286口，新（扩）建转油放水站、采出水处理站等大中型工业站场64座，新建注入站、计量间等小型工业站场165座。对高含水油田深度挖潜起到了强力支撑作用，也为油田后续合理高效开发奠定了坚实基础。

一、三元复合驱配注工艺技术

三元复合驱进入现场及工业应用以来，根据开发要求，通过系统的科技攻关，形成了3套配注工艺技术，即：目的液工艺、单泵单井单剂工艺和"低压三元、高压二元"工艺，满足了不同开发方案的需求。根据大庆油田已建聚合物驱系统现状，通过研究化学剂的流变性和配伍性，形成了三元复合体系的集中建站工艺模式。

1. 三元复合驱化学剂性质

1）聚合物的性质

目前大庆油田使用的聚合物分子量范围较宽，其分子量从1100万到2500万。为了指导工程设计时配制合理数量的熟化罐、正确选择适宜的搅拌器，开展了不同分子量聚合物母液的搅拌熟化试验。聚合物的分子量越大，熟化时间越长，5000mg/L母液黏度达到稳定所需的时间越长。总体来说，不同分子量聚合物的熟化时间均在90~150min之间。熟化时间曲线如图4-7-1所示。水解聚丙烯酰胺是水溶性聚合物，其水溶液是黏弹性流体，在地面系统聚合物溶液流动的剪切速率范围内，聚合物溶液可用幂律流体流变方程表述其流变特性。

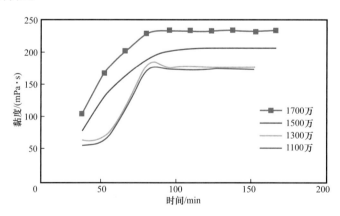

图4-7-1　不同分子量聚合物母液的熟化时间曲线

2）表面活性剂的性质

大庆油田使用的表面活性剂主要有烷基苯磺酸盐和石油磺酸盐，石油磺酸盐表面活性剂的开口闪点大于115℃，闭口闪点大于105℃。烷基苯磺酸盐表面活性剂密度1.073 g/cm³，凝固点 −25.0℃，闪点45℃，爆炸下限80℃时最大进样量4.8%不燃爆。

采用旋转黏度计测试了不同温度条件下烷基苯磺酸盐和不同浓度石油磺酸盐表面活性剂的流变特性参数，烷基苯磺酸盐为牛顿流体。石油磺酸盐的流变曲线符合幂律流体的流变曲线，为剪切稀化流体。石油磺酸盐表面活性剂的黏度较高，且温度敏感性不是很强，在45℃以上时，产品黏度随温度升高降低趋势较为明显，但其仍具有较高的黏度。

由于石油磺酸盐表面活性剂在常温下黏度高，油田配制站不同于化工厂，没有热源用于表面活性剂保持较高的温度，使其易于流动，因此配制站从储存保温、注入泵吸入端工艺管道无法满足正常注入要求，需采取相应的技术措施。

为了确定稀释至不同浓度对石油磺酸盐溶液黏度的影响，利用油田配制污水将石油磺酸盐分别稀释至25%，20%，15%和10%。测试了稀释后的石油磺酸盐在不同温度时的黏度变化关系，如图4-7-2所示。

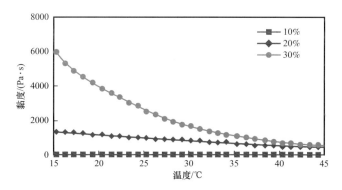

图4-7-2　表面活性剂稀释液黏度变化曲线

从图4-7-2可以看出，石油磺酸盐稀释后溶液的黏度随浓度降低，溶液的黏度大幅度降低，当稀释到20%以下时，其黏度与聚合物母液的相当。因此，进入表面活性剂注入系统的石油磺酸盐浓度应低于20%，有利于储存和注入泵的适应。

3）碱的性质

（1）NaOH的性质。大庆油田常用碱液为30%的NaOH液态溶液。30%的NaOH碱液在0℃以上无结晶和冻结现象。在温度达到−18℃时，碱液完全冻结。结晶样品（−7.8℃以下形成）在0℃环境难以溶解，在0～10℃环境溶解缓慢，14℃以上环境，需要搅拌2h以上才能溶解。冻结样品在0℃或更高温度下快速溶化，下层形成的结晶仍较难溶解。

（2）Na_2CO_3的性质。① Na_2CO_3的溶解度。固体Na_2CO_3易溶于水，温度越高，溶解度越大。表4-7-1为工业固体碳酸钠在不同温度的采出污水中的溶解度。② Na_2CO_3在污水中的溶解温升。碳酸钠溶解在水里的时候，扩散过程所吸收的热量多于水合过程所放出的热量。所以，碳酸钠溶解过程中溶液的温度升高。用温度计测定了工业固体碳酸钠在油田配制污水中溶解时的温度变化。配制浓度为 10%，配制水温为 30℃，室温为 25℃。结果见表 4-7-2。③ Na_2CO_3 的溶解速率。用定量的试样溶解在定量的溶液中所需的时间表征其溶解速度。采用温度和目测结合的方法，测定固态碱在 30℃污水中的溶解速度。配制浓度为 10%。温度法：随着固态碱的不断溶解，溶液的温度不断升高，全部溶解后，溶液的温度达到最高。溶液温度达到最高后并略有下降时，所需的时间为固态碱的溶解时间。目测法：当溶质开始溶解的时候，由于时间短，尚有许多未溶解的固体小颗粒悬浮于溶剂里形成悬浮液。当时间≥溶解时间，溶质完全溶解在溶剂里，形成均一的、稳定的溶液。

表 4-7-1   工业固体碳酸钠在不同温度采出污水中的溶解度数据表

温度 /℃	5	10	15	20	25	30
溶解度 / (g/100g)	8.0	10.0	14.0	18.0	22.0	28.0

表 4-7-2   碳酸钠在污水中溶解时的温度变化

时间 /min	溶液温度 /℃			溶液温度 /℃
	1	2	3	
0	30.0	30.0	30.0	30.0
1	34.0	34.0	34.0	34.0
2	34.0	34.0	34.0	34.0
3	33.8	34.0	33.5	33.8
4	33.5	33.5	33	33.3
5	33	33.5	33	33.2
6	33	33.2	33	33.1

2. "低压三（二）元、高压二元" 复合体系配注工艺

根据开发方案提出的"聚合物浓度可调，碱和表面活性剂浓度不变"的个性化注入要求，在"目的液"和"单泵单井单剂"工艺的基础上，形成了三元复合驱"低压三元、高压二元"配注工艺。针对结垢严重区块，采用"低压二元、高压二元"配注工艺，满足了三元复合驱工业化推广应用的需要。工艺流程简图如图 4-7-3 和图 4-7-4 所示。表 4-7-3 为北一区断西块三元示范压两种配注工艺运行情况。

表 4-7-3   北一区断西块三元示范区两种配注工艺运行情况表

工艺	低压三元、高压二元	低压二元、高压二元
泵故障率 / (次 / 月)	1.01	0.37
运行时率 /%	91.5	96.7

工艺		低压三元、高压二元	低压二元、高压二元
井口指标合格率／%	注聚浓度	97.4	97.1
	注碱浓度	95.5	92.8
	注表浓度	97.1	96.9
	界面张力	98.8	98.3

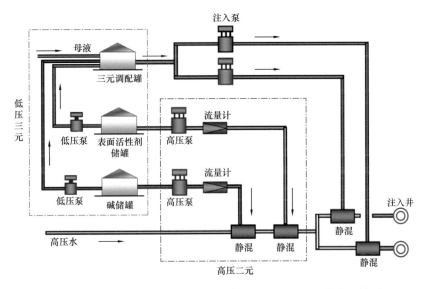

图 4-7-3　三元复合驱"低压三元、高压二元"配注工艺流程简图

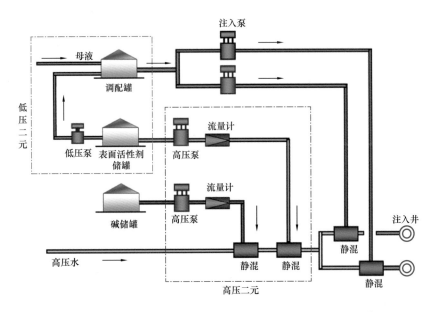

图 4-7-4　三元复合驱"低压二元、高压二元"配注工艺流程简图

集中配制模式一：配制站提供低压二元母液，调配站提供高压二元水，如图 4-7-5 所示。

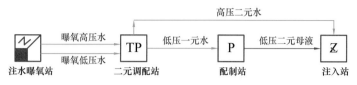

图 4-7-5　集中配制模式一

在聚合物配制站用含表面活性剂的水配制聚合物，集中配制成含表面活性剂目的浓度的低压二元母液。在低压水中加入表面活性剂，形成低压一元水，在配制站用其配制聚合物，集中配制低压二元液，再输送至各三元注入站。

集中配制模式二：低压二元母液和高压二元水均由调配站提供，如图 4-7-6 所示。

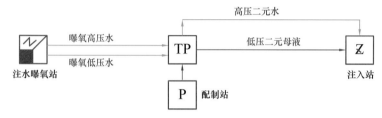

图 4-7-6　集中配制模式二

在调配站集中调配低压二元和高压二元，分散输送至各注入站。在三元复合驱产能区块内选定 1 座配注站，在该站按全区量配制低压二元和高压二元；其余注入站按聚合物注入工艺建设，注入站所需低压二元和高压二元由调配站提供。

西区二类、东区二类、南一区东块、北三东、北二区西部等三元区块均采用集中配制"低压二元、高压二元"配注工艺模式一建设。北一区断西块和杏三—杏四区等三元区块采用"低压二元、高压二元"配注工艺模式二建设（表 4-7-4）。

表 4-7-4　集中配制"低压二元、高压二元"配注工艺统计表

采油厂	产能区块	注入站/座	工艺模式
一厂	北一区断西块	2	模式二
	西区二类	6	模式一
	东区二类	5	模式一
	南一区东块	8	模式一
	北一、北二排东块	4	模式一
二厂	南四区东部	5	模式一
三厂	北三东	1	模式一
	北二区东部	6	模式一
	北二区西部东块	5	模式一
四厂	杏三—杏四区东部	6	模式二

二、三元复合驱采出液原油脱水技术

三元复合驱采出液的原油脱水处理是三元复合驱开发中的关键环节之一，关系到三元复合驱外输原油的质量，原油集输的效率，生产运行的成本，进而影响三元复合驱原油生产的总体经济效益。表4-7-5为大庆油田水驱、聚合物驱与三元复合驱采出液物性对比表。

表4-7-5　大庆油田水驱、聚合物驱与三元复合驱采出液物性对比表

采出方式	水驱	聚合物驱	弱碱三元复合驱	强碱三元复合驱
密度（20℃）/（kg/m³）	856.4	865.1	866.3	861.5
原油黏度（50℃）/（mPa·s）	21.1	22.6	22.3	25.4
蜡含量 /%	26.7	29.6	28.4	27.5
胶质含量 /%	7.83	7.21	8.76	7.96
原始气油比 /（m³/t）	45.5	46.6	44.9	45.3
凝点 /℃	33	32.6	30.4	31.6
Na/（mg/L）	6.2	14.8	24.3	34.2
Si/（mg/L）	1.6	1.5	1.8	3.1
机械杂质 /%	0.05	0.16	0.21	0.24
水中油珠粒径中值 /μm	20.7	15.3	3.75	2.57
水相聚合物含量 /（mg/L）	—	400～600	800～1400	800～1400
水相表活剂含量 /（mg/L）	—	无	60～120	60～120
pH 值	7.5～8.5	7.5～8.5	8.0～10.0	10.0～11.5
ZETA 电位 /mV	−35～−20	−40～−30	−50～−30	−80～−50
水相黏度 /（mPa·s）	0.7～1.0	1.5～2.5	1.5～3.0	3.0～6.0
矿化度 /（mg/L）	4000～6000	4000～6000	6000～7000	7000～15000

表面活性剂国产化以后，针对三元复合驱采出液处理难度增大的问题，结合三元复合驱的推广应用，形成了以两段脱水为主体的原油脱水工艺。开发了适合于三元复合驱采出液处理的化学药剂，优化确定了药剂加药量；研发了填料可再生的游离水脱除器、组合电极电脱水器及配套供电设备，工业性试验区和工业示范区总体运行平稳。同时规范了技术系列，三元复合驱采出液游离水脱除装置和高效组合电极电脱水装置等获得实用新型专利，抗短路冲击自恢复式高频脉冲脱水供电装置获得发明专利，防污染护罩式高压绝缘吊柱获得实用新型专利，电脱核心技术持续升级改进，脱水技术进一步专业化运作和推广，保证了三元复合驱采出液原油脱水技术有效转化为生产力。

1. 三元复合驱采出液性质

由于三元复合体系中含有碱、表面活性剂和聚合物及碱与油藏水、油藏矿物的作用

产物，所以三元复合驱采出液成分较水聚驱复杂，油水相黏度大，油水乳化程度高，油水分离速率低，分离特性差。采出原油中钠及硅元素含量高，机械杂质含量高，携砂量大，导电性强，易在分离设备中形成淤积物，造成流道堵塞和电极短路。

1）三元复合驱采出液沉降分离特性

通过北一区断东三元 217、南五区先导性试验区试验，以及北一区断西等三元复合驱工业性示范区的跟踪试验，明确了三元复合驱采出液的沉降分离特性。

（1）破乳剂加入量对沉降分离特性的影响。在北一区断西三元复合驱示范区采剂浓度较低的阶段，进行了不同破乳剂加入量对油水分离效果的影响试验。表 4-7-6 为中 105 脱水站来液在温度 40℃、沉降时间 30min 时，水中含油量与破乳剂 SP1003 投加入量的关系。

表 4-7-6　水中含油量与破乳剂投加入量的关系

聚合物浓度 /（mg/L）	表面活性剂含量 /（mg/L）	pH 值	破乳剂加入量 /（mg/L）	水相含油量 /（mg/L）
370	12	8.4	5	675
			10	346
			15	170
			20	130
			30	146

从表 4-7-6 中可以看出：① 随着加药量的增加，水中含油有减少的趋势；② 破乳剂的投加入量达到 30mg/L 后，继续增加破乳剂的投加量，对脱后水质的影响减小；③ 通过增加破乳剂的加入量，对改善脱后水质还有潜力。

（2）化学剂含量对沉降分离特性的影响。随着北一区断西三元复合驱示范区采剂浓度升高，选用示范区中 105 脱水站不同化学剂含量的采出液，进行 40min 沉降分离试验。脱水温度为 40℃，采出液含水率为 60%，破乳剂型号 SP1008，加药量 30mg/L。

从表 4-7-7 不同化学剂含量的采出液沉降试验后的水相含油量和油中含水率关系可以看出，表面活性剂含量的升高使三元复合驱采出液稳定性增加，油水分离难度上升。表面活性剂含量在 0～35mg/L 时，采出液油水分离难度增加不大；表面活性剂含量在 35～100mg/L 时，采出液油水分离难度逐步加大，且随表面活性剂含量增加而呈现增加趋势。

表 4-7-7　中 105 站不同化学剂含量的采出液沉降数据

聚合物浓度 /（mg/L）	表面活性剂含量 /（mg/L）	pH 值	水相含油量 /（mg/L）	油相含水率 /%
330	0	8.13	743	2.4
650	35	8.88	1608	2.95
720	70	9.45	2800	3.13
840	100	10.76	2234	15.8

2）三元复合驱采出液电脱水特性

通过进行三元复合驱工业性示范区采出液室内静态电脱水试验，明确了三元复合驱采出液的电脱水特性。

（1）采出液电脱水特性。选用北一区断西三元复合驱示范区中105脱水站不同化学剂含量的采出液，进行导电性测试。试验温度为55℃。图4-7-7为中105站水相电导率变化曲线。

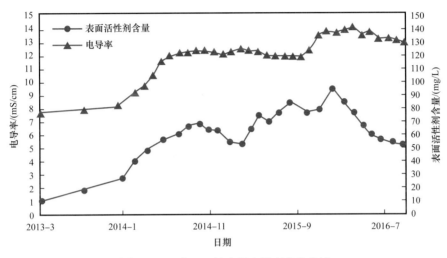

图 4-7-7　中 105 站水相电导率变化曲线

从图4-7-7中看出，从北一区断西示范区采出液中的表面活性剂浓度达到30mg/L以上，采出液导电性增加，击穿场强下降，电脱水运行电流增大，电脱水器的运行平稳性开始变差。采剂浓度高峰期时水相电导率是开采初期水相电导率的1.8倍。

（2）化学剂含量对电脱特性的影响。选用北一区断西三元复合驱示范区中105站不同化学剂含量的采出液，进行电脱水试验。脱水前油中含水率为10%，试验温度为50℃，二段破乳剂型号SP1009，加药量20mg/L。表4-7-8为三元剂含量不同阶段2000V/cm场强脱水达标加电变化。

表 4-7-8　不同阶段 2000V/cm 场强脱水达标加电变化

聚合物浓度/（mg/L）	表面活性剂含量/（mg/L）	场强/（V/cm）	加电时间/min	油相含水率/%
650	26	1500	45	0.3
		1800	45	0.28
		2000	45	0.26
870	48	1500	60	0.28
		1800	60	0.27
		2000	60	0.25

续表

聚合物浓度/（mg/L）	表面活性剂含量/（mg/L）	场强/（V/cm）	加电时间/min	油相含水率/%
790	75	1500	75	0.3
		1800	75	0.29
		2000	75	0.27
840	100	1500	90	0.27
		1800	90	0.25
		2000	90	0.19

从表4-7-8试验数据可以看出：适当提高脱水场强是提高脱水效果的有效手段，不同阶段最佳脱水场强不同。化学剂浓度低、中含量阶段，最佳脱水场强为1500V/cm，脱水时间60min脱后含水率即可达到0.3%的脱水指标；化学剂浓度高含量阶段，脱水场强1800～2000V/cm，脱水时间90min脱后含水率可达到0.3%的脱水指标。

（3）加电时间对电脱特性的影响。试验介质：北一区断西三元复合驱示范区中105站不同化学剂含量的采出液；电导率测试条件：温度50℃。

从图4-7-8可看出，随着采出液中化学剂浓度升高，电脱水难度明显增大，脱水达标时间延长，脱水场强为2000V/cm，脱水达标时间由开采初期的45min左右，采剂高峰期延长到70min左右，处理难度明显提高。

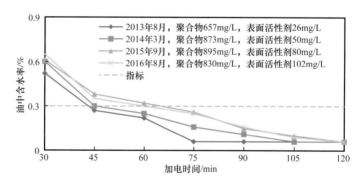

图4-7-8　中105站采出液不同阶段2000V/cm场强脱水达标加电时间变化曲线

2. 三元复合驱采出液脱水设备及工艺流程

1）三元复合驱采出液原油脱水设备

原油脱水设备是脱水技术的体现。三元复合驱采出液脱水设备主要包括游离水脱除设备和电脱水设备。

（1）填料式游离水脱除器。采出液性质研究表明，三元复合驱油用化学剂将极大地增强采出乳状液的稳定性。在此基础上提出了选择高效填料，强化分散相聚结，改进游离水脱除器结构设计等措施，研制了新型游离水脱除器。游离水脱除器简图如图4-7-9所示。

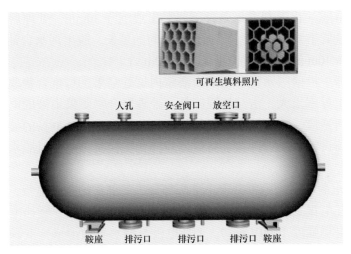

可再生填料照片

图 4-7-9　三元复合驱游离水脱除器简图

考虑到三元复合驱采出液水相黏度增大，携带杂质增多，新型游离水脱除器中填料使用蜂窝载面的陶瓷型填料，降低了填料堵塞的可能性，并利于清理，符合选择抗堵塞能力强，分离效率高的填料的要求，陶瓷夹心波纹板填料流动通道为类正方形，棱角处进行了小弧度处理，重新设计的填装形式，使聚结填料自上而下的容积率逐渐大。

当液体分层后流经 1 号聚结板时，油滴随着水相流动，同时由于浮力作用而上浮。当其浮至波纹板下表面后，便与板表面吸附、润湿、聚结，由此产生一轻相油滴所组成的沿波纹板下表面向上流动的流动膜。此轻相流动膜流至平板上端就升浮到容器上部轻相油层之中，从而完成分离过程。为了提高脱除后污水质量，还在沉降段设置了 2 号波纹板聚结器。

新型游离水脱除器进行了不同沉降时间的游离水脱除试验，试验曲线如图 4-7-10 所示。试验条件：杏二中试验区进站采出液中聚合物含量在 120mg/L 左右，表面活性剂含量为 26～41mg/L，碱含量为 800mg/L 左右，处理温度为 40℃左右，破乳剂 SP1003 加药量为 30mg/L。

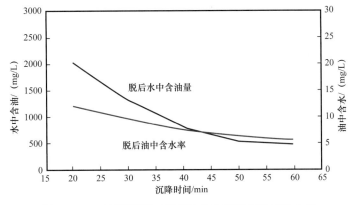

图 4-7-10　不同沉降时间的游离水脱除现场试验曲线

在试验区现有驱油化学剂含量条件下，采出液沉降30min，处理后油中含水在10%左右，污水含油量低于1500mg/L，随着沉降时间的延长，脱出污水含油量和油中含水量进一步降低，沉降40min，污水含油量低于1000mg/L。

（2）电脱水器。根据三元复合驱采出液室内试验结果，与聚合物驱采出液相比，三元复合驱采出液电导率增大，击穿场强降低，处理聚合物驱采出液的电脱水器结构参数及电场参数已不再适应，按照室内试验结果，充分考虑强、弱电场的接替性以及每一电场区的空间，重新设计了新型供电设备以适应三元复合驱采出液对脱水场强和处理时间的要求。

① 组合电极电脱水器。电极分上、下两部分，上部采用竖挂电极，下部采用一层平挂柱状电极，竖挂电极之间形成强电场（电场强度3000V/cm），竖挂电极与平挂电极间形成次强电场（电场强度1000V/cm），平挂电极与油水界面形成交变预备电场（电场强度200V/cm左右），其电场度从下至上逐步增强，乳化液的预处理空间较大，处理后原油的含水率由下至上逐步减少，保证了脱水电场的平稳运行。

布液结构：采用双管布液，并根据三元复合驱采出液流变性计算出合理的布液孔形式及尺寸，该布液方式提高了布液均匀度，使电极板利用率提高，从而提高了电脱水器的处理能力和脱水电场稳定性。

组合电极电脱水器脱水温度：≥50℃；操作压力：0.2~0.3MPa；来液含水：≤30%；来液三元复合驱化学剂浓度：聚合物≤1000mg/L，碱≤3000mg/L，表面活性剂≤200mg/L；脱后油含水率：≤0.3%；脱后污水含油量：≤3000mg/L。净化油处理量：5m³/h；供电方式：交流与直流复合。

在试验温度为48~50℃，破乳剂为SP1003，破乳剂加入量为30mg/L，油水界面控制在0.48~0.90m之间，处理量为3.0~7.0m³/h，试验结果如图4-7-11所示。

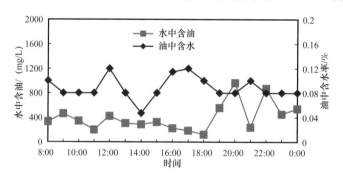

图4-7-11　组合电极电脱水器脱后油中含水及水中含油曲线

在油水界面控制平稳的情况下，组合电极电脱水器能够进行有效的油水分离，脱后油中含水低于0.12%，水中含油低于1000mg/L。与传统电脱水技术相比较，预处理电场增强，实现进液含水率由20%提高到30%，极板淤积物减少，清淤周期提高到原来的1.75倍。

② 变频脉冲脱水供电装置。根据电场频率与乳状液滴固有频率相接近时，液滴产生谐振，利于破乳，提高脱水效率，研发出合适脉冲范围的变频脉冲脱水供电装置。

在脱水速率曲线中，当频率由 50Hz 增加到 2kHz 时，脱水速率随频率升高而提高，再继续增大频率，脱水速率随频率升高而下降，确定了三元脱水最佳频率区间，提高了三元复合驱脱水效果。

（3）回收油单独处理装置。采出液处理系统回收油影响电脱水器平稳运行，北Ⅲ–3站采出液掺入回收油后：脱水电流增大，持续时间长；脱水达标时间延长；北Ⅲ–6 连续收油，导致脱水电场波动。经过多年攻关开发了新型的回收油沉降脱水装置，形成专利。装置采用下箱式布液，不仅具有良好的稳流整流特性，而且乳状液经过水洗，有利于破乳；采用两段可再生填料作为聚结元件，提高了油水分离效率，且容易清理，形成沉降脱水设备规格系列，满足不同站场处理规模的需要，并形成了三元复合驱污水沉降罐回收油单独工艺。应用在采油一厂三元中 105 转油脱水站、三厂北二区西部东块二类油层弱碱三元复合驱层系调整产能建设、四厂杏三—杏四区东部三元复合驱产能建设、聚中十六转油放水站、喇嘛甸油田含油污泥处理站等多个三元复合驱、聚合物驱产能区块。在加药量不大于 500mg/L（按处理液量计算），沉降温度 70℃，沉降时间不超过 6h 的条件下，经污水沉降罐回收油单独处理系统加热沉降后，油中含水率低于 0.5% 以下。解决了污水沉降罐回收油难于处理的问题，提高了脱水系统的运行平稳性。

2）三元复合驱采出液脱水工艺的确定

三元复合驱采出液脱水工艺是在大庆油田成熟的两段脱水工艺的基础上发展起来的。高含水原油电—化学两段脱水工艺流程是以如下理论为依据：一是只有低电导率的介质才能经济有效地维持高压电场；二是高含水原油经化学沉降为低含水原油很容易，沉降为净化油是困难的；三是两段脱水可以避免对高含水原油进行加热升温。图 4-7-12 为三元复合驱采出液两段脱水工艺流程简图。

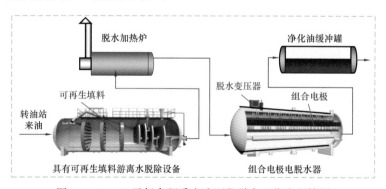

图 4-7-12 三元复合驱采出液两段脱水工艺流程简图

游离水脱除器是用于脱除高含水采出液中游离水的设备，它处理的对象为经过油气分离的高含水原油，是原油两段脱水工艺流程中的一段，分离后的低含水油升温后进入电脱水器进行深度脱水，而脱后的污水进入污水处理系统进行处理。游离水脱除器中油水两相分离的主要机理是重力沉降。根据 Stokes 公式，液滴在重力作用下的沉降速度与油水密度差成正比，与液滴半径的平方成正比，与外相的黏度成反比。把小液滴变成大液滴，大的油滴上浮到油层，大水滴下落到水区。进入游离水脱除器的液体包括原油、游离水、乳状液。重力沉降脱出的都是游离水。而乳状液必须加入破乳剂破乳，强迫油水分离，进行深度脱水，提高油水分离质量。游离水脱除器主要应用在油田放水站和脱水站。

电脱水器是依靠电场力的作用对原油乳状液进行破乳脱水的设备。其原理就是将原油乳状液置于高压电场中，由于电场对水滴的作用，使水滴发生变形和产生静电力。水滴变形可削弱乳化膜的机械强度，静电力可使水滴的运动速度增大，动能增加，促进水滴互相碰撞，而碰撞时其动能和静电力位能便能够克服乳化膜的障碍而彼此聚结成粒径较大的水滴，在原油中沉降分离出来。分离后的净化油外输，而脱后的污水进入污水处理系统进行处理。

3. 三元复合驱采出液脱水技术应用

三元复合驱采出液脱水技术工艺经历室内研究、矿场试验、工业示范开发等阶段，形成可靠的三元复合驱脱水工艺技术，于2013年开始进行工业化区块地面建设。已在北一区断西、东区二类、西区二类、南一区东块、北一与北二排东块、南四区东部、北三东、北二区东部、北二区西部东块、杏三—杏四区东部等工业化区块，按三元复合驱采出液处理工艺新建成或扩改建多座转油放水站。

1）北一区断西三元复合驱示范区采出液脱水技术应用

（1）北一区断西三元复合驱示范区概况。北一区断西块三元复合驱示范区208口井，其中注入井90口中，采出井118口。集油系统辖计量间8座，采用双管掺水、热洗分开流程，中105转油脱水站采用"一段游离水脱除（三相分离器）+二段电脱水器"工艺，配套建设污水沉降罐回收油单独处理系统（表4-7-9）。

中105转油脱水站投产初期聚合物浓度在240mg/L左右，pH值7.6，体系黏度1.2mPa·s。三元主段塞结束时，聚合物浓度950mg/L左右，表面活性剂浓度65mg/L左右，pH值10.6，体系黏度5.6mPa·s。三元副段塞阶段及后续阶段，聚合物浓度580～810mg/L，表面活性剂浓度60～105mg/L，pH值10.2，体系黏度4.8mPa·s。示范区中105站采出液不仅具有驱油剂含量高、油水界面张力低、碳酸盐过饱和量高的特性，还表现出水相硅含量高，硅酸过饱和析出量大的新特点。

表4-7-9 北一区断西三元复合驱示范区主要采出液处理设备参数

设备名称	在用数量／台	规格尺寸（直径×长度）／m×m	处理介质	单台设计处理力／m³/d	介质温度／℃
三相分离器	2	4×24	油气水	7800	36～45
电脱水器	2	4×20	含水油	1560	50～55
老化油处理设备	1	4×12	含水油	450	36～45

（2）北一区断西三元复合驱示范区游离水脱除设备运行情况。三元中105站游离水脱除设备，总体上实现了游离水的有效脱除，脱后的油中含水率在20%以下，污水含油

量在3000mg/L。在驱油剂含量上升期（表面活性剂浓度 S 为25mg/L）水相中硅含量上升（416mg/L），硅酸絮体含量升高，采出液中存在乳化层，通过投加有针对性的化学药剂，实现了游离水的达标处理。

（3）北一区断西三元复合驱示范区电脱水设备运行情况。三元中105站电脱水器，外输原油含水率总体在0.3%以下。针对在采出液中含有大量硅酸絮体时（高峰达到1100mg/L），硅酸絮体富集在电脱水器油水界面形成油水过渡层，造成电脱水器运行波动，投加了除硅水质稳定剂WS1005。针对高频次油井酸洗作业（最多每周7口井，每天最多2口井酸洗），其返排液成分复杂，携沙量大，进入系统导致电脱水器波动和放水含油量超标，投加硫化物去除剂，抑制其对系统冲击；投加二段破乳剂，减轻了电脱水器波动。

在整个中105脱水站试验过程中，脱水系统总体运行稳定，处理结果达到出矿原油外输标准。

2）北三东西块三元复合驱工业性示范区采出液脱水技术应用

（1）北三东西块三元复合驱示范区概况（表4-7-10）。北三东西块三元复合驱示范区产能工程合计基建产能井192口（采出井96口，注入井96口），计量间4座，建成产能 $9.79×10^4t/a$。原油脱水部分新建北三-6三元转油放水站，扩建北Ⅲ-3脱水站。北三-6转油脱水站采用一段三相分离器放水工艺流程。低含水油外输至北Ⅲ-3脱水站处理。

北三东西块三元复合驱示范区投产初期聚合物浓度在200mg/L左右，pH值7.5，体系黏度1.1mPa·s。2015年起采出液中驱油剂含量逐步进入到高峰阶段，至2015年底，表面活性剂含量93～150mg/L、聚合物含量1090～1620mg/L，采出液具有表面活性剂含量高、pH值高和机械杂质含量高的新特性。

表4-7-10 北三东西块三元复合驱示范区主要采出液处理设备参数

设备名称	在用数量/台	规格尺寸（直径×长度）/m×m	处理介质	单台设计处理能力/m³/d	介质温度/℃
三相分离器	2	4×18	油气水	5300	36～45
游离水脱除器	1	3.6×16	油气水	4800	36～45
电脱水器	1	4×16	含水油	1200	50～55

（2）北三东西块三元复合驱示范区游离水脱除设备运行情况。北三东西块三元复合驱示范区低驱油剂含量阶段，表面活性剂浓度 $S≤20mg/L$，聚合物浓度 $P≤450mg/L$，破乳剂加入量20mg/L，游离水脱除后油中含水率基本在6%以下，放水含油量基本在500mg/L以下。

北三东西块三元复合驱示范区驱油剂含量上升阶段，$20mg/L≤S≤60mg/L$，$P≤1000mg/L$，游离水脱除后油中含水率基本在10%以下，放水含油量基本在1500mg/L以下。

北三东西块三元复合驱示范区高驱油剂含量阶段，$S > 60mg/L$，游离水脱除后油中含水率总体在 20% 以下，放水含油量基本在 2000mg/L 以下。

北三东西块三元复合驱示范区游离水脱除设备能够实现游离水的有效脱除，脱后的油中含水率在 30% 以下，污水含油量基本在 3000mg/L 以下。由于油井酸洗、酸化作业的影响，造成水中含油量高，通过投加硫化物去除剂，能够实现达标处理。

（3）北三东西块三元复合驱示范区电脱水设备运行情况。北三东西块三元复合驱示范区低驱油剂含量阶段，低驱油剂含量阶段 $S \leq 20mg/L$，$P \leq 450mg/L$，电脱水能实现达标处理，脱后油中含水率基本在 0.3% 以下，设备负荷率为 30%～62%。

北三东西块三元复合驱示范区驱油剂含量上升阶段，$20mg/L \leq S \leq 60mg/L$，$P \leq 1000mg/L$，电脱水绝缘组件污染加剧，电脱水能实现达标处理，脱后油中含水率基本在 0.3% 左右，设备负荷率为 45%～89%。

北三东西块三元复合驱示范区高驱油剂含量阶段，$S > 60mg/L$，进行了不同破乳剂试验，电脱水脱后油中含水率总体控制在 0.5% 以下，设备负荷率为 32%～65%。

针对采出液含污量大，绝缘吊柱附着污物导致绝缘失效，影响电脱水稳定运行，研发并更换了大容量脉冲脱水供电装置（100kV·A），能够适应脱水电流大的要求，实现脱水电压 18～21kV 稳定输出，脱后油中含水达标率上升，达到国家出矿原油含水率 0.5% 指标。

三、三元复合驱采出污水处理技术

1. 采出水处理系统规律总结

1）总体认识

三元复合驱采出水与水驱、聚合物驱相比，由于聚合物、表面活性剂和碱等物质的加入，使得采出水黏度增加、油水乳化程度增加、颗粒细小，造成采出水处理难度增加。水质特性对比情况见表 4-7-11。

表 4-7-11　油田采出水水质特性对比表

采出水	水驱采出水见聚合物	聚合物驱（高峰期）	三元复合驱（高峰期）
聚合物浓度 /（mg/L）	≤50	400～600	1000～1200
表面活性剂 /（mg/L）	无	无	120～150
pH 值	7.5～8.5	7.5～8.5	10～11
粒径中值 /μm	≥10	7～10	3～5
总矿化度 /（mg/L）	4000～6000	4000～6000	10000～12000
黏度 /（mPa·s）	0.7～1.0	2～2.5	7～9
Zeta 电位 /mV	15～20	25～30	50～60

2）对三元复合驱采出水基本性质变化规律的认识

自 2007 年起，依托南五区等三元复合驱采出水处理试验站，对采出水基本性质的变化情况进行了长期的跟踪监测。根据生产站已建工艺处理后水质达标情况，将采出水基本性质的变化情况分为 4 个阶段，见表 4-7-12。

表 4-7-12　三元复合驱采出水基本性质变化规律表

开发阶段	第一阶段	第二阶段	第三阶段	第四阶段
站运行时间	8~9 个月	8~10 个月	12~18 个月	12~24 个月
注入孔隙体积倍数 /PV	0.0~0.3	0.3~0.4	0.4~0.6	0.6~0.8
基本性质变化特点	与含聚污水高峰期相比，其性质变化不大	见表面活性剂、聚合物含量高、乳化程度增加	三元复合驱化学剂含量达到高峰期，油水乳化严重	三元复合驱化学剂含量逐渐降低，油水乳化程度降低
外输水质达标情况	含油达标、悬浮固体达标	含油达标、悬浮固体超标	含油超标、悬浮固体超标	含油基本达标、悬浮固体超标
处理难度	同含聚污水	难于含聚污水	处理难度最大	处理难度下降

第一阶段认识：处理难度较低，相当于聚合物驱采出水。

在投产 8~9 个月内，聚合物为 200~500mg/L、未见表面活性剂、污水黏度小于 2mPa·s、来水含油量低于 200mg/L 的条件下，水质达标（表 4-7-13）。

表 4-7-13　第一阶段采出水水质特性汇总表

名称	南五区	三元 217	喇 291
运行周期 / 月	9	8	8
注入孔隙体积倍数 /PV	0.18~0.294	0.08~0.18	0.275~0.374
原水聚合物浓度 / (mg/L)	204~506	260~672	238~525
原水表面活性剂浓度 / (mg/L)	0	3.0~8.2	—
原水 pH 值	8.0~8.6	8.0~8.3	8.1~8.9
原水总矿化度 / (mg/L)	4202~7125	5867~7456	3096~3668
原水黏度 / (mPa·s)	2.13~2.93	1.23~1.88	
污水站来水含油量 / (mg/L)	116~183	63.7~164.1	30.4~125.6
外输水含油量 / (mg/L)	0.43~10.1	4.0~10.9	1.1~7.7
外输水悬浮固体 / (mg/L)	5.85~18.18	7.6~20.4	9.7~42.9

第二阶段认识：处理难度略高于聚合物驱采出水处理，主要是悬浮固体处理困难。

在聚合物 500~700mg/L、表面活性剂 20mg/L 以内、污水黏度平均 2~4mPa·s 的条件下，外输水含油基本达标、悬浮固体超标（表 4-7-14）。

表 4-7-14　第二阶段采出水水质特性汇总表

名称	南五区	三元 217	喇 291
运行周期 / 月	10	8	5
注入孔隙体积倍数 /PV	0.307～0.414	0.20～0.29	0.386～0.439
原水聚合物浓度 /（mg/L）	526～730	679～800	495～580
原水表面活性剂浓度 /（mg/L）	7.3～22.1	3.4～20.4	17～18.7
原水 pH 值	8.9～9.8	8.18～8.74	8.7～9.5
原水总矿化度 /（mg/L）	5530～7059	5914～8177	3173～4350
原水黏度 /（mPa·s）	2.68～5.63	1.77～3.15	1.78～1.93
污水站来水含油量 /（mg/L）	135～376	105～451	97.6～273
外输水含油量 /（mg/L）	1.72～12.4	6.8～19.0	1.8～22.8
外输水悬浮固体 /（mg/L）	27.6～101	14.0～30.0	51.7～209

第三阶段认识：处理难度最大，且前端采油工艺、脱水工艺对其影响较大。

在聚合物为 700～1200mg/L、表面活性剂为 30～120mg/L、污水黏度平均 4～8mPa·s 的条件下，外输水超标（表 4-7-15）。

表 4-7-15　第三阶段采出水水质特性汇总表

名称	南五区	三元 217	喇 291
运行周期 / 月	11	30	17
注入孔隙体积倍数 /PV	0.425～0.533	0.30～0.74	0.452～0.657
原水聚合物浓度 /（mg/L）	700～1300	620～1195	440～856
原水表面活性剂浓度 /（mg/L）	33.7～156	8.8～128	25.4～52.3
原水 pH 值	9.9～10.3	8.8～10.5	9.7～11.4
原水总矿化度 /（mg/L）	6669～7886	8000～9385	3600～11025
原水黏度 /（mPa·s）	5.25～8.0	1.83～7.0	1.95～8.40
污水站来水含油量 /（mg/L）	33.7～55.8	25.4～56.7	192～6036
外输水含油量 /（mg/L）	191～12500	210～27924	25.1～489
外输水悬浮固体 /（mg/L）	21.8～1973	44～13724	39.3～148

第四阶段认识：水质好转，处理难度降低。

在聚合物为 800～1100mg/L、表面活性剂为 50～100mg/L、污水黏度平均 4～7mPa·s 的条件下，外输水含油基本达标，悬浮固体超标（表 4-7-16）。

综上所述，三元复合驱采出水基本性质中，表面活性剂含量的增加对采出水处理影响较大。主要是增加了油水乳化性、增加了水中颗粒的稳定性，使采出水处理难度增加。另外，聚合物含量的增加，导致采出水的黏度增加，油水分离速度降低，造成采出水处理难度增加。采出水中其他水质特性的变化对处理难度影响较小。

表 4-7-16　第四阶段采出水水质特性汇总表

名称	南五区	三元 217	喇 291
运行周期 / 月	30	16	2
注入孔隙体积倍数 /PV	0.544～0.802	0.75～0.93	0.677～0.680
原水聚合物浓度 /（mg/L）	739～1115	807～1019	574～631
原水表面活性剂浓度 /（mg/L）	150～46	28.8～75.3	104～117
原水 pH 值	10.1～10.8	9.0～9.77	10.5～10.6
原水总矿化度 /（mg/L）	7500～8200	6933～8590	9058～9587
原水黏度 /（mPa·s）	3.9～7.2	3.48～5.20	4.0～4.3
污水站来水含油量 /（mg/L）	107～468	183～3736	214～302
外输水含油量 /（mg/L）	9.09～26.7	26.8～222	15.8～21.5
外输水悬浮固体 /（mg/L）	26.8～128	32.6～152	64.2～92.3

3）对采出水水质分离特性的认识

（1）静止沉降分离特性。随着三元复合驱化学剂返出浓度的增加，采出水分离效率越来越低，需要的分离时间越来越长，见表 4-7-17。

表 4-7-17　三元复合驱采出水静止沉降分离特性

阶段	聚合物 /（mg/L）	表面活性剂 /（mg/L）	pH 值	静沉时间 /h
第一阶段	200～600	0～10	8.0～8.5	4～8
第二阶段	600～800	10～20	8.5～9.0	8～12
第三阶段	800～1300	20～160	9.0～11	16～27

（2）加药分离特性。随着三元复合驱化学剂返出浓度的增加，采出水处理所需加药量越来越大，处理成本越来越高，见表 4-7-18。

表 4-7-18　三元复合驱采出水加药分离特性

阶段	A 剂 /（mg/L）	B 剂 /（mg/L）	C 剂 /（mg/L）	吨水成本 / 元
第一阶段	400	1000	10	6～8
第二阶段	800	2000	20	15～18
第三阶段	1000	2500	30	>20

4）对已建采出水处理工艺适应性认识表

已建的采出水处理工艺，第一阶段可以满足达标要求；第二阶段采取延长沉降时间等技术措施，也可以满足达标要求；第三和第四阶段是采出水处理难度较大阶段。采用"两级沉降＋两级过滤"的4段处理工艺（A剂酸碱中和，B剂混凝反应，C剂絮凝沉降），在投加ABC剂的条件下，可以实现水质达标。若不投加ABC剂，则需要采取延长沉降时间、降低滤速、投加水质稳定剂等技术措施，才可以满足水质达标要求。

2. 序批式沉降过滤处理工艺

对于黏度大、乳化程度高、含三元驱油剂的采出水处理，研制了一种比连续流沉降分离设备分离效率更高的序批式沉降分离设备（专利号：ZL201120299818.X）。

1）序批式沉降原理

序批式沉降分离设备运行包括三个阶段，即进水阶段、静沉阶段和排水阶段，其中进水、静沉和排水为一个运行周期。在一个运行周期中，最主要的阶段为静沉阶段，这一阶段含油污水处在一个绝对静止的环境中，油、泥、水进行分离不受水流状态干扰，因此分离效率高。序批式沉降流程示意图如图4-7-13所示。

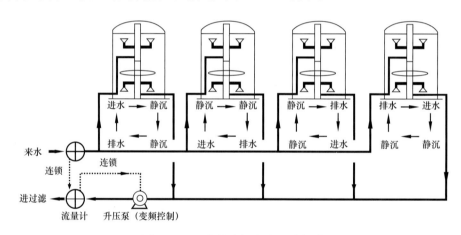

图 4-7-13　序批式沉降流程示意图

序批式油水分离设备是一个有序且间歇的过程，即个体间歇，整体连续；序批式沉降和连续流沉降相比具有如下优点：

（1）油珠上浮不受水流下向流速干扰。常规连续流沉降，油珠浮升速度 u 需克服下向流速度分量 v，$u'=u-v>0$，油珠才可实现上浮去除；而序批式沉降采用静止沉降，水流的下向流速 $v=0$，消除了水流的下向流影响，油珠的有效上浮速度 $u'=u-v=u$，因此，分离效率更高。

（2）有效沉降时间不受布水、集水系统干扰，不会出现短流。续流沉降处理时，特别是罐体直径较大时，布水及其集水很难做到均匀，致使罐内有效容积变小，进而短流造成实际有效沉降时间要小于设计沉降时间、且水流下向流速要大于实际设计下向流速。而序批式沉降，在沉降时间上能得到充分保证。

（3）耐冲击负荷强，可以有效地控制出水水质。连续流沉降处理设备分离效率受到可干扰因素多，一旦油系统来水水质变化较大时，致使出水水质不稳定，后续滤罐不能正常运行；序批式油水分离设备受到可干扰因素小，油、泥、水在静沉阶段可以平稳的进行分离，进而可以有效地控制出水水质，使其水质稳定在一定的范围内，保证滤罐的平稳运行，如图4-7-14和图4-7-15所示。

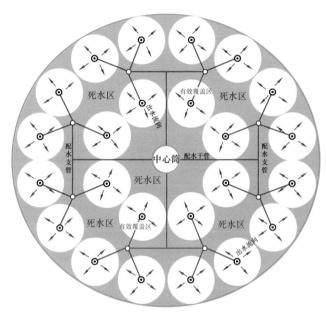

图4-7-14 梅花喇叭口集配水示意图

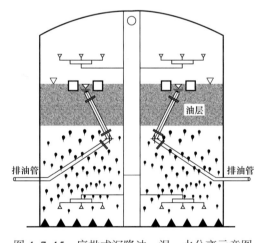

图4-7-15 序批式沉降油、泥、水分离示意图

此外，序批式沉降采用的是浮动收油，可以缩短污油在罐内的停留时间（不会形成老化油层），可以保障污油最大限度地有效回收，提高设备含油处理效率。

2）序批式沉降工艺特点

三元复合驱采出水处理工艺流程示意图如图4-7-16所示。

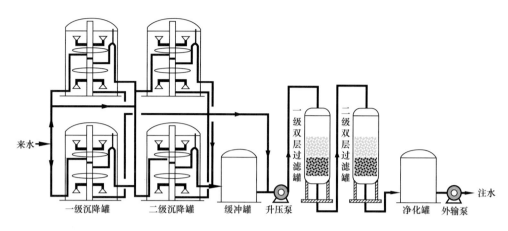

图 4-7-16　三元复合驱采出水处理工艺流程示意图

由于三元复合驱不同开发阶段采出水中驱油剂的返出情况不同（开发初期和后期三元含量低，中期三元含量高），因此该方案具有如下特点：

（1）当采出水中三元含量返出较低时，采用序批式沉降的处理工艺。

（2）当采出水中三元含量返出较高且水中离子过饱和时，采用序批式沉降处理工艺，且在掺水时投加水质稳定剂抑制过饱和悬浮固体析出。

（3）与已建三元 217、南五区三元复合驱采出水处理站相比，设计总有效沉降时间由 8h，延长到 24h（进水 6h、静止沉降 12h、排水 6h）。

（4）为保障出水水质，滤料采用两级双层粒状滤料且滤速进一步降低，一滤滤速为 6m/h，二滤滤速为 4m/h。

（5）采用了过滤罐气水反冲洗技术。该技术可以节省过滤罐反冲洗自耗水量 40% 以上，滤料含油量降到 0.2% 以下。

（6）在常规气水反冲洗的基础上，采用定期热洗技术。该技术可以有效解决冬季集输污水温度较低，使滤料脱附效果较差，反冲洗排油不畅的问题。

3. 中 106 污水站序批式沉降 + 过滤处理工艺的工业化应用效果

1）工艺流程及设计参数

该站为 2012 年建设，2013 年 11 月投产。设计规模 14000m³/d。设计参数表见表 4-7-19。

中 106 三元复合驱污水处理站工艺流程示意图如图 4-7-17 所示。

表 4-7-19　中 106 三元复合驱污水处理站设计参数表

设备名称	参数	设计值
一级曝气气浮沉降罐 （2 座）	单罐序批式沉降时间 /h	6/12/6
	连续流停留时间 /h	12
	曝气比（水：气）	1：40

设备名称	参数	设计值
二级曝气气浮沉降罐 （2座）	单罐序批式沉降时间 /h	6/12/6
	停留时间 /h	8
	曝气比（水：气）	1：40
石英砂 – 磁铁矿 双层滤料过滤器 （10座）	滤速 /（m/h）	6.3
	反冲洗强度 /［L/（s·m²）］	15
	反冲洗历时 /min	15
	反冲洗周期 /h	24
海绿石 – 磁铁矿 双层滤料过滤器 （14座）	滤速 /（m/h）	4.3
	反冲洗强度 /［L/（s·m²）］	13
	反冲洗历时 /min	15
	反冲洗周期 /h	24

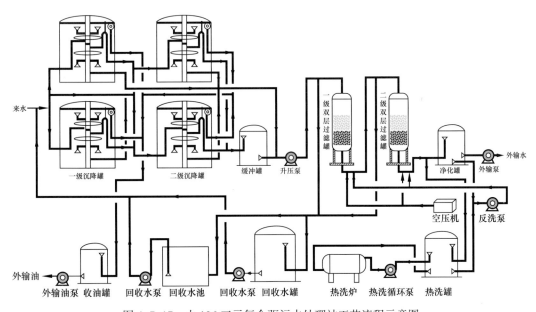

图 4-7-17 中 106 三元复合驱污水处理站工艺流程示意图

该站投产以来一直运行"一级序批式沉降＋一级石英砂—磁铁矿过滤＋二级海绿石—磁铁矿过滤"的处理工艺。处理后水质达到了大庆油田含聚污水高渗透层回注水注水指标（含油量≤20mg/L、悬浮固体含量≤20mg/L、粒径中值≤5μm）。其中沉降段既可以按照两级连续流沉降的方式运行，又可按照一级序批式沉降的方式运行，并辅助配套曝气和气浮设施。过滤段采用两级压力双层粒状滤料过滤，辅助配套常规气水反冲洗及定期热洗。反冲洗排水及沉降罐底泥排入回收水罐，静沉一段时间后上清液用泵提升至系统总来水，底部浓缩液用泵提升至污泥稠化处理系统，经过两级旋流＋卧螺离心的方式将分离出的污泥定期外运。

2）运行效果跟踪监测

设计采用的沉降段以序批式沉降为主，进水6h→静止沉降12h→排水6h，循环周期24h。

（1）4座序批式沉降罐试运行，单罐进出水跟踪监测结果。

监测单体沉降罐：二级沉降罐2号罐。

进水时间：当天11时35分，进水起始沉降罐液位4.41m。

进满时间：当天17时40分，进水完毕沉降罐液位8.78m。

静止沉降完毕时间：第二天5时50分。

排水完毕时间：第二天11时40分，排水完毕沉降罐液位6.31m。

运行参数：进水6h、静止沉降12h、出水6h。

二级2号沉降罐进出水含油量、悬浮固体含量监测结果如图4-7-18和图4-7-19所示。

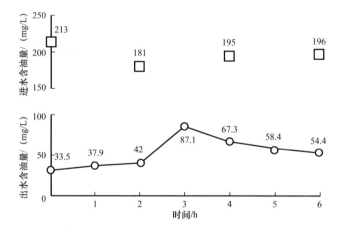

图4-7-18　中106序批式沉降罐进出水含油量监测结果（6h/12h/6h）

从图4-7-18中可以看出，序批式沉降在进水6h，静止沉降12h，出水6h的条件下，来水平均含油量为196mg/L，出水平均含油量为54.4mg/L，去除率为72.3%。序批式沉降对于含油去除效率明显。

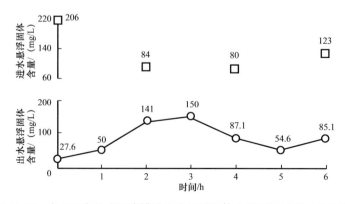

图4-7-19　中106序批式沉降罐进出水悬浮固体含量监测结果（6h/12h/6h）

从图 4-7-19 中可以看出，序批式沉降在进水 6h，静止沉降 12h，出水 6h 的条件下，来水平均悬浮固体含量为 123mg/L，出水平均悬浮固体含量为 85.0mg/L，去除率为 30.9%。序批式沉降对于悬浮固体去除效率一般。

（2）4 座序批式沉降罐正式运行，单罐进出水跟踪监测结果。4 座序批式沉降罐正式运行。此期间，序批式沉降运行参数为进水 8.5～12h，静止沉降 17～24h，出水 8.5～12h，平均进水时间在 10h 左右，静止沉降时间在 20h 左右，出水时间在 10h 左右。

序批式沉降罐运行液位：低液位 2.2～3.5m，高液位 8.4～8.6m。含油量变化如图 4-7-20 所示，悬浮固体变化如图 4-7-21 所示。

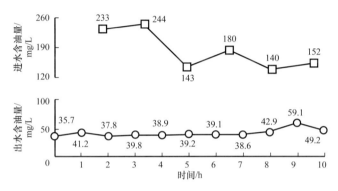

图 4-7-20　中 106 序批式沉降罐 4 座正式运行进出水含油量监测结果（10h/20h/10h）

从图 4-7-20 中可以看出，在来水平均含油量 182mg/L 条件下，沉降出水平均含油量为 42.0mg/L，除油率 76.9%。序批式沉降对于含油去除效率明显。

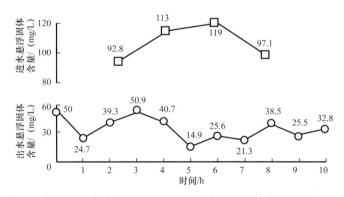

图 4-7-21　中 106 序批式沉降罐 4 座正式运行进出水悬浮固体含量监测结果（10h/20h/10h）

从图 4-7-21 中可以看出，在来水平均悬浮固体 105mg/L 条件下，沉降出水平均悬浮固体为 33.1mg/L，去除率 68.5%。此参数下，序批式沉降对于悬浮固体去除效率比（6h/12h/6h）显著提高。

（3）4 座序批式沉降罐正式运行，全流程 48h 跟踪监测试验研究。试验结果，含油量变化如图 4-7-22 所示，悬浮固体变化如图 4-7-23 所示。

从图 4-7-22 中可以看出，来水平均含油为 121mg/L，序批式沉降出水平均含油量为 46.7mg/L，一滤出水平均含油量为 30.0mg/L，外输水平均含油量为 11.8mg/L。全流程整体含油去除率为90.2%，其中沉降段除油贡献率为61.4%，过滤段除油贡献率为28.8%。外输水取样共计13样次，达标13样次，达标率100%。

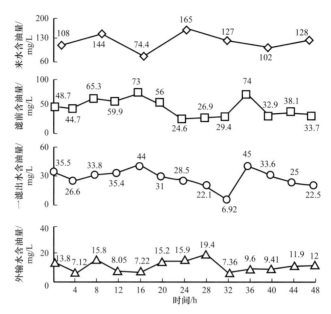

图4-7-22　中106三元复合驱污水处理站48h全流程各单体构筑物进出水含油量变化曲线

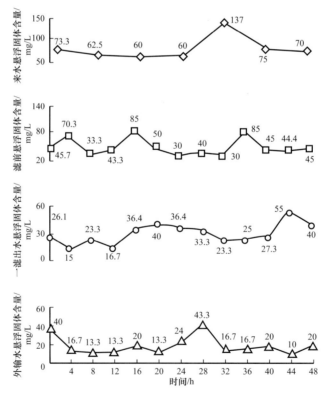

图4-7-23　中106三元复合驱污水处理站48h全流程各单体构筑物进出水悬浮固体变化曲线

从图 4-7-23 中可以看出，来水平均悬浮固体含量为 76.8mg/L，序批式沉降出水平均悬浮固体为 49.7mg/L，一滤出水平均悬浮固体含量为 30.6mg/L，外输水平均悬浮固体含量为 20.6mg/L。全流程整体悬浮固体去除率为 73.2%，其中沉降段除油贡献率为 35.3%，过滤段除油贡献率为 37.9%。外输水取样共计 13 样次，达标 10 样次，达标率 76.9%。

4 座序批式沉降罐运行，过滤周期 48h 的情况下，中 106 三元站过滤出水（外输水）含油量和悬浮固体含量基本达到"双 20"指标要求。

4. 杏北三元 -6 污水处理站强碱示范区

1）工艺状况及水质情况

强碱示范区三元污水站，于 2013 年 12 月投产运行，设计规模 2.2×10⁴m³/d，采用"连续流气浮、序批曝气沉降 + 石英砂磁铁矿过滤 + 海绿石磁铁矿过滤"工艺，目前运行二级连续流沉降工艺。实际处理量为 21387m³/d，负荷 97.2%。原水来自于三元 -5 转油放水站、三元 -6 转油放水站、杏一联放水，外输水去往杏六注、杏二十四注回注（图 4-7-24，表 4-7-20）。

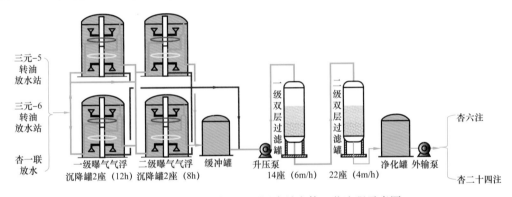

图 4-7-24　强碱示范区三元污水站主体工艺流程示意图

表 4-7-20　强碱示范区三元污水站设计参数表

设备名称	参数名称	单位	设计值	实际值
一级曝气沉降罐（共 2 座）	单罐序批式沉降时间	h	6/12/6	—
	连续流停留时间	h	12	12.3
二级气浮沉降罐（共 2 座）	单罐序批式沉降时间	h	6/12/6	—
	连续流停留时间	h	8	8.22
石英砂—磁铁矿双层滤料过滤器（共 14 座）	滤速	m/h	6.0	5.83
	反冲洗强度	L/（s·m²）	15	15
	反冲洗历时	min	15	11
	反冲洗周期	h	24	24

续表

设备名称	参数名称	单位	设计值	实际值
海绿石—磁铁矿双层滤料过滤器（共22座）	滤速	m/h	4.0	3.89
	反冲洗强度	L/（s·m²）	13	13
	反冲洗历时	min	15	15
	反冲洗周期	h	24	24

强碱示范区污水站进出水含油量和悬浮物固体监测结果如图 4-7-25 和图 4-7-26 所示。

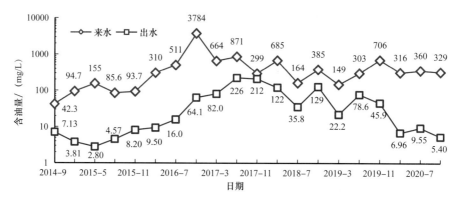

图 4-7-25　强碱示范区污水站进出水含油量监测结果

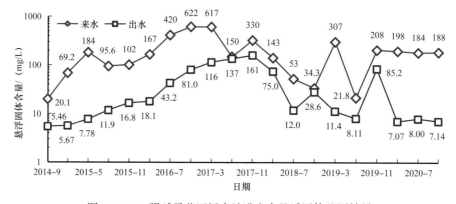

图 4-7-26　强碱示范区污水站进出水悬浮固体监测结果

杏北三元 -6 污水站，2013 年 12 投产后，至 2016 年 6 月以前，外输水稳定达标；2016 年 7—10 月外输水部分达标；2016 年 11 月以后，来水水质变差，外输水超标。2017 年 2 月采用并联连续流工艺运行，水质有所改善，但外输水质仍超标。2019 年 2 月至 7 月外输水悬浮固体达标，含油量不达标，2019 年 7 月以后外输水水质超标，水质超标后针对污水站存在的问题开展了相关的改造工作，2019 年底改造工作完成后实现了外输水水质达标。

2）来水水质特性

2019 年 7 月外输水水质超标后，对该站水质不达标原因开展了调查工作，2019 年 7 月 17 日该站实际处理量为 14500m³/d，来水聚合物含量 1518mg/L，黏度为 5.732 mPa·s，表面活性剂含量 79mg/L，pH 值 10.96，杏北三元 –6 来水驱油剂浓度高、黏度大，对采出水的水质特性产生较大的影响，导致采出水油水乳化程度增大、沉降特性变差；该站来水中硫化物含量高，达到 22.75mg/L，但取样过程中水色未见明显发黑现象，说明水中硫化物以 S²⁻ 形式存在，对采出水的沉降特性影响不明显（表 4-7-21）。

表 4-7-21 强碱示范区污水站来水水质特性

名称	聚合物含量 / mg/L	pH 值	表面活性剂含量 / mg/L	黏度 / mPa·s	总碱度 / mg/L	硫化物 / mg/L	温度 / ℃
三元 –5 来水	1520	10.48	89	5.937	—	—	—
三元 –6 来水	1291	10.77	54	5.993	—	—	—
杏一联来水	986	8.95	23	5.392	—	—	—
混合水	1518	10.96	79	5.732	7486	22.8	38.2

3）各节点的处理效果

2019 年 7 月 17 日对该站各个节点的处理效果进行了取样分析，化验结果见表 4-7-22。

表 4-7-22 杏北三元 –6 污水站各节点水质监测结果

取样节点 / 检测项目	含油量 / mg/L	悬浮固体 / mg/L	硫化物 / mg/L	粒径中值 / μm	温度 / ℃
来水	303	21.8	22.8	3.414	38.2
一次沉降 1# 罐出水	152	14.3	22.9	3.975	37.2
二次沉降 1# 罐出水	157	35.0	24.5	3.182	36.8
滤前水	113	36.7	22.9	2.994	36.8
一滤后	102	26.47	23.6	2.219	36.6
二滤后	99.8	33.3	22.6	1.805	35.9
外输	78.6	8.11	22.4	1.611	36.0

监测结果表明：

（1）该站来水含油量为 303mg/L，悬浮固体含量 21.8mg/L，来水水质好。

（2）2019 年 7 月沉降段运行一级连续流工艺，由于两座沉降罐进行清淤施工，导致沉降段处理能力仅为设计值的 50%，实际沉降时间为 16.8h（正常运行沉降时间为 33.6h），含油量平均去除率为 49.0%，平均含油量为 154mg/L，悬浮固体平均去除率为 –13.1%，清淤施工导致沉降时间不足、处理效果变差，沉降段对悬浮固体没有去除效果。（3）一次过滤后含油量为 102mg/L，二次过滤后含油量为 99.8mg/L，说明过滤罐起不到有效的过滤作用，造成滤后水及外输水水质严重超标。

4）含油污水室内沉降实验

为了确定杏北三元 –6 污水的沉降特性，对杏北三元 –6 污水处理站总来水进行了取样，室内进行了 24h 沉降实验，实验结果见表 4–7–23。

表 4–7–23　杏北三元 –6 污水 24h 沉降实验结果

检测项目　　　沉降时间	含油量 /（mg/L）	悬浮固体 /（mg/L）
0h	347	55.5
1h	395	53.3
2h	336	51.6
4h	290	50.0
6h	226	68.7
8h	195	29.0
12h	136	50.0
16h	88.5	31.2
20h	67.5	48.3
24h	56.5	30.3

对比室内静止沉降和现场动态沉降效果可以看出，相同沉降时间静态沉降效果好于动态沉降效果，含油污水现场动态沉降 16h 含油量平均为 154mg/L，而静态沉降含油量就可以降低到 88.5mg/L，达到污水进过滤器的含油量指标要求。由静态沉降与动态沉降对比效果可以看出，相同的沉降时间静态沉降效果将优于动态沉降。

5）整改与改造后达标情况

根据存在的问题进行了整改、改造后实现了出水稳定达标。

通过现场跟踪监测确定了杏北三元 –6 污水站存在的问题。来水聚合物含量高、黏度大，导致处理难度增加；于两座沉降罐进行清淤施工，导致沉降段超负荷运行，负荷率为 142%，沉降时间不足、沉降后水质超标。过滤罐结构不合理，导致滤料存在污染、板结现象，造成滤后及外输水水质超标。开展了沉降罐和过滤罐的改造工作，沉降罐清淤改造施工后恢复了沉降系统的正常运行，采用了两级连续流沉降工艺运行；针对过滤罐结构不合理的问题，开展了部分过滤罐的改造工作，于 2019 年底完成了 10 台新型钢片切割破板结过滤罐的安装。新型过滤罐采用"钢片静态切割"以及"滤料自平衡"技术，取消了原过滤罐搅拌器，改造了内部结构，有效解决了原过滤罐出现反洗憋压、滤料板结，搅拌器损坏，无法有效排油排气等问题。

改造完成后提升了沉降处理效果，新型过滤罐二滤出水含油量为 1.19～6.93mg/L，悬浮固体含量为 3.9～17.0mg/L，二滤出水水质实现了稳定达标。

第八节　三元复合驱矿场试验及工业化进展

一、北三东西块弱碱三元复合驱工业性示范区

为了研究二类油层石油磺酸盐弱碱体系三元复合驱油技术经济效果及完善相关配套工艺技术，在纯油区东部选择油层发育具有代表性的北三东西块，开辟一定井数规模的示范区。历时 7 年攻关，示范区实现了全区核实提高采收率 22.32 个百分点，预计最终提高采收率 23 个百分点以上，建立了适合萨北开发区油藏特点的技术标准和管理规范。为二类油层经济有效开发、大幅度提高采收率及油田可持续发展提供更为有效的接替技术。

1. 示范区目的与意义

2005 年，在萨北开发区北二西开展了二类油层弱碱三元复合驱试验，取得了提高采收率 25.8% 的好效果，但试验区规模较小、层系单一，代表性不强，同时三元复合驱在开发过程中，存在结垢严重、检泵周期短、措施维护性工作量大等问题。为进一步探索二类油层弱碱三元复合驱工业化推广效果，2011 年，在油层发育具有代表性的北三区东部开辟了非均质多油层、规模扩大化的工业性示范区，为弱碱三元复合驱工业化推广提供技术支撑。

2. 示范区基本概况及方案实施

1）示范区概况

北三东西块示范区位于萨尔图油田北部纯油区北三区东部，北面以北 3- 丁 5 排为界，南面以北 2- 丁 3 排为界，西面以北 3- 丁 5-450 井与 2- 丁 3-450 井连线，东面以北 3- 丁 5- 检 256 井与 2- 丁 3-456 井连线所围成的区域。面积 2.83km²，地质储量 266.12×10⁴t，孔隙体积 625.26×10⁴m³，采用 125m 井距五点法面积井网，示范区共有注采井 192 口，其中注入井 96 口，采油井 96 口，中心井 70 口，示范区目的层为萨Ⅱ10-16 油层，平均单井射开砂岩厚度 9.4m，有效厚度 7.1m，有效渗透率 0.387D（表 4-8-1）。

2）示范区方案实施情况

（1）试验区设计方案。采用 1200 万～1600 万分子量的聚合物。

前置聚合物段塞：注入 0.04PV 的聚合物溶液，聚合物浓度 1200mg/L，体系黏度 30mPa·s。

三元复合驱主段塞：注入 0.35PV 的三元复合体系，碳酸钠浓度 1.2%（质量分数），石油磺酸盐表面活性剂浓度 0.3%（质量分数），聚合物浓度 1600mg/L，体系黏度 30mPa·s。

三元复合驱副段塞：注入 0.15PV 的三元复合体系，碳酸钠浓度 1.0%，石油磺酸盐表面活性剂浓度 0.1%，聚合物浓度 1600mg/L。

后续聚合物保护段塞：注入 0.20PV 的聚合物溶液，聚合物浓度 1200mg/L。

表 4-8-1　试验区基本情况表

项目	全区	中心井区
面积 /km²	2.83	2.24
总井数（水井＋采出井）/ 口	192（96+96）	70
平均砂岩厚度 /m	9.4	9.1
平均有效厚度 /m	7.1	6.9
平均有效渗透率 /D	0.387	0.381
原始地质储量 /10⁴t	266.12	186.13
孔隙体积 /10⁴m³	625.26	408.61

（2）方案实施情况。示范区于 2012 年 8 月 13 日空白水驱，2013 年 3 月 13 日注入前置聚合物段塞，7 月 16 日投注三元主段塞，2015 年 3 月 10 日注入三元副段塞，2016 年 1 月 21 日注入后续聚合物保护段塞（表 4-8-2），2017 年 6 月 7 日分步停注聚，2017 年 7 月 18 日全部转入后续水驱。累计注入化学剂溶液 582.70×10⁴m³，相当于地下孔隙体积 0.9506PV。截至 2017 年 10 月，全区累计产油 69.84×10⁴t，阶段采出程度 26.68%，化学驱提高采收率 23.58%，高于数值模拟 5.08%，综合含水 95.62%，低于数值模拟 1.64%。中心井区累计产油 48.18×10⁴t，阶段采出程度 26.09%，综合含水 95.89%。全区地层压力 11.17MPa，总压差 0.54MPa，流压 4.19MPa。

表 4-8-2　三元复合驱试验区注入方案及执行情况表

阶段	注入参数										注入时间
	聚合物				碱（质量分数）/%		表面活性剂（质量分数）/%		注入孔隙体积倍数 / PV		
	浓度 /（mg/L）		分子量								
	方案	实际	方案	实际	方案	实际	方案	实际	方案	实际	
前置聚合物段塞	1200	1200	1200 万	1200 万～1600 万					0.04	0.064	2013.3
三元主段塞	1600	1600	1200 万	1200 万～1600 万	1.2	1.2	0.3	0.3	0.35	0.373	2013.7
三元副段塞	1600	1600	1200 万	1200 万～1600 万	1.0	1.0	0.1	0.1	0.20	0.202	2015.3
后续聚合物保护段赛	1200	1200	1200 万	1200 万～1600 万					0.20	0.312	2016.1
化学驱合计									0.79	0.951	

图 4-8-1 和图 4-8-2 所示为北三东西块二类油层弱碱三元复合驱工业性示范区注入曲线和开采曲线。

① 空白水驱阶段。2012 年 8 月 13 日至 2013 年 3 月 12 日投注空白水驱，注入速度 0.26PV/a，日注入量 3664m³，注入压力 8.34MPa，水驱结束时，为了化学驱留有足够的压力上升空间，注入速度下调至 0.22PV/a，日注入量 2979m³，注入压力 7.84MPa，距破裂压力 5.34MPa，比吸水指数 0.69m³/（d·m·MPa）。截至 2013 年 3 月，空白水驱累计注水 72.191×10⁴m³，占地下孔隙体积的 0.1441PV。

全区累计产油 2.1092×10⁴t，阶段采出程度 0.99%，空白水驱结束时，日产液 4711t，日产油 134t，综合含水 97.16%，产液指数 1.55t/（d·m·MPa）；中心井区累计产油 1.4444×10⁴t，阶段采出程度 0.88%，日产液 3332t，日产油 82t，综合含水 97.53%。全区地层压力 10.35MPa，总压差 −0.27MPa，流压 4.91MPa。

② 前置聚合物段塞阶段。2013 年 3 月 13 日至 2013 年 7 月 15 日注入前置聚合物段塞，采用 1200 万～1600 万中分聚合物，累计注入聚合物溶液 32.0826×10⁴m³，占地下孔隙体积的 0.064PV，注入速度 0.19PV/a。前置聚合物段塞结束时，平均注入压力 10.50MPa，距破裂压力 2.68MPa，与水驱结束相比，注入压力上升 2.66MPa，上升幅度 33.93%，日注量 3034m³，平均注聚浓度 1273mg/L，注入黏度 24mPa·s，比吸水指数 0.52 m³/（d·m·MPa），与水驱相比下降幅度 32.69%。

前置聚合物阶段，全区累计产油 1.9761×10⁴t，阶段采出程度 0.93%，总采出程度 43.04%，阶段提高采收率 0.62%；日产液 4175t，日产油 159t，综合含水 96.19%，产油速度 2.77%，平均采聚浓度 52mg/L，产液指数 0.97t/（d·m·MPa），与空白水驱相比，日产液下降 536t，日增油 25t，含水下降 0.96%，采聚浓度上升 32mg/L，产液指数下降幅度 21.29%。中心井区累计产油 1.1511×10⁴t，阶段采出程度 0.70%，日产液 2827t，日产油 98t，综合含水 96.54%，平均采聚浓度 53mg/L。受钻头影响，全区地层压力 9.18MPa，与空白水驱相比下降 1.17MPa，总压差为 −1.44MPa，流压为 2.90MPa。

③ 三元复合体系主段塞阶段。2013 年 7 月 16 日到 2015 年 3 月 9 日注入三元主段塞，累计注入三元体系 229.4378×10⁴m³，占地下孔隙体积的 0.3729PV，因部分井注入困难、注入端结垢及设备问题等因素影响，冬季保管线累计注二元 0.02PV，三元体系有效部分 0.3529PV，注入速度 0.23PV/a。主段塞结束时，平均注入压力 12.67MPa，与水驱相比上升了 4.83MPa，上升幅度 61.61%，日注量 4236m³，平均注聚浓度 2108mg/L，注碱浓度 1.23%，注表面活性剂浓度 0.3%（质量分数），体系黏度 40mPa·s，比吸水指数 0.54m³/（d·m·MPa），与水驱相比下降幅度 21.74%。

三元主段塞阶段，全区累计产油 30.3155×10⁴t，阶段采出程度 11.44%，阶段提高采收率 10.74%，总采出程度 54.48%。主段塞结束时，日产液 4330t，日产油 620t，综合含水 85.68%，采油速度 7.83%，平均采聚浓度 724mg/L，采碱浓度 986mg/L，采表面活性剂浓度 64mg/L，产液指数 0.97t/（d·m·MPa），与水驱相比，日产液下降 381t，日增油 486t，含水下降 11.47%，产液指数下降幅度 37.42%；中心井区累计产油 20.3228×10⁴t，阶段采出程度 10.94%，主段塞结束时，日产液 3070t，日产油 419t，综合含水 86.35%，

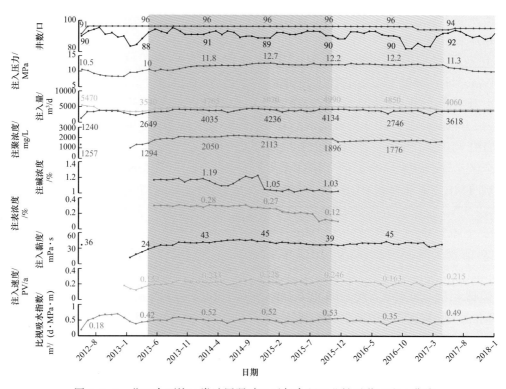

图 4-8-1 北三东西块二类油层弱碱三元复合驱工业性示范区注入曲线

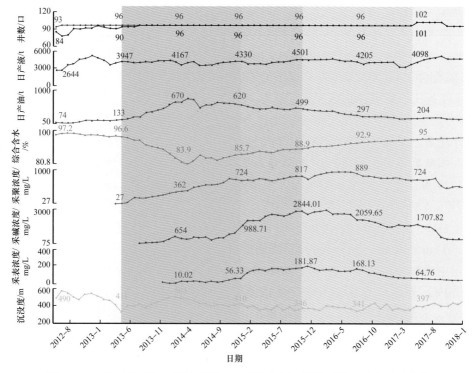

图 4-8-2 北三东西块二类油层弱碱三元复合驱工业性示范区综合开采曲线

平均采聚浓度 733mg/L，采碱浓度 1018mg/L，采表面活性剂浓度 65mg/L。全区地层压力 10.91MPa，总压差 0.29MPa，流压 4.59MPa。

④ 三元复合体系副段塞阶段。2015 年 3 月 10 日到 2016 年 1 月 20 日注入三元副段塞，该阶段累计注入三元体系 126.3315×10⁴m³，占地下孔隙体积的 0.202PV，注入速度 0.23PV/a，试验过程中根据示范区动态变化情况及数值模拟研究，将三元复合体系副段塞由原方案 0.15PV 延长至 0.20PV，三元副段塞（0.1PV）表面活性剂注入浓度由原方案的 0.1% 提高至 0.2%。副段塞结束时平均注入压力 12.18MPa，与水驱相比上升了 4.34MPa，上升幅度 55.36%，日注量 4303m³，平均注聚浓度 1892mg/L，注碱浓度 1.03%（质量分数），注表面活性剂浓度 0.1%（质量分数），体系黏度 34mPa·s。比吸水指数 0.56 m³/（d·m·MPa），与水驱相比下降 18.8%，与主段塞相比，基本保持稳定。

三元副段塞阶段，全区累计产油 16.1884×10⁴t，阶段采出程度 6.08%，阶段提高采收率 5.67%，总采出程度 60.56%。副段塞结束时日产液 4506t，日产油 485t，综合含水 89.24%，产油速度 6.78%，平均采聚浓度 836mg/L，采碱浓度 2849mg/L，采表面活性剂浓度 203mg/L，产液指数 0.94t/（d·m·MPa），与水驱相比，日产液下降 205t，日增油 351t，含水下降 7.92%，产液指数下降幅度 39.35%；中心井区累计产油 11.2249×10⁴t，副段塞结束时日产液 3296t，日产油 358t，综合含水 89.15%，阶段采出程度 6.03%，平均采聚浓度 835mg/L，采碱浓度 3065mg/L，采表面活性剂浓度 213mg/L。全区地层压力 10.98MPa，总压差 0.37MPa，流压 4.08MPa。

⑤ 后续聚合物保护段塞阶段。2016 年 1 月 21 日至 2017 年 6 月 6 日注入后续聚合物保护段塞。后续保护段塞累计注入 185.9263×10⁴m³，占地下孔隙体积的 0.2974PV，注入速度 0.23PV/a，注入压力 12.36MPa，与水驱相比上升了 4.52MPa，上升幅度 57.65%，距破裂压力 0.82MPa。日注量 3930m³，比吸水指数 0.53m³/（d·m·MPa），与三元段塞相比，基本保持稳定。平均注聚浓度 1685mg/L，体系黏度 35mPa·s。

后续保护段塞阶段，全区累计产油 16.2819×10⁴t，阶段采出程度 6.12%，阶段提高采收率 5.58%，总采出程度 66.68%。日产液 4094t，日产油 237t，综合含水 94.20%，采聚浓度 765mg/L，采碱浓度 1525mg/L，采表浓度 72mg/L。与空白水驱相比，日产液下降 617t，日增油 103t，含水下降 2.95 个百分点。中心井区累计产油 11.8237×10⁴t，阶段采出程度 6.35%，日产液 3013t，日产油 174t，综合含水 94.24%，平均采聚浓度 757mg/L，采碱浓度 1532mg/L，采表面活性剂浓度 78mg/L。全区地层压力 11.17MPa，总压差 0.54MPa，流压 3.76MPa。

⑥ 后续水驱阶段。为控制含水回升速度，注入速度由 0.24PV/a 下调至 0.22V/a，截至 2017 年 9 月，后续水驱阶段累计注水 36.1448×10⁴m³，占地下孔隙体积的 0.058PV，注入压力 11.11MPa，与空白水驱相比上升了 3.27MPa，上升幅度 41.71%，距破裂压力 2.07MPa，日注入量 3784m³，比吸水指数 0.52m³/（d·m·MPa）。

后续水驱阶段，全区累计产油 1.8162×10⁴t，阶段采出程度 0.77%，阶段提高采收率 0.69%，总采出程度 67.80%。日产液 4530t，日产油 199t，综合含水 95.62%，流压 4.44MPa，采聚浓度 725mg/L，采碱浓度 1595mg/L，采表浓度 61mg/L。与空白水驱相比，日产液下降 181t，日增油 65t，含水下降 1.54 个百分点。中心井区累计产油 1.3242×10^4t，阶段采出程度 0.71 %，日产液 3378t，日产油 139t，综合含水 95.89%，平均采聚浓度 725mg/L，采碱浓度 1533mg/L，采表面活性剂浓度 61mg/L。

3. 示范区取得的成果及认识

1）形成了弱碱三元复合驱油藏方案设计技术

依据北三东示范区二类油层发育特征及北二西弱碱体系三元复合驱试验经验，结合室内数模、物模研究结果，优化层系组合、井网部署、注采井距设计。

（1）优化二类油层弱碱三元复合驱开发层系组合。二类油层复合驱开采对象小层数多、厚度薄、平面连通差，非均质严重。为了尽量保证一套层系可以注同一种分子量聚合物，同时降低层间渗透率级差，根据室内实验结果及现场实践经验，同时考虑到经济上可行，确定了二类油层三元复合驱开采对象、层系内渗透率级差及层系组合有效厚度界限。限制开采对象，缩小层间矛盾，达到较好的开发效果。图 4-8-3 和图 4-8-4 所示为渗透率级差与聚合物推进速度和采收率关系。

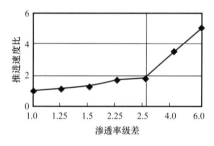

图 4-8-3 渗透率级差与聚合物推进速度关系

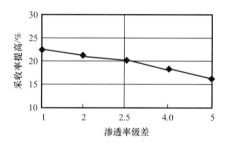

图 4-8-4 渗透率级差与采收率关系

（2）优化二类油层弱碱三元复合驱井网部署。已投产区块的生产实践表明，井网井距直接影响着驱替剂的注入速度和采液速度，决定了注入周期、见效时间、见效程度、接替稳产时机，最终影响采收率提高幅度，因此，合理的井网井距是三元复合驱开发的基础和前提，示范区井网井距的确定必须最大限度地适应油层地质特点，提高井网对砂体的控制程度（表 4-8-3）。

表 4-8-3　北三东三元示范区不同注采井距下各单元聚合物驱控制程度表（油藏方案）

沉积单元	聚合物驱控制程度 / %				
	100m	125m	150m	175m	250m
萨Ⅱ10+11a	77.6	75.2	74.1	73.1	72.3
萨Ⅱ10+11b	78.4	76.0	72.5	69.0	59.0
萨Ⅱ12	87.6	85.3	83.9	82.6	77.9
萨Ⅱ13+14a	87.4	85.0	83.0	80.9	68.4

沉积单元	聚合物驱控制程度 / %				
	100m	125m	150m	175m	250m
萨Ⅱ13+14b	85.8	83.4	75.1	66.8	56.0
萨Ⅱ15+16a	70.5	68.1	57.3	46.4	33.9
萨Ⅱ15+16b	41.9	39.5	32.2	24.9	14.5
萨Ⅱ10-16 合计	80.1	78.4	75.3	72.1	64.8

综上所述，通过对不同注采井距的适应性对比表明，125m 井距条件下，北三东西块二类油层弱碱三元复合驱示范区的化学驱控制程度可达到 71.1%，最大注入速度可达到 0.25PV/a 左右，能够建立较为合理的驱动压力梯度，有利于减缓注采能力下降幅度，具有最佳的经济效益，因此注采井距确定为 125m 左右。

2）形成了弱碱三元复合驱驱油方案设计技术

通过精细地质描述、水淹状况及剩余油分布研究，示范区萨Ⅱ10-16 油层聚合物驱控制程度较低、水淹比较严重，同时平面、层内和层间的非均质性较强。借鉴以往成功的三元复合驱试验经验，确定了三元体系驱油方案设计原则：一是三元体系配方及段塞组合既要能提高波及效率，又要以提高三元复合驱驱油效率为主；二是活性剂采用国产石油磺酸盐表面活性剂，三元体系与目的层原油间能够形成 10^{-3}mN/m 超低界面张力；三是三元体系要具有较好的稳定性；四是三元体系具有较强的抗吸附性及较好的乳化性；五是单井配注以井组注采平衡实现全区注采平衡；六是在设计合理的注入速度的范围内，考虑给开发调整留有一定的时间余地。

优化弱碱三元复合驱油体系，提高油层配伍性：

通过评价三元体系界面张力活性范围、稳定性、吸附性、乳化性及室内驱油效果，优化适合二类油层油水条件的弱碱三元复合驱油体系。示范区三元体系选用炼化公司生产的石油磺酸盐表面活性剂产品（简称 S）、弱碱 Na_2CO_3（简称 A）及炼化公司生产的 1200 万～1600 万分子量聚合物（简称 P）作为示范区注入配方。

示范区三元复合驱驱油方案设计结果：通过数值模拟研究及试验过程中方案优化结果，确定了示范区方案为前置聚合物段塞 0.04PV×（1200mg/L P）+ 三元主段塞 0.35PV×（1.2% A+ 0.3%S+1600mg/L P）+ 三元副段塞 0.15PV×（1.0% A+0.1% S+1600mg/L P）+ 聚合物保护段塞 0.2PV×（1200mg/L P）+ 后续水驱到含水 98% 结束。

共注入化学剂 0.74PV，体系采用 1200 万～1600 万中分子量聚合物，污水配制污水稀释，注入速度保持在 0.25PV/a。

3）形成了弱碱三元复合驱开发综合调整技术

明确了二类油层弱碱三元复合驱开采特征。二类油层不同区块地质条件存在差异，北三东示范区地质条件差于北二西试验区。北三东示范区与北二西试验区分属于萨东中小河系及大型喇西河系，受不同沉积体系影响，纯油区东部二类油层的发育较西部明显变差，表现为油层发育厚度薄、渗透性差、非均质性强、砂体连续性差。北三东示范区油层单层厚度、渗透率、河道一类连通厚度比例、聚合物驱控制程度分别较北二西试验区低 1.7m、0.146D、40.6% 和 19.1%。因此北三东三元区块表现为与北二西三元区块不同的注采特征、见效特征及动用特征。

（1）注入特征。

① 注入压力平稳上升，压力最大升幅 61.61%，保持了较强的注入能力。北三东示范区投注化学剂以后，注入压力平稳上升，压力最大升幅 61.61%。前置聚合物驱阶段，注入压力快速上升，注入能力明显下降，注入压力由 7.84MPa 上升到 10.50MPa，上升了 2.66MPa，上升幅度 33.93%，上升速度 4.16MPa/0.1PV，视吸水指数由 0.69（m^3/d·m·MPa）下降至 0.52m^3/（d·m·MPa），下降幅度 24.6%。三元段塞阶段，注入压力持续平稳上升至最高 12.67MPa，但上升速度减缓为 0.58 MPa/0.1PV，与空白水驱相比上升幅度 61.61%，之后基本保持稳定，同时视吸水指数进一步降至 0.46m^3/（d·m·MPa），最大降幅 33.33%。进入后续保护段塞后，注入压力保持在 12.3MPa 左右，距离破裂压力尚有 0.9MPa 的压力空间，视吸水指数保持在 0.53m^3/（d·m·MPa）左右。

② 井间压力差异逐渐减小，注入压力趋于均衡。空白水驱阶段，井间压力差异较大，其中 82.3% 的注入井注入压力低于 10MPa，注入化学剂后，注入压力逐步上升，井间压力差异不断缩小，进入主段塞后，80% 左右的注入井注入压力集中分布在大于 12MPa 的范围内，表明化学剂推进更趋均匀。

③ 与北二西试验区相比，北三东示范区注入压力上升幅度低，注入能力略差。北三东示范区注入压力最大上升幅度为 61.6%，低于北二西试验区的 71.5%。受地层条件差影响，空白水驱结束时，示范区注入压力为 7.84MPa，高于北二西试验区的 5.92MPa，注入化学剂后，注入压力稳步上升至最高 12.67MPa，明显高于北二西试验区的 10.15MPa，2 个区块分别上升了 4.83 MPa 和 4.23MPa，由于示范区初始压力高，因此最大升幅低于北二西试验区。

开发过程中，示范区视吸水指数略低于北二西试验区，最大降幅为 33.3%，高于北二西试验区的 23.1%，注入能力略差于北二西试验区。整体看，二类油层弱碱三元复合驱具有较强的注入能力，并且地质条件越好，初始注入压力越低，上升幅度越大，注入能力越强。

（2）采出特征。

① 含水下降速度快，下降幅度大，低含水稳定时间长。示范区目的层萨 II 10-16 油层非均性强，井间地质条件差异大，接替受效明显，示范区含水变化规律表现为，全区见效较晚，含水下降幅度大，低含水稳定期长的特点。为了保证开发效果，过程中通过加大综合调整力度，有效控制了含水上升速度，低含水稳定期长达 22 个月（0.42PV）。化学驱过程中含水变化共分为 4 个阶段：

一是未见效阶段。注入化学剂初期，含水变化不大，即注入化学剂 0.094PV 之前保持在 96% 以上。

二是含水下降阶段。注入化学剂 0.094PV（2013 年 8 月）开始见效至 0.206PV（2014

年2月），含水快速下降，进入下降期，含水下降期历时0.112PV（6个月），全区含水由95.64%下降至88.85%，下降了6.79个百分点，平均月含水下降速度1.13%。阶段采出程度3.58%，提高采收率2.99%。

三是含水低值期阶段。注入化学剂0.206PV（2014年2月）至0.625PV（2015年12月）期间，综合含水在低值期稳定了22个月，此阶段为见效高峰期，注入0.282PV（2014年6月）时含水降至最低点80.81%，此时日产油769t，与空白水驱相比，综合含水下降了16.35个百分点，日增油635t，月含水下降速度2.0%，阶段采出程度14.50%，提高采收率13.72%。

四是含水回升阶段。注入化学剂0.625PV（2015年12月）后进入含水回升期，综合含水从88.92%回升至目前的95.48%（2017年9月），平均月含水回升速度控制在0.31%，阶段采出程度7.37%，提高采收率6.63%。

② 产液量下降缓慢，且下降幅度小，产液能力强，与北二西基本相当。以往的聚合物驱和三元复合驱现场试验表明，随着化学剂的注入，油层渗流阻力增加，同时随着含水的下降，乳化结垢的出现，采出能力逐渐降低。示范区处于低值期时，产液量下降幅度最大，无量纲产液量最低为0.76。三元驱过程中做好注采端清防垢及检泵修泵等维护工作是产液量保持较高水平的有力保证。低值期阶段，示范区无量纲产液量基本稳定在0.85左右。进入含水回升期后，无量纲产液量有所上升，在0.9以上。全过程产液量变化规律与北二西基本相当。

③ 示范区含水变化规律与北二西基本一致，但产液指数下降幅度大，采液能力略差于北二西试验区。北三东示范区、北二西试验区含水及比产液指数曲线表明：注入化学剂0.1PV左右时，含水率开始快速下降，下降速度分别为10.3%/0.1PV和7.9%/0.1PV，同时产液能力同步下降；注入化学剂0.3PV时，含水率下降至最低点79.7%和80.8%，下降幅度分别为16.4%和19.1%，比产液指数最大下降幅度分别为42.6%和31.3%，之后变化不大，低含水稳定时间长达0.42PV和0.43PV；注入化学剂0.7PV后进入含水回升阶段，回升速度缓慢，分别为1.5%/0.1PV和1.57%/0.1PV。示范区含水变化规律与北二西基本一致。但受油层条件差影响，与北二西试验区对比，北三东示范区含水降幅较小，产液指数降幅较大。

（3）见效特征。

见效井数比例为100%，高峰期采油速度达10%以上，二类油层弱碱三元复合驱提高采收率可达20个百分点以上。

示范区采油井见效井比例达100%，含水下降超过20个百分点的井数比例达66.7%，其中含水下降超过30个百分点的井数比例达43.8%，单井含水均下降至最低点时，最低点含水达可到71.10个百分点。注入化学剂前，含水较低的采油井，剩余油相对富集，见效后含水下降幅度大，增油效果明显。

北三东示范区和北二西试验区采油井均全部见效，其中65%以上的采出井含水率下降幅度大于20%，注入化学剂0.1PV后，随着含水率的下降，采油速度快速上升，注入化学剂0.3PV左右时，含水率降至最低，此时采油速度分别达10.5%和11.8%，高峰期后采油速度随着含水的下降而缓慢下降。北三东示范区预计提高采收率24个百分点，油层条件较好的北二西试验区化学驱提高采收率达28个百分点。

（4）采剂特征。

先见聚，后见碱，最后见表面活性剂，采碱浓度较高。示范区先见聚后见效，注入化学剂0.074PV（2013年7月）时开始见聚，平均采聚浓度52mg/L（空白水驱时采聚浓度20mg/L）；注入0.094PV（2013年8月）时开始见效；注入化学剂0.11PV时见碱，平均采碱浓度15mg/L；注入0.206PV（2014年2月）时进入含水下降期；注入0.225PV时见表面活性剂，平均采表面活性剂浓度10mg/L。

示范区先见聚，后见碱，最后见表面活性剂。见聚后采聚浓度平稳上升，注入化学剂0.39PV后（2014年12月），采聚浓度进入高峰期并稳定在750mg/L左右，此时处于含水低值期后期，注入0.625PV后（2015年12月），示范区进入含水回升期，采聚浓度继续缓慢上升，至三元副段塞末，采聚浓度上升至最高941mg/L之后开始下降。

见碱及见表后至注入化学剂0.375PV（2014年11月），采碱浓度稳步上升至500mg/L，采表浓度一直保持在20mg/L左右，之后因注入困难及问题井冬季保管线注二元体系影响，注入化学剂0.476PV（注三元段塞0.41PV）时采碱浓度快速上升至2039mg/L，采表浓度同步上升至155mg/L，采碱和采表面活性剂进入高峰期。采碱及采表浓度分别在注入化学剂0.727PV和0.646PV时达最高值为2933mg/L和203mg/L，之后开始同步下降。

（5）动用特征。

弱碱三元复合驱油层动用厚度增加，且吸入厚度比例高于聚合物驱。随着化学剂的注入，注入压力平稳上升，井间压力趋于均衡，油层吸入状况得到改善，三元主段塞阶段吸入厚度比例最高达到89.5%，较注化学剂前提高了7.2%，其中有效厚度小于1m和渗透率低于100D的薄差难动用储层，吸入厚度比例分别提高了10.6%和3.9%。进入三元副段塞后，剖面返转，吸入厚度比例略有下降，至后续聚合物保护段塞阶段，吸入厚度比例降至83.3%。

4）形成了二类油层弱碱三元复合驱开发综合调整技术

（1）注入井分注技术。分注原则：一是层段间相对吸水量差异大；二是注入压力上升空间大于1.5MPa；三是层段内渗透率级差小于3；四是油层发育较好，分注层段有效厚度在1.0m以上；五是井组2个方向含水高、采出化学剂浓度高。依据上述原则，将性质相近的油层进行组合，优化层段注入强度，改善吸入状况，促进油井均匀受效。

分注效果：全区实施分层注入34口，分注率35.4%，平均单井2.06个层段，其中控制层段1.03个，有效厚度4.7m，注入强度为6.3m³/（d·m）；加强层段1.03个，有效厚度3.3m，注入强度为9.0m³/（d·m），层间渗透率级差由3.6下降到1.6。分注后注入压力上升了0.85MPa，同时剖面得到明显改善，开采目的层萨Ⅱ10–16油层动用厚度比例由81.5%提高至85.5%，提高了4个百分点。周围50口油井受效，日产液下降22t，日增油35t，含水下降1.7%。

（2）注入井调剖技术。调剖选井选层原则：一是渗透率大于0.3D；二是河道一类连通率大于45%；三是压力空间大于2.4MPa；四是视吸水指数高于全区水平；五是调剖层段相对吸入量 40% 以上；六是高水淹厚度比例 45% 以上；七是采出井含水高于全区水平或平面差异大。

调剖半径：根据矿场经验，要达到较好的调剖效果，一般设计调剖深度应为注采井距的 1/3 左右，区块平均井距为 125m，调剖深度确定为 45m。

调剖剂优选：针对示范区二类油层特点和三元复合驱深度调剖的要求，设计采用 WT008 三元驱颗粒调剖堵水剂与 WK–Ⅱ 堵水调剖剂复合调剖体系（表 4–8–4）。其中三元驱颗粒调剖堵水剂作为主段塞，WK–Ⅱ 堵水调剖剂作为封口段塞。三元驱颗粒调剖堵水剂，在改性颗粒调剖堵水剂的基础上，引入耐碱有机网络结构，形成了一种网络结构体系，抗碱性能强。初期强度高、后期变形能力强，有助于提高三元液的波及体积。同时，与三元液配伍性良好，与三元液无物理、化学反应，对其界面张力不干扰。WK–Ⅱ 堵水调剖剂在原堵水调剖剂基础上，添加"羧酸基强极性的磺酸基基团"等成分，产品抗盐性提高，与三元体系配伍性好，在有 15% 三元液存在下，成胶率达 93%，且提高水中钙的溶解度，对水中的磷酸钙、碳酸钙、锌垢等有阻垢作用，分散性好，净化水质及减少对管线、地层的堵塞。

表 4–8–4　调剖体系段塞组合

调剖剂名称	类型	性能特点	段塞组合
WT008 三元驱粒调剖堵水剂（A）	颗粒类	抗碱性强，膨胀倍数大，抗压强度高	主段塞：A（1000～1500mg/L 聚合物携带 3500～4500mg/L 的 A）+ 封口段塞 B+1200mg/L 聚合物顶替液
WK–Ⅱ 堵水调剖剂（B）	凝胶类	成胶时间短，成胶率高，强度高	

调剖效果：调剖后注入压力上升 1.29MPa，视吸水指数下降 0.1m³/（d·m·MPa），周围 19 口采油井日产液下降 72t，日增油 41t，含水下降 3.8%。

（3）注入井压裂技术。压裂效果：全过程共实施注入井压裂 74 井次，措施前注入压力 12.98MPa，距破裂压力仅为 0.2MPa，平均单井日注入量 23m³，措施后效果明显，注入压力下降 2.95MPa，平均单井日增注 19m³。其中，未见效阶段针对差层发育井改造实施 6 口，为后期化学剂注入留有一定的压力上升空间。含水下降期和低值期，主要针对注入能力下降大、剖面动用差井改造，提高注采能力和提高动用程度。含水回升期，压裂中低渗透层挖掘剩余潜力。含水低值期阶段为受效高峰期，且注入井注入能力能已下降至最低水平，该阶段为主要压裂增注阶段，措施井数比例高达 81.1%。

（4）采油井压裂技术。压裂时机及方式：一是含水下降期主要压裂河道边部变差部位，改造差层，调节注采平衡，压裂引效，主要采用普通压裂方式；二是低含水稳定期针对采出能力下降幅度大、动用状况差的井，主要压裂河道主体带部位，压裂提效，主要采用普通压裂方式；三是含水回升期以控水为目的，挖潜薄差层，压裂增效，以多裂缝压裂方式为主。

压裂效果：全过程共实施采油井压裂 58 井次，措施前平均单井日产液 29t，日产油 3.9t，含水 86.29%，措施后平均单井日增液 35t，日增油 8.5t，含水下降 5.78%。其中含水下降期压裂4井次，措施后平均单井日增液43t，日增油7.4t，含水下降4.75%；含水低值期压裂37井次，平均单井日增液37t，日增油10.3t，含水下降5.55%；含水回升期压裂17井次，平均单井日增液29t，日增油4.9t，含水下降4.34%。对比表明，见效高峰期压裂，措施效果显著。示范区在该阶段压裂井数比例达63.8%，进一步放大了试验效果。

5）形成弱碱三元复合驱采油工艺配套技术

（1）形成了系列清防垢优化配套技术。北三东二类油层弱碱三元复合驱示范区共有注入井96口，采出井96口，采出井中抽油机69口，螺杆泵26口，潜油电泵1口。自2014年1月注三元体系以来，迄今52口采油井见垢，其中抽油机40口井，螺杆泵12口，占油井总数的54.2%。

① 采出井结垢规律研究。垢质仍以碳酸盐垢为主。从作业井垢样分析看，同北二西二类油层弱碱三元复合驱试验区对比，垢质仍以碳酸盐垢为主，占80%左右，略低于北二西，硬度低、易碎，为黄色或黄褐色（表4-8-5）。

表4-8-5 不同三元区块采出井垢质组分比例

区块	取样时注入孔隙体积倍数 / PV	碳酸盐垢 /%	硅酸盐垢 /%	有机物 /%	其他 /%
北二西三元试验区 B2-361-E66	0.37	93.50	1.6	4.47	0.43
	0.66	85.60	1.7	4.05	9.65
北三东三元示范区 B2-311-SE79	0.18	89.90	0.8	4.70	4.60
	0.53	67.89	7.0	23.67	0.91

结垢部位主要集中在杆、管、泵等部位。垢厚1.5mm以下（表4-8-6）。同时40臂井径测试，结垢点有2个，为油管管柱末端及射孔井段，结垢段长度约为10m，平均垢厚约为5mm。

表4-8-6 弱碱三元采出端结垢部位

结垢部位	垢质形态		
	厚度 /mm	颜色	造成影响
抽油杆、抽油管	1～1.5	深棕褐色	载荷增大
脱接器、脱卡工作筒	0.8～1.2	黄褐色	滑套失效，无法脱开
泵筒内壁	0.3～0.8	黄褐色	卡泵
阀球、阀座	0.3～0.5	浅黄褐色	泵漏失

见垢井比例60%以下，且中心井比例高于边角井。北三东示范区见垢井数52口，北二西试验区见垢井数23口，分别占总数的54.1%和52.3%。中心井见垢井数比例分别为

57.1% 和 75%，高于边角井的 11% 和 50%（表 4-8-7）。

表 4-8-7　不同弱碱三元区块采出井结垢井数统计

区块	全区			中心井			边角井		
	井数 /口	见垢井数 /口	见垢比例 /%	井数 /口	见垢井数 /口	见垢比例 /%	井数 /口	见垢井数 /口	见垢比例 /%
北二西三元试验区	44	23	52.3	24	18	75	20	5	25
北三东三元示范区	96	52	54.1	70	40	57.1	26	12	46.1

　　② 完善化学防垢工艺。完善了结垢判别图版，明确了加药时机。根据北三东见垢时的离子浓度及 pH 值变化规律，修订完善了结垢判别图版，符合率达 90% 以上，根据图版，明确了北三东示范区加药时机标准，保证机采井及时加药（图 4-8-5 和图 4-8-6）。

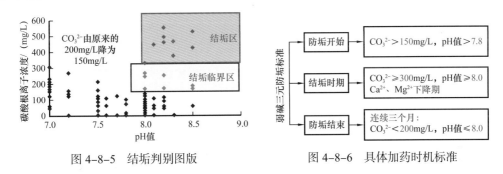

图 4-8-5　结垢判别图版　　　　图 4-8-6　具体加药时机标准

　　确定了化学防垢加药方式。通过对比不同化学加药方式经济适用性，确立了井口点滴加药为主要加药方式。同时，试验应用了井口双泵点滴加药技术，并明确了单、双泵经济适用界限。对于日产水量小于 15m³/d 的井，应用单泵点滴加药工艺，对于日产水量大于 60m³/d 的井，应用双泵点滴加药工艺。表 4-8-8 为不同化学加药方式经济适用性对比。

　　优化了单井加药浓度标准。随着注入化学剂的推进，碳酸根离子浓度及 pH 值呈上升趋势，采用固定药剂浓度达不到长效防垢，因此，根据碳酸根离子浓度及 pH 值变化，个性优化了单井加药浓度标准（表 4-8-9）。

　　如 B3-351-E81 井，通过逐级上调药剂目标浓度，有效控制了垢卡频次，延长了检泵周期，达到 1056 天。

　　③ 完善化学清垢工艺。化学加防垢药剂可降低垢卡比例延长检泵周期，但仍有垢卡井需要化学清垢方法进行处理。

　　一是优化了化学清垢药剂配方（表 4-8-10）。通过调整清垢剂酸的配比，9% 无机酸 + 2% 有机酸的清垢剂配方溶垢率最高，达到 98.86%，保证了解卡成功率。

表 4-8-8　不同化学加药方式经济适用性对比

加药模式（加药量/加药周期）	单井10年建设费与人工费/万元				单井年综合费/万元					
	设备	改造	人工	合计	设备折旧及人工费	药剂费用	运输费用	耗电	维修费用	年综合费用合计
井口周期加药模式1（10kg/2d）	3.57	0.1	12.22	15.89	1.59	2.88	1.44	0	0.06	5.97
井口周期加药模式2（50kg/4d）	1.89	0.1	6.47	8.46	0.85	7.38	0.74	0	0.03	9.00
井口单泵加药	8	3	1.26	12.25	1.22	1.46	0.14	0.49	0.57	3.89
井口双泵加药	10.07	3	0.25	13.32	1.33	1.46	0.03	0.49	0.57	3.88
井口高压长管加药	30	3	1.26	34.26	3.42	1.46	0.14	0.49	0.57	6.09

表 4-8-9　单井个性化加药标准

碳酸根离子浓度/（mg/L）	<500	500～1000	1000～1500	1500～2000	>2000
药剂目标浓度/（mg/L）	100	200	300	350	400

表 4-8-10　清垢剂配方优化表

序号	配方	溶垢率/%
1	5% 无机酸 +2% 有机酸	78.94
2	5% 无机酸 +5% 有机酸	91.46
3	7% 无机酸 +2% 有机酸	92.20
4	9% 无机酸 +2% 有机酸	98.86

　　二是明确了清垢时机标准。根据电流上升、产量下降及杆运行情况，确定了酸洗清垢时机及处理措施，降低卡泵概率，保证机采井平稳运行。即针对采油井电流上升 5%、产量下降 10%，及杆运行滞后或出现卡泵时，酸洗前清蜡处理，如果杆滞后或卡泵现象消失，可不酸洗，否则进行酸洗。

　　三是优化解卡关键工序。提高施工效率及药剂利用率，并减少了返排废液对地面集输系统的影响，确保绿色安全施工（表 4-8-11）。

　　通过上述工作，并理顺酸洗解卡流程，北三东示范区共进行酸洗解卡 141 井次，解卡成功 128 井次，解卡成功率达到 90.8%。

表 4-8-11 解卡工序优化前后效果

原工序	优化后工序	优化目的
清垢剂焖井 4h	清垢剂焖井 3h	提高施工效率
焖井过程驴头位置不变	改变驴头上下位置	增加接触面积
药剂不循环	循环	提高药剂利用率
废液直接进回油干线	车载回收	减少对集输影响
废液返排 15m³	废液返排 30m³	
清水返排	返排液添加硫化物去除剂、铁质稳定剂	

④ 完善了管理办法。停机会加快机采井井筒结垢速度，容易造成卡泵，停机时间越长，卡泵概率越大，解卡成功率也越低。因此，机采井连续运行是保证化学清防垢效果的基础，对此，制订了弱碱三元复合驱停机管理办法及"3115"加快问题井处理办法，减少正常井停机时间和问题井躺井时间，降低垢卡概率。其中停机卡泵比例由 53.3% 下降至 25.5%，下降了 27.8 个百分点，问题井恢复时间由 34 天下降至 18 天，下降了 16 天。

（2）形成了适合弱碱三元井压裂增产配套技术。北三东三元示范区常规压裂井 16 口，平均单井日增油 7.0t，效果一般，且由于当时处于含水低值期，增油效果并不完全是压裂措施的贡献。为了进一步提高三元驱井压裂增产效果，尝试增加加砂规模，并根据示范区油层物性（渗透率 387mD）及井网（125m 五点法面积井网）情况，利用压裂设计模板确定了最佳裂缝穿透比为 30%，半缝长约 40m。

增大加砂量后，注入井实施 34 口，油井实施 42 口，平均加砂量较常规压裂增加 1 倍以上，油井平均单井日增油 9.1t，较常规压裂多增油 2.1t，增幅 30%；注入井平均单井日增注 24m³，较常规压裂多增注 8m³，增幅 50%，取得了较好的增产增注效果，也为三元井压裂增产增注工艺提供了新的思路和方法（表 4-8-12 和表 4-8-13）。

表 4-8-12 北三东三元驱注入井压裂效果对比表

时间	井数 / 口	单层加砂量 /m³	注入压力下降 /MPa	日增注 /m³	有效期 /d
2014 年	40	6.8	2.98	16	154
2014 年以后	34	23.6	2.91	24	265
差值		16.8	−0.07	8	111

表 4-8-13 北三东三元驱采油井压裂效果对比表

分类	井次 / 口	单层加砂量 /m³	日增液 /t	日增油 /t	含水下降 /%
常规压裂	16	6.7	22	7.0	−6.3
增大加砂量	42	13.7	40	9.1	−5.9
差值		7	18	2.1	0.4

4. 示范区取得的经济效益

本项目为萨北开发区北三东西块二类油层弱碱三元复合驱工业性示范区产能建设工程。项目性质为弱碱三元复合驱，建设开始时间2012年。共基建油水井192口（油井96口、水井96口），评价期内累计产油量180.83×10⁴t（表4-8-14）。

表4-8-14　示范区产量预测表

序号	项目名称	合计	2012年	2013年	2014年	2015年	2016年	2017年
1	年产油/10⁴t	180.83	1.14	7.18	22.36	18.92	13.66	7.71
2	年产液/10⁴t	2434.84	56.17	155.14	144.54	149.06	159.70	148.55
3	年注水/10⁴m³	2387.65	46.61	118.27	143.85	142.76	142.03	132.63
序号	项目名称	2018年	2019年	2020年	2021年	2022年	2023年	2024年
1	年产油/10⁴t	5.00	3.63	3.11	2.77	3.89	7.78	24.25
2	年产液/10⁴t	156.93	152.38	145.98	138.70	64.80	185.00	134.20
3	年注水/10⁴m³	135.95	131.40	125.91	120.45	69.10	215.60	149.50
序号	项目名称	2025年	2026年	2027年	2028年	2029年	2030年	2031年
1	年产油/10⁴t	20.52	14.81	8.36	5.42	3.94	3.38	3.00
2	年产液/10⁴t	112.90	98.70	96.80	94.90	78.50	67.30	95.20
3	年注水/10⁴m³	124.60	116.30	109.70	90.10	90.10	90.10	92.70

该项目总投资150744.23万元，税后财务内部收益率为15.43%，高于6%的行业基准收益率，在经济上是可行的。该项技术的应用对实现油田可持续发展具有深远的影响，具有广阔的应用前景。

二、杏六区东部Ⅱ块强碱三元复合驱工业性示范区

为加快推进三元复合驱主导技术攻关和推广应用步伐，进一步挖潜厚油层顶部剩余油，较大幅度提高采收率，2008年在杏北开发区开展了杏六区东部Ⅱ块三元复合驱工业化推广区。经过9年多的攻关，取得了较好的效果，杏六区东部Ⅱ块提高采收率21.68个百分点，累计增油量182.36×10⁴t，为大庆油田杏北开发区大幅度提高原油采收率提供了技术支撑。

1. 示范区目的和意义

大庆油田三元复合驱技术经过20多年的攻关研究，经历了实验室研究阶段、引进国外表面活性剂的小型矿场试验阶段和具有自主知识产权的国产表面活性剂工业性矿场试验阶段，三元复合驱技术得到了较好的发展和完善，目前已进入工业化推广阶段。室内和现场试验均表明，强碱三元复合驱提高采收可达到20个百分点以上，但在工业化推广

过程中，面临以下几个方面的问题：合理注采井距和层系组合方式不明确；驱油体系配方和注入参数设计不清晰；动态规律认识和配套调整技术不成熟；地面配注工艺和污水处理技术不完善；三元结垢规律和配套处理技术不确定；现场生产管理和劳动组织模式不适应。

为此，选择杏六区东部Ⅱ块作为一类油层强碱体系三元复合驱示范区，明确工业化三次采油目的层的三元体系配方和复合驱效果，总结不同阶段的动态开发规律，完善配套技术，建立相关制度，为油田持续稳产储备技术，对于大庆油田的可持续发展、创建百年油田具有十分重要意义。

2. 示范区基本概况及方案实施

1）示范区概况

杏六区东部Ⅱ块位于杏四—杏六行列区内，北起杏五区丁3排，南至杏六区三排，西与杏六区东部Ⅰ块相邻，东与杏四—杏六面积及杏北东部过渡带相邻（图4-8-7）。

三元复合驱区块面积4.77km²，为注采井距141m的五点法面积井网，总井数214口，其中注入井110口，采出井104口（包括利用井2口）。开采目的层葡Ⅰ3油层孔隙体积788.17×10⁴m³，地质储量452.29×10⁴t，平均单井射开砂岩厚度为7.3m、有效厚度为5.7m，平均有效渗透率515mD（表4-8-15）。目的层埋深940.68m，原始地层压力11.23MPa，饱和压力7.23MPa，平均地层破裂压力13.76MPa，原始地层温度50.1℃（表4-8-16）。

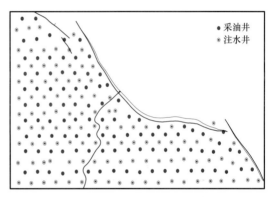

图4-8-7 杏六区东部Ⅱ块葡Ⅰ3油层强碱体系三元复合驱井位图

表4-8-15 杏六区东部Ⅱ块基本情况表

层位	面积/ km²	地质 储量/ 10⁴t	孔隙 体积/ 10⁴m³	平均 单井射开/m		平均有效 渗透率/ mD	井数/口			平均破裂 压力/ MPa
				砂岩	有效		注入井	采出井	小计	
葡Ⅰ3	4.77	452.29	788.17	7.3	5.7	515	110	104	214	13.76

表4-8-16 杏六区东部Ⅱ块原油物性表

原始地层 压力/ MPa	原始饱和 压力/ MPa	原始地层 温度/ ℃	地层原油 黏度/ mPa·s	原油 体积系数	脱气原油 黏度/ mPa·s	脱气原油 含蜡量/ %
11.23	7.23	50.1	6.9	1.124	13.86	24.60

2）示范区方案实施情况

（1）区块设计方案。采用 2500 万分子量的聚合物。

前置聚合物段塞：注入 0.075PV 的聚合物溶液，聚合物浓度 1800mg/L，井口黏度 90mPa·s。

三元复合驱主段塞：注入 0.3PV 的三元复合体系，氢氧化钠浓度 1.0%（质量分数），重烷基苯磺酸盐表面活性剂浓度 0.2%（质量分数），聚合物浓度 2000mg/L，体系井口黏度 70mPa·s。

三元复合驱副段塞：注入 0.15PV 的三元复合体系，氢氧化钠浓度 1.0%（质量分数），重烷基苯磺酸盐表面活性剂浓度 0.1%（质量分数），聚合物浓度 1700mg/L。

后续聚合物保护段塞：注入 0.20PV 的聚合物溶液，聚合物浓度 1400mg/L。

（2）方案实施情况。试验区于 2008 年 11 月投产，2009 年 10 月注入前置聚合物段塞，2010 年 4 月投注三元复合体系主段塞，2013 年 4 月注入三元复合体系副段塞，2014 年 7 月 10 日进入后续聚合物保护段塞，2015 年 11 月 1 日，进入后续水驱阶段（表 4-8-17）。截至 2017 年 12 月，杏六区东部Ⅱ块累计注入地下孔隙体积 1.70PV，累计产油 113.55×10^4t，阶段采出程度 25.10%。化学剂注入地下孔隙体积 1.213PV，化学驱阶段采出程度 23.70%，累计增油量 98.06×10^4t，提高采收率 21.68 个百分点。

表 4-8-17　杏六区东部Ⅱ块注入方案及执行情况表

阶段	注入参数								注入孔隙体积倍数 /PV		注入时间
	聚合物				碱 /%（质量分数）		表面活性剂 /%（质量分数）				
	浓度 /（mg/L）		分子量								
	方案	实际	方案	实际	方案	实际	方案	实际	方案	实际	
前置聚合物段塞	1800	1813	2500 万	2500 万					0.075	0.081	2009-10
三元主段塞	2000	2131	2500 万	2500 万	1.0	1.03	0.2	0.23	0.3	0.617	2010-4
	2000	2058	2500 万	2500 万	1.2	1.12	0.3	0.29			
三元副段塞	1700	1243	2500 万	2500 万	1.0	1.07	0.1	0.23	0.15	0.259	2013-4
后续聚合物保护段塞	1400	1215	2500 万	1900 万					0.2	0.256	2014-7
化学驱合计									0.725	1.213	

图 4-8-8 和图 4-8-9 所示为杏六区东部Ⅱ三元复合驱试验区注入曲线和综合开采曲线。

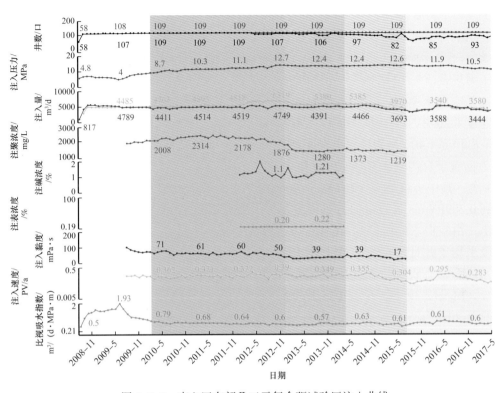

图 4-8-8 杏六区东部 II 三元复合驱试验区注入曲线

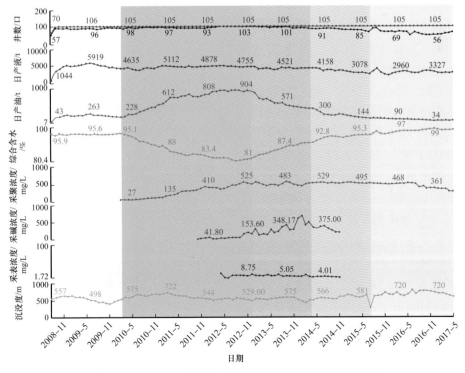

图 4-8-9 杏六区东部 II 三元复合驱试验区综合开采曲线

① 空白水驱阶段。区块于 2008 年 11 月全面投产，空白水驱阶段注入速度为 0.232PV/a，平均单井日注入量 42m³，注入压力 5.2MPa，单井日产液量 50t，单井日产油 2.1t，综合含水 95.8%，沉没度 531m，平均地层压力 8.48MPa，累计注采比 0.99。空白水驱后压力场及流场有所改善，允注压差 8.5MPa，达到注聚条件。截至 2009 年 9 月，108 口注入井空白水驱累计注入污水 150.9025×10⁴m³，注入地下孔隙体积 0.191PV，折算年注入速度 0.209PV/a。全区 105 口采出井累计产液 156.8438×10⁴t，累计产油 6.361×10⁴t，阶段采出程度 1.40%，累计采出程度 45.76%。

② 前置聚合物段塞阶段。2009 年 10 月转注前置聚合物段塞，在此期间实施综合调整 159 井次，其中方案调整 92 井次、分注 43 口井、调剖 24 口井，注入速度由 0.232PV/a 下调到 0.209PV/a。通过采取方案调整及各项措施，前置聚合物阶段平面注入压力差值逐渐减小，由空白水驱阶段的 8.5MPa 下降到 7.4MPa，建立了稳定的压力场。聚合物驱段塞阶段平均单井日注入量 41m³，注入压力保持在 6.3MPa，允注压差达到 7.4MPa，为注入三元体系留有较大的压力上升空间。单井日产液量 54t，单井日产油 2.27t，综合含水 95.82%，沉没度 397m，平均地层压力 7.83MPa，累计注采比 0.98。

截至 2010 年 3 月聚合物驱段塞结束前，累计注入聚合物溶液 82.0484×10⁴m³，注入地下孔隙体积 0.081PV，折算年注入速度 0.209PV/a，聚合物驱阶段全区累计产液 93.1673×10⁴t，累计产油 3.6760×10⁴t，综合含水 95.8%，阶段采出程度 0.81%，总采出程度 46.46%。

③ 三元复合体系主段塞阶段。试验区于 2010 年 4 月开始三元复合体系主段塞注入，三元复合体系中聚合物分子量采取 2500 万的聚合物，平均注入浓度为 2076mg/L，碱浓度为 1.2%（质量分数）、表面活性剂浓度为 0.3%（质量分数），体系平均黏度 58.7mPa·s。三元主段塞结束时平均注入压力 12.8MPa，日注量 4763m³，吸水指数 0.54m³/（d·m·MPa），与前置聚合物段塞结束时相比下降 38.6%。单井日产液量 47t，单井日产油 8.6t，综合含水 81.7%，沉没度 594m，产液指数 0.86m³/（d·m·MPa），与前置聚合物段塞结束时相比下降 23.21%。平均地层压力 9.15MPa，累计注采比 0.96。

截至 2013 年 3 月三元主段塞结束时，累计注入三元体系 486.1790×10⁴m³，注入地下孔隙体积 0.617PV，折算年注入速度 0.205PV/a，累计注入地下孔隙体积 0.698PV；三元主段塞阶段全区累计产液 520.4047×10⁴t，累计产油 64.4080×10⁴t，综合含水 81.76%，阶段采出程度 14.24%，总采出程度 60.69%。

④ 三元复合体系副段塞阶段。2013 年 4 月开始三元复合体系副段塞注入，三元复合体系副段塞结束时注入压力 12.46MPa，日注量 4462m³。吸水指数由三元复合体系主段塞结束时的 0.54m³/（d·m·MPa）到三元复合体系副段塞 0.51m³/（d·m·MPa），保持稳定。单井日产液量 47t，单井日产油 4.3t，综合含水 90.81%，沉没度 518m，产液指数 0.65 m³/（d·m·MPa），与前置聚合物段塞结束时相比下降 37.5%。平均地层压力 11.5MPa，累计注采比 0.96。

截至 2014 年 6 月，三元副段塞阶段累计注入三元体系 204.3789×10⁴m³，注入地下孔隙体积 0.259PV，折算年注入速度 0.208PV/a，累计注入化学剂地下孔隙体积 0.957PV；

三元副段塞阶段全区累计产液 $198.1453×10^4t$，累计产油 $23.365×10^4t$，综合含水 87.28%，阶段采出程度 5.17%，总采出程度 65.85%。

⑤后续聚合物保护段塞阶段。2014 年 7 月 10 日示范区全面进入后续聚合物段塞。截至 2015 年 10 月底，试验区累计注入化学剂 $956.05×10^4m^3$，占地下孔隙体积的 1.213PV。后续聚合物段塞阶段全区累计产液 $198.1453×10^4t$，累计产油 $10.1803×10^4t$，综合含水 95.51%，阶段采出程度 2.25%，总采出程度 68.1%。

⑥后续水驱阶段。区块于 2015 年 11 月进入到后续水驱阶段。截至 2017 年 12 月底，累计注入地下孔隙体积 1.70PV，累计产油 $113.55×10^4t$，综合含水 98.68%，阶段采出程度 1.23%，总采出程度 69.33%。

3. 示范区取得的成果及认识

（1）杏六区东部Ⅱ块强碱三元复合驱可比水驱提高采收率 20 个百分点以上。

杏六区东部是杏北开发区首个采用 141m 井距、将葡Ⅰ1-3 油层分两套层系开采的三次采油区块。通过 7 年多的开发实践，依据不同开采目的层的地质特征和剩余油分布情况，通过优化层系组合和井网井距、优化体系配方和个性化设计注入参数，以及注入过程中加强跟踪调整，保持了区块注采平衡、压力系统合理、注采能力相对较高，油层动用程度比水驱提高 13.5～22.8 个百分点（表 4-8-18），取得了较好的增油降水效果。

表 4-8-18 杏六区东部三元复合驱油层动用状况

区块	不同阶段油层动用厚度比例 /%			
	水驱空白	前置聚合物段塞	三元主段塞	三元副段塞
杏六区东部Ⅰ块	67.2	70.2	80.7	77.4
杏六区东部Ⅱ块	58.4	56.8	81.2	71.9

截至 2017 年 12 月，杏六区东部Ⅱ块累计注入地下孔隙体积 1.70PV，累计产油 $113.55×10^4t$，阶段采出程度 25.10%。化学剂注入地下孔隙体积 1.213PV，化学驱阶段采出程度 23.70%，累计增油量 $98.06×10^4t$，提高采收率 21.68 个百分点。该区块 2010 年 9 月开始见到注剂效果，含水缓慢下降，含水下降速度为 4.2%/0.1PV。2012 年 11 月，含水降到最低值，为 80.4%，含水在 85% 以下维持了 23 个月（表 4-8-19 和表 4-8-20）。采出井有 103 口受效，受效井比例 98.1%。三元驱高峰期日产油 943t，平均单井日产油 8.98t，最大增油倍数 3.1 倍，平均含水最大降幅 15.6 个百分点，取得了较好的开发效果。

表 4-8-19 杏六区东部Ⅱ块三元复合驱含水变化表

区块名称	空白水驱末含水 /%	见效时间 /PV	含水最大降幅 /%	最低点含水 /%	含水下降速度 /%/0.1PV	含水回升速度 /%/0.1PV	含水 85% 以下时间 /月
杏六区东部Ⅱ块	96.0	0.115	15.6	80.4	4.20	2.26	23

表 4-8-20 杏六区东部Ⅱ块三元复合驱受效状况统计表

区块名称	总井数／口	受效井数／口	受效井比例／%	最大日产油／t	平均单井日产油／t	最大增油倍数
杏六区东部Ⅱ块	105	103	98.1	943	8.98	3.1

（2）形成了布井方案优化设计技术。

首次在杏北开发区原一次加密调整井排和二次加密调整井排间布一排三元复合驱井，与水驱三次加密井互相协调，形成注采井距缩小为 141m 的五点法面积井网；井网部署更趋完善，且有利于后续三类油层开展三次采油的井网衔接，减少了钻井及基建费用。井距缩小后，区块化学驱控制程度增加，超过了 75% 的技术界限，达到了 85.3%；保持了较稳定的产液能力，产液指数下降幅度 59%，产液量下降幅度平均 24.1%。

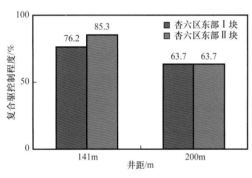

图 4-8-10 杏六区东部葡Ⅰ3 油层不同井距复合驱控制程度

（3）形成了开发层系优化设计技术。

分析对比了杏六区东部葡Ⅰ1-3 油层各沉积单元油层发育差异及动用状况，考虑渗透率级差、层系接替，结合经济效益评价优化了层系组合。首次确定了该区块三元复合驱目的层葡Ⅰ1-3 油层分葡Ⅰ3 和葡Ⅰ1-2 两套层系开采，使层间渗透率级差明显减小。葡Ⅰ1-3 油层渗透率级差为 3.0，分两套层系后，葡Ⅰ3 油层渗透率级差下降到 1.2，有效减缓了层间干扰，使油层动用程度明显提高，有效厚度动用比例最高达到 80% 以上（图 4-8-10）。

（4）形成了驱油体系及注入参数优化设计技术。

杏六区东部Ⅱ块三元复合驱在精细地质研究的基础上，对各区块一类油层储层特征、流体性质及开发简况进行了详细描述，并对区块目的层的沉积特征、油层的发育状况及分布特征、水淹状况和剩余油分布特征进行了系统研究。建立了三元体系聚合物分子量与油层物性的匹配关系，依据匹配关系、化学复合驱控制程度以及动态反应特点，个性化设计了三元复合驱注入体系。葡Ⅰ3 油层物性好，有效渗透率高，达到 542mD，采用 2500 万分子量聚合物配制的三元体系。依据单井油层物性、压力上升空间以及黏浓关系曲线，个性化设计了单井注入参数，单井注入黏度为 30～80mPa·s；考虑井组注采平衡，依据井组地层系数和连通方向数优化单井配注设计。首次应用数值模拟的方法结合经济效益评价，对段塞大小组合以及聚合物浓度进行了系列方案对比和优化筛选，确定了整体方案。

① 碱与表面活性剂浓度（质量分数）优化设计。根据室内实验研究结果（表 4-8-21）和杏二中三元复合驱矿场试验取得的经验，在保证三元复合驱开发效果的前提下，为了节约化学剂药量，设计杏六区东部主段塞碱浓度 1.0%，表面活性剂浓度 0.2%，副段塞碱

浓度1.0%，表面活性剂浓度0.1%。在开发过程中，由优先考虑经济效益转变为优先考虑提高采收率，因此将主段塞碱浓度调整为1.2%，表面活性剂浓度调整为0.3%；副段塞碱浓度仍为1.0%，表面活性剂浓度调整为0.2%。

表4-8-21　室内驱油实验结果

气测渗透率/mD	前聚浓度/mg/L	三元体系			水驱采收率/%	化学驱提高采收率/%
		聚合物浓度/mg/L	碱浓度/%	表面活性剂浓度/%		
955	1400	2000	1.2	0.3	43.1	24.1
966	1400	2000			44.8	24.1
950	1400	2000	1.0	0.2	41.5	23.4
960	1400	2000			43.6	23.3

注：前置段塞大小0.06PV、后续保护段塞0.2PV、聚合物浓度1400mg/L、黏度64.2～66.9mPa·s、主段塞大小为0.3PV。

②　聚合物分子量优化设计。室内研究表明：在水溶液中，2500万分子量聚合物在渗透率大于200mD的油层中都可以通过；在三元体系中，2500万分子量聚合物在渗透率大于170mD的油层中可以通过，1900万分子量聚合物在渗透率大于130mD的油层中可以通过，1500万分子量聚合物在渗透率大于100mD的油层中可以通过。从杏六区东部Ⅱ块开采葡Ⅰ3油层的110口注入井射开油层渗透率分布看，渗透率在170mD以上的有效厚度比例为96.6%，在200mD以上的有效厚度比例为93.3%。采用2500万分子量聚合物可以满足93.3%以上的油层需要。

方案设计要求在保证体系黏度的条件下，根据注入状况调整聚合物分子量及浓度。实际注入过程中（表4-8-22），杏六区东部后续聚合物阶段分子量方案设计为2500万，实际注聚分子量为1900万，其他阶段注入分子量完全按照方案设计执行。后续聚合物段塞阶段调整分子量的主要原因是三元副段塞后期注入困难井比例达到50%以上，注采能力下降，剖面反转比例增加，为改善注入困难状况、控制剖面反转比例、控制含水回升速度，将后续聚合物段塞阶段2500万分子量调整到1900万分子量。

③　聚合物浓度优化设计。依据物理模拟驱油实验结果，注入液黏度与原油黏度比在3∶1以上，驱油效果较好。杏六区东部地下原油黏度为6.9mPa·s，注入体系的地下工作黏度应在20.7～27.6mPa·s。分别考虑两区块的注入过程黏损，驱油方案设计杏六区东部Ⅱ块注入体系黏度在69mPa·s以上。

杏六区东部Ⅱ块开采葡Ⅰ3油层，选择注入分子质量为2500万的聚合物。在前置聚合物段塞阶段平均设计注入浓度为1800mg/L，注入黏度为90mPa·s；在三元主段塞阶段平均设计注入浓度为2000mg/L，注入黏度要求为70mPa·s左右；三元副段塞阶段平均设计注入浓度为1700mg/L，注入黏度要求为50mPa·s左右。在后续聚合物段塞阶段平均设计注入浓度为1400mg/L，注入黏度为50mPa·s。

表 4-8-22 杏六区东部Ⅱ块驱油方案执行情况统计表

阶 段	注入参数										注入速度 / PV/a	
	聚合物分子量		聚合物浓度 / mg/L		碱浓度 / %		表面活性剂浓度 /%		注入体系黏度 / mPa·s			
	方案	实际	方案	实际	方案	实际	方案	实际	方案	实际	方案	实际
前置聚合物段塞	2500万	2500万	1800	1813					90	80.2	0.18~0.20	0.209
三元主段塞	2500万	2500万	2000	2130	1.0	1.03	0.2	0.23	70	64.1	0.18~0.20	0.200
	2500万	2500万	2000	2058	1.2	1.12	0.3	0.29	70	54.9	0.18~0.20	0.209
三元副段塞	2500万	2500万	1700	1243	1.0	1.07	0.1	0.23	50	27.2	0.18~0.20	0.208
后续聚合物段塞	2500万	1900万	1400	1215					50	29.3	0.18~0.20	0.192

实际注入过程中，依据注入压力的变化情况以及连通采油井的动态变化，适当调整注入浓度，保证了注入体系顺利注入、油层动用厚度明显提高以及采油井受效。

④ 注入段塞优化设计。根据物理模拟实验和数值模拟结果，结合以往试验区开采经验，杏六区东部三元复合驱设计前置聚合物段塞大小为 0.075PV，三元主段塞大小为 0.3PV，三元副段塞大小为 0.15PV，后续聚合物保护段塞大小为 0.2PV。在注入过程中，为了最大限度地发挥化学驱的潜力，适当增加了主、副段塞，有效延长了低含水稳定期，进一步提高了开发效果。

⑤ 注入速度优化设计。根据三元复合驱小型及工业性矿场试验区块视吸水指数下降特点，预测杏六区东部注入井视吸水指数可降至 0.50m³/（d·m·MPa）左右。根据注入速度计算公式（4-8-1），计算不同注入速度所对应的最高井口注入压力。根据计算结果，注入速度为 0.18PV/a，0.190PV/a 和 0.20PV/a 时，最高注入压力分别为 10.18~11.31MPa，10.06~11.18MPa 和 11.67~12.97MPa，不会超过油层破裂压力。因此，杏六区东部驱油方案设计注入速度 0.18~0.2PV/a，杏六区东部Ⅱ块实际注入速度 0.20PV/a，符合设计方案要求。

注入速度公式：

$$v = 180 p_{max} N_{min} \big/ \left(L^2 \phi \right) \tag{4-8-1}$$

式中 p_{max}——最高井口注入压力，MPa；

v——注入速度，PV/a；

ϕ——油层孔隙度，%；

L——注采井距，m；

N_{min}——油层最低比吸水指数，m³/（d·m·MPa）。

（5）建立了基于不同阶段动态特点的全过程跟踪调整技术。

确定了三元复合驱开发过程中需要重点把控的五大开发要素：剖析油层发育、控制体系质量、调整压力系统、提高动用程度、改善注采能力，并对各要素制订了相应的技术界限。油层控制程度达到 75% 以上；三元体系界面张力合格率和注入方案符合率均达到 95% 以上；油层总压差控制在 –1.0MPa 以内，驱替压力梯度达到 0.13MPa/m；油层动用程度达到 80% 以上，剖面反转比例控制在 30% 以内；视吸水指数降幅控制在 60% 以内，产液指数降幅控制在 50% 以内。

在总结以往三元复合驱注采井措施实践的基础上，完善并进一步量化了注采井措施选井选层标准。从压裂、调剖和换泵等各种措施方面，给出具体定量标准：注入井压裂遵循"一高四低"标准；对注聚初期的注入井调剖遵循"4332"标准；对中后期的注入井调剖遵循"三高两低"标准；对采出井压裂遵循静态"222"、动态"123"标准；对采出井换泵遵循"55588"标准等（表 4-8-23 和表 4-8-24）。

表 4-8-23　注入井措施技术标准

标准名称	技术标准	具体内容
压裂标准	"一高四低"	（1）注入压力较高，压力上升空间小于 0.5MPa； （2）油层动用程度低，有效厚度动用比例小于 60%； （3）注入强度较低，注入强度小于 6m³/（d·m）； （4）井区综合含水低，优势连通油井含水小于 90%； （5）井区沉没度低，井区沉没度小于 300m
调剖标准	注聚初期 "4332"	（1）视吸水指数高于平均水平 30%； （2）启动压力低于平均水平 30%； （3）注水压力低于平均水平 30%； （4）渗透率级差大于 3.0； （5）油层动用程度低于平均水平 20 个百分点； （6）产液强度高于全区 20.0%； （7）含水高综合含水 2.0 个百分点
	中后期 "三高两低"	（1）产液量高、见剂浓度高、含水级别高； （2）压力低于平均水平、油层动用程度低

表 4-8-24　采出井措施技术标准

标准名称	技术标准	具体内容
压裂标准	静态"222" 动态"123"	（1）含水降幅在 10 个百分点以上； （2）产液量降幅在 20%～80% 之间； （3）沉没度小于 300m； （4）压裂层有效厚度小于 2m； （5）压裂层连通方向在 2 个方向以上； （6）压裂层渗透率在 200～500mD 之间

续表

标准名称	技术标准	具体内容
换泵标准	"55588"	（1）实际生产流压大于5MPa； （2）渗透率变异系数大于0.5； （3）采出程度不大于50%； （4）地层压力大于8MPa； （5）有效厚度大于8m
堵水标准	"四高一低"	（1）含水高、见剂浓度高； （2）产液强度高、沉没度高 （3）接替层动用程度较低

根据三元复合驱动态变化特点，开发过程可以划分为未见效期、含水下降期、含水稳定期和含水回升期4个阶段，结合各阶段开发特点和矛盾，形成了以"时"定调、以"静"定调、以"动"定调的三元复合驱动态跟踪调整配套技术。

① 把握阶段规律，以时定调。区块注入化学体系以后，依据含水变化特点可分为未见效期、逐步见效期、低含水稳定期和含水回升期等4个阶段，在深入总结以往试验区块各开发阶段开发规律及存在问题的基础上，宏观把握各阶段主要调整对策和手段（表4-8-25）。

表4-8-25　三元复合驱不同开采阶段特点及主要对策

阶段	未见效期	含水下降期	含水稳定期	含水回升期
动态特点	压力不均衡、动用状况差	受效状况差异大、注入压力上升	注采能力下降、含水保持平稳	含水逐步回升、剖面出现反转
合理指标	井间压力差小于3.0MPa	受效井比例60%以上、有效厚度动用比例70%	注入采出能力下降幅度小于50%	月含水上升速度小于1.2%
调整对策	合理注采关系	优化注入参数	加强措施挖潜	强化接替层动用
具体措施	深度调剖24井次、方案调整148井次、优化参数46井次	提浓115口、分注58口、压裂3口	注入井压裂33井次、注入井降浓275井次、深度调剖12井次、采出井压裂37井次、调大参数45井次	注入井分注165口、注入井压裂26口、采出井调参56口、采出井压裂17口
调整效果	井间压力差2.6MPa	受效井比例65.7%、有效厚度动用72.6%	注入能力下降41.7%、采出能力下降25.3%	月含水上升速度0.35%

② 精细储层刻画，以静定调。三元新井完钻后区块井网密度由50口/km²增加到137口/km²，应用精细地质识别技术、井间连续追踪方法重新识别沉积微相、重新组合或修正废弃河道，使储层描述更加清楚。示范区开采目的层葡I3$_2$和葡I3$_3$油层，属于高弯曲分流河道沉积，开采层系相对单一，具有废弃河道、点坝砂体较为发育、层内夹层发

育频率较高等特点，为此，又开展了砂体内部建筑结构的深入剖析，明确油层非均质性对开发效果的影响，为方案调整提供指导。

a. 井间连通关系由沉积微相细化到单砂体。

ⅰ. 平面上精细识别河道边界。一是精细识别单一河道边界。应用复合砂体单一河道识别技术将示范区两个沉积单元进行精细解剖。

葡Ⅰ3_3^2单元平面上由单一的复合型砂体变化为4条单一河道切叠的组合砂体；葡Ⅰ3_2单元平面上由单一的复合型砂体变化为6条单一河道切叠的组合砂体。在此基础上，对位于不同单一河道交接部位的井间连通关系重新进行认识，定义同期河道连通为A类河道连通、不同期河道为B类河道连通，共重新识别一类连通关系26口井2个层（表4-8-26）。

表4-8-26　示范区河道连通关系变化统计

沉积单元	砂体钻遇井数/口	河道砂钻遇率/%	识别单一河道数/条	原河道连通比例/%	重新识别井次/口	A类河道连通比例/%	B类河道连通比例/%
葡Ⅰ3_2	70	68.6	5	77.7	8	68.8	8.9
葡Ⅰ3_3^2	92	90.2	6	95.4	18	77.8	17.6
合计	—	—	11	89.8	26	—	—

二是搞清废弃河道连通关系。废弃河道分为突然废弃和逐渐废弃两种类型：突然废弃型废弃河道形成于封闭静水环境中，与主河道隔绝过程较快，只有洪水期才接受细粒沉积，测井曲线表现为油层底部自然电位高值，微电极幅度差较大，而上部则接近泥岩基线，区块内共有10口注采井的葡Ⅰ3_2和葡Ⅰ3_3油层处于该类废弃河道上；逐渐废弃型废弃河道形成于静水环境中，隔绝过程较慢，过程中与原河道连通状况逐渐变差，持续接受原河道细粒物质沉积，测井曲线表现为自然电位及微电极曲线呈"松塔状"的正韵律沉积，区块内共有16口注采井的葡Ⅰ3_3油层处于该类废弃河道上。综合研究发现，渐弃型废弃河道油层发育连通较好，平均单井地层系数达到了0.767m·D，高于突弃型废弃河道0.198m·D，注采能力较强，视吸水指数和产液强度分别达到了0.750m³/（d·MPa·m）和10.28t/（d·m），高于突弃型废弃河道0.124m³/（d·MPa·m）和4.31t/（d·m），另外，油层地质条件相近的杏六区东部注采井组的示踪剂检测结果表明，渐弃型废弃河道较突弃型废弃河道更易于见到示踪剂显示，表明该类河道连通关系较好。

在对井组连通关系重新认识，明确井组优势连通方向的基础上，结合井组动态反应状况，对单井方案进行了重新梳理，对B类河道连通的井组加强了方案调整和措施改造的力度。

ⅱ. 垂向上分清单元间接触关系。葡Ⅰ3_2单元沉积时期，平面上水动力强弱存在差异，导致了葡Ⅰ3_2单元与葡Ⅰ3_3^2单元间接触关系的差异。接触关系分为三类，独立型，单元与单元间隔层发育，砂体独立纵向上不互相连通，区块78.5%的井属于此种类型；

切叠型，葡 I 3_2 单元沉积时水动力作用较强，砂体与葡 I 3_3^2 单元砂体上部切叠形成复合砂体，纵向上单元间互相窜通，区块 8.4% 的井属于此种类型；单层型，仅发育一个单元、砂体单一，区块 13.1% 的井属于此种类型。单元间接触关系不同，开发过程中动态反应不同、存在的矛盾有所差异，在调整方式和方法上也相应的有所变化。独立型以调整层间受效差异为主，采取分注、层间调整、选层措施为主的主要调整手段，促使两个单元推进相对均匀，吸水强度接近；单一型和切叠型都是层内调整，以调整层内非均质性为主要手段，以浓度调整、选择性改造措施为主的调整方法，提高油层中上部动用比例和吸水比例（表 4-8-27）。

表 4-8-27 不同接触关系井组开发政策对比

井组接触关系分类	井数/口	比例/%	动态特点及主要矛盾	主要调整方法
独立型	47	45.6	含水低值期长、可二次见效、层间干扰大，剖面易反转	分注、测调、选层压裂、堵水
单一型	17	16.5	见效晚、见效慢、低值期较长、化学药剂突破后含水回升快	调浓、选择性压裂、化学堵水
切叠型	39	37.9	见效晚、含水降幅小、回升快、化学药剂易突破	调浓、选择性压裂、化学堵水、长胶筒堵水

b. 单砂体层内构型刻画指导措施调整。

ⅰ. 层内夹层展布规律与受效状况的关系研究：区块内层内夹层较为发育，测井曲线表现为"三高、三低"的特征，即自然电位高、井径高、自然伽马高、电阻率低、声波时差低、微电极低。统计全区 209 口井的层内夹层发育情况，夹层不发育的油层占17.7%、夹层厚度小于 0.8m 占 68.9%、夹层厚度大于 0.8m 占 13.4%；分注采井组看，注采井均未发育夹层的 1 个、只有注入井发育夹层的 1 个、只有采出井发育夹层的 35 个、注采井均发育夹层的 246 个。

层内夹层把注采井分为不完全独立的流动单元，可对注入液起疏导作用，有阻挡注入液因层内物性差异沿底部突进的趋势，因此，夹层分布状况对油水运动和开发效果影响较大。从发育不同夹层的采出井开发效果来看，未发育夹层的采出井产液能力较强，产液强度达到了 11.38t/（d·m），含水下降速度快、先进入含水低值期，但回升速度也较快；随着井组内夹层厚度增大和层数增多，产液能力变差，含水下降速度减缓、统计平均夹层厚度达到 0.24m/ 个、夹层层数达到 1.11 个 /m 以上的井组，产液强度为6.20t/（d·m）。

通过以单井层位数据对接，井间以地震构造为约束，对夹层的展布状况进一步深入研究，判断出夹层分布连续井组 36 个、断续的井组 49 个。从动态反应上看，油层上部夹层发育且连续性强的注入井，上部油层动用状况较差、层内矛盾突出；注采井夹层发育断续的井组，更易造成药剂突破、含水低值期较短；夹层连续性强方向的采出井含水低值期较长（表 4-8-28）。

表 4-8-28 夹层发育状况与油层动用状况关系

分类	井数/口	有效厚度/m	油层上部		油层下部		油层上部有效厚度动用比例/%		油层上部相对吸液比例/%	
			夹层频率/个/m	中低水淹比例/%	夹层频率/个/m	中低水淹比例/%	水驱空白末	注聚合物后	水驱空白末	注聚合物后
夹层不发育	31	6.5	0.5	61.3	0.2	21.8	53.9	65.3	55.1	58.7
下部夹层发育	21	6.9	0.5	49.2	0.8	18.9	46.9	66.1	42.1	54.5
上部夹层发育	33	5.6	1.5	71.7	0.2	25.8	45.7	57.1	43.3	46.1
夹层均匀发育	24	6	1.4	64.4	0.8	32.3	47.7	61	45.9	50

ⅱ. 依据夹层的分布特点深化开发调整。依据井组内夹层特点，采取个性化的调整，治理层内矛盾。针对夹层不发育的井，以提浓提压的调整思路扩大波及体积，控制高渗透层的吸液比例；针对上部夹层发育的注入井，依据注入压力上升情况阶梯式降浓，提高上部油层的动用状况；针对夹层密度较大的注入井，采取压裂或选择性压裂改造提高渗流能力，提高动用状况。井组内调整，对于夹层断续方向以调堵为主、对于夹层连续方向以连续动用为主（表 4-8-29）。

表 4-8-29 依据夹层发育状况跟踪调整措施效果

注入井分类	井数/口	调整措施	效果
夹层不发育动用差	9	提浓 19 井次	油层下部吸液比例 65.2% 下降到 26.8%
上部夹层发育动用差	16	降浓 36 井次	油层上部吸液比例 39.5% 上升到 52.7%
夹层密度大动用差	8	压裂 6 井次	油层动用比例由 47% 提高到 89%

如：杏 5-41- 斜 E23 井组，杏 5-42- 斜 E23 方向注采井间夹层连续性差，其他三个方向连续性均较好，采出井含水回升后采取先降量提浓 3 个月控制夹层断续方向控制突破速度，然后降浓提量 6 个月保证夹层连续方向的均匀动用，再采取采出端选择性压裂的措施，促使井组含水出现二次见效的好效果。

③ 跟踪单井潜力变化，以"动"定调。a.跟踪潜力变化，分区管理。区块采出井进入受效期以后，依据采出井不同的含水级别和单位厚度累计产油量绘制了全区采出井的分类图板，将区块分为治理区、挖潜区、稳定区和控制区 4 个区，对采出井进行分类管理。分析结果表明，受层内夹层干扰、突弃型废弃河道遮挡、剩余油潜力、油层均质性等因素影响，各区的开发效果不同。比如区块在含水低值期时治理区采出井油层

发育连通状况较差、层内及层间差异较大、剩余油较少、油层动用较差，开发效果较差（表4-8-30）。

表4-8-30　杏六区东部Ⅱ块采出井分区情况统计

分类	井数/口	生产情况（2011-12）	开发条件对比								
			一类连通方向/个	单井层内夹层数/个	废弃河道厚度比例/%	平均渗透率/D	层间渗透率级差	层内渗透率级差	含油饱和度/%	三采前采出程度/%	厚度连续动用比例/%
1	32	含水≥90%、采出程度≤56%	3.2	3.7	6.04	0.396	2.37	4.81	44.63	45.60	71.3
2	9	含水≥90%、采出程度≥56%	3.7	3.2	5.80	0.468	1.51	2.93	48.93	43.40	86.2
3	22	含水≤90%、采出程度≤56%	3.8	3.1	7.80	0.418	1.92	3.84	45.19	44.20	75.9
4	42	含水≤90%、采出程度≥56%	3.6	3.5	5.21	0.550	1.78	3.74	47.03	43.78	83.6

结合三元复合驱阶段的受效特点，在不同时机重点调整的井区不同，含水下降期调整重点为3井区和4井区（引效）；含水低值期调整重点为1井区和3井区（促效）；含水回升初期调整重点为1井区和2井区（稳效）；含水回升后期调整重点为2井区和4井区（提效）。b.建立井组分类方法，明确单井调整目标。借鉴对标评价的方法，以最大限度发挥单井潜力为目标。针对区块内各单井开发指标差别较大，没有合理的井组分类管理模式，以储层发育和剩余油条件为基础开展了井组分类。应用灰色关联分析方法考察油层发育和剩余油状况，实施井组分类评价。油层条件主要考虑发育连通和非均质性的影响，可分为三类（表4-8-31）。

表4-8-31　油层发育条件分级评价结果

项目级别	井数/口	有效厚度/m	渗透率/mD	平面渗透率/变异系数	纵向渗透率/变异系数	一类厚度连通比例/%	综合评判分值
Ⅰ类	30	7.2	609	0.233	0.672	91.9	0.46
Ⅱ类	43	5.3	496	0.245	0.626	87.6	0.35
Ⅲ类	32	3.7	513	0.255	0.776	68.4	0.25
合计	105	5.5	538	0.243	0.682	89.8	0.36

三元复合驱开发过程中，依据分区分类、潜力跟踪、单井分级的原则，坚持"勤跟踪、勤分析、勤调整"的管理模式，每年实施注采井调整400多井次，其中注入井平均单井调整达3.8井次。保证了三元复合驱开发效果不断改善。

4. 示范区取得的经济效益

杏六区东部Ⅱ块三元复合驱2008年基建油水井214口，其中油井104口、注入井110口，建成产能$6.1×10^4$t/a。按最终含水达98%，投产年限2008年至2017年，期限为9年。计算期内最高产量$27.76×10^4$t/a，计算期内累计采出原油$113.55×10^4$t，阶段采出程度25.10%。该项目总投资97862.89万元，历年实际结算油价计算，税后财务内部收益率44%；高于12%的行业基准收益率，在经济上可行。

参考文献

安丰全，大庆石油学院，罗娜，1998.大庆长垣水淹层测井评价技术的研究［J］.石油学报，19（3）：68-72.

曹凤英，白子武，郭奇，等，2015.驱油用烷基苯合成技术研究［J］.日用化学品科学（2）：28-30.

柴方源，徐德奎，蔡萌，2013.二、三类油层聚合物驱全过程一体化分注技术［J］.大庆石油地质与开发（2）：92-95.

陈国，赵刚，马远乐，2006.黏弹性聚合物驱油的数学模型［J］.清华大学学报（自然科学版），46（6）：882-885.

陈国，邵振波，韩培慧，2013.具有弥散和扩散模拟功能的三维三相聚合物驱油数学模型［J］.大庆石油地质与开发，32（1）：109-113.

陈卫民，2010.用于驱油的以重烷基苯磺酸盐为主剂的表面活性剂的工业化生产［J］.石油化工（1）：81-84.

陈小凡，刘峰，王博，等，2012.长期冲刷条件下的渗透率变化和微观模型研究［J］.特种油气藏，19（1）：66-69，138.

陈元千，吕恒宇，傅礼兵，等，2017.注水开发油田加密调整效果的评价方法［J］.油气地质与采收率，24（6）：60-64.

程杰成，王德民，李柏林，等，2004.一类烷基苯磺酸盐、其制备方法以及烷基苯磺酸盐表面活性剂及其在三次采油中的应用［P］.ZL 200410037801.1.

丁玉娟，张继超，马宝东，等，2015.污水配制聚合物溶液增黏措施与机理研究［J］.油田化学，32（1）：123-127.

杜庆龙，2016.多层非均质砂岩油田小层动用状况快速定量评价方法［J］.大庆石油地质与开发，35（4）：43-48.

杜庆龙，2016.长期注水开发砂岩油田储层渗透率变化规律及微观机理［J］.石油学报，37（9）：1159-1164.

杜庆龙，朱丽红，2004.油、水井分层动用状况研究新方法［J］.石油勘探与开发（5）：96-98.

方艳君，孙洪国，侠利华，等，2016.大庆油田三元复合驱层系优化组合技术经济界限［J］.大庆石油地质与开发，35（2）：81-85.

付雪松，李洪富，赵群，等，2013.油田南部一类油层强碱三元矿场试验效果［J］.石油化工应用，32（3）：108-111.

高大鹏，叶继根，胡永乐，等，2015.精细分层注水约束的油藏数值模拟［J］.计算物理（3）：343-351.

葛家理，2003.现代油藏渗流力学原理［M］.北京：石油工业出版社.

郭军辉，朱丽红，曾雪梅，等，2016.喇萨杏油田特高含水期调整潜力评价方法研究［J］.长江大学学报（自然科学版），13（8）：58-63，5-6.

郭军辉，杜庆龙，朱丽红，等，2018.基于数据挖掘的优势渗流通道快速定量识别方法［C］.2018油气田勘探与开发国际会议（IFEDC 2018）论文集.

郭万奎，杨振宇，伍晓林，等，2006.用于三次采油的新型弱碱表面活性剂［J］.石油学报（5）：75-78.

郭肖，伍勇，2007.启动压力梯度和应力敏感效应对低渗透气藏水平井产能的影响［J］.石油与天然气地质，28（4）：539-543.

韩大匡，2007.准确预测剩余油相对富集区提高油田注水采收率研究［J］.石油学报，28（2）：73-78.

郝兰英，2012.地震沉积学在大庆长垣密井网条件下储层精细描述中的初步应用［J］.地学前缘，36（4）：82-84.

洪璋传，2003.AMPS的结构、性能及在提升腈纶品味中的作用［J］.金山油化纤，22（4）：6-8.

胡利民，程时清，唐蕾，等，2018.超低渗透油藏菱形反九点井网合理排距［J］.大庆石油地质与开发，37（2）：62-68.

黄延章，1997.低渗透油层非线性渗流特征［J］.特种油气藏，4（1）：9-14.

贾忠伟，袁敏，张鑫璐，等，2018.水驱微观渗流特征及剩余油启动机理［J］.大庆石油地质与开发，37（1）：65-70.

姜汉桥，姚军，姜瑞忠，2005.油藏工程原理与方法［M］.北京：石油大学出版社.

姜岩，程顺国，王元波，等，2019.大庆长垣油田断层阴影地震正演模拟及校正方法［J］.石油地球物理勘探，54（2）：320-329.

金毅，潘懋，马翀，2010.地质变量变异函数统一套合方法的原理及验证［J］.中国矿业大学学报，39（3）：420-425.

李操，王彦辉，姜岩，2012.基于井断点引导小断层地震识别方法及应用［J］.大庆石油地质与开发，31（3）：148-151.

李爱芬，张少辉，刘敏，等，2008.一种测定低渗油藏启动压力的新方法［J］.中国石油大学学报（自然科学版），32（1）：68-71.

李滨，2017.大庆长垣萨中中部断层区三维地质建模［J］.大庆石油地质与开发，36（4）：68-72.

李建云，2010.聚合物驱多层分质分压注入技术研究与应用［J］内蒙古石油化工（1）：124-126.

李洁，陈金凤，韩梦蕖，2015.强碱三元复合驱开采动态特点［J］.大庆石油地质与开发，34（1）：91-97.

李洁，2009.大庆长垣油田特高含水期精细油藏描述技术［J］.大庆石油地质与开发，28（5）：83-90.

李莉，董平川，张茂林，等，2006.特低渗透油藏非达西渗流模型及其应用［J］.岩土力学与工程学报，25（11）：2272-2279.

李雪松，2015.特高含水老油田断层附近高效井优化设计［J］.大庆石油地质与开发，34（1）：56-58.

李长庆，孙刚，刘沛玲，等，2008.马岭油田南一区聚合物驱实验研究［J］.大庆石油地质与开发，27（5）：108-110.

李长庆，2010.适合高温油藏的聚合物性能评价［J］.大庆石油地质与开发，29（4）：149-151.

李桢，骆淼，杨曦，等，2006.水淹层测井解释方法综述［J］.工程地球物理学报，3（4）：288-294.

李忠兴，韩洪宝，程林松，等，2004.特低渗油藏启动压力梯度新的求解方法及应用［J］.石油勘探与开发，31（3）：107-109.

李宗阳，王业飞，曹绪龙，等，2019.新型耐温抗盐聚合物驱油体系设计评价及应用［J］.油气地质与采收率，26（2）：106-112.

廖广志，牛金刚，邵振波，等，2004.大庆油田工业化聚合物驱效果及主要做法［J］.大庆油田地质与开发，23（1）：48-50.

林承焰，张宪国，2006. 地震沉积学探讨［J］. 地球科学进展，21（11）：1140-1144.

林玉保，2018. 高含水后期储层优势渗流通道形成机理［J］. 大庆石油地质与开发，37（6）：33-37.

林玉保，贾忠伟，侯战捷，等，2014. 高含水后期油水微观渗流特征［J］. 大庆石油地质与开发，33（1）：
    70-74.

刘传平，杨青山，杨景强，等，2004. 薄差层水淹层测井解释技术研究［J］. 大庆石油地质与开发，23（5）：
    118-120.

刘良群，张轶婷，周洪亮，等 .2015. 一种驱油用表面活性剂原料 – 重烷基苯［J］. 日用化学品科学，38
    （9）：40-41，45.

刘兴君，赵政玮，韩宇，2009. 聚合物驱分层注入技术的开发与应用［J］. 中国石油和化工（9）：44-46.

刘学，刘英宪，陈存良，等，2018. 注水开发对碎屑岩储层物性影响规律实验研究［J］. 西安石油大学学
    报（自然科学版），33（6）：66-73.

刘洋，刘春泽 .2007. 黏弹性聚合物溶液提高驱油效率机理研究［J］. 中国石油大学学报（自然科学版），
    31（2）：91-94.

刘玉章，等，2006. 聚合物驱提高采收率技术［M］// 沈平平 . 油田开发提高采收率技术丛书 . 北京：石
    油工业出版社 .

吕晓光，闫伟林，杨根锁，1997. 储层岩石物理相划分方法及应用［J］. 大庆石油地质与开发，16（3）：
    18-21.

欧阳健，等，1999. 测井地质分析与油气层定量评价［M］. 北京：石油工业出版社 .

秦雪峰，2005. 超高分子量聚丙烯酰胺的合成与工业化生产［D］. 杭州：浙江大学 .

任佳维，周锡生，张栋，2016. 污水配制聚合物溶液影响因素及增黏效果分析［J］. 当代化工，45（2）：
    272-275.

邵振波，张晓芹，2009. 大庆油田二类油层聚合物驱实践与认识［J］. 大庆石油地质与开发，28（5）：
    163-168.

沈平平，2006. 提高采收率技术进展［M］// 周吉平 . 中国石油"十五"科技进展丛书 . 北京：石油工业
    出版社 .

宋华，翟永刚，丁伟，等，2013.AM/AMPS 共聚物的合成与耐温抗盐性能研究［J］. 能源化工，34（5）：
    49-52.

孙智，2003. 新型分层注水与测试工艺［M］. 北京：石油工业出版社 .

万新德，方庆，林立，等，2006. 萨尔图油田北三东注采系统调整的实践与认识［J］. 大庆石油地质与开
    发，25（1）：67-69.

王德民，程杰成，杨青彦，2000. 黏弹性聚合物溶液能够提高岩心的微观驱油效率［J］. 石油学报，21（5）：
    45-51.

王德民，程杰成，夏惠芬，等，2002. 黏弹性流体平行于界面的力可以提高驱油效率［J］. 石油学报，23
    （5）：48-52.

王德民，王刚，吴文祥，等 .2008. 黏弹性驱替液所产生的微观力对驱油效率的影响［J］. 西安石油大学
    学报（自然科学版），23（1）：43-55.

王家宏，2009.多油层油藏分层注水稳产条件与井网加密调整［J］.石油学报，30（1）：80-83.

王卫学，2013.大庆油田X区块层系井网优化调整技术［J］.长江大学学报，10（10）：119-122.

王永卓，方艳君，吴晓慧，等，2019.基于生长曲线的大庆长垣油田特高含水期开发指标预测方法［J］.大庆石油地质与开发（5）：169-173.

王渝明，等，2019.砂岩油田聚驱提高采收率技术［M］.北京：石油工业出版社.

王雨，林丽丽，斯绍雄，等，2018.聚合物驱采油污水的水质深化处理技术［J］.油田化学，35（2）：356-361.

王志章，等，1998.开发中后期油藏参数变化规律及变化机理［M］.北京：石油工业出版社.

吴家文，左松林，赵秀娟，等.2015.喇嘛甸中块层系井网调整技术经济界限［J］.油气地质与采收率，22（5）：113-116.

吴素英，2006.长期注水冲刷储层参数变化规律及对开发效果的影响［J］.大庆石油地质与开发（4）：35-37，121.

吴文祥，王德民，2011.聚合物黏弹性提高驱油效率研究［J］.中国石油大学学报（自然科学版），35（5）：134-138.

吴晓慧，2018.大庆长垣油田特高含水期水驱精细挖潜措施后产量变化规律［J］.大庆石油地质与开发（5）：71-75.

吴晓慧，2019.大庆长垣油田三次采油储量转移后水驱开发指标变化趋势［J］.大庆石油地质与开发（6）：66-70.

吴永超，等，2018.提高原油采收率基础与方法［M］.北京：石油工业出版社.

吴忠臣，2013.萨中油田特高含水期加密调整方法［J］.大庆石油地质与开发，32（3）：79-82.

夏惠芬，王德民，刘仲春，等.2001.黏弹性聚合物溶液提高微观驱油效率的机理研究［J］.石油学报，22（4）：60-65.

夏惠芬，王德民，王刚，等，2006.聚合物溶液在驱油过程中对盲端类残余油的弹性作用［J］.石油学报，27（2）：72-76.

夏惠芬，王德民，王刚，等，2009.化学驱中黏弹性驱替液的微观力对残余油的作用［J］.中国石油大学学报（自然科学版），33（4）：150-156.

夏连晶，樊海琳，王卫学，2015.杏北开发区层系井网演变研究［J］.石油化工高等学校学报，28（4）：49-53.

熊钰，徐宏光，王永清，等，2018.国内人造岩心物理研究进展［J］.天然气与石油，36（1）：55-61.

闫伟林，李郑辰，苏洋，2002.大庆长垣不同时期测井解释渗透率变化规律探讨［J］.大庆石油地质与开发，21（5）：60-62.

杨承志，廖广志，何劲松，等，2007.化学驱提高石油采收率［M］.北京：石油工业出版社.

杨二龙，张建国，陈彩云，等，2007.考虑介质变形的低渗透气藏数值模拟研究［J］.油气地质与采收率，14（3）：94-96.

杨胜来，魏俊之，2004.油层物理学［M］.北京：石油工业出版社.

杨香艳，2014.利用动态光散射法研究聚合物分子尺寸［J］.油气田地面工程，33（8）：13.

姚峰，2017.耐温抗盐聚合物性能及驱油效率研究［J］.科学技术与工程，17（9）：192-197.

么世椿，赵群，王昊宇，等.2013.基于 HALL 曲线的复合驱注采能力适应性［J］.大庆石油地质与开发，32（3）：102-106.

叶仲斌，蒲万芬，陈铁龙，等，2017.提高采收率原理［M］.北京：石油工业出版社.

尹寿鹏，1999.渗透率非均质性参数计算及代表性分析［J］.石油实验地质，21（2）：146-149.

尹晓喆，郭军辉，赵娅，等，2016.油田开发调整潜力一体化评价系统［J］.计算机系统应用，25（12）：60-65.

尹芝林，孙文静，姚军，2011.动态渗透率三维油水两相低渗透油藏数值模拟［J］.石油学报，32（1）：118-118.

尹芝林，赵国忠，张乐，2015.基于非达西、压敏效应及裂缝的数模技术［J］.大庆石油地质与开发，34（3）：58-59.

于水，2016.二类油层三元复合驱跟踪调整技术及效果认识［J］.内蒙古石油化工（7）：95-96.

袁庆峰，朱丽莉，陆会民，等，2019.水驱油田晚期开发特征及提高采收率主攻方向［J］.大庆石油地质与开发，38（5）：34-40.

袁庆峰，庞彦明，杜庆龙，等，2017.砂岩油田特高含水期开发规律［J］.大庆石油地质与开发，36（3）：49-55.

袁庆峰，朱丽莉，陆会民，等，2019.水驱油田晚期开发特征及提高采收率主攻方向［J］.大庆石油地质与开发，38（5）：34-40.

张昕，甘利灯，刘文岭，等,2012.密井网条件下井震联合低级序断层识别方法［J］.石油地球物理勘探，47（3）：462-468.

张秀云，刘启，周钢，2008.二类油层聚驱措施选井选层方法［J］.大庆石油地质与开发，27（3）：117-120.

张英志，2006.萨北开发区特高含水期层系井网演化趋势研究［J］.大庆石油地质与开发，25（S1）：4-7，113.

赵国忠，2006.变启动压力梯度三维三相渗流数值模拟方法［J］.石油学报，27（S1）：119-128.

赵国忠，李保树，1995.三维三相油藏模拟新解法［J］.石油学报，16（4）：68-74.

赵国忠，尹芝林，吴邕，2003.大庆油田 PC 集群大规模油藏数值模拟［J］.西南石油学院学报，25（6）：35-39，105-106.

赵国忠，孙巍，何鑫，2012.基于分层注水数学模型的油藏数值模拟［J］.东北石油大学学报，36（6）：82-87，11.

赵文杰，1995.水淹层岩石电阻率特性的实验研究［J］.油气采收率技术，2（4）：32-39.

赵秀娟，左松林，吴家文，等，2019.大庆油田特高含水期层系井网重构技术研究与应用［J］.油气地质与采收率，26（4）：82-87.

赵长久，赵群，么世椿，2006.弱碱三元复合驱与强碱三元复合驱的对比［J］.新疆石油地质，27（6）：728-730.

钟连彬，2015.大庆油田三元复合驱动态特征及其跟踪调整方法［J］.大庆石油地质与开发，34（4）：12-128.

朱丽红，杜庆龙，姜雪岩，等,2015.陆相多层砂岩油藏特高含水期三大矛盾特征及对策［J］.石油学报，

36（2）：210–216.

朱友益，沈平平，2002. 三次采油复合驱用表面活性剂合成、性能及应用［M］. 北京：石油工业出版社.

中国石油勘探与生产分公司，2014. 聚合物–表面活性剂二元驱技术文集［M］. 北京：石油工业出版社.

Al-Shaalan T M, et al., 2009. Studies of Robust Two Stage Preconditioners for the Solution of Fully Implicit Multiphase Flow Problems［J］. SPE-118722.

Barkman J H, et al., 1972. Measuring Water Quality and Predicting Well Impairment［J］. Pet.Tech.（7）: 865–873.

Cao H, et al., 2005. Parallel Scalable Unstructured CPR-Type Linear Solver for Reservoir Simulation［J］. SPE-96809.

Fung L S, et al., 2007. Parallel Unstructured Solver Methods for Simulation of Complex Giant Reservoir［J］. SPE-106237.

Liu Rui, et al., 2013. Synthesis of AM-co-NVP and Thermal Stability in Hostile Saline Solution［J］. Adv. Mater. Res., 602（5）: 1349–1354.

Stiiben K, et al., 2007. Algebraic Multigrid Methods（AMG）for the Efficient Solution of Fully Implicit Formulations in Reservoir Simulation［J］. SPE-105832.

Vinsome P K W, 1976. ORTHOMIN, an Iterative Method for Solving Sparse Banded Sets of Simultaneous Linear Equations［J］. SPE-5729.

Wallis J R, et al., 1985. Constrained Pressure Residual Acceleration of Conjugate Residual Methods［J］. SPE-13536.

Wang Demin, et al., 2000. Viscous-elastic Polymer Can Iincrease Microscale Displacement Efficiency in Cores［C］. SPE 63227.

Watt J W, 1973. A Method for Improving Line Successive Overrelaxation in Anisotropic Problems – A Theoretical Analysis［J］. Trans. Soc. Pet. Engr., 255.

Widess M B, 1973. How thin is a Thin Bed［J］. Geophysics, 38（6）: 1176–1180.

Ye Zhongbin, et al., 2013. Synthesis and Characterization of a Water-soluble Sulfonates Copolymer of Acrylamide and N-allylbenzamide as Enhanced Oil Recovery Chemical［J］. J. Appl. Polym. Sci., 128（3）: 2003–2011.

Zeng Hongliu, Backusmm, Barrow K T, et al., 1998, Stratal slicing, Part I : Realistic 3D seismic model［J］. Geophysics, 63（2）: 505–213.

Zhang Peng, et al., 2017. Preparation, Solution Characteristics and Displacement Performances of a Novel Acrylamide Copolymer for Enhanced Oil Recovery（EOR）［J］. Polym Bull, 75（3）: 1–11.